普通高等院校数学类规划教材

应用微积分 （第二版）

CALCULUS

组编　大连理工大学城市学院基础教学部

主编　曹铁川

编者　（以编写章节先后排序）

孙晓坤　高桂英　佟小华

刘怡娣　初　丽

上册

大连理工大学出版社

DALIAN UNIVERSITY OF TECHNOLOGY PRESS

图书在版编目(CIP)数据

应用微积分. 上册 / 大连理工大学城市学院基础教
学部组编. — 2 版. —大连：大连理工大学出版社，
2013.8(2021.7 重印)
　　普通高等院校数学类规划教材
　　ISBN 978-7-5611-8081-5

　　Ⅰ. ①应… Ⅱ. ①大… Ⅲ. ①微积分—高等学校—教
材 Ⅳ. ①O172

　　中国版本图书馆 CIP 数据核字(2013)第 172477 号

大连理工大学出版社出版
地址：大连市软件园路 80 号　邮政编码：116023
发行：0411-84708842　邮购：0411-84708943　传真：0411-84701466
E-mail：dutp@dutp.cn　URL：http://dutp.dlut.edu.cn
丹东新东方彩色包装印刷有限公司印刷　　大连理工大学出版社发行

幅面尺寸：185mm×260mm　　印张：15.75　　字数：364 千字
2010 年 7 月第 1 版　　　　　　　　　　　2013 年 8 月第 2 版
2021 年 7 月第 11 次印刷

责任编辑：王　伟　　　　　　　　　　　责任校对：骁　杰
封面设计：熔点创意

ISBN 978-7-5611-8081-5　　　　　　　　　定　价：32.00 元

本书如有印装质量问题，请与我社发行部联系更换。

前　言

在高等教育中,微积分是理工、经管、农医等众多院校、众多专业的一门重要的基础课,其理论与方法有着广泛的应用领域。

微积分课程一般也称为高等数学。可能有人会问:大学阶段学习的高等数学与中学阶段学习的初等数学在研究对象与研究方法上有什么不同呢? 我们知道,数学是研究客观世界数量关系和空间形式的科学。初等数学研究的基本上是常量,即在某一运动过程中保持不变的量;初等数学研究的图形多是形状确定的规则几何形体。在研究方法上,初等数学基本上是采用形式逻辑的方法,静止孤立地对具体的“形”与“数”逐个进行研究。高等数学研究的对象主要是变量;高等数学研究的图形多是不规则的几何形体,如抽象的曲线、曲面以及由它们构成的几何形体,而且将“形”与“数”紧密联系在一起,相互渗透。在研究方法上,高等数学不再是孤立地、逐个地讨论问题,而是从整体上普遍地解决问题。

例如,导数或微分与积分构成了微积分理论的两个重要方面,导数是从微观上研究函数在某一点处的变化状态,而积分则是从宏观上研究函数在某一区间或区域上的整体形态。在研究方法上,无论是导数还是积分都引入了“无限”的思想,通过极限的方法使问题得以解决。简而言之,函数是微积分的主要研究对象,极限是微积分的研究方法和基础。

微积分产生于 17 世纪,正值工业革命的盛世。航海造船业的兴起,机械制造业的发展,运河渠道的开掘,天文物理的研究诸多领域面临着许多亟待解决的应用难题,呼唤着新的数学理论和方法的出现。牛顿和莱布尼兹总结了数学先驱们的研究成果,集大成,创立了微积分,并直接将其应用于科研与技术领域,使科学技术呈现出突飞猛进的崭新面貌。可以说,微积分是继欧几里得几何以后全部数学中最伟大的创造。直至今日,作为数学科学的重要支柱,微积分仍保持着强大的生命力。

当今世界正从工业时代步入信息时代。科学技术的日新月异,大大扩展了数学的应用领域。相应地,对当代大学生数学素养的要求也在不断提高,期待着更多数学基础扎实,创新能力强,综合素质佳的人才涌现。

《应用微积分》是为普通高等院校,特别是应用技术型大学所编写的数学教材。通过本课程的学习,可获得一元函数微积分及其应用、多元函数微积分及其应用,以及向量代数与空间解析几何、无穷级数与微分方程等方面的基本概念、基本理论、基本方法和基本技能。考虑到授课对象的特点,在编写过程中,我们力求突出以下几个方面:

(1)在教材内容的选择上，既注意到微积分理论的系统性，又在不失严谨的前提下，适当删减或调整知识体系。例如，在极限部分，突出了函数极限的地位，而把数列极限作为函数极限的特例，避免了叙述上的重复，使主旨内容更为简明；在一元函数积分学中，先讲定积分概念，而不定积分和积分法作为定积分的计算工具自然引出，这样就还原和强调了积分的思想。在多元函数积分学中，把重积分、第一型曲线、曲面积分统一为数量值函数在几何形体上的积分，与一元函数定积分前后呼应，既便于理解，又削减了篇幅。在微分方程的初等积分法中，突出了一阶线性微分方程，而把一阶齐次方程、伯努利方程、可降阶方程统一归为利用变量代换求解的微分方程，使这部分内容脉络更为清晰。

(2)考虑到应用型本科院校的实际，在引出概念、定理、公式方面，尽可能按照认识规律，从直观背景出发，深入浅出，提出问题，解决问题，水到渠成地得出结论。对某些概念还从不同角度加以阐述、类比，使学生接受起来形象易懂。例如，对于闭区间上连续函数的介值定理和罗尔中值定理，除讲明其几何意义外，还给出其物理解释；在引出初学者不易理解的泰勒公式时，不厌其详地阐述多项式逼近函数的思想，结合几何形象，分析如何获取最为理想的多项式，并以二阶泰勒公式为例，自然推广，引出泰勒定理。本教材十分重视基础的训练和基本能力的培养，和一些传统教材相比，每一章节围绕着相关定理和运算法则，配置的例题更为丰富，每一节后的习题数量也较为充足。考虑到有的学生有志于攻读更高层次的学位，在每一章后附有复习题，这些题目概念性强，综合性强，可满足这部分学生的学习需要。

(3)注重应用意识的培养，突出微积分的强大应用功能。当代著名数学家、教育家、沃尔夫奖获得者 P·D·拉克斯(Peter D. Lax)指出："目前数学在非常广泛的领域里的研究蓬蓬勃勃，而且成就辉煌，但还没有充分发挥人们的数学才华以加深数学与其他学科的相互关系。这种不平衡对于数学及其使用者都是有害的。纠正这种不平衡是一种教育工作，这必须从大学一开始做起，微积分是最适合从事这项工作的一门课程。""在微积分里，学生可以直接体会到数学是确切表达科学思想的语言，可以直接学到科学是深远影响着数学发展的数学思想的源泉。最后，很重要的一点在于数学可以提供许多重要科学问题的光辉答案。"我们非常赞赏这些观点。为了激发学生的学习热情，开阔眼界，活跃思想，培养学习兴趣和应用意识，在选材上，我们非常注意联系应用实际，除经典的力学、物理学实例外，还增加了化学、生态、经济、管理、生命科学、军事、气象、医学、农业及日常生活中的实例。特别是在每一章的后面都设有"应用实例阅读"一节，提出了一些饶有趣味且具有真实背景的实际问题，用本章学到的微积分知识加以解决，相信这些内容的设置，会进一步激发学生的学习兴趣。

(4)本教材注重高等数学与初等数学内容的衔接，附有初等数学中的常见曲线、基本初等函数、极坐标与直角坐标的基本内容。对于重要数学名词还给出了中英文对照，为学生阅读英文材料提供方便。

　　本教材由大连理工大学城市学院基础教学部组织编写,曹铁川任主编并负责统稿。参加上册(第 1 版)编写的教师有孙晓坤、高桂英、佟小华、刘怡娣、牛方平、宋尚文;参加下册(第 1 版)编写的教师有王淑娟、麻艳、高旭彬、张宇红、杜娟、张鹤、肖厚国。

　　本教材还配有《应用微积分同步辅导》教学参考书。

　　本教材第 2 版是在《应用微积分》第 1 版的基础上,根据近年来的教学实践,按照精品课教材的要求,修订而成。本次修订主要是对例题和习题做了较多的调整,删除了个别繁难的题目,充实了较多的基础性训练,使理论部分和题目部分更为协调,更有利于教与学。修订工作由曹铁川、杨巍、初丽、张颖完成。

　　当前我国高等教育正从精英教育向大众教育转化,办学模式和培养目标也呈现出了多元化的特点。本教材的编写也是为适应新形势而做的探索和尝试。我们期待着读者和同行提出宝贵的意见和建议。

编著者
于大连理工大学城市学院
2013 年 7 月

目　录

第1章 函数、极限与连续

函数是微积分的研究对象;极限是微积分的基本运算,极限方法是研究函数的主要工具,它奠定了微积分学的基础;连续性是函数的重要性质,它是现实世界中广泛存在的渐变现象的数学描述.连续函数在理论研究和实际应用中都占有重要地位.本课程研究的函数主要是连续函数.

在本章中,我们先介绍函数的概念、函数的特性以及初等函数的概念.

极限是本章的重点,这部分主要介绍函数极限概念,而把数列极限作为函数极限的特例来处理.极限部分内容包括:极限概念、极限的性质与运算、两个应用广泛的重要极限、无穷小与无穷大概念、无穷小的性质及其应用.

函数连续性的概念放在本章最后,内容包括:函数连续性概念、函数的间断点及其分类、连续函数的性质及初等函数的连续性.最后从几何上介绍闭区间上连续函数的一些重要性质.

1.1 函　　数

1.1.1 函数的概念

在科学实验、生产实践和日常生活中,经常会遇到各种各样的量,如质量、温度、压强、速度、时间、成本、利润等,它们的实际意义或性质可能千差万别,但从数量变与不变的角度来看,大致可以分为两类:一类量在过程中会发生变化,可以取不同的数值,这种量称为**变量**(variable);另一类量在过程中相对不发生变化,保持同一数值,这种量称为**常量**(constant).通常用 x,y,z,t 等字母表示变量,用 a,b,c,d 等字母表示常量.

在同一过程中,往往有若干个变量,它们的变化并不是孤立进行的,而是相互依赖,相互制约,并遵循一定的规律,下面要介绍的函数概念其本质就是变量之间的这种规律或关系.

【例1-1】 在初速度为零的自由落体运动中,下落距离 h 和时间 t 是两个变量,它们之间满足关系

$$h = \frac{1}{2}gt^2,$$

其中 g 是重力加速度.若物体落地时刻为 T,则当 t 在闭区间 $[0,T]$ 上任取一值时,按上式

确定的规律,h 就有一个确定的值与之对应.

【例 1-2】 图 1-1 是某地气象台用自动温度记录仪描绘的一天之内气温变化曲线. 当时间 t 在闭区间$[0,24]$上任取一值时,通过曲线就可得到该时刻的气温 T.

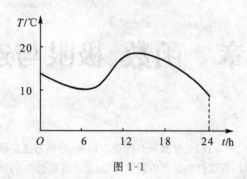

图 1-1

【例 1-3】 邮政局规定普通信函的质量(m,单位:g)与邮资(c,单位:元)间的关系如下表:

信函质量 m/g	$0 \sim 20$	$21 \sim 40$	$41 \sim 60$	$61 \sim 80$	$81 \sim 100$	$101 \sim 200$	$201 \sim 300$
邮资 c/元	0.80	1.60	2.40	3.20	4.00	5.20	6.40

当质量 m 在区间$[0,300]$上任取一个值时,由上表,邮资 c 就有一个确定的值与之对应.

在上面三个例子中,都各有两个变量,它们之间的关系无论是用公式给出,还是用图形给出,或是用表格给出,都反映了两个变量之间一定的对应规律,即一个量的变化会引起另一个量的变化,当前者在其变化范围内任取一值时,后者依对应规律就有确定的值与之对应,我们称这两个变量之间存在着**函数**(function)关系.

定义 1-1 设有非空数集 X 和实数集 $\mathbf{R}$,f 是一个确定的法则(或关系),对于每个 $x \in X$,都有唯一的 $y \in \mathbf{R}$ 与之相对应,并且把与 x 对应的 y 记作 $y = f(x)$,则称 f 是定义在 X 上的**一元函数**(one-variable function),简称为**函数**,称 x 为**自变量**(independent variable),y 为**因变量**(dependent variable).

这里,$f(x)$ 称为当自变量为 x 时,这个函数的函数值;称 x 的取值范围 X 为函数 f 的**定义域**(domain of definition),记作 $D(f)$,即 $D(f) = X$.当 x 取遍 X 中一切值,函数值 $y = f(x)$ 的变化范围称为函数 f 的**值域**(range of values),记作 $R(f)$.

需要说明的是,f 表示由 $x(x \in X)$ 产生 $y[y \in R(f)]$ 的对应规则,而 y 或 $f(x)$ 表示通过 f 在 $R(f)$ 中与 x 对应的数值,二者是有区别的.但是用 $y = f(x)$ 表示一个函数时,f 所代表的对应规则已完全确定,因而习惯上也把 y 或 $f(x)$ 称为自变量 x 的函数.对应于 $x = x_0$ 的函数值记作 $f(x_0)$,或 $y|_{x=x_0}$.当某一过程中涉及多个函数时,不同的函数要用不同的字母表示,如 $y = F(x)$,$y = g(x)$,$y = \varphi(x)$ 等,以示区别.

在函数定义中,最重要的是定义域和对应法则,给出一个函数时,必须同时说明这两个要素.

如果函数关系是由一个公式表示的,则约定函数的定义域是使公式有意义的一切实数组成的集合,这样的定义域称为函数的**自然定义域**.例如,$y=\sqrt{x}$ 的定义域 $D(f)=[0,+\infty)$;$y=\dfrac{1}{1-x^2}+\sqrt{x+1}$ 的定义域是 $(-1,1)\bigcup(1,+\infty)$.

如果函数是由实际问题确定的,则其定义域要由问题本身的意义来确定.例如,自由落体运动中,物体下落的距离 h 是时间 t 的函数:$h=\dfrac{1}{2}gt^2$.如果开始下落的时刻为 $t=0$,落地时刻为 $t=T$,则这个函数的定义域为 $[0,T]$.若不考虑该问题的背景,函数 $h=\dfrac{1}{2}gt^2$ 的自然定义域则是 $(-\infty,+\infty)$.

本课程是在**实数**(real number)范围内讨论,由于实数集 $\mathbf{R}$ 中的数和实数轴上的点是一一对应的,因此除特别声明外,数和点将不加区别.例如,函数 $f(x)$ 在数 $x=x_0$ 处的函数值 $f(x_0)$ 和在点 $x=x_0$ 处的函数值 $f(x_0)$ 是同一含义.

设函数 $y=f(x)$ 的定义域为 X,对于任意取定的 $x\in X$,对应的函数值为 $y=f(x)$,从几何上看,在平面直角坐标系中,点集 $\{(x,y)\mid y=f(x),x\in X\}$ 称为函数 $y=f(x)$ 的**图形**(graph).一个函数的图形通常是一条曲线,$y=f(x)$ 也叫做这条曲线的方程,函数图形简明直观,使人能一眼看出函数变化的全貌.这样,函数的一些性态可借助图形来研究,而一些几何问题也常借助于函数来作理论探讨.

在数学发展的过程中,形成了最简单的五类函数,即**幂函数**(power function)、**指数函数**(exponential function)、**对数函数**(logarithmic function)、**三角函数**(trigonometric function)和**反三角函数**(inverse trigonometric function),描述现实世界千变万化关系的函数常常由这几类函数和常数构成.因此,把它们称为**基本初等函数**(basic elementary function).它们的定义、性质和图形在中学已学过,这里不再赘述.下面再举几个函数例子,以加深理解.

【例 1-4】 常数函数 $y=2$.它的定义域 $D(f)=(-\infty,+\infty)$,值域 $R(f)=\{2\}$,其图形如图 1-2 所示.

【例 1-5】 绝对值函数 $y=|x|$.

由绝对值定义可知

$$y=\begin{cases}x & (x\geqslant 0)\\ -x & (x<0)\end{cases},$$

它的定义域 $D(f)=(-\infty,+\infty)$,值域 $R(f)=[0,+\infty)$,其图形如图 1-3 所示.

例 1-5 中出现的函数在自变量不同的取值范围内,用不同的解析式表示,这样的函数称为**分段函数**(piecewise-defined function),这种函数在工程技术中经常出现.注意,分段函数表示的是一个函数,而不是几个函数.

【例 1-6】 最大整数函数 $y=[x]$.符号 $[x]$ 表示不超过 x 的最大整数,例如,$[-3]=-3,[-1.5]=-2,[0.3]=0,[1.7]=1$.这个函数的定义域 $D(f)=(-\infty,+\infty)$,值域 $R(f)=\{$整数$\}$,其图形呈逐步升高的阶梯形(图 1-4).这类函数称为**阶梯函数**.

有许多实际问题可以用阶梯函数表示,如长途电话收费和通话时间的函数关系,出租车计价器显示的金额和行车里程的函数关系等.

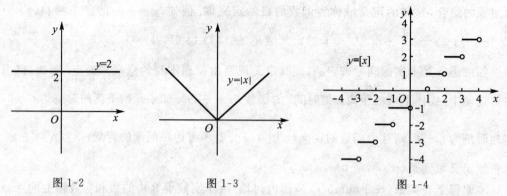

图 1-2　　　　　　　　　图 1-3　　　　　　　　　图 1-4

【**例 1-7**】　我国现行的个人所得税法规定,个人月收入扣除各项社会保险费等免税项目,再扣除 3 500 元(起征额)的余额部分为应纳税额.应纳税额不超过 1 500 元的部分,税率为 3%;超过 1 500 元到 4 500 元的部分,税率为 10%;超过 4 500 元到 9 000 元的部分,税率为 20%.据此规定,可以写出月收入在 10 000 元(已扣除免税项目)以下者的月收入 x(元)与应交纳个人所得税 y(元)之间的函数关系:

$$
y = \begin{cases}
0 & (x \leqslant 3\ 500) \\
(x-3\ 500) \cdot \dfrac{3}{100} & (3\ 500 < x \leqslant 5\ 000) \\
45 + (x-5\ 000) \cdot \dfrac{10}{100} & (5\ 000 < x \leqslant 8\ 000) \\
45 + 300 + (x-8\ 000) \cdot \dfrac{20}{100} & (8\ 000 < x \leqslant 10\ 000)
\end{cases}.
$$

1.1.2　函数的几种常见性态

1. 有界性

设函数 $f(x)$ 在数集 X 上有定义,若存在某个确定的常数 $M>0$,使得对一切 $x \in X$,都有 $|f(x)| \leqslant M$,则称函数 $f(x)$ 在 X 上**有界**(bounded).反之,若对任意给定的正数 M(无论 M 多么大),总存在 $x_1 \in X$,使得 $|f(x_1)| > M$,则称 $f(x)$ 在 X 上**无界**(unbounded).

函数有界的定义也可以这样表述:如果存在常数 l 和 L,使得对任一 $x \in X$,都有 $l < f(x) < L$,则称 $f(x)$ 在 X 上有界,并称 l 和 L 分别是 $f(x)$ 在 X 上的一个**下界**和一个**上界**.

例如,函数 $f(x) = \sin x$ 在整个定义域 $(-\infty, +\infty)$ 内有界,因为对任一 $x \in (-\infty, +\infty)$ 均有 $|\sin x| \leqslant 1$.又如 $f(x) = \dfrac{1}{x}$ 在开区间 $(0,1)$ 内只有下界,而无上界,因而无界.但 $f(x) = \dfrac{1}{x}$ 在 $[1,2]$ 上却是有界的,因为在 $[1,2]$ 上,显然 $\left|\dfrac{1}{x}\right| \leqslant 1$.

2. 单调性

设函数 $f(x)$ 在数集 X 上有定义,若对 X 上的任意两点 $x_1 < x_2$,恒有 $f(x_1) < f(x_2)$[或

$f(x_1) > f(x_2)$]，则称 $f(x)$ 在 X 上**单调增加**(monotone increasing)[或**单调减少**(monotone decreasing)]. 单调增加或单调减少的函数均称为**单调函数**(monotonic function).

单调增加函数的图形沿 x 轴的正向呈上升状，单调减少函数的图形沿 x 轴的正向呈下降状.

例如，正弦函数 $y = \sin x$ 在 $\left(0, \frac{\pi}{2}\right)$ 内单调增加，而在 $\left(\frac{\pi}{2}, \pi\right)$ 内单调减少. 当 $a > 1$ 时，指数函数 $y = a^x$ 在 $(-\infty, +\infty)$ 内单调增加.

3. 奇偶性

设函数 $f(x)$ 的定义域 X 关于原点对称(即若 $x \in X$，则必有 $-x \in X$)，若对任意的 $x \in X$，等式 $f(-x) = f(x)$ 恒成立，则称 $f(x)$ 为**偶函数**(even function)；若对任意的 $x \in X$，等式 $f(-x) = -f(x)$ 恒成立，则称 $f(x)$ 为**奇函数**(odd function).

偶函数的图形关于 y 轴对称，奇函数的图形关于原点对称. 例如，$y = x^2$，$y = \cos x$ 是偶函数；$y = x^3$，$y = \sin x$ 是奇函数. 而 $y = x^2 + \sin x$ 既非偶函数，也非奇函数.

4. 周期性

设函数 $f(x)$ 的定义域是 X，若存在一个非零常数 T，使得对每个 $x \in X$，有 $x \pm T \in X$，且 $f(x \pm T) = f(x)$ 恒成立，则称 $f(x)$ 为**周期函数**(periodic function)，T 称为 $f(x)$ 的周期. 通常我们说的周期函数的周期是指最小正周期. 如 $y = \sin x$，$y = \cos x$ 是周期为 2π 的周期函数，$y = \tan x$，$y = \cot x$ 是周期为 π 的周期函数.

1.1.3 复合函数与反函数

复合函数与反函数是经常遇到的函数形式.

【例 1-8】 某金属球的体积 V 是其半径 r 的函数：$V = \frac{4}{3}\pi r^3$. 由于热胀冷缩，球的半径又随着温度 T 变化，设 r 随 T 的变化规律是 $r = r_0(1 + 0.017T)$，其中 r_0 是常数. 将 $r = r_0(1 + 0.017T)$ 代入 $V = \frac{4}{3}\pi r^3$，就得到体积 V 与温度 T 之间的函数关系

$$V = \frac{4}{3}\pi r_0^3 (1 + 0.017T)^3$$

像这样把一个函数代入另一个函数而得到的函数，称为由这两个函数构成的复合函数.

定义 1-2 设函数 $y = f(u)$ 的定义域为 $D(f)$，值域为 $R(f)$；函数 $u = g(x)$ 的定义域为 $D(g)$，值域为 $R(g) \subseteq D(f)$，则对任意的 $x \in D(g)$，通过 $u = g(x)$ 有唯一的 $u \in R(g) \subseteq D(f)$，再通过 $y = f(u)$ 又有唯一的 $y \in R(f)$. 这样，对任意的 $x \in D(g)$，通过 u 有唯一的 $y \in R(f)$ 与之对应，因此 y 是 x 的函数，我们称这个函数为 $y = f(u)$ 和 $u = g(x)$ 的**复合函数**(composite function)，记作

$$y = (f \circ g)(x) = f(g(x)) \quad [x \in D(g)],$$

并称 u 为**中间变量**，$u = g(x)$ 为**中间函数**.

例如，由 $y = \sqrt{u^2 + 1}$ 和 $u = 10^x$ 复合得到函数 $y = \sqrt{10^{2x} + 1}$ $(x \in \mathbf{R})$. 又如 $y =$

$\arcsin^2 x$ 是由函数 $y = u^2$ 和 $u = \arcsin x$ 复合而成.

复合函数不仅可以由两个函数复合而成,也可由更多的函数复合而成.例如,函数 $y = \sqrt{1 + \lg(2 + \cos\sqrt{x})}$ 是由 4 个简单函数 $y = \sqrt{u}, u = 1 + \lg v, v = 2 + \cos w, w = \sqrt{x}$ 复合而成的.

应该注意的是,并非任意两个函数都可以复合成一个复合函数.例如,$y = \arcsin u$ 与 $u = 2 + x^2$ 就不能复合,因为对任意 $x \in (-\infty, +\infty)$ 对应的 u,都不能使 $y = \arcsin u$ 有意义.$y = f(u)$ 和 $u = g(x)$ 能否复合,关键在于是否满足定义中的 $R(g) \subseteq D(f)$.

【例 1-9】 函数 $y = \arcsin\dfrac{x-1}{2}$ 可以看做由 $y = \arcsin u$ 和 $u = \dfrac{x-1}{2}$ 复合而成.

由于 $y = \arcsin u$ 的定义域是 $[-1,1]$,所以要求

$$|u| = \left|\frac{x-1}{2}\right| \leqslant 1, \quad \text{即} -1 \leqslant x \leqslant 3.$$

由此可知 $y = \arcsin\dfrac{x-1}{2}$ 的定义域是 $[-1,3]$.

本例说明,经复合后的函数,其自然定义域未必是中间函数的自然定义域.

研究任何事物,往往要从正反两个方面来研究,函数 $y = f(x)$ 反映了当自变量 x 变化时,因变量 y 随之变化的规律,有时根据需要,则要反过来研究 x 随着 y 变化的规律,这就产生了反函数的概念.

例如,一物体从距地面高 H 处自由落下,下落距离与时间 t 的函数的关系是

$$h = \frac{1}{2}gt^2, \quad t \in \left[0, \sqrt{\frac{2H}{g}}\right].$$

如果研究物体下落不同距离所用的时间,则有

$$t = \sqrt{\frac{2h}{g}}, \quad h \in [0, H].$$

这是一个以 h 为自变量,t 为因变量的函数.像这样交换了自变量与因变量位置的函数 $t = \sqrt{\dfrac{2h}{g}}$,称为 $h = \dfrac{1}{2}gt^2$ 的反函数.

定义 1-3 设函数 $y = f(x)$ 的定义域为 $D(f)$,值域为 $R(f)$,如果对每一个 $y \in R(f)$,都有唯一的 $x \in D(f)$,使 $y = f(x)$,则 x 也是 y 的函数,我们将这个函数记作 $x = f^{-1}(y)$,并把它称为函数 $y = f(x)$ 的**反函数**(inverse function),而 $y = f(x)$ 则称为反函数 $x = f^{-1}(y)$ 的**直接函数**.显然 $y = f(x)$ 与 $x = f^{-1}(y)$ 互为反函数.

在定义中,反函数的自变量用 y 表示,因变量用 x 表示,这与用 x 表示自变量,用 y 表示因变量的习惯不符.因而,一般把反函数 $x = f^{-1}(y)$ 写作 $y = f^{-1}(x)$,字母的改变并没改变该函数的定义域和对应法则,当然可以说 $y = f(x)$ 的反函数就是 $y = f^{-1}(x)$.例如,由 $y = 10^x$ 得 $x = \lg y$,于是得到 $y = 10^x$ 的反函数 $y = \lg x$.

【例 1-10】 设函数 $y = f(x) = 3x + 2$,从中解出 $x = \dfrac{1}{3}(y - 2)$,则 $y = 3x + 2$ 的反函数为 $y = f^{-1}(x) = \dfrac{1}{3}(x - 2)(x \in \mathbf{R})$.这两个函数的图形如图 1-5 所示.

　　容易证明，在同一平面直角坐标系中，$y = f^{-1}(x)$ 和 $y = f(x)$ 的图形关于直线 $y = x$ 对称. 图 1-6 描绘的是指数函数 $y = 10^x$ 和它的反函数，即对数函数 $y = \lg x$ 的图形.

　　但是，并不是所有的函数都存在反函数. 可以证明，如果 $y = f(x)$ 是单调增加（或单调减少）的函数，则它的反函数 $y = f^{-1}(x)$ 就一定存在，并且也是单调增加（或单调减少）的函数.

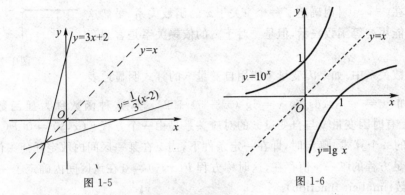

图 1-5　　　　　　　　　　　　　　　图 1-6

1.1.4　初等函数与非初等函数

　　在微积分学中，定量描述各种运动变化的函数，大都是由基本初等函数和常数经过四则运算、函数复合及分析运算构成的.

　　函数四则运算指的是：如果函数 $f(x)$ 和 $g(x)$ 均在数集 X 上有定义，则通过代数四则运算 $f(x) \pm g(x)$，$f(x) \cdot g(x)$，$\dfrac{f(x)}{g(x)}$ 可得到新的函数. 这里当函数相除时，需在 X 中去掉分母函数 $g(x)$ 的零点，即 $x \in X$，且 $g(x) \neq 0$.

　　由常数和基本初等函数，即幂函数、指数函数、对数函数、三角函数和反三角函数，经过有限次的四则运算和函数复合步骤所构成的并且可以用一个算式表示的函数，称为**初等函数**（elementary function）.

　　例如，$y = \lg \sin^2 x$，$y = \dfrac{x^2 - x + 1}{\sqrt[3]{\tan x}}$，$y = 2^{\arctan \frac{x}{2}}$ 等，都是初等函数.

　　在微积分学中大量出现的是初等函数，但也会遇到一些非初等函数，常见的非初等函数有分段函数、隐函数、用参数方程确定的函数以及用极坐标方程确定的函数等.

　　【例 1-11】　$f(t) = \begin{cases} 0 & (t \leqslant 0) \\ 1 & (t > 0) \end{cases}$，这是电子技术中常用到的"单位阶跃函数"，是一个非初等函数.

　　【例 1-12】　符号函数

$$y = \operatorname{sgn} x = \begin{cases} -1 & (x < 0) \\ 0 & (x = 0) \\ 1 & (x > 0) \end{cases}$$

的定义域是 $(-\infty, +\infty)$，值域是 $\{-1, 0, 1\}$，其图形如图 1-7 所示.

　　$\operatorname{sgn} x$ 是表征 x 正负的特征函数，对任何 $x \in \mathbf{R}$，有 $|x| = x \operatorname{sgn} x$ 或 $x = \operatorname{sgn} x \cdot |x|$.

常见的绝对值函数实际上都是分段函数,即 $|f(x)|=f(x)\,\mathrm{sgn}\,f(x)$.因而在实际演算或推理时,若遇到绝对值函数,我们常将其分解为分段函数的形式.

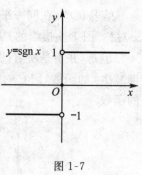

【例 1-13】 考虑方程 $2^y=xy+2$,x 在 $(-\infty,0]$ 内每取一个实数值,y 就有唯一一个确定的值与之对应.由此,方程 $2^y=xy+2$ 就在 $(-\infty,0]$ 内确定了一个 y 关于 x 的函数关系,虽然这个函数不能用初等函数表示,但是 y 对于 x 的依赖关系是客观存在的.

图 1-7

在函数关系中,如果因变量 y 能用自变量 x 的算式明显地表示出来,如 $y=x^2+\cos x$,$y=\lg(x-5)+2^{\frac{1}{x}}$ 等,这种函数称为**显函数**(explicit function).有时因变量 y 与自变量 x 的对应关系是由一个方程 $F(x,y)=0$[$F(x,y)$ 为变量 x 和 y 的一个算式]确定时,即在一定条件下,当 x 在某一区间内取定任何一值时,相应地总有满足方程的唯一 y 值存在,这时称方程 $F(x,y)=0$ 在该区间内确定了一个 y 关于 x 的**隐函数**(implicit function).

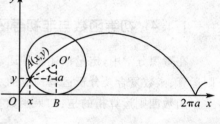

【例 1-14】 设点 A 是半径为 a 的动圆圆周上一定点,开始时,点 A 位于原点 O 处.当动圆在 x 轴上作无滑动地滚动时,点 A 的运动轨迹称为**摆线**或**旋轮线**(图 1-8).该曲线确定了 x 与 y 之间的某种函数关系,但我们不能用初等函数将其表示,也很难用一个方程 $F(x,y)=0$ 描述这个函数关系.

图 1-8

若设参变量 t 为圆心角 $\angle AO'B$(图 1-8),其中点 B 是动圆与 x 轴的切点,则点 A 的横坐标
$$x=|OB|-a\sin t=|\overparen{AB}|-a\sin t=at-a\sin t,$$
点 A 的纵坐标
$$y=|O'B|-a\cos t=a-a\cos t,$$
由此得到摆线的参数方程为
$$\begin{cases} x=a(t-\sin t) \\ y=a(1-\cos t) \end{cases},$$
则 x 与 y 之间的函数关系就体现在这个参数方程当中.

一般地,若用参数方程
$$\begin{cases} x=\varphi(t) \\ y=\psi(t) \end{cases}$$
来确定 y 与 x 之间的函数关系,则称此函数是**由参数方程所确定的函数**.

以后掌握了积分和级数工具后,还会看到一些很有用的非初等函数.

习题 1-1

1.求下列各函数的定义域:

$(1)y = \sqrt{4-x^2} + \dfrac{5x+4}{x^2+3x+2}$;

$(2)y = \sqrt{\lg\left(\dfrac{5x-x^2}{4}\right)}$;

$(3)y = \arcsin\left(\dfrac{x-2}{3}\right)$;

$(4)y = \sqrt{\cos x - 1}$.

2. 判断下列各组函数是否相同:

$(1)f(x) = x+1$ 和 $g(x) = \dfrac{x^2-1}{x-1}$;

$(2)f(x) = \lg x^2$ 和 $g(x) = 2\lg x$;

$(3)f(x) = \sqrt{x^2}$ 和 $g(x) = (\sqrt{x})^2$;

$(4)f(x) = \sqrt{x^2}$ 和 $g(x) = |x|$;

$(5)f(x) = \sqrt{\dfrac{x-1}{x-3}}$ 和 $g(x) = \dfrac{\sqrt{x-1}}{\sqrt{x-3}}$;

$(6)f(x) = \dfrac{x}{x}$ 和 $g(x) = 1$.

3. 设 $\varphi(x) = \begin{cases} |\sin x| & \left(|x| < \dfrac{\pi}{3}\right) \\ 0 & \left(|x| \geqslant \dfrac{\pi}{3}\right) \end{cases}$,求 $\varphi\left(\dfrac{\pi}{6}\right)$, $\varphi\left(-\dfrac{\pi}{4}\right)$, $\varphi\left(\dfrac{\pi}{3}\right)$, $\varphi\left(\dfrac{\pi}{2}\right)$, $\varphi(-2)$,并作出 $\varphi(x)$ 的图形.

4. 正圆柱体内接于高为 h,底半径为 r 的正圆锥体内,设圆柱体的高为 x,试将圆柱体的底半径 y 与体积 V 分别表示为 x 的函数.

5. 有一长 1 m 的细杆,记作 OAB,OA 段长 0.5 m,其线密度(单位长度细杆的质量)为 2 kg/m,AB 段长 0.5 m,其线密度为 3 kg/m.设 M 是细杆上任一点,OM 的长为 x,质量为 m,试将 m 表示为 x 的函数.

6. 由经验得知,潜水者在水中所受的压力 p 与潜水的深度 d 的关系为:$p = kd+1(k$ 为常数);当 $d = 0$ m 时,压力为 1 atm;当 $d = 100$ m 时,压力大约为 10.94 atm,求潜水者在水平面下 50 m 时受到的压力.

7. 表示地震强度一般采用里氏强度(Richter scale),其公式为

$$R = \lg\left(\dfrac{a}{T}\right) + B,$$

其中,R 为强度;a 为在监测站中地表震动的振幅,以微米(μm)为单位;T 的单位是秒(s),代表震波的周期;B 是一个实验常数,用以模拟震波随着离震中距离的增加而减弱的情况.一般情况下,5 级地震即会造成损害,目前的世界纪录为 8.5 级.设在一次强地震时,某地震中强度为里氏 7.8 级,此时监测站的记录器显示振幅为 $a = 10$ μm,周期为 $T = 1$ s,若在余震中,测得的振幅为 $a = 0.1$ μm,周期为 $T = 1$ s,问余震强度是多少?

8. 当一模型火箭发射时,推进器燃烧数秒,使火箭向上加速.当燃烧结束后,火箭再向上升了一会,便向地面自由下落.当火箭下降一段短时间后,火箭张开一个降落伞,降落伞使得火箭下降速度减慢,以免着陆时破裂.图 1-9 为火箭飞行的速度数据,利用此图回答下列问题:

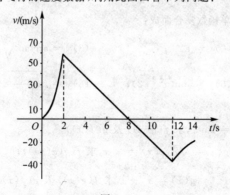

图 1-9

(1) 当推进器停止燃烧时,火箭上升的速度是多少?

(2) 推进器燃烧了多久?

(3) 火箭什么时候达到最高点?此时速度是多少?

(4) 降落伞何时张开?当时火箭的下降速度是多少?

(5) 在张开降落伞之前,火箭下降了多长时间?

9. 判断下列函数在指定区间内的有界性:

(1) $f(x) = \tan x$ 在 $\left(-\dfrac{\pi}{4}, \dfrac{\pi}{4}\right)$ 及 $\left(-\dfrac{\pi}{2}, \dfrac{\pi}{2}\right)$ 内;

(2) $f(x) = \dfrac{1}{1+x^2}$ 在 $(-\infty, +\infty)$ 内;

(3) $f(x) = \dfrac{x}{1+x^2}$ 在 $(-\infty, +\infty)$ 内;

(4) $f(x) = \dfrac{x+2}{x-2}, x \in (2,4)$.

10. 判断下列函数的单调性:

(1) $f(x) = 2^{-x}$;　　　　(2) $f(x) = 1 - x^2$;　　　　(3) $f(x) = x + \lg x$.

11. 设 $f(x) = \dfrac{1+x}{1-x}$.

(1) 证明 $f(x)$ 在 $(-\infty, 1)$ 与 $(1, +\infty)$ 内均单调增加;

(2) 根据(1),能否说 $f(x)$ 在 $(-\infty, 1) \bigcup (1, +\infty)$ 内单调增加?

12. 判断下列函数的奇偶性:

(1) $f(x) = \sqrt{1-x+x^2} - \sqrt{1+x+x^2}$;　　　　(2) $f(x) = 2 + |x|$;

(3) $f(x) = \lg(x + \sqrt{1+x^2})$;　　　　(4) $f(x) = \dfrac{\sin^4 x \cos x}{1+x^2}$.

13. 设 $f(x)$ 是定义在 $[-l, l]$ 上的任意一个函数,讨论 $\varphi(x) = f(x) + f(-x)$ 及 $\psi(x) = f(x) - f(-x)$ 的奇偶性,并证明 $f(x)$ 总可以表示为一个偶函数与一个奇函数之和.

14. 设 $f(x)$ 是以 2π 为周期的周期函数,它在 $[-\pi, \pi)$ 上的表达式是

$$f(x) = \begin{cases} 2x & (-\pi \leqslant x < 0), \\ 1 & (0 \leqslant x < \pi) \end{cases},$$

求 $f(-5\pi), f(-4\pi), f\left(\dfrac{7}{2}\pi\right)$ 及 $f\left(\dfrac{9}{2}\pi\right)$.

15. 设 $f(x)$ 是周期为 T 的周期函数,证明 $f(ax+b)$ 也是周期函数,其周期为 $\dfrac{T}{a}$,其中 a, b 为常数.

16. 下列函数是由哪些简单函数复合而成:

(1) $y = (1+x^3)^4$;　　(2) $y = e^{\cos x}$;　　(3) $y = \arctan \sqrt[3]{\dfrac{x-1}{2}}$;

(4) $y = 5^{\frac{1}{x}}$;　　(5) $y = \tan(x^2 - 2)$;　　(6) $y = \sqrt[3]{\dfrac{x}{1+x}}$.

17. 求下列复合函数:

(1) 设 $f(x) = x^2, g(x) = \sin x$,求 $f(g(x))$ 及 $g(f(x))$;

(2) 设 $f(x) = \arctan x, g(x) = \sqrt{x}, \varphi(x) = \lg x$,求 $f(g(\varphi(x)))$;

(3) 设 $f(x) = \begin{cases} 2x & (x \leqslant 0) \\ 0 & (x > 0) \end{cases}, g(x) = x^2 - 1$,求 $f(g(x))$ 及 $g(f(x))$.

18. 已知 $f(x) = 10^{x^2}, f(\varphi(x)) = 1 - x$,且 $\varphi(x) \geqslant 0$,求 $\varphi(x)$ 的表达式,并写出它的定义域.

19. 求下列函数的反函数,并写出定义域:

(1) $y = 3^{2x-5}$；　　　　　(2) $y = \dfrac{1-x}{1+x}$；　　　　　(3) $y = \sqrt{10-3x}$；　　　　　(4) $y = \log_4^{(x+3)}$.

1.2　极　限

　　函数概念从数量方面反映了变量之间的相互依赖关系,但在一些问题的研究中,仅仅知道函数关系是不够的,常常需要考察当自变量按某种方式变化时,相应函数值的变化趋势,而这种变化趋势已不能在初等数学范围内通过有限次步骤获得,而需要引入新的数学方法.

1.2.1　极限概念引例

　　【例 1-15】（**自由落体的瞬时速度**）初速度为零的自由落体在 t 时刻的下落距离为

$$h = h(t) = \frac{1}{2}gt^2,$$

其中 g 为重力加速度. 这是一个非匀速运动,落体在不同时刻运动的快慢不同,如何刻画落体在某一时刻 t_0 的"速度"呢?

　　先研究落体从 t_0 时刻到 t 时刻这一时间间隔上的平均速度

$$\bar{v}(t) = \frac{h(t) - h(t_0)}{t - t_0} = \frac{\dfrac{1}{2}gt^2 - \dfrac{1}{2}gt_0^2}{t - t_0} = \frac{1}{2}g(t + t_0),$$

显然,当 t 越接近 t_0,平均速度 $\bar{v}(t)$ 就越接近 t_0 时刻的"速度",而这个"速度"是客观存在的,我们称其为自由落体在 t_0 时刻的**瞬时速度**（instantaneous velocity）. 从上式中不难看出这个自由落体在 t_0 时刻的瞬时速度为 gt_0.

　　【例 1-16】　求由抛物线 $y = x^2$、x 轴与直线 $x = 1$ 所围成的曲边三角形（图 1-10）的面积.

　　先把区间 $[0,1]$ n 等分,分点是 $0, \dfrac{1}{n}, \dfrac{2}{n}, \dfrac{3}{n}, \cdots, \dfrac{n-1}{n}, 1$.

再以每个小区间（长度都是 $\dfrac{1}{n}$）为宽作出 n 个小矩形,小矩形的

高分别是 $0, \left(\dfrac{1}{n}\right)^2, \left(\dfrac{2}{n}\right)^2, \left(\dfrac{3}{n}\right)^2, \cdots, \left(\dfrac{n-1}{n}\right)^2$.这样就得到如

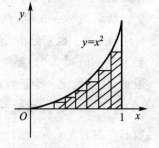

图 1-10

图 1-10 中阴影所示的 n 级阶梯形,它的面积

$$S_n = 0^2 \cdot \frac{1}{n} + \left(\frac{1}{n}\right)^2 \cdot \frac{1}{n} + \left(\frac{2}{n}\right)^2 \cdot \frac{1}{n} + \left(\frac{3}{n}\right)^2 \cdot \frac{1}{n} + \cdots + \left(\frac{n-1}{n}\right)^2 \cdot \frac{1}{n}$$

$$= \frac{1}{n^3}[1^2 + 2^2 + 3^2 + \cdots + (n-1)^2] = \frac{1}{n^3} \cdot \frac{1}{6}n(n-1)(2n-1)$$

$$= \frac{1}{3}\left(1 - \frac{1}{n}\right)\left(1 - \frac{1}{2n}\right).$$

这里 S_n 是正整数 n 的函数,容易看出,当 n 无限增大时,S_n 将无限趋近于确定的数值 $\dfrac{1}{3}$,显然用 $\dfrac{1}{3}$ 来表示这个曲边三角形的面积是合理的.

以上两例,一个是物理问题,一个是几何问题.在解决问题过程中所使用的数学方法,都是把一个确定不变的数值看做是不断变化着的量的变化趋势,或者说是变量变化的"终极目标".这就是本节要研究的极限(limit)问题.

中学数学中已不同程度地接触过极限,以后还会逐渐看到,自然科学和工程技术中的许多概念都是用极限界定的,在微积分学中更是如此.因此正确理解极限概念,灵活掌握极限运算是学好微积分的基础.

1.2.2 自变量趋于有限值时函数的极限

极限描述的是无限变化过程中函数的变化趋势.变化过程是指自变量的变化过程,在函数 $y = f(x)$ 中,自变量的变化方式或过程是多种多样的,如 x 可以趋近某个确定值,$|x|$ 也可以无限变大等.下面先考虑 x 无限趋近于某个确定值 x_0(用 $x \to x_0$ 表示)时,函数 $f(x)$ 的变化趋势.

【例 1-17】 观察函数 $f(x) = x^2 + 1(-\infty < x < +\infty)$ 的图形(图 1-11),可以看出,当 x 无限趋于 0 时(无论以何种方式),$f(x)$ 将和数值 1 无限接近.

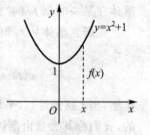

图 1-11

那么,如何理解"$f(x)$ 与数值 1 无限接近"?什么又是"x 无限趋于 0"?对此,数学上应有一个严格的定量描述,才能使推理和判断建立在坚实的基础之上.

大家知道,两个实数 a 和 b 之间的接近程度,可以用 $|b-a|$ 来度量,$|b-a|$ 越小,a 和 b 就越接近.

所谓当 $x \to 0$ 时,$f(x)$ 与数值 1 无限接近,就是指只要 $|x-0|$ 充分小,就可使 $|f(x)-1|$ 也充分小.比如要使 $|f(x)-1| < 0.000\,1$,即 $|x^2+1-1| < 0.000\,1$,只要 $|x-0| < 0.01$;要使 $|f(x)-1| = |x^2+1-1| < 10^{-10}$,只要 $|x-0| < 10^{-5}$.一般地,任意给定一个正数 $\varepsilon > 0$,不论它多么小,总能找到正数 δ,当 $|x-0| < \delta$ 时,就可使 $|x^2+1-1| < \varepsilon$,事实上,解这个不等式可知,取 $\delta = \sqrt{\varepsilon}$ 即可,也就是说,对于任意给定的正数 ε,存在着 $\delta = \sqrt{\varepsilon}$,当 $|x-0| < \delta$ 时,必有 $|f(x)-1| < \varepsilon$.

为了叙述方便,引入邻域的说法.

设 x_0 是给定的实数,δ 是任一正数,则称数集
$$\{x \mid x_0 - \delta < x < x_0 + \delta\} = \{x \mid |x - x_0| < \delta\}$$
为 x_0 的 δ **邻域**(neighborhood),记作 $U(x_0, \delta)$,它是以 x_0 为中心,以 δ 为半径的开区间 $(x_0 - \delta, x_0 + \delta)$(图 1-12).

如果在邻域 $(x_0 - \delta, x_0 + \delta)$ 中除去点 x_0,则集合 $\{x \mid 0 < |x - x_0| < \delta\}$ 称为 x_0 的**去心邻域**,记作 $\mathring{U}(x_0, \delta)$.

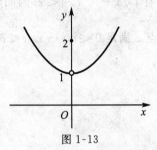

图 1-12

【例 1-18】　函数 $f(x) = \begin{cases} x^2 + 1 & (x \neq 0) \\ 2 & (x = 0) \end{cases}$，其图形为图 1-13. 从图形上可以看出，当 x 无限趋于 0 时，$f(x)$ 和数值 1 可以无限接近，但 $f(0) = 2$. 用"ε-δ"的说法，就是对于任意给定的 $\varepsilon > 0$，无论它多么小，取 $\delta = \sqrt{\varepsilon}$，只要 $0 < |x - 0| < \delta$，就能使 $|f(x) - 1| < \varepsilon$ 恒成立.

从例 1-17、例 1-18 可以看出，当 $x \to 0$ 时，$f(x)$ 的变化趋势和 $f(x)$ 在 $x = 0$ 处如何定义毫无关系. 因此，只需在 x_0 的去心邻域内讨论 $f(x)$ 即可.

通过以上讨论，下面给出当 $x \to x_0$ 时，$f(x)$ 以 a 为极限的定义.

定义 1-4　设函数 $f(x)$ 在点 x_0 的某去心邻域内有定义，a 为一常数，若对于任意给定的正数 ε，都相应存在正数 δ，使适合不等式 $0 < |x - x_0| < \delta$ 的一切 x 所对应的函数值 $f(x)$，都满足不等式 $|f(x) - a| < \varepsilon$，则称 a 是 $f(x)$ 当 $x \to x_0$ 时的**极限**，记作

$$\lim_{x \to x_0} f(x) = a$$

或

$$f(x) \to a \quad (x \to x_0).$$

如果这样的常数 a 不存在，就称 $x \to x_0$ 时 $f(x)$ 的极限不存在.

当 $x \to x_0$ 时 $f(x)$ 以 a 为极限可以作如下几何解释：

对于任意给定的 $\varepsilon > 0$，作平行于 x 轴的两条直线 $y = a + \varepsilon$ 和 $y = a - \varepsilon$，这两条直线形成一横条区域，对于上述 ε 总存在 x_0 的一个去心 δ 邻域，使得区间 $(x_0 - \delta, x_0)$ 与 $(x_0, x_0 + \delta)$ 内曲线 $y = f(x)$ 全部落在这一横条区域内（图 1-14）.

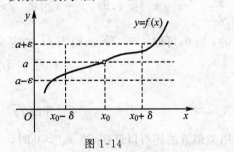

图 1-13　　　　　　　　　　　　　　图 1-14

【例 1-19】　证明：$\lim_{x \to x_0} (ax + b) = ax_0 + b$，$a$、$b$ 为常数.

证明　要证明的是，对于任意给定的 $\varepsilon > 0$，必有 $\delta > 0$，当 $0 < |x - x_0| < \delta$ 时，恒有

$$|(ax + b) - (ax_0 + b)| < \varepsilon.$$

由于 $|(ax + b) - (ax_0 + b)| = |a||x - x_0|$，所以若 $a \neq 0$，对于任意给定的 $\varepsilon > 0$，只需取 $\delta = \dfrac{\varepsilon}{|a|}$，则当 $0 < |x - x_0| < \delta$ 时，必有 $|(ax + b) - (ax_0 + b)| < \varepsilon$，故由定义知

$$\lim_{x \to x_0} (ax + b) = ax_0 + b.$$

应用微积分

作为特例,当 $a=1,b=0$ 时,

$$\lim_{x \to x_0} x = x_0;$$

当 $a=0$ 时,

$$\lim_{x \to x_0} b = b.$$

后一种情况的证明,留给读者作为练习.

【例 1-20】 证明:$\lim\limits_{x \to 3} \dfrac{x^2-9}{x-3} = 6$.

证明 注意函数在 $x=3$ 处没有定义,但这并不影响讨论函数在该点的极限. 由于

$$\left| \frac{x^2-9}{x-3} - 6 \right| = |x+3-6| = |x-3|,$$

为了使 $\left| \dfrac{x^2-9}{x-3} - 6 \right| < \varepsilon$,只需 $|x-3| < \varepsilon$. 因此,对于任意给定的 $\varepsilon > 0$,可取 $\delta = \varepsilon$,则当 $0 < |x-3| < \delta$ 时,必有

$$\left| \frac{x^2-9}{x-3} - 6 \right| < \varepsilon,$$

即

$$\lim_{x \to 3} \frac{x^2-9}{x-3} = 6.$$

【例 1-21】 证明当 $x_0 > 0$ 时,$\lim\limits_{x \to x_0} \sqrt{x} = \sqrt{x_0}$.

证明 由于

$$|\sqrt{x} - \sqrt{x_0}| = \frac{|x-x_0|}{\sqrt{x}+\sqrt{x_0}} \leqslant \frac{1}{\sqrt{x_0}} |x-x_0|,$$

故当 $\dfrac{1}{\sqrt{x_0}} |x-x_0| < \varepsilon$,即 $|x-x_0| < \sqrt{x_0}\varepsilon$ 时,就有 $|\sqrt{x} - \sqrt{x_0}| < \varepsilon$. 因而对于任意给定的 $\varepsilon > 0$,可取 $\delta = \sqrt{x_0}\varepsilon$,则当 $\sqrt{x}$ 的定义域中的点 x 满足 $0 < |x-x_0| < \delta$ 时,必有

$$|\sqrt{x} - \sqrt{x_0}| < \varepsilon,$$

即

$$\lim_{x \to x_0} \sqrt{x} = \sqrt{x_0}.$$

用类似方法还可以证明,当 $x_0 > 0$ 时,

$$\lim_{x \to x_0} \sqrt[n]{x} = \sqrt[n]{x_0}.$$

在 $x \to x_0$ 时函数 $f(x)$ 的极限概念中,x 趋于 x_0 的方式可以是任意的. x 可以从小于 x_0 的一侧趋于 x_0(记作 $x \to x_0^-$),也可以从大于 x_0 的一侧趋于 x_0(记作 $x \to x_0^+$),还可以以其他方式趋于 x_0. 但根据讨论问题的需要,有时只需或只能研究从 x_0 的某一侧趋于 x_0 时的极限.

例如,函数 $f(x) = \sqrt{x}$,讨论 $x \to 0$ 时 $f(x)$ 的变化趋势,只能从 $x=0$ 的右侧来讨论.

又如,$f(x) = \begin{cases} x+2 & (x<0) \\ \sin x & (x>0) \end{cases}$,讨论 $x \to 0$ 时 $f(x)$ 的变化趋势,需要分别从 $x=0$

的两侧进行讨论. 这种从 x_0 的一侧趋于 x_0 时函数的极限分别称为函数的**左极限**(left-hand limit)和**右极限**(right-hand limit). 左、右极限统称为函数的**单侧极限**. 若实数 a 是函数 $f(x)$ 当 $x \to x_0$ 时的左极限(或右极限),则记作

$$\lim_{x \to x_0^-} f(x) = a \quad 或 \quad f(x_0 - 0) = a$$

$$(\lim_{x \to x_0^+} f(x) = a \quad 或 \quad f(x_0 + 0) = a).$$

不难证明,极限 $\lim_{x \to x_0} f(x)$ 存在的充分必要条件是 $f(x)$ 在 x_0 处的左、右极限都存在,并且相等,即

$$f(x_0 - 0) = f(x_0 + 0).$$

如果函数在某点处的左、右极限中至少有一个不存在,或左、右极限虽存在但不相等,则可断言函数在该处的极限不存在.

【**例 1-22**】　对于函数 $f(x) = \dfrac{|x|}{x}$,

$$\lim_{x \to 0^-} f(x) = \lim_{x \to 0^-} \frac{-x}{x} = -1,$$

$$\lim_{x \to 0^+} f(x) = \lim_{x \to 0^+} \frac{x}{x} = 1.$$

因为 $\lim_{x \to 0^-} f(x)$ 和 $\lim_{x \to 0^+} f(x)$ 不相等,所以 $x \to 0$ 时,函数 $f(x) = \dfrac{|x|}{x}$ 的极限不存在(图 1-15).

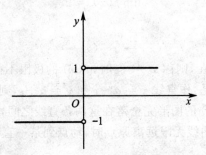

图 1-15

1.2.3　自变量趋于无穷大时函数的极限

假设在时刻 $t = 0$ 时,将一个温度为 $100\ ℃$ 的物体放入温度为 $20\ ℃$ 的环境中,下面表格记录了在 $1 \sim 10\ \text{min}$ 时物体温度 $T(℃)$ 的测量值:

t/min	$T/℃$	t/min	$T/℃$	t/min	$T/℃$
1	39.45	5	20.67	9	20.012
2	33.35	6	20.25	10	20.005
3	25	7	20.09	⋮	⋮
4	21.83	8	20.034		

可以看出,当时间逐渐增加时,物体温度 $T(℃)$ 越来越接近于环境温度 $20\ ℃$.

像这样,当自变量的绝对值无限增大,相应函数值无限逼近某个确定数的现象经常会遇到,由此引出自变量趋于无穷大时函数极限的概念.

自变量 x 的绝对值无限增大,称作 x 趋于无穷大,记作 $x \to \infty$.

在图 1-16 和图 1-17 中,画出了函数 $y = a + \dfrac{1}{x}$ 和 $y = a + \dfrac{\sin x}{x}$ 的图形,它们有一个共同特征:当自变量 x 的绝对值无限增大时,函数值将和数 a 无限接近,则称常数 a 是当 $x \to \infty$ 时,函数 $y = a + \dfrac{1}{x}$ 和 $y = a + \dfrac{\sin x}{x}$ 的极限.

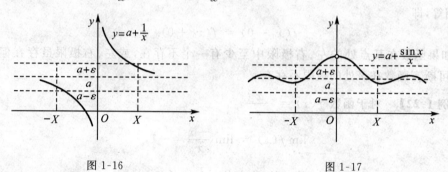

图 1-16   图 1-17

定义 1-5 设函数 $f(x)$ 在 $|x|$ 充分大时有定义,a 为一常数,若对任意给定的正数 ε,总存在正数 X,使得适合不等式 $|x| > X$ 的一切 x,恒有不等式 $|f(x) - a| < \varepsilon$ 成立,则称常数 a 是当 $x \to \infty$ 时函数 $f(x)$ 的极限,记作

$$\lim_{x \to \infty} f(x) = a$$

或

$$f(x) \to a \quad (x \to \infty).$$

如果这样的常数不存在,则称 $x \to \infty$ 时,$f(x)$ 的极限不存在.

定义 1-5 的几何解释是:作直线 $y = a - \varepsilon$ 和 $y = a + \varepsilon$,则总存在 $X > 0$,当 $x < -X$ 或 $x > X$ 时,函数 $y = f(x)$ 的图形完全落在这两条直线之间,如图 1-16 和图 1-17 所示.

如果曲线上的动点沿曲线无限远离原点时,动点到某一直线的距离趋于 0,则称此直线为该曲线的一条**渐近线**.

从图形上看 $y = a$ 是曲线 $y = a + \dfrac{1}{x}$ 和 $y = a + \dfrac{\sin x}{x}$ 的水平渐近线.

一般地,若 $\lim\limits_{x \to \infty} f(x) = a$,则称 $y = a$ 是函数 $y = f(x)$ 图形的**水平渐近线**(horizontal asymptote).

在定义 1-5 中,如果只考虑 x 取正值且无限增大(记为 $x \to +\infty$),则极限记作 $\lim\limits_{x \to +\infty} f(x) = a$,定义中 $|x| > X$ 相应改为 $x > X$;如果只考虑 x 取负值,且 $|x|$ 无限增大(记为 $x \to -\infty$),则极限记作 $\lim\limits_{x \to -\infty} f(x) = a$,定义中 $|x| > X$ 相应改为 $x < -X$.

易证:$\lim\limits_{x \to \infty} f(x) = a$ 的充分必要条件是 $\lim\limits_{x \to +\infty} f(x) = a$ 与 $\lim\limits_{x \to -\infty} f(x) = a$ 同时成立.

【例 1-23】 证明:$\lim\limits_{x \to \infty} \dfrac{x^2 + 1}{x^2} = 1$.

证明 由于

$$\left|\frac{x^2+1}{x^2}-1\right|=\left|\frac{x^2+1-x^2}{x^2}\right|=\frac{1}{x^2},$$

为了使 $\left|\frac{x^2+1}{x^2}-1\right|<\varepsilon$，即 $\frac{1}{x^2}<\varepsilon$，只要 $|x|>\sqrt{\frac{1}{\varepsilon}}$. 因此，对于任意给定的 $\varepsilon>0$，可取

$X=\sqrt{\frac{1}{\varepsilon}}$，则当 $|x|>X$ 时，必有 $\left|\frac{x^2+1}{x^2}-1\right|<\varepsilon$，从而

$$\lim_{x\to\infty}\frac{x^2+1}{x^2}=1.$$

【例 1-24】　证明：当 $a>1$ 时，$\lim\limits_{x\to-\infty}a^x=0$.

证明　设对于给定的 $\varepsilon>0(\varepsilon<1)$，要使

$$|a^x-0|=a^x<\varepsilon,$$

只需

$$x<\log_a\varepsilon.$$

取 $X=|\log_a\varepsilon|$，则当 $x<-X$ 时，恒有

$$|a^x-0|<\varepsilon,$$

故

$$\lim_{x\to-\infty}a^x=0.$$

1.2.4　数列的极限

数列(sequence of numbers)在中学数学中已经出现过. 在 1.2.1 节例 1-16 中，我们把曲边三角形的面积看成是一系列多边形面积 S_n 当 $n\to\infty$ 时的"终极结果"，这就是数列极限的一个实例.

现在用函数的观点来理解数列的概念. 通常把定义域为正整数集合 $\mathbf{Z}^+$ 的函数 $u_n=f(n)$ 称为**整标函数**. 把整标函数的函数值按正整数 n 的排列顺序排列出来：

$$u_1,u_2,u_3,\cdots,u_n,\cdots$$

这样得到的无穷数串称为**数列**，记作 $\{u_n\}$ 或数列 u_n. 数列中的每一个数称为数列的**项**，第 n 项 u_n 称为**通项**(general term)或**一般项**. 例如，数列

$2,\dfrac{1}{2},\dfrac{4}{3},\dfrac{3}{4},\cdots,$　一般项是 $u_n=\dfrac{n+(-1)^{n+1}}{n}$；

$1,-1,1,-1,\cdots,$　一般项是 $u_n=(-1)^{n+1}$；

$1,\dfrac{1}{2},\dfrac{1}{3},\dfrac{1}{4},\cdots,$　一般项是 $u_n=\dfrac{1}{n}$；

$1,3,5,7,\cdots,$　一般项是 $u_n=2n-1$.

考察以上数列，它们的性态各不相同. 第 1 个和第 3 个数列随着 n 的无限增大，它们分别无限地逼近常数 1 和 0；第 2 个数列随着 n 的增大，往返跳跃地取 1 和 -1 两个数值；而第 4 个数列随着 n 的增大将无限增大.

我们所关心的是，当 n 无限增大时，u_n 的变化趋势怎样，特别是 u_n 是否可与某个确定的常数无限接近.

既然数列是定义在正整数集上的函数,因而把自变量趋于无穷大时函数极限的概念应用到数列上来,即得到数列极限的定义.

定义 1-6 设有数列 $\{u_n\}$ 和常数 a,若对于任意给定的正数 ε,总存在正整数 N,使得当 $n > N$ 时,恒有不等式 $|u_n - a| < \varepsilon$ 成立,则称 a 是数列 $\{u_n\}$ 的**极限**,也称数列 $\{u_n\}$ **收敛**于 a,记作

$$\lim_{n \to \infty} u_n = a$$

或

$$u_n \to a \quad (n \to \infty).$$

若数列没有极限,则称该数列**发散**.

从几何上看,$\{u_n\}$ 是数轴上的点列,$\{u_n\}$ 收敛于 a,表示 n 充分大($n > N$)时,u_n 所对应的点 $u_{N+1}, u_{N+2}, \cdots$,全部落在 a 的 ε 邻域 $(a - \varepsilon, a + \varepsilon)$ 之内(图 1-18).

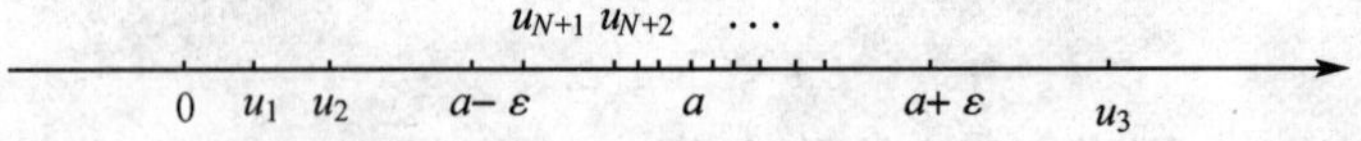

图 1-18

【**例 1-25**】 证明数列 $2, \dfrac{1}{2}, \dfrac{4}{3}, \dfrac{3}{4}, \cdots, \dfrac{n + (-1)^{n+1}}{n}, \cdots$ 的极限是 1.

证明 该数列的一般项 $u_n = \dfrac{n + (-1)^{n+1}}{n}$,由于

$$|u_n - 1| = \left| \frac{n + (-1)^{n+1}}{n} - 1 \right| = \frac{1}{n},$$

要使 $|u_n - 1| = \dfrac{1}{n} < \varepsilon$,只需 $n > \dfrac{1}{\varepsilon}$ 即可.故对于任意给定的 $\varepsilon > 0$,取 $N = \left[\dfrac{1}{\varepsilon} \right]$,则当 $n > N$ 时,恒有 $\left| \dfrac{n + (-1)^{n+1}}{n} - 1 \right| < \varepsilon$,因而由定义知

$$\lim_{n \to \infty} \frac{n + (-1)^{n+1}}{n} = 1.$$

1.2.5 无穷小与无穷大

1. 无穷小

以零为极限的函数在极限理论中起着十分重要的作用,许多极限问题的讨论都与这样的函数有关.例如,根据极限定义不难证明

$$\lim_{x \to x_0} f(x) = a$$

和

$$\lim_{x \to x_0} [f(x) - a] = 0$$

是可以相互推出的.

如令 $\alpha(x) = f(x) - a$,则讨论 $\lim\limits_{x \to x_0} f(x) = a$ 就转化为讨论 $\lim\limits_{x \to x_0} \alpha(x) = 0$.

定义 1-7 在自变量 x 的某种趋向下,函数 $\alpha(x)$ 以零为极限,则称 $\alpha(x)$ 是在 x 的该

趋向下的**无穷小**(infinitesimal).

例如,因为 $\lim\limits_{x \to 2}(x-2)=0$,所以 $\alpha(x)=x-2$ 是 $x \to 2$ 时的无穷小.

又如,易证 $\lim\limits_{x \to \infty}\dfrac{1}{x}=0$,故 $\alpha(x)=\dfrac{1}{x}$ 是 $x \to \infty$ 时的无穷小.

注意,不要把无穷小和绝对值很小的数混为一谈,因为无穷小是变量,而绝对值很小的数(如百万分之一)是常量,二者有本质差别.不过数"0"可以认为是一个特殊的无穷小,因为在自变量的任一趋向下,0 的极限都是 0.

无穷小的说法同样适用于数列,例如数列 $u_n=\dfrac{1}{n}$ 是 $n \to \infty$ 时的无穷小.

2. 无穷大

定义 1-8　在自变量 x 的某种趋向下,函数 $f(x)$ 的绝对值若无限增大,则称 $f(x)$ 是在 x 的该趋向下的**无穷大**(infinity).

例如 $f(x)=\dfrac{1}{x-1}$(图 1-19),当 $x \to 1$ 时,$\left|\dfrac{1}{x-1}\right|$ 可以无限增大,称 $f(x)=\dfrac{1}{x-1}$ 是 $x \to 1$ 时的无穷大,记为 $\lim\limits_{x \to 1}\dfrac{1}{x-1}=\infty$.

一般地,$f(x)$ 是当 $x \to x_0$ 时的无穷大,记作

$$\lim_{x \to x_0}f(x)=\infty.$$

如果 x 和 x_0 充分接近后,$f(x)$ 总保持正值或负值趋于无穷大,则称 $f(x)$ 是 $x \to x_0$ 时的**正无穷大**或**负无穷大**,分别记作

$$\lim_{x \to x_0}f(x)=+\infty \text{ 或 }\lim_{x \to x_0}f(x)=-\infty.$$

注意,无穷大不是一个数,不要把 ∞ 和绝对值很大的数相混淆,还要注意不要把无穷大和无界相混淆.例如,数列 $1,0,2,0,3,0,\cdots,n,0,\cdots$ 是无界的,但却不是 $n \to \infty$ 时的无穷大.

由图 1-19 可以看出,直线 $x=1$ 是函数 $y=\dfrac{1}{x-1}$ 图形的一条铅直渐近线.一般地,$\lim\limits_{x \to x_0}f(x)=\infty$,则直线 $x=x_0$ 是函数 $y=f(x)$ 图形的一条**铅直渐近线**(vertical asymptote).

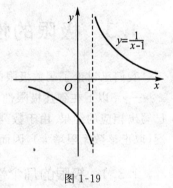

图 1-19

无穷大反映了在自变量变化过程中,函数的绝对值可以无限增大;而无穷小则反映了在自变量变化过程中,函数的绝对值可以无限减小.显然,在自变量的同一变化过程中,若 $f(x)[f(x) \neq 0]$ 是无穷大,则其倒数 $\dfrac{1}{f(x)}$ 是无穷小;若 $f(x)$ 是无穷小,则其倒数 $\dfrac{1}{f(x)}$ 是无穷大.

习题 1-2

1. 用函数极限的定义证明：

(1) $\lim\limits_{x \to 2}(3x+1)=7$；　(2) $\lim\limits_{x \to 0}\sqrt[3]{x}=0$；　(3) $\lim\limits_{x \to 5}\dfrac{x^2-6x+5}{x-5}=4$.

2. 设 $f(x)=\begin{cases}3x+1 & (x>0) \\ 1 & (x=0)，\text{求} \lim\limits_{x \to 0^-}f(x)，\lim\limits_{x \to 0^+}f(x). \text{问极限} \lim\limits_{x \to 0}f(x) \text{存在吗}？ \\ 2x-2 & (x<0)\end{cases}$

3. 讨论下列函数在指定点的极限的存在性，若存在，求出极限：

(1) $f(x)=\begin{cases}x+1 & (x \geqslant 3) \\ 4-x & (x<3)\end{cases}$，$x=3$；　(2) $f(x)=\begin{cases}2x+3 & (x<0) \\ 3-x & (x>0)\end{cases}$，$x=0$.

4. 用函数极限的定义证明：

(1) $\lim\limits_{x \to \infty}\dfrac{1}{x}=0$；　(2) $\lim\limits_{x \to \infty}\dfrac{x^2+2}{3x^2}=\dfrac{1}{3}$.

5. 写出下列各数列：

(1) 半径为 1 的圆内接正 2^{n+1} 边形的周长 $\{C_n\}$；

(2) 半径为 R 的圆外切正 2^{n+1} 边形的面积 $\{S_n\}$；

(3) 半径为 R 的圆外切正 2^{n+1} 边形的周长 $\{l_n\}$.

6. 猜想下列数列的极限，并用数列极限的定义加以证明：

(1) $\lim\limits_{n \to \infty}\dfrac{3n+1}{2n-1}$；　(2) $\lim\limits_{n \to \infty}(\underbrace{0.99\cdots9}_{n个9})$.

7. 在下列各题中，指出哪些是无穷小，哪些是无穷大：

(1) $f(x)=\dfrac{1+x}{x^2}$，当 $x \to -1$ 时；　(2) $f(x)=\lg|x|$，当 $x \to 0$ 时；

(3) $f(x)=\dfrac{\sin x}{1+\sec x}$，当 $x \to 0$ 时；　(4) $f(x)=\dfrac{1+3x}{x-1}$，当 $x \to 1$ 时.

1.3 极限的性质与运算

我们已讨论了函数极限的六种情形，即 $x \to x_0$，$x \to x_0^+$，$x \to x_0^-$，$x \to \infty$，$x \to +\infty$ 和 $x \to -\infty$. 以下在叙述极限性质和运算法则时，仅针对 $x \to x_0$ 的情形. 其他情形，读者可自己写出相应的结果. 由于数列是整标函数，它的极限可以看成是 $x \to +\infty$ 时的一种特殊情况（取正整数无限增大），因而本节的结果对数列也是成立的.

1.3.1 极限的几个性质

利用极限的定义可以证明极限有下面几个性质.

1. 极限与函数值的关系

性质 1-1 （局部有界性）若 $\lim\limits_{x \to x_0}f(x)=a$，则在 x_0 的某去心邻域内 $f(x)$ 有界.

性质 1-2 （局部保号性）若 $\lim\limits_{x \to x_0}f(x)=a$，$\lim\limits_{x \to x_0}g(x)=b$，且 $a>b$，则必存在 x_0 的某

去心邻域,在该邻域内 $f(x) > g(x)$.

推论 1-1 若 $\lim\limits_{x \to x_0} f(x) = a$,且 $a > 0$(或 $a < 0$),则存在 x_0 的某去心邻域,在此邻域内 $f(x) > 0$[或 $f(x) < 0$].

推论 1-2 若 $\lim\limits_{x \to x_0} f(x) = a$,$\lim\limits_{x \to x_0} g(x) = b$,且在 x_0 的某去心邻域内有 $f(x) > g(x)$,则 $a \geqslant b$.

性质 1-3 (唯一性)如果极限 $\lim\limits_{x \to x_0} f(x)$ 存在,那么极限唯一,即若 $\lim\limits_{x \to x_0} f(x) = a$,又 $\lim\limits_{x \to x_0} f(x) = b$,则必有 $a = b$.

2. 函数极限与无穷小的关系

性质 1-4 $x \to x_0$ 时,函数 $f(x)$ 的极限为 a 的充分必要条件是 $f(x) = a + \alpha(x)$,其中 $\alpha(x)$ 是 $x \to x_0$ 时的无穷小.

证明 必要性 若 $\lim\limits_{x \to x_0} f(x) = a$,则由极限定义知,对于任意给定的 $\varepsilon > 0$,总存在 $\delta > 0$,当 $0 < |x - x_0| < \delta$ 时,恒有 $|f(x) - a| < \varepsilon$ 成立.

令 $\alpha(x) = f(x) - a$,则 $|\alpha(x)| < \varepsilon$,即 $\alpha(x)$ 是 $x \to x_0$ 时的无穷小,所以 $f(x) = a + \alpha(x)$.

充分性 设 $f(x) = a + \alpha(x)$,即 $f(x) - a = \alpha(x)$.由于 $\alpha(x)$ 是 $x \to x_0$ 时的无穷小,故对任意给定的 $\varepsilon > 0$,总存在 $\delta > 0$,当 $0 < |x - x_0| < \delta$ 时,恒有 $|\alpha(x)| < \varepsilon$,即
$$|f(x) - a| < \varepsilon.$$
这就证明了当 $x \to x_0$ 时,$f(x)$ 的极限为 a.

3. 无穷小的性质

性质 1-5 有限个无穷小之和是无穷小.

性质 1-6 有界函数与无穷小之积是无穷小.

推论 1-3 常量与无穷小之积是无穷小.

推论 1-4 有限个无穷小之积是无穷小.

推论 1-5 若 $x \to x_0$ 时 $f(x)$ 的极限存在且不为零,$\alpha(x)$ 是无穷小,则 $\dfrac{\alpha(x)}{f(x)}$ 也是无穷小.

1.3.2 极限的四则运算法则

用极限的定义可以验证某个常数是否为某函数的极限,但不能解决函数极限的计算问题.为了方便极限计算,下面介绍极限的四则运算法则.

法则 1-1 若 $\lim\limits_{x \to x_0} f(x) = a$,$\lim\limits_{x \to x_0} g(x) = b$,则有
$$\lim\limits_{x \to x_0} [f(x) \pm g(x)] = \lim\limits_{x \to x_0} f(x) \pm \lim\limits_{x \to x_0} g(x) = a \pm b.$$

证明 因 $\lim\limits_{x \to x_0} f(x) = a$,$\lim\limits_{x \to x_0} g(x) = b$,则由极限的性质 1-4 有
$$f(x) = a + \alpha(x), \quad g(x) = b + \beta(x),$$
其中 $\alpha(x)$ 和 $\beta(x)$ 是 $x \to x_0$ 时的无穷小.于是

$$f(x) \pm g(x) = [a + \alpha(x)] \pm [b + \beta(x)]$$
$$= (a \pm b) + [\alpha(x) \pm \beta(x)].$$

由性质 1-5 知, $\alpha(x) \pm \beta(x)$ 也是无穷小, 再由性质 1-4 即可得到

$$\lim_{x \to x_0}[f(x) \pm g(x)] = a \pm b.$$

显然, 本法则可以推广到有限个函数代数和的情形.

法则 1-2   若 $\lim\limits_{x \to x_0} f(x) = a$, $\lim\limits_{x \to x_0} g(x) = b$, 则有

$$\lim_{x \to x_0}[f(x)g(x)] = \lim_{x \to x_0} f(x) \cdot \lim_{x \to x_0} g(x) = ab.$$

请读者作为练习自己证明. 显然法则 1-2 也可推广至有限多个函数相乘的情形.

推论 1-6   若 $\lim\limits_{x \to x_0} f(x)$ 存在, k 为常数, 则有

$$\lim_{x \to x_0}[kf(x)] = k \lim_{x \to x_0} f(x).$$

推论 1-7   若 $\lim\limits_{x \to x_0} f(x)$ 存在, n 为正整数, 则有

$$\lim_{x \to x_0}[f(x)]^n = [\lim_{x \to x_0} f(x)]^n.$$

法则 1-3   若 $\lim\limits_{x \to x_0} f(x) = a$, $\lim\limits_{x \to x_0} g(x) = b$, 且 $b \neq 0$, 则有

$$\lim_{x \to x_0} \frac{f(x)}{g(x)} = \frac{\lim\limits_{x \to x_0} f(x)}{\lim\limits_{x \to x_0} g(x)} = \frac{a}{b}.$$

综合法则 1-1 和法则 1-2, 可以得到极限运算的**线性性质**, 即若 $\lim\limits_{x \to x_0} f(x) = a$, $\lim\limits_{x \to x_0} g(x) = b$, λ 和 μ 是两个常数, 则有

$$\lim_{x \to x_0}[\lambda f(x) + \mu g(x)] = \lambda a + \mu b.$$

显然此线性性质可推广至多个函数的情形.

利用极限的四则运算法则, 以及一些简单函数的极限可求出更多的较复杂的函数极限.

【例 1-26】   设有多项式 (polynomial) 函数

$$P_n(x) = a_0 x^n + a_1 x^{n-1} + \cdots + a_{n-1} x + a_n,$$

则对任意的 x_0 有

$$\lim_{x \to x_0} P_n(x) = \lim_{x \to x_0}(a_0 x^n + a_1 x^{n-1} + \cdots + a_{n-1} x + a_n)$$
$$= a_0 \lim_{x \to x_0} x^n + a_1 \lim_{x \to x_0} x^{n-1} + \cdots + a_{n-1} \lim_{x \to x_0} x + a_n$$
$$= a_0 (\lim_{x \to x_0} x)^n + a_1 (\lim_{x \to x_0} x)^{n-1} + \cdots + a_{n-1} \lim_{x \to x_0} x + a_n$$
$$= a_0 x_0^n + a_1 x_0^{n-1} + \cdots + a_{n-1} x_0 + a_n.$$

可见, 求多项式 $\lim\limits_{x \to x_0} P_n(x)$ 时, 只需把 x_0 代替 $P_n(x)$ 中的 x 即可, 也就是

$$\lim_{x \to x_0} P_n(x) = P_n(x_0).$$

进一步, 设有理分式函数 $R(x) = \dfrac{P(x)}{Q(x)}$, 其中 $P(x)$ 和 $Q(x)$ 为多项式函数, 如果对于

任意的 x_0，$Q(x_0) \neq 0$，则可得

$$\lim_{x \to x_0} R(x) = \lim_{x \to x_0} \frac{P(x)}{Q(x)} = \frac{\lim\limits_{x \to x_0} P(x)}{\lim\limits_{x \to x_0} Q(x)} = \frac{P(x_0)}{Q(x_0)} = R(x_0).$$

【例 1-27】　求 $\lim\limits_{x \to 1} \dfrac{x^3 - 5x^2 + 4x}{x^2 + x - 2}$.

解　当 $x = 1$ 时，分子分母均为零，注意到分子分母有公因子 $(x-1)$，而 $x \to 1$ 时，$x \neq 1$，故可约去公因子 $(x-1)$，得

$$\lim_{x \to 1} \frac{x^3 - 5x^2 + 4x}{x^2 + x - 2} = \lim_{x \to 1} \frac{(x-1)(x^2 - 4x)}{(x-1)(x+2)} = \lim_{x \to 1} \frac{x^2 - 4x}{x + 2} = \frac{1^2 - 4}{1 + 2} = -1.$$

【例 1-28】　求 $\lim\limits_{x \to \infty} \dfrac{2x^3 + 3x^2 + 1}{5x^3 - 4x^2 + 3}$.

解　先用 x^3 去除分子及分母，并注意到 $\lim\limits_{x \to \infty} \dfrac{1}{x} = 0$，则有

$$\lim_{x \to \infty} \frac{2x^3 + 3x^2 + 1}{5x^3 - 4x^2 + 3} = \lim_{x \to \infty} \frac{2 + \dfrac{3}{x} + \dfrac{1}{x^3}}{5 - \dfrac{4}{x} + \dfrac{3}{x^3}} = \frac{2}{5}.$$

【例 1-29】　求 $\lim\limits_{x \to \infty} \dfrac{x^2 + x - 2}{3x^3 + x^2 - 1}$.

解　$\lim\limits_{x \to \infty} \dfrac{x^2 + x - 2}{3x^3 + x^2 - 1} = \lim\limits_{x \to \infty} \dfrac{\dfrac{1}{x} + \dfrac{1}{x^2} - \dfrac{2}{x^3}}{3 + \dfrac{1}{x} - \dfrac{1}{x^3}} = \dfrac{0}{3} = 0.$

【例 1-30】　求 $\lim\limits_{x \to \infty} \dfrac{3x^3 + x^2 - 1}{x^2 + x - 2}$.

解　应用例 1-29 的结果，根据无穷小与无穷大的关系，可知

$$\lim_{x \to \infty} \frac{3x^3 + x^2 - 1}{x^2 + x - 2} = \infty.$$

综合例 1-28、例 1-29、例 1-30 的结果，可得到下列一般情形：当 $a_0 \neq 0, b_0 \neq 0, m$ 和 n 为非负整数时，有

$$\lim_{x \to \infty} \frac{a_0 x^n + a_1 x^{n-1} + \cdots + a_{n-1} x + a_n}{b_0 x^m + b_1 x^{m-1} + \cdots + b_{m-1} x + b_m} = \begin{cases} \dfrac{a_0}{b_0} & (m = n) \\ 0 & (m > n) \\ \infty & (m < n) \end{cases}.$$

【例 1-31】　求 $\lim\limits_{n \to \infty} \dfrac{1 + 2 + 3 + \cdots + n}{n^2}$.

解　注意到 $1 + 2 + 3 + \cdots + n = \dfrac{n(n+1)}{2}$，故有

$$\lim_{n \to \infty} \frac{1 + 2 + 3 + \cdots + n}{n^2} = \lim_{n \to \infty} \frac{n(n+1)}{2n^2} = \lim_{n \to \infty} \frac{1}{2}\left(1 + \frac{1}{n}\right) = \frac{1}{2}.$$

【例 1-32】 求 $\lim\limits_{x \to 0} x \sin \dfrac{1}{x}$.

解 当 $x \to 0$ 时，$\sin \dfrac{1}{x}$ 的极限不存在，因此不能用乘积的极限法则运算. 由于 $\lim\limits_{x \to 0} x = 0$，而 $\sin \dfrac{1}{x}$ 是有界函数，由本节性质 1-6 有

$$\lim_{x \to 0} x \sin \frac{1}{x} = 0.$$

函数 $y = x \sin \dfrac{1}{x}$ 的图形如图 1-20 所示.

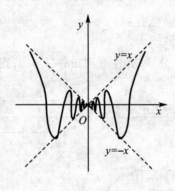

图 1-20

1.3.3 夹逼法则

法则 1-4 （夹逼法则）若在 x_0 的某去心邻域内，函数 $f(x), g(x), h(x)$ 满足

$$g(x) \leqslant f(x) \leqslant h(x),$$

并且

$$\lim_{x \to x_0} g(x) = \lim_{x \to x_0} h(x) = a,$$

则极限 $\lim\limits_{x \to x_0} f(x)$ 存在，并且 $\lim\limits_{x \to x_0} f(x) = a$.

证明 由于 $\lim\limits_{x \to x_0} g(x) = \lim\limits_{x \to x_0} h(x) = a$，根据极限定义，对于任意给定的正数 ε，存在 $\delta_1 > 0, \delta_2 > 0$，当 $0 < |x - x_0| < \delta_1$ 时，恒有 $|h(x) - a| < \varepsilon$，从而

$$h(x) - a < \varepsilon. \qquad\qquad ①$$

当 $0 < |x - x_0| < \delta_2$ 时，恒有 $|g(x) - a| < \varepsilon$，从而

$$-\varepsilon < g(x) - a. \qquad\qquad ②$$

取 $\delta = \min\{\delta_1, \delta_2\}$，则当 $0 < |x - x_0| < \delta$ 时，①、② 两式同时成立. 又 $g(x) \leqslant f(x) \leqslant h(x)$，则有

$$-\varepsilon < g(x) - a \leqslant f(x) - a \leqslant h(x) - a < \varepsilon.$$

即当 $0 < |x - x_0| < \delta$ 时，恒有 $|f(x) - a| < \varepsilon$ 成立. 这就证明了极限 $\lim\limits_{x \to x_0} f(x)$ 存在，并且

$$\lim_{x \to x_0} f(x) = a.$$

夹逼法则给出一种求极限的方法. 为求函数 $f(x)$ 的极限,可将 $f(x)$ 适当放大和缩小,并使放大和缩小后的函数极限不仅容易求出,而且极限相等.

例如,对于 x 和 $\sin x$ 总有 $0 \leqslant |\sin x| \leqslant |x|$ 成立,易知 $\lim\limits_{x \to 0} |x| = 0$,由夹逼法则可得

$$\lim_{x \to 0} |\sin x| = 0,$$

从而可知

$$\lim_{x \to 0} \sin x = 0.$$

再如,对于 x 和 $\cos x$,由于

$$0 \leqslant 1 - \cos x = 2\sin^2 \frac{x}{2} \leqslant \frac{x^2}{2},$$

且 $\lim\limits_{x \to 0} \dfrac{x^2}{2} = 0$,由夹逼法则得 $\lim\limits_{x \to 0}(1 - \cos x) = 0$,从而

$$\lim_{x \to 0} \cos x = 1.$$

进而

$$\lim_{x \to 0} \tan x = \lim_{x \to 0} \frac{\sin x}{\cos x} = \frac{0}{1} = 0.$$

这表明 $\sin x$,$1 - \cos x$ 和 $\tan x$ 都是当 $x \to 0$ 时的无穷小.

上述函数极限的夹逼法则可以推广到数列的极限:

若数列 $\{x_n\}$、$\{y_n\}$、$\{z_n\}$ 满足

$$y_n \leqslant x_n \leqslant z_n \quad (n = 1, 2, 3, \cdots),$$

并且

$$\lim_{n \to \infty} y_n = \lim_{n \to \infty} z_n = a,$$

则极限 $\lim\limits_{n \to \infty} x_n$ 存在且 $\lim\limits_{n \to \infty} x_n = a$.

【例 1-33】 求 $\lim\limits_{n \to \infty} \left(\dfrac{1}{n^2 + 1} + \dfrac{2}{n^2 + 2} + \cdots + \dfrac{n}{n^2 + n} \right)$.

解 注意到

$$\frac{1 + 2 + \cdots + n}{n^2 + n} \leqslant \frac{1}{n^2 + 1} + \frac{2}{n^2 + 2} + \cdots + \frac{n}{n^2 + n} \leqslant \frac{1 + 2 + \cdots + n}{n^2 + 1},$$

即

$$\frac{1}{2} \leqslant \frac{1}{n^2 + 1} + \frac{2}{n^2 + 2} + \cdots + \frac{n}{n^2 + n} \leqslant \frac{n(n+1)}{2(n^2 + 1)},$$

因

$$\lim_{n \to \infty} \frac{1}{2} = \frac{1}{2}, \quad \lim_{n \to \infty} \frac{n(n+1)}{2(n^2 + 1)} = \frac{1}{2},$$

应用微积分

于是由夹逼法则知

$$\lim_{n\to\infty}\left(\frac{1}{n^2+1}+\frac{2}{n^2+2}+\cdots+\frac{n}{n^2+n}\right)=\frac{1}{2}.$$

由夹逼法则,可以证明下列重要极限:

$$\boxed{\lim_{x\to0}\frac{\sin x}{x}=1.}$$

首先,注意到函数$\frac{\sin x}{x}$对于$x\neq0$的一切x都有定义,并且当x改变符号时,函数值不变,所以只需就$x\to0^+$的情形进行讨论.为讨论方便,不妨设$0<x<\frac{\pi}{2}$.

在图 1-21 所示的单位圆中,设圆心角 $AOB=x$,x 以弧度为单位,有 $BC=\sin x,AD=\tan x,\overset{\frown}{AB}=x$.

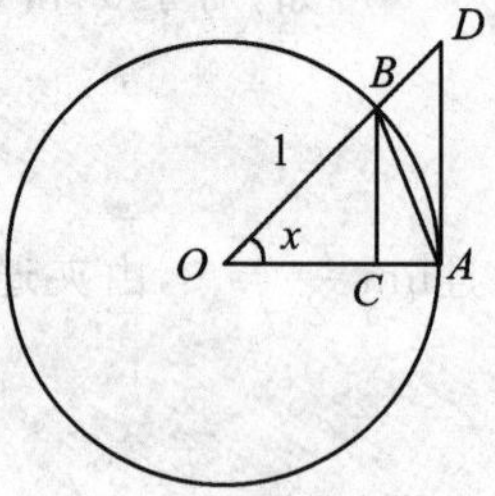

由于$\triangle AOB$的面积 $<$ 扇形 AOB 的面积 $<\triangle AOD$的面积,所以

$$\frac{1}{2}\sin x<\frac{1}{2}x<\frac{1}{2}\tan x,$$

即

$$\sin x<x<\tan x.$$

图 1-21

对此不等式每一项都除以 $\sin x$ 并取倒数,得

$$\cos x<\frac{\sin x}{x}<1.$$

注意到上面不等式对于$x\in(-\frac{\pi}{2},0)$也成立,并且$\lim\limits_{x\to0}\cos x=1$,因而根据夹逼法则立刻得到

$$\lim_{x\to0}\frac{\sin x}{x}=1.$$

这一结果在极限计算中经常用到,因而常被称作**第一个重要极限**.

【例 1-34】 求$\lim\limits_{x\to0}\frac{\tan x}{x}$.

解 $\lim\limits_{x\to0}\frac{\tan x}{x}=\lim\limits_{x\to0}\left(\frac{\sin x}{x}\cdot\frac{1}{\cos x}\right)=\lim\limits_{x\to0}\frac{\sin x}{x}\cdot\lim\limits_{x\to0}\frac{1}{\cos x}=1.$

1.3.4 复合运算法则

法则 1-5 (复合运算法则)设$u=\varphi(x),y=f(u)$.若$\lim\limits_{x\to x_0}\varphi(x)=u_0$,而在$x_0$的某去心邻域内$\varphi(x)\neq u_0$,又$\lim\limits_{u\to u_0}f(u)=a$,则对复合函数$y=f(\varphi(x))$,有

$$\lim_{x\to x_0}f(\varphi(x))=\lim_{u\to u_0}f(u)=a.$$

26

证明　因为 $x \to x_0$ 时，$\varphi(x) \to u_0$，所以当 $x \to x_0$ 时，$u - u_0 = \varphi(x) - u_0$ 为非零无穷小，又因 $\lim\limits_{u \to u_0} f(u) = a$，所以当 $u - u_0$ 为非零无穷小时，$f(u) - a$ 为无穷小.

由以上分析知，当 $x \to x_0$ 时，$f(u) - a = f(\varphi(x)) - a$ 为无穷小，即 $f(\varphi(x))$ 可表示为常数 a 与一无穷小之和. 由性质 1-4 可知

$$\lim_{x \to x_0} f(\varphi(x)) = a.$$

说明：在法则 1-5 中，若把 $\lim\limits_{u \to u_0} f(u) = a$ 换成 $\lim\limits_{u \to \infty} f(u) = a$，把 $\lim\limits_{x \to x_0} \varphi(x) = u_0$ 换成 $\lim\limits_{x \to x_0} \varphi(x) = \infty$，可得类似结果

$$\lim_{x \to x_0} f(\varphi(x)) = \lim_{u \to \infty} f(u) = a.$$

极限的复合运算法则实际上是一种**变量替换法**. 在求较复杂函数的极限时，若能恰当地使用变量替换，往往可简化极限的运算.

【例 1-35】　求 $\lim\limits_{x \to 0} \dfrac{1 - \cos x}{x^2}$.

解　因 $1 - \cos x = 2\sin^2 \dfrac{x}{2}$，故设 $u = \dfrac{x}{2}$，且 $x \to 0$ 时，$u \to 0$，于是有

$$\lim_{x \to 0} \frac{1 - \cos x}{x^2} = \lim_{x \to 0} \frac{2\sin^2 \dfrac{x}{2}}{4 \cdot \left(\dfrac{x}{2}\right)^2} = \frac{1}{2} \lim_{u \to 0} \left(\frac{\sin u}{u}\right)^2 = \frac{1}{2}.$$

【例 1-36】　求 $\lim\limits_{x \to 0} \dfrac{\tan x - \sin x}{x^3}$.

解　$\lim\limits_{x \to 0} \dfrac{\tan x - \sin x}{x^3} = \lim\limits_{x \to 0} \dfrac{\tan x(1 - \cos x)}{x^3} = \lim\limits_{x \to 0} \dfrac{\tan x}{x} \cdot \lim\limits_{x \to 0} \dfrac{1 - \cos x}{x^2}.$

由例 1-34 和例 1-35 知，$\lim\limits_{x \to 0} \dfrac{\tan x}{x} = 1$，$\lim\limits_{x \to 0} \dfrac{1 - \cos x}{x^2} = \dfrac{1}{2}$，

所以

$$\lim_{x \to 0} \frac{\tan x - \sin x}{x^3} = 1 \cdot \frac{1}{2} = \frac{1}{2}.$$

【例 1-37】　求 $\lim\limits_{x \to 1}(x - 1)\tan \dfrac{\pi x}{2}$.

解　令 $x - 1 = t$，则 $x \to 1$ 时，$t \to 0$，于是

$$\lim_{x \to 1}(x - 1)\tan \frac{\pi x}{2} = \lim_{t \to 0} t \cdot \tan \left(\frac{\pi}{2} + \frac{\pi}{2}t\right) = \lim_{t \to 0} \frac{-t\cos \dfrac{\pi t}{2}}{\sin \dfrac{\pi t}{2}}$$

$$= -\frac{2}{\pi} \lim_{t \to 0} \left(\frac{\dfrac{\pi t}{2}}{\sin \dfrac{\pi}{2}t}\right) \cos \frac{\pi t}{2} = -\frac{2}{\pi}.$$

【例 1-38】 求 $\lim\limits_{x\to 0}\dfrac{\sqrt{x+1}-1}{x}$.

解 $\lim\limits_{x\to 0}\dfrac{\sqrt{x+1}-1}{x}=\lim\limits_{x\to 0}\dfrac{(\sqrt{x+1})^2-1}{x(\sqrt{x+1}+1)}=\lim\limits_{x\to 0}\dfrac{1}{\sqrt{x+1}+1}$.

设 $u=x+1$,则当 $x\to 0$ 时,$u\to 1$,又据 1.2 节例 1-21 $\lim\limits_{x\to x_0}\sqrt{x}=\sqrt{x_0}$ 及极限的四则运算法则,得

$$\lim_{x\to 0}\frac{\sqrt{x+1}-1}{x}=\lim_{u\to 1}\frac{1}{\sqrt{u}+1}=\frac{1}{2}.$$

【例 1-39】 证明对任一 $x_0\in(-\infty,+\infty)$,$\lim\limits_{x\to x_0}a^x=a^{x_0}(a>0,a\neq 1)$.

证明 先用极限定义证明 $\lim\limits_{x\to 0}a^x=1$.

若 $a>1$,要使 $|a^x-1|<\varepsilon$,即

$$1-\varepsilon<a^x<1+\varepsilon.$$

只要

$$\log_a(1-\varepsilon)<x<\log_a(1+\varepsilon).$$

由于只需对充分小的 ε 找出满足极限定义中的 δ,故根据本题需要,只需取任意小于 1 的正数 ε 来论证.

对于任意给定的正数 $\varepsilon(0<\varepsilon<1)$,取 $\delta=\min\{|\log_a(1-\varepsilon)|,|\log_a(1+\varepsilon)|\}$,则当 $0<|x-0|<\delta$ 时,就有

$$|a^x-1|<\varepsilon,$$

故

$$\lim_{x\to 0}a^x=1.$$

若 $0<a<1$,则 $\dfrac{1}{a}>1$,设 $b=\dfrac{1}{a}$,即有 $\lim\limits_{x\to 0}a^x=\lim\limits_{x\to 0}\dfrac{1}{b^x}=1$. 于是对任一 $x_0\in(-\infty,+\infty)$,可得

$$\lim_{x\to x_0}a^x=\lim_{x\to x_0}a^{x_0}\cdot a^{x-x_0}.$$

令 $u=x-x_0$,则当 $x\to x_0$ 时 $u\to 0$,故由复合运算法则得

$$\lim_{x\to x_0}a^x=a^{x_0}\lim_{u\to 0}a^u=a^{x_0}.$$

习题 1-3

1. 求 $\lim\limits_{x\to 2}\dfrac{x^2-4}{x-2}$,并回答下面问题:

(1) 能否用商的极限运算法则来求?

(2) 函数 $y=\dfrac{x^2-4}{x-2}$ 与 $y=x+2$ 是否为同一函数?分别作出它们的图形.

(3) 极限 $\lim\limits_{x \to 2} \dfrac{x^2-4}{x-2}$ 与 $\lim\limits_{x \to 2}(x+2)$ 是否相等?

2. 将下列各函数表示为极限值与无穷小之和的形式（例如 $\lim\limits_{x \to 1}\dfrac{2x+1}{x}=3$，则 $\dfrac{2x+1}{x}=3+\dfrac{1-x}{x}$）：

(1) $\lim\limits_{x \to \infty} \dfrac{x^2-1}{2x^2+1}$;　　　　(2) $\lim\limits_{n \to \infty} \dfrac{1-2n^2}{1+n^2}$;　　　　(3) $\lim\limits_{x \to 1}(3x+2)$.

3. 计算下列极限：

(1) $\lim\limits_{x \to \sqrt{2}}(3x^2-2x+1)$;

(2) $\lim\limits_{x \to 0}\left(\dfrac{x^3-3x+1}{x-2}-1\right)$;

(3) $\lim\limits_{x \to 7}\dfrac{x^2-8x+7}{x^2-5x-14}$;

(4) $\lim\limits_{h \to 0}\dfrac{(x+h)^2-x^2}{h}$;

(5) $\lim\limits_{x \to \infty}\left(\dfrac{2}{x}+1\right)\left(\dfrac{3x^2-1}{x^2}\right)$;

(6) $\lim\limits_{x \to -\infty}\dfrac{3x^3+x-1}{4x^3-1}$;

(7) $\lim\limits_{x \to 2}\left(\dfrac{1}{x-2}-\dfrac{4}{x^2-4}\right)$;

(8) $\lim\limits_{x \to \infty}\dfrac{1+\sin x}{x}$;

(9) $\lim\limits_{x \to -1}\dfrac{x^2-4x}{x^2-3x-4}$;

(10) $\lim\limits_{x \to 2}\dfrac{x^3+2x^2}{(x-2)^2}$;

(11) $\lim\limits_{x \to 0}x^2\sin x\cos\dfrac{1}{x}$;

(12) $\lim\limits_{x \to \infty}\dfrac{(2x-1)^{30}(x+5)^{20}}{(2x+1)^{50}}$;

(13) $\lim\limits_{n \to \infty}\left(\dfrac{1}{n+2}+\dfrac{2}{n+2}+\cdots+\dfrac{n}{n+2}-\dfrac{n}{2}\right)$;

(14) $\lim\limits_{n \to \infty}\dfrac{1+\dfrac{1}{2}+\dfrac{1}{4}+\cdots+\dfrac{1}{2^n}}{1+\dfrac{1}{3}+\dfrac{1}{9}+\cdots+\dfrac{1}{3^n}}$.

4. 利用夹逼法则证明：

(1) $\lim\limits_{n \to \infty}\left(\dfrac{n}{n^2+a}+\dfrac{n}{n^2+2a}+\cdots+\dfrac{n}{n^2+na}\right)=1\,(a \geqslant 0)$;　　　　(2) $\lim\limits_{x \to 0}x\left[\dfrac{1}{x}\right]=1$.

5. 计算下列极限：

(1) $\lim\limits_{x \to 0}\dfrac{1-\cos 2x}{x\sin x}$;

(2) $\lim\limits_{x \to 0}\dfrac{\tan 5x}{\sin 2x}$;

(3) $\lim\limits_{x \to 0}\dfrac{x^4+x^3}{\sin^3\left(\dfrac{x}{2}\right)}$;

(4) $\lim\limits_{n \to \infty}2^n\sin\dfrac{x}{2^n}\quad(x \neq 0)$;

(5) $\lim\limits_{x \to 1}\dfrac{\sin(x^2-1)}{x-1}$;

(6) $\lim\limits_{x \to 3}\dfrac{\sqrt{1+x}-2}{x-3}$;

(7) $\lim\limits_{x \to 64}\dfrac{\sqrt{x}-8}{\sqrt[3]{x}-4}$;

(8) $\lim\limits_{x \to 0}\dfrac{\sin 3x}{\sqrt{x+2}-\sqrt{2}}$;

(9) $\lim\limits_{x \to 0}\dfrac{\sqrt{1+\tan x}-\sqrt{1-\tan x}}{x}$.

6. 设 S_n 是半径为 R 的圆内接正 n 边形的面积，证明：$\lim\limits_{n \to \infty}S_n=\pi R^2$.

1.4　单调有界原理和无理数 e

本节先从直观上给出一个关于数列极限存在的判定方法，然后借助于该方法得出应用广泛的另一个重要极限$\lim\limits_{x\to\infty}\left(1+\dfrac{1}{x}\right)^x=\mathrm{e}$,其中 e 是无理数.

1.4.1 单调有界原理

如果数列$\{u_n\}$满足条件:

$$u_1\leqslant u_2\leqslant\cdots\leqslant u_n\leqslant u_{n+1}\leqslant\cdots$$

或

$$u_1\geqslant u_2\geqslant\cdots\geqslant u_n\geqslant u_{n+1}\geqslant\cdots,$$

则称数列$u_n(n=1,2,\cdots)$是**单调增加**的或**单调减少**的.单调增加和单调减少的数列统称为**单调数列**(monotone sequence).这里"单调"的说法是广义的,即条件中也包括了等号成立的情形,以后称单调数列都是指这种广义的单调数列.

定理 1-1 (单调有界原理)若单调增加数列$\{u_n\}$有上界,即存在数 M,使得 $u_n<M(n=1,2,\cdots)$,则极限$\lim\limits_{n\to\infty}u_n$存在,且不大于 M;

若单调减少数列$\{u_n\}$有下界,即存在数 m,使得 $u_n>m(n=1,2,\cdots)$,则极限$\lim\limits_{n\to\infty}u_n$存在,且不小于 m.

这一定理的证明超出本教材范围,在此从略.不过它的几何意义是十分明显的.例如,数列$\{u_n\}$单调增加,则 u_n 在数轴上的对应点将随着 n 的增加,依次向数轴的正向移动.又由于$\{u_n\}$有上界 M,即 u_n 永远不会出现在点 M 的右侧.于是点列 u_n 在无限增加的过程中必然无限逼近某一定点 a,"凝聚"在点 a 的左侧,数 a 就是数列$\{u_n\}$的极限(图 1-22).

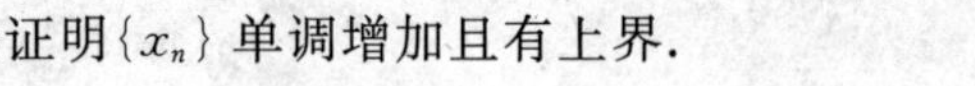

图 1-22

利用这个定理可以判断某些数列极限的存在性.

【例 1-40】 数列$\{x_n\}$由下面递推公式确定:

$$x_1=\sqrt{2},x_{n+1}=\sqrt{2+x_n}\ (n=1,2,\cdots),证明\{x_n\}的极限存在,并求\lim\limits_{n\to\infty}x_n.$$

解 用数学归纳法证明$\{x_n\}$单调增加且有上界.

先证$\{x_n\}$单调增加:当 $n=1$ 时,有

$$x_1=\sqrt{2}<\sqrt{2+\sqrt{2}}=x_2,$$

命题成立.若命题对于 $n-1$ 也成立,即 $x_{n-1}<x_n$,则

$$x_n=\sqrt{2+x_{n-1}}<\sqrt{2+x_n}=x_{n+1},$$

于是命题对 n 也成立.从而对一切正整数 n,均有 $x_n<x_{n+1}$ 成立,即$\{x_n\}$单调增加.

再证明$\{x_n\}$有界:

当 $n=1$ 时,$x_1=\sqrt{2}<2$,假设 $x_n<2$,则

$$x_{n+1}=\sqrt{2+x_n}<\sqrt{2+2}=2,$$

于是对一切 n 都有 $x_n < 2$.

根据单调有界原理可知,数列 $\{x_n\}$ 的极限存在.

令 $\lim\limits_{n\to\infty} x_n = a$,在等式 $x_{n+1} = \sqrt{2+x_n}$ 两端平方并取极限,得

$$a^2 = 2 + a.$$

解得

$$a = 2,$$

即

$$\lim_{n\to\infty} x_n = 2.$$

相应于单调有界数列必有极限的结论,函数极限也有类似的结果. 例如,"若函数 $f(x)$ 在 x_0 的某个左邻域内单调有界,则 $f(x)$ 在 x_0 处的左极限必定存在." 至于 $x \to x_0^+$,$x \to -\infty$,$x \to +\infty$ 的情况,读者不难得出结论.

1.4.2　极限 $\lim\limits_{x\to\infty}\left(1+\dfrac{1}{x}\right)^x = \mathrm{e}$

极限 $\lim\limits_{x\to\infty}\left(1+\dfrac{1}{x}\right)^x$ 在理论和应用上是十分重要的,通常被称为**第二个重要极限**. 许多实际问题都可归为这种形式的极限,如物体的冷却,化学元素的化合与分解,生物种群的生长与衰落,放射性元素的衰变,复利计算等. 下面是一个具体的实例.

设有一细胞培养基,开始时细胞的个数是 N_0. 已知每分钟有 $P\%$ 的细胞分裂. 这样经过 1 min 后,细胞的总数为 $N_1 = N_0\left(1+\dfrac{P}{100}\right)$. 不难求出经过 t min 后,细胞的总数为 $N_t = N_0\left(1+\dfrac{P}{100}\right)^t$.

因为细胞每时每刻都在分裂,所以这样得到的数值是近似的. 为了获得更精确的结果,可把时间单位选得更小. 现将 $\dfrac{1}{n}$ min 作为新的时间单位,那么,每单位时间内细胞分裂的比数为 $\dfrac{P}{100} \cdot \dfrac{1}{n}$,而 t min 变为了 nt 单位时间,这时 $N_t = N_0\left(1+\dfrac{P}{100}\cdot\dfrac{1}{n}\right)^{nt}$.

如果要求经过 t min 后细胞的总数,显然 n 越大,即时间单位越小,所得的 N_t 值越符合实际. 因而 t min 后细胞群体个数的精确值可视为

$$N_t = \lim_{n\to\infty} N_0\left(1+\frac{P}{100n}\right)^{nt}.$$

若令 $\gamma = \dfrac{100n}{P}$,$\dfrac{P}{100} = k$,则有

$$N_t = \lim_{\gamma\to+\infty} N_0\left(1+\frac{1}{\gamma}\right)^{\gamma kt} = \lim_{\gamma\to+\infty} N_0\left[\left(1+\frac{1}{\gamma}\right)^{\gamma}\right]^{kt},$$

这就需要计算极限 $\lim\limits_{\gamma\to+\infty}\left(1+\dfrac{1}{\gamma}\right)^{\gamma}$.

先讨论 $\gamma = n$ 时数列 $\left\{\left(1+\dfrac{1}{n}\right)^n\right\}$ 的变化趋势,观察下表:

n	$\dfrac{1}{n}$	$\left(1+\dfrac{1}{n}\right)^n$
1	1	2
2	$\dfrac{1}{2}$	2.25
8	$\dfrac{1}{8}$	2.565 78
384	$\dfrac{1}{384}$	2.714 75
3 840	$\dfrac{1}{3\ 840}$	2.717 93
46 080	$\dfrac{1}{46\ 080}$	2.718 25
645 120	$\dfrac{1}{645\ 120}$	2.718 28
10 321 920	$\dfrac{1}{10\ 321\ 920}$	2.718 28
$\vdots$	$\vdots$	$\vdots$

从上表可以看出,随着 n 的增大,数列 $\left\{\left(1+\dfrac{1}{n}\right)^n\right\}$ 的值在逐渐增大,但始终小于 3.

事实上,可以证明数列 $\left\{\left(1+\dfrac{1}{n}\right)^n\right\}$ 单调增加且有上界. 根据单调有界原理可知极限

$\lim\limits_{n\to\infty}\left(1+\dfrac{1}{n}\right)^n$ 存在,并记其极限为 e. 即

$$\lim_{n\to\infty}\left(1+\frac{1}{n}\right)^n = \mathrm{e}.$$

进而还有更一般的结论(证明略):

$$\lim_{x\to\infty}\left(1+\frac{1}{x}\right)^x = \mathrm{e}.$$

上式中将 $x\to\infty$ 换成 $x\to+\infty$ 或 $x\to-\infty$,结论仍然正确.

利用代换 $z=\dfrac{1}{x}$,可得 $\lim\limits_{z\to 0}(1+z)^{\frac{1}{z}}=\mathrm{e}$,由此得到第二个重要极限的另一种形式

$$\lim_{x\to 0}(1+x)^{\frac{1}{x}} = \mathrm{e}.$$

可以证明 e 是一个无理数,其值为 $\mathrm{e} = 2.718\ 281\ 828\ 459\ 045\cdots$,以后学习了无穷级数,就会知道这个数是怎样计算出来的. e 和 π 在变量数学中占有同样重要的地位.

【例 1-41】 求 $\lim\limits_{x\to\infty}\left(\dfrac{x}{1+x}\right)^x$.

解 $\lim\limits_{x\to\infty}\left(\dfrac{x}{1+x}\right)^x = \lim\limits_{x\to\infty}\dfrac{1}{\left(1+\dfrac{1}{x}\right)^x} = \dfrac{1}{\mathrm{e}}.$

【例 1-42】 求 $\lim\limits_{x\to\infty}\left(1-\dfrac{2}{x}\right)^{3x}$.

解　令 $t = -\dfrac{2}{x}$，则当 $x \to \infty$ 时，$t \to 0$，于是

$$\lim_{x \to \infty}\left(1 - \frac{2}{x}\right)^{3x} = \lim_{t \to 0}(1+t)^{-\frac{6}{t}} = \lim_{t \to 0}\left[(1+t)^{\frac{1}{t}}\right]^{-6} = e^{-6}.$$

【例 1-43】　求 $\lim\limits_{x \to \infty}\left(\dfrac{x-1}{x+1}\right)^{x}$.

解

$$\lim_{x \to \infty}\left(\frac{x-1}{x+1}\right)^{x} = \lim_{x \to \infty}\left(1 + \frac{-2}{x+1}\right)^{\left(-\frac{x+1}{2}\right)(-2)-1}$$

$$= \lim_{x \to \infty}\left[\left(1 + \frac{-2}{x+1}\right)^{-\frac{x+1}{2}}\right]^{-2}\left(1 + \frac{-2}{x+1}\right)^{-1} = e^{-2}.$$

1.4.3　指数函数 e^x，对数函数 $\ln x$

常数 e 和 π 在微积分学中占有同等重要的地位，以 e 为底的指数函数 e^x 和以 e 为底的对数函数 $\log_e x$，相对于以其他数为底的指数函数和对数函数，有着不可比拟的优点，会给微积分运算带来特殊的便利，因此常被采用. 其中对数函数 $\log_e x$ 称为**自然对数函数**，记作 $\ln x$.

函数 $y = e^x$ 和 $y = \ln x$ 都是单调增加的函数，$y = e^x$ 增长的"速率"非常地"快"，而 $y = \ln x$ 增长的"速率"却"慢"得惊人.

可以想像，假定在一块很大的黑板上作图，坐标轴以 cm 为单位，在 $x = 1$ cm 时，$y = e^x$ 的函数值 $e^1 \approx 3$ cm；当 $x = 6$ cm 时，$e^6 \approx 403$ cm ≈ 4 m；当 $x = 10$ cm 时，$e^{10} \approx 22\,026$ cm ≈ 220 m(约 60 层楼高)；当 $x = 24$ cm 时，函数值 e^{24} cm 的长度大约是地球与月球之间距离的一半；当 $x = 43$ cm 时，函数值已抵达距地球最近的恒星人马星座：$e^{43} \approx 4.7 \times 10^{18}$ cm ≈ 5.0 光年(真空中光速为 300 000 km/s)，人马星座距地球约 4.3 光年. 相反，对于 $y = \ln x$，当 x 的坐标值达到 5 光年时，其函数值才不过是 43 cm 左右.

习题　1-4

1. 在数列 $\{x_n\}$ 中，$x_1 = 10$，$x_{n+1} = \sqrt{x_n + 6}\ (n = 1, 2, \cdots)$.
(1) 用数学归纳法证明 $\{x_n\}$ 单调减少；　　　(2) 证明 $\{x_n\}$ 有界；　　　(3) 计算 $\lim\limits_{n \to \infty} x_n$.

2. 计算下列极限：

(1) $\lim\limits_{x \to \infty}\left(1 + \dfrac{2}{x}\right)^{x}$；　　　(2) $\lim\limits_{t \to \infty}\left(1 - \dfrac{1}{t}\right)^{t}$；　　　(3) $\lim\limits_{x \to \infty}\left(\dfrac{2x+3}{2x+1}\right)^{4x+2}$；

(4) $\lim\limits_{x \to 0}(1 - 3x)^{\frac{1}{x}}$；　　　(5) $\lim\limits_{x \to 0}(1 + 3\tan^2 x)^{\cot^2 x}$；　　　(6) $\lim\limits_{n \to \infty}\left(\dfrac{2n+1}{2n-1}\right)^{n-\frac{1}{2}}$.

3. 已知 $\lim\limits_{x \to \infty}\left(\dfrac{x-2}{x}\right)^{kx} = \dfrac{1}{e}$，求常数 k.

1.5　无穷小的比较

前面我们对无穷小的概念、性质、运算有了一定的了解. 例如，有限个无穷小的代数和

仍是无穷小,有限个无穷小的积也是无穷小.但是两个无穷小的商却会出现各种不同的情况,这与无穷小趋于零的"快慢"程度有着直接的关系.

1.5.1 无穷小的阶

无穷小虽然都是以零为极限的函数,但它们趋于零的"快慢"程度却可能有很大差异.例如,当 $x \to 0$ 时,显然 $\alpha(x) = x, \beta(x) = 2x, \gamma(x) = x^2$ 都是无穷小,它们趋于零的"快慢"却不一样,列表如下:

$\alpha(x) = x$	$\beta(x) = 2x$	$\gamma(x) = x^2$
0.1	0.2	0.01
0.01	0.02	0.000 1
0.001	0.002	0.000 001
0.000 1	0.000 2	0.00 000 001
⋮	⋮	⋮

可见 $\beta(x)$ 和 $\alpha(x)$ 相比,趋于零的"速度"基本处于一个水平上,相差不是很大;而 $\gamma(x)$ 和 $\alpha(x)$ 相比,趋于零的"速度"就有着"数量级"的差异.为了比较在同一变化过程中两个无穷小趋于零的快慢,引入无穷小**阶**的概念.

在下面的记号"lim"中,没有标明自变量的变化过程,可以是 $x \to x_0$,也可以是 $x \to \infty$ 等,但必须是自变量的同一变化过程.

定义 1-9 设 $\alpha(x)$ 和 $\beta(x)$ 是 x 同一变化过程中的无穷小.

(1) 若 $\lim \dfrac{\beta}{\alpha} = 0$,则称 β 是比 α **高阶的无穷小**,记作 $\beta = o(\alpha)$;

(2) 若 $\lim \dfrac{\beta}{\alpha} = c(c \neq 0,$ 常数$)$,则称 β 与 α 是**同阶无穷小**;

(3) 特别地,若 $\lim \dfrac{\beta}{\alpha} = 1$,则称 β 与 α 是**等价无穷小**,记作 $\alpha \sim \beta$;

(4) 若 $\lim \dfrac{\beta}{\alpha^k} = c(c \neq 0, k > 0)$,则称 β 是 α 的 k **阶无穷小**.

例如,由于 $\lim\limits_{x \to 0} \dfrac{3x^3}{x^2} = 0$,所以当 $x \to 0$ 时 $3x^3$ 是比 x^2 高阶的无穷小,即 $3x^3 = o(x^2)$ $(x \to 0)$;

由于 $\lim\limits_{x \to 2} \dfrac{x^2 - 4}{x - 2} = 4$,所以当 $x \to 2$ 时,$x^2 - 4$ 与 $x - 2$ 是同阶无穷小;

由于 $\lim\limits_{x \to 0} \dfrac{\sin x}{x} = 1, \lim\limits_{x \to 0} \dfrac{\tan x}{x} = 1, \lim\limits_{x \to 0} \dfrac{1 - \cos x}{\frac{1}{2}x^2} = 1$,所以当 $x \to 0$ 时,$\sin x$ 与 x 是

等价无穷小,$\tan x$ 和 x 是等价无穷小,$1 - \cos x$ 和 $\dfrac{1}{2}x^2$ 是等价无穷小,即 $x \to 0$ 时

$$\sin x \sim x \sim \tan x, \quad 1 - \cos x \sim \frac{1}{2}x^2.$$

在下一节函数的连续性中,还可以证明

$$\lim_{x \to 0} \frac{\arcsin x}{x} = 1, \quad \lim_{x \to 0} \frac{\arctan x}{x} = 1$$

因而当 $x \to 0$ 时,$\arcsin x$、$\arctan x$ 都与 x 是等价无穷小,即 $x \to 0$ 时

$$\boxed{\arcsin x \sim x \sim \arctan x.}$$

【例 1-44】 证明:当 $x \to 0$ 时,$\sqrt[n]{1+x} - 1 \sim \frac{1}{n}x$.

证明 利用分子有理化的方法,得

$$\lim_{x \to 0} \frac{\sqrt[n]{1+x} - 1}{\frac{1}{n}x} = \lim_{x \to 0} \frac{x}{\frac{1}{n}x\left[\sqrt[n]{(1+x)^{n-1}} + \sqrt[n]{(1+x)^{n-2}} + \cdots + 1\right]} = 1.$$

故当 $x \to 0$ 时,

$$\boxed{\sqrt[n]{1+x} - 1 \sim \frac{1}{n}x.}$$

进一步推广,当 $x \to 0$ 时,

$$\boxed{(1+x)^\alpha - 1 \sim \alpha x \, (\alpha \neq 0)}$$

【例 1-45】 设 α、β 是自变量同一变化过程中的无穷小,证明 α 与 β 是等价无穷小的充分必要条件是

$$\alpha = \beta + o(\beta).$$

证明 **必要性** 设 $\alpha \sim \beta$,则

$$\lim \frac{\alpha - \beta}{\beta} = \lim\left(\frac{\alpha}{\beta} - 1\right) = \lim \frac{\alpha}{\beta} - 1 = 0.$$

即说明 $\alpha - \beta$ 是比 β 高阶的无穷小,故有

$$\alpha - \beta = o(\beta),$$

于是

$$\alpha = \beta + o(\beta).$$

充分性 若 $\alpha = \beta + o(\beta)$,则

$$\lim \frac{\alpha}{\beta} = \lim \frac{\beta + o(\beta)}{\beta} = \lim\left[1 + \frac{o(\beta)}{\beta}\right] = 1,$$

从而

$$\alpha \sim \beta.$$

如果 $\alpha = \beta + o(\beta)$,则称 β 是 α 的**主要部分**. 例如,因为当 $x \to 0$ 时,$\sin x \sim x$;$1 - \cos x \sim \frac{1}{2}x^2$,故有 $\sin x = x + o(x)$;$1 - \cos x = \frac{1}{2}x^2 + o\left(\frac{1}{2}x^2\right)$,因而 x 是 $\sin x$ 的主要部分;$\frac{1}{2}x^2$ 是 $1 - \cos x$ 的主要部分.

图 1-23 给出了函数 $y = \frac{1}{2}x^2$ 和 $y = 1 - \cos x$ 在 $x = 0$ 附近的图形,可以看出在 x

＝0 附近二者十分接近.

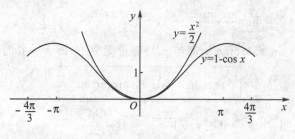

图 1-23

1.5.2　利用等价无穷小代换求极限

设 α、β、α'、β' 是无穷小,并且 $\alpha \sim \alpha', \beta \sim \beta'$,若 $\lim \dfrac{\beta'}{\alpha'}$ 存在,则

$$\lim \frac{\beta}{\alpha} = \lim \left(\frac{\beta}{\beta'} \cdot \frac{\beta'}{\alpha'} \cdot \frac{\alpha'}{\alpha} \right) = \lim \frac{\beta}{\beta'} \cdot \lim \frac{\beta'}{\alpha'} \cdot \lim \frac{\alpha'}{\alpha} = 1 \cdot \lim \frac{\beta'}{\alpha'} \cdot 1 = \lim \frac{\beta'}{\alpha'}.$$

这说明在求两个无穷小之比的极限时,可将分子分母换成与其等价的无穷小,这种替换有时可使极限计算简化.

【例 1-46】　求 $\lim\limits_{x \to 0} \dfrac{\tan 3x}{\sin 5x}$.

解　当 $x \to 0$ 时,$\tan 3x \sim 3x, \sin 5x \sim 5x$,于是

$$\lim_{x \to 0} \frac{\tan 3x}{\sin 5x} = \lim_{x \to 0} \frac{3x}{5x} = \frac{3}{5}.$$

【例 1-47】　求 $\lim\limits_{x \to 0} \dfrac{(1+x^2)^{\frac{1}{3}} - 1}{1 - \cos x}$.

解　因为当 $x \to 0$ 时,$(1+x^2)^{\frac{1}{3}} - 1 \sim \dfrac{1}{3}x^2, 1 - \cos x \sim \dfrac{1}{2}x^2$,所以

$$\lim_{x \to 0} \frac{(1+x^2)^{\frac{1}{3}} - 1}{1 - \cos x} = \lim_{x \to 0} \frac{\dfrac{1}{3}x^2}{\dfrac{1}{2}x^2} = \frac{2}{3}.$$

【例 1-48】　求 $\lim\limits_{x \to 0} \dfrac{\tan(x + x^2)}{5x}$.

解　因为当 $x \to 0$ 时,$\tan(x + x^2) \sim x + x^2$,所以

$$\lim_{x \to 0} \frac{\tan(x + x^2)}{5x} = \lim_{x \to 0} \frac{x + x^2}{5x} = \lim_{x \to 0} \frac{1 + x}{5} = \frac{1}{5}.$$

对上面的结果可以作进一步的推广:如果 $\lim \dfrac{\beta' g(x)}{\alpha' h(x)}$ 存在,则

$$\lim \frac{\beta g(x)}{\alpha h(x)} = \lim \frac{\beta}{\beta'} \cdot \frac{\alpha'}{\alpha} \cdot \frac{\beta' g(x)}{\alpha' h(x)} = \lim \frac{\beta' g(x)}{\alpha' h(x)}.$$

由此可得出下面的结论:若分式的分子或分母是若干因子的乘积,则在求极限时,可将乘

积因子中的无穷小作等价无穷小代换.

【例 1-49】 求 $\lim\limits_{x \to 0} \dfrac{(x^2+1)\arcsin x}{\sqrt{1+x}-1}$.

解 由于 $x \to 0$ 时,

$$\arcsin x \sim x, \quad \sqrt{1+x}-1 \sim \frac{1}{2}x,$$

所以

$$\lim_{x \to 0} \frac{(x^2+1)\arcsin x}{\sqrt{1+x}-1} = \lim_{x \to 0} \frac{(x^2+1) \cdot x}{\dfrac{1}{2}x} = 2\lim_{x \to 0}(x^2+1) = 2.$$

需要注意的是,等价无穷小代换是在乘积因子中进行的,而对于加减项中的无穷小不能任意地用等价无穷小代换,如例 1-36,求 $\lim\limits_{x \to 0} \dfrac{\tan x - \sin x}{x^3}$,可以这样做:

因为 $x \to 0$ 时,有 $\sin x \sim x$,$1 - \cos x \sim \dfrac{1}{2}x^2$,所以

$$\lim_{x \to 0} \frac{\tan x - \sin x}{x^3} = \lim_{x \to 0} \frac{\sin x(1-\cos x)}{x^3 \cos x} = \lim_{x \to 0} \frac{x \cdot \dfrac{1}{2}x^2}{x^3 \cos x} = \frac{1}{2}.$$

但是若按下面的方法做,则是错误的:

$$\lim_{x \to 0} \frac{\tan x - \sin x}{x^3} = \lim_{x \to 0} \frac{x - x}{x^3} = 0.$$

习题 1-5

1. 证明:

(1) $x \to 1$ 时,$1-x$ 与 $1-\sqrt[3]{x}$ 是同阶无穷小;

(2) $x^2 \arctan \dfrac{1}{x}$ 是 $x \to 0$ 时的无穷小,并且是比 x^2+x 高阶的无穷小.

2. 证明下列关系式:

(1) $\arcsin x = x + o(x)$ $(x \to 0)$; (2) $(1+x)^n = 1 + nx + o(x)$ $(x \to 0)$;

(3) $\sqrt{1+\tan x} - \sqrt{1+\sin x} = \dfrac{x^3}{4} + o(x^3)$ $(x \to 0)$.

3. 利用极限的运算法则和等价无穷小代换求下列极限:

(1) $\lim\limits_{n \to \infty} n^2 \sin \dfrac{1}{2n^2}$; (2) $\lim\limits_{x \to 0^+} \dfrac{\sqrt{1+\sqrt{x}}-1}{\sin\sqrt{x}}$;

(3) $\lim\limits_{x \to 0} \dfrac{\sqrt{1+2x^2}-1}{\sin\dfrac{x}{2}\arctan x}$; (4) $\lim\limits_{x \to 0} \dfrac{\sqrt{1+x^2}-1}{1-\cos^2 x}$;

(5) $\lim\limits_{x \to 0} \dfrac{\tan^2 2x}{1-\cos x}$; (6) $\lim\limits_{x \to 0} \dfrac{\sqrt{1+3x\sin x}-1}{\arcsin 2x \cdot \tan x}$.

4. 已知当 $x \to 1$ 时,$\sqrt{x+a}+b$ 与 x^2-1 是等价无穷小,试确定常数 a 和 b 的值.

1.6 函数的连续性与间断点

物质世界的运动大致可以分为渐变与突变两种不同的形态.例如,在标准大气压下,一定质量水的体积可视为水温的函数.当水温小于 100 ℃时,水的体积随着温度的升高而逐渐变大,如果水温变化很小,其体积变化也很小.这种现象反映在函数关系上就是函数的连续性.但是当水温升高至 100 ℃时,由于气化使水的体积急剧增大而发生突变.这在函数关系上就是所谓的间断问题.

1.6.1 函数的连续与间断

连续函数是微积分讨论的最主要的一类函数.在实际问题中,如植物的生长、气温的变化、河水的流动、金属棒受热膨胀等渐变现象,都可看做是函数连续性的背景.为了用量化的语言精确表达函数的连续性,先引入增量的说法.

设函数 $y = f(x)$ 在 x_0 的某邻域内有定义,当自变量 x 在此邻域内由 x_0 变到 x_1,相应的函数值由 $f(x_0)$ 变到 $f(x_1)$,则称差 $\Delta x = x_1 - x_0$ 为自变量 x 在 x_0 处的**增量**,简称**自变量的增量**;称差 $\Delta y = f(x_1) - f(x_0)$ 为**函数的相应增量**.

注意:Δx、Δy 是不可分割的整体记号,它可以取正值,也可以取负值,也可以取零.

用函数的眼光审视渐变现象,可以发现渐变过程的显著特点是:若自变量的变化很小,则相应函数值的变化也很小,只要自变量的改变量充分靠近于零,函数值的改变量就可以任意接近于零,即当 $\Delta x \to 0$ 时,相应的 $\Delta y \to 0$,于是有下述定义.

定义 1-10 设函数 $y = f(x)$ 在点 x_0 的某邻域内有定义,若 x 在点 x_0 处的增量趋于零时,函数的相应增量也趋于零,即

$$\lim_{\Delta x \to 0} \Delta y = 0$$

或

$$\lim_{\Delta x \to 0} [f(x_0 + \Delta x) - f(x_0)] = 0. \tag{1}$$

则称函数 $y = f(x)$ 在点 x_0 处**连续**(continuous),并称 x_0 是 $f(x)$ 的**连续点**.

若记 $x = x_0 + \Delta x$,则当 $\Delta x \to 0$ 时,有 $x \to x_0$,则式(1)可表示为 $\lim\limits_{x \to x_0} f(x) = f(x_0)$.

因此,函数 $y = f(x)$ 在 $x = x_0$ 处连续又可等价地作如下叙述:

定义 1-10′ 设函数 $y = f(x)$ 在点 x_0 的某邻域内有定义,若

$$\lim_{x \to x_0} f(x) = f(x_0), \tag{2}$$

则称函数 $y = f(x)$ 在点 x_0 处连续.

如果函数 $y = f(x)$ 在开区间 (a, b) 内每一点都连续,则称**函数 $f(x)$ 在开区间 (a, b) 内连续**.

连续函数的图形是一条连续不断的曲线(图 1-24).

前面已经讨论过,对于多项式函数 $P_n(x) = a_0 x^n + a_1 x^{n-1} + \cdots + a_{n-1} x + a_n$ 和有理分式函数 $R(x) = \dfrac{P(x)}{Q(x)}$[$P(x)$ 和 $Q(x)$ 都是多项式函数]定义域内的任一点 x_0,有

$\lim\limits_{x\to x_0}P_n(x)=P_n(x_0)$，$\lim\limits_{x\to x_0}R(x)=R(x_0)$，因而多项式函数在 $(-\infty,+\infty)$ 内处处连续，有理分式函数在定义域内也是处处连续的.

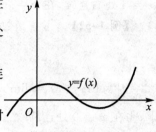

图 1-24

【例 1-50】 证明函数 $y=\sin x$ 在 $(-\infty,+\infty)$ 内处处连续.

证明　任取 $x\in(-\infty,+\infty)$，当 x 有增量 Δx 时，函数对应的增量

$$\Delta y=\sin(x+\Delta x)-\sin x=2\sin\frac{\Delta x}{2}\cos\left(x+\frac{\Delta x}{2}\right),$$

注意到

$$\left|\cos\left(x+\frac{\Delta x}{2}\right)\right|\leqslant 1\quad 及 \quad \left|\sin\frac{\Delta x}{2}\right|\leqslant\frac{|\Delta x|}{2},$$

于是有

$$0\leqslant|\Delta y|=\left|2\sin\frac{\Delta x}{2}\cos\left(x+\frac{\Delta x}{2}\right)\right|\leqslant 2\cdot\frac{|\Delta x|}{2}=|\Delta x|.$$

由夹逼法则知，当 $|\Delta x|\to 0$ 时，有 $|\Delta y|\to 0$，从而

$$\lim\limits_{\Delta x\to 0}\Delta y=0.$$

这就证明了对于任何点 x，$y=\sin x$ 都连续，即 $y=\sin x$ 在 $(-\infty,+\infty)$ 内处处连续.

同理可证，$y=\cos x$ 在 $(-\infty,+\infty)$ 内也是处处连续的.

【例 1-51】 证明 $f(x)=\begin{cases}x^2\sin\dfrac{1}{x} & (x\neq 0)\\ 0 & (x=0)\end{cases}$ 在点 $x=0$ 处连续.

证明
$$\lim\limits_{x\to 0}f(x)=\lim\limits_{x\to 0}x^2\sin\frac{1}{x}=0=f(0).$$

这是因为 $\sin\dfrac{1}{x}$ 是有界函数，x^2 是 $x\to 0$ 时的无穷小，根据无穷小与有界函数之积是无穷小的性质，故 $\lim\limits_{x\to 0}x^2\sin\dfrac{1}{x}=0$. 因此，$f(x)$ 在点 $x=0$ 处连续. 函数 $y=f(x)$ 的图形如图 1-25 所示.

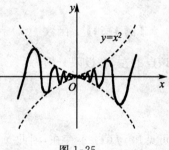

图 1-25

在函数连续性的定义中，如果只考虑左极限或右极限，则可得到函数在某一点处左连续和右连续的概念.

若 $\lim\limits_{x\to x_0^-}f(x)=f(x_0)$，则称函数 $f(x)$ 在点 x_0 处**左连续**.

若 $\lim\limits_{x\to x_0^+}f(x)=f(x_0)$，则称函数 $f(x)$ 在点 x_0 处**右连续**.

显然，函数 $f(x)$ 在点 x_0 处连续的充分必要条件是 $f(x)$ 在点 x_0 处既左连续又右连续.

以后称函数 $f(x)$ 在闭区间 $[a,b]$ 上连续，指的是 $f(x)$ 在开区间 (a,b) 内连续，且在

$x = a$ 处右连续,在 $x = b$ 处左连续.类似还可以规定函数在半开半闭区间上的连续性.

【例 1-52】 考查函数 $f(x) = |x|$ 在 $x = 0$ 处的连续性.

解
$$f(x) = |x| = \begin{cases} x & (x \geqslant 0) \\ -x & (x < 0) \end{cases},$$

因为 $\lim\limits_{x \to 0^+} f(x) = \lim\limits_{x \to 0^+} x = 0 = f(0)$, $\lim\limits_{x \to 0^-} f(x) = \lim\limits_{x \to 0^-} (-x) = 0 = f(0)$, 所以 $f(x) = |x|$ 在 $x = 0$ 处连续.

在实际问题中,除了连续变化的现象外,不连续变化的现象也时有发生.例如,一匀速运动的物体突然受到一冲力的作用,在瞬间速度发生变化;当断开电闸后,导线中的电流强度突然变为零;时钟的秒针跳跃地转动.这些突变现象都可用函数的间断来表述.

设函数 $f(x)$ 在点 x_0 的某邻域或某去心邻域内有定义,如果 x_0 不是 $f(x)$ 的连续点,则称点 x_0 是 $f(x)$ 的**间断点**(point of discontinuity).

由定义 1-10' 可知,函数 $f(x)$ 在点 x_0 处连续,必须同时满足三条:

(1) $f(x)$ 在点 x_0 处有定义,即有确定的函数值 $f(x_0)$;

(2) 极限 $\lim\limits_{x \to x_0} f(x)$ 存在;

(3) 极限 $\lim\limits_{x \to x_0} f(x)$ 和函数值 $f(x_0)$ 相等.

在上述三条中,如果有一条不满足,x_0 即为间断点.

对于间断点 x_0,可以按照左、右极限是否存在,将其分为两类:

若 $\lim\limits_{x \to x_0^-} f(x)$ 和 $\lim\limits_{x \to x_0^+} f(x)$ 都存在,则称 x_0 是 $f(x)$ 的**第一类间断点**;否则,即 $f(x)$ 在 x_0 处的左、右极限至少有一个不存在,则称 x_0 为 $f(x)$ 的**第二类间断点**.

【例 1-53】 函数 $f(x) = \dfrac{1}{x^2}$ 在 $x = 0$ 处没有定义,且 $\lim\limits_{x \to 0} \dfrac{1}{x^2} = +\infty$,故称 $x = 0$ 是函数 $f(x) = \dfrac{1}{x^2}$ 的**无穷间断点**,它属于第二类间断点(图 1-26).

【例 1-54】 函数 $f(x) = \begin{cases} x + 1 & (x \leqslant -1) \\ x^2 & (x > -1) \end{cases}$ 在 $x = -1$ 处有定义,$f(-1) = 0$,但在该点的左、右极限分别为

$$\lim_{x \to -1^-} f(x) = \lim_{x \to -1^-} (x + 1) = 0,$$
$$\lim_{x \to -1^+} f(x) = \lim_{x \to -1^+} x^2 = 1.$$

可见 $\lim\limits_{x \to -1} f(x)$ 不存在,因此 $x = -1$ 是函数的第一类间断点.注意到曲线 $y = f(x)$ 在 $x = -1$ 处产生跳跃现象(图 1-27),故这类间断点也称为**跳跃间断点**,并称数 $f(-1 + 0) - f(-1 - 0) = 1 - 0 = 1$ 为函数在 $x = -1$ 处的**跃度**.

【例 1-55】 函数 $f(x) = \sin \dfrac{1}{x}$ 在 $x = 0$ 处无定义,当 $x \to 0$ 时,函数值在 -1 与 $+1$ 之间无限次地"抖动",并且 x 愈接近零,"抖动"得愈厉害,故极限 $\lim\limits_{x \to 0} \sin \dfrac{1}{x}$ 不存在,我们可以形象地称 $x = 0$ 是 $f(x) = \sin \dfrac{1}{x}$ 的**振荡间断点**,它属于第二类间断点(图 1-28).

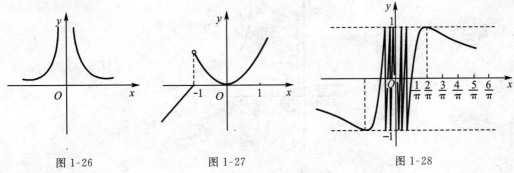

图 1-26　　　　　　　图 1-27　　　　　　　图 1-28

【例 1-56】　考虑函数 $h(x) = \begin{cases} \dfrac{\sin x}{x} & (x \neq 0) \\ 2 & (x = 0) \end{cases}$ 和 $g(x) = \dfrac{\sin x}{x}$.

因为 $\lim\limits_{x \to 0} h(x) = \lim\limits_{x \to 0} \dfrac{\sin x}{x} = 1 \neq 2 = h(0)$，所以 $x = 0$ 是 $h(x)$ 的第一类间断点，但是如果修改一下函数在 $x = 0$ 处的函数值，令 $h(0) = 1$，即有

$$h(x) = \begin{cases} \dfrac{\sin x}{x} & (x \neq 0) \\ 1 & (x = 0) \end{cases},$$

则 $h(x)$ 在 $x = 0$ 处就连续了.

函数 $g(x) = \dfrac{\sin x}{x}$ 在 $x = 0$ 处无定义，因此 $x = 0$ 是它的间断点，又 $\lim\limits_{x \to 0} \dfrac{\sin x}{x} = 1$，所以 $x = 0$ 是 $g(x)$ 的第一类间断点. 如果补充定义，令 $g(0) = 1$，则 $g(x)$ 在 $x = 0$ 处就连续了.

像这样，若 $x = x_0$ 是函数 $f(x)$ 的间断点，且 $\lim\limits_{x \to x_0^-} f(x) = \lim\limits_{x \to x_0^+} f(x)$，即 $\lim\limits_{x \to x_0} f(x)$ 存在，那么只要重新定义 $f(x_0)$ 或补充定义 $f(x_0)$，令 $f(x_0) = \lim\limits_{x \to x_0} f(x)$，则 $f(x)$ 将在 x_0 处连续，故称 $x = x_0$ 是 $f(x)$ 的**可去间断点**.

在本例中 $x = 0$ 即是 $h(x)$ 和 $g(x)$ 的可去间断点.

【例 1-57】　指出函数 $f(x) = \dfrac{x^2 - 1}{x^2 - 2x - 3}$ 的间断点，并讨论间断点的类型.

解　$f(x)$ 的间断点是 $x = -1$ 和 $x = 3$.

因为

$$\lim\limits_{x \to -1} f(x) = \lim\limits_{x \to -1} \dfrac{x^2 - 1}{x^2 - 2x - 3} = \lim\limits_{x \to -1} \dfrac{(x+1)(x-1)}{(x+1)(x-3)} = \lim\limits_{x \to -1} \dfrac{x-1}{x-3} = \dfrac{-2}{-4} = \dfrac{1}{2},$$

故 $x = -1$ 是 $f(x)$ 的第一类间断点，且为可去间断点.

因为

$$\lim\limits_{x \to 3} f(x) = \lim\limits_{x \to 3} \dfrac{(x+1)(x-1)}{(x+1)(x-3)} = \lim\limits_{x \to 3} \dfrac{x-1}{x-3} = \infty,$$

故 $x = 3$ 是 $f(x)$ 的第二类间断点，且为无穷间断点. 函数 $y = f(x)$ 的图形如图 1-29 所示.

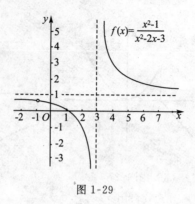

图 1-29

1.6.2　初等函数的连续性

1. 连续函数的和、差、积、商的连续性

由函数的连续性定义及极限的四则运算法则,立即得到:

若函数 $f(x)$ 和 $g(x)$ 都在点 x_0 处连续,则它们的和、差、积、商(分母不为零)在点 x_0 处也连续.

由于 $\sin x$ 和 $\cos x$ 都在 $(-\infty, +\infty)$ 内连续,从而 $\tan x = \dfrac{\sin x}{\cos x}, \cot x = \dfrac{\cos x}{\sin x}$, $\sec x = \dfrac{1}{\cos x}, \csc x = \dfrac{1}{\sin x}$ 在它们的定义域内也都是连续的.

2. 反函数的连续性

关于反函数的连续性,有如下结果:

若函数 $y = f(x)$ 在某区间 I 上是单调增加(或单调减少)的连续函数,其值域为 I',则 $y = f(x)$ 必存在反函数 $y = f^{-1}(x)$,而且反函数 $f^{-1}(x)$ 在 I' 上也是单调增加(或单调减少)的连续函数.

这个结论从直观上看是明显的,但证明较复杂,故略去.

由于 $y = \sin x$ 在 $\left[-\dfrac{\pi}{2}, \dfrac{\pi}{2}\right]$ 上是单调增加的连续函数,其值域是 $[-1, 1]$,所以它的反函数 $y = \arcsin x$ 在 $[-1, 1]$ 上也是单调增加的连续函数.

同理可知,反三角函数 $y = \arccos x, y = \arctan x, y = \text{arccot } x$ 在各自的定义域内也都是连续的.

在 1.5 节中,我们不加证明地指出,当 $x \to 0$ 时,$\arcsin x$ 与 $\arctan x$ 都是与 x 等价的无穷小.事实上,若令 $y = \arcsin x$,即 $x = \sin y$,由 $y = \arcsin x$ 的连续性可知,当 $x \to 0$ 时,$y \to 0$.故有

$$\lim_{x \to 0} \frac{\arcsin x}{x} = \lim_{y \to 0} \frac{y}{\sin y} = 1.$$

类似地,有

$$\lim_{x \to 0} \frac{\arctan x}{x} = 1.$$

在例 1-39 中，我们曾证明，对任一 $x_0 \in (-\infty, +\infty)$，有 $\lim\limits_{x \to x_0} a^x = a^{x_0}\, (a > 0, a \neq 1)$，即指数函数 $y = a^x$ 在定义域 $(-\infty, +\infty)$ 内是单调的连续函数，且值域为 $(0, +\infty)$，所以它的反函数对数函数 $y = \log_a x\, (a > 0, a \neq 1)$ 在 $(0, +\infty)$ 内也是单调的连续函数.

3. 复合函数的连续性

若函数 $u = \varphi(x)$ 在点 x_0 处连续，且 $u_0 = \varphi(x_0)$，函数 $y = f(u)$ 在点 u_0 处连续，则由极限的复合运算法则及函数连续的定义，可知复合函数 $y = f(\varphi(x))$ 在点 x_0 处连续，这是因为

$$\lim_{x \to x_0} f(\varphi(x)) = \lim_{u \to u_0} f(u) = f(u_0) = f(\varphi(x_0)).$$

当 $x > 0$ 时，$x^\mu = e^{\mu \ln x}$，因而幂函数 $y = x^\mu\, (x > 0)$ 可以看做是由 $y = e^u$ 及 $u = \mu \ln x$ 复合而成的. 而指数函数 $y = e^u$ 和对数函数 $u = \mu \ln x$ 都是连续函数，因此，幂函数 $y = x^\mu$ 在 $(0, +\infty)$ 内是连续的.

若对 μ 取不同值分别加以讨论，可得出幂函数在其定义域内是连续的.

4. 初等函数的连续性

综合以上的讨论，可知幂函数、指数函数、对数函数、三角函数及反三角函数在各自的定义域内都是连续的. 这样**基本初等函数在它们的定义域内都是连续的**. 又因为常数作为函数当然也连续，再由连续函数的四则运算及复合函数的连续性，可得到结论：**一切初等函数在其定义区间内都是连续的**.

所谓定义区间，就是包含在定义域内的区间.

这个结论可给初等函数求极限带来方便，即当 x_0 是初等函数 $f(x)$ 定义区间内一点时，欲求极限 $\lim\limits_{x \to x_0} f(x)$，只需求函数值 $f(x_0)$ 即可：$\lim\limits_{x \to x_0} f(x) = f(x_0)$.

【例 1-58】 求 $\lim\limits_{x \to \frac{1}{2}} \dfrac{e^{2x} - \ln(2x+3)}{\arcsin x}$.

解 $\lim\limits_{x \to \frac{1}{2}} \dfrac{e^{2x} - \ln(2x+3)}{\arcsin x} = \dfrac{e^{2 \times \frac{1}{2}} - \ln\left(2 \times \frac{1}{2} + 3\right)}{\arcsin \frac{1}{2}} = \dfrac{6}{\pi}(e - 2\ln 2).$

【例 1-59】 讨论函数

$$f(x) = \begin{cases} \dfrac{1}{1 + e^{\frac{1}{x}}} & (x \neq 0) \\ 1 & (x = 0) \end{cases}$$

的连续性.

解 在 $(-\infty, 0) \bigcup (0, +\infty)$ 内 $f(x) = \dfrac{1}{1 + e^{\frac{1}{x}}}$ 处处连续.

在 $x = 0$ 处，因为

$$\lim_{x \to 0^-} f(x) = \lim_{x \to 0^-} \frac{1}{1 + e^{\frac{1}{x}}} = \frac{1}{1 + 0} = 1 = f(0),$$

$$\lim_{x \to 0^+} f(x) = \lim_{x \to 0^+} \frac{1}{1 + e^{\frac{1}{x}}} = 0,$$

应用微积分

所以 $x=0$ 是 $f(x)$ 的第一类间断点(跳跃间断点).

前面已讨论过,对于由连续函数 $y=f(u)$ 及 $u=\varphi(x)$ 构成的复合函数,有 $\lim\limits_{x\to x_0}f(\varphi(x))=f(\varphi(x_0))$,也就是

$$\lim_{x\to x_0}f(\varphi(x))=f(\lim_{x\to x_0}\varphi(x)).$$

这说明,对于连续函数来说,极限符号与函数符号可以交换次序.再结合极限的复合运算法则,还可以得到进一步的结果:

设有复合函数 $y=f(u),u=\varphi(x)$,若 $x\to x_0$ 时,$u\to u_0$[并不要求 $\varphi(x)$ 在 x_0 处连续,只要求极限存在:$\lim\limits_{x\to x_0}\varphi(x)=u_0$],而 $y=f(u)$ 在点 u_0 处连续,则复合函数 $f(\varphi(x))$ 当 $x\to x_0$ 时极限也存在,且等于 $f(u_0)$,即 $\lim\limits_{x\to x_0}f(\varphi(x))=\lim\limits_{u\to u_0}f(u)=f(u_0)=f(\lim\limits_{x\to x_0}\varphi(x)).$

这一结果为求更多类型的极限提供了便利途径.

【例 1-60】 求 $\lim\limits_{x\to 0}\dfrac{\log_a(1+x)}{x}$ $(a>0,a\neq 1)$.

解 函数 $\dfrac{\log_a(1+x)}{x}=\log_a(1+x)^{\frac{1}{x}}$ 在 $x=0$ 处无定义,$x=0$ 是间断点,但

$$\lim_{x\to 0}(1+x)^{\frac{1}{x}}=\mathrm{e}.$$

令 $u=(1+x)^{\frac{1}{x}}$,而函数 $\log_a u$ 在 $u=\mathrm{e}$ 处连续,于是

$$\lim_{x\to 0}\frac{\log_a(1+x)}{x}=\lim_{x\to 0}\log_a(1+x)^{\frac{1}{x}}=\lim_{u\to \mathrm{e}}\log_a u=\log_a\mathrm{e}=\frac{1}{\ln a}.$$

特别地,当 $a=\mathrm{e}$ 时,有

$$\lim_{x\to 0}\frac{\ln(1+x)}{x}=1.$$

【例 1-61】 证明 $\lim\limits_{x\to 0}\dfrac{a^x-1}{x}=\ln a(a>0,a\neq 1)$.

证明 令 $t=a^x-1$,则 $x=\log_a(1+t)$,由例 1-60

$$\lim_{x\to 0}\frac{a^x-1}{x}=\lim_{t\to 0}\frac{t}{\log_a(1+t)}=\ln a,$$

特别地,当 $a=\mathrm{e}$ 时,有

$$\lim_{x\to 0}\frac{\mathrm{e}^x-1}{x}=1.$$

例 1-60 和例 1-61 为我们提供了两个常用的等价无穷小,即 $x\to 0$ 时,

$$\boxed{\ln(1+x)\sim x,\quad \mathrm{e}^x-1\sim x.}$$

【例 1-62】 求 $\lim\limits_{x\to 0}\dfrac{\mathrm{e}^{2x}-1}{\arcsin x}$.

解 因为当 $x\to 0$ 时,$\mathrm{e}^{2x}-1\sim 2x$,$\arcsin x\sim x$,故

$$\lim_{x\to 0}\frac{\mathrm{e}^{2x}-1}{\arcsin x}=\lim_{x\to 0}\frac{2x}{x}=2.$$

【**例 1-63**】　求 $\lim\limits_{x \to \infty} \dfrac{e^{\frac{1}{x^2}} - 1}{\ln\left(1 + \frac{1}{x}\right)}$.

解　因为当 $x \to \infty$ 时, $e^{\frac{1}{x^2}} - 1 \sim \dfrac{1}{x^2}$, $\ln\left(1 + \dfrac{1}{x}\right) \sim \dfrac{1}{x}$, 所以

$$\lim_{x \to \infty} \frac{e^{\frac{1}{x^2}} - 1}{\ln\left(1 + \frac{1}{x}\right)} = \lim_{x \to \infty} \frac{\frac{1}{x^2}}{\frac{1}{x}} = \lim_{x \to \infty} \frac{1}{x} = 0.$$

习题　1-6

1. 讨论下列函数在指定点处的连续性:

$(1) f(x) = \begin{cases} \dfrac{\sin x}{x} & (x < 0) \\ 1 & (x = 0) \\ x^2 + 1 & (x > 0) \end{cases}$, 在 $x = 0$ 处; $\qquad (2) f(x) = \begin{cases} \dfrac{\ln(1 + 2x)}{x} & (x \neq 0) \\ 1 & (x = 0) \end{cases}$, 在 $x = 0$ 处;

$(3) f(x) = \begin{cases} \dfrac{2x^2 - 5x - 3}{x - 3} & (x \neq 3) \\ 6 & (x = 3) \end{cases}$, 在 $x = 3$ 处; $\qquad (4) f(x) = \begin{cases} \dfrac{x^2 - x}{x^2 - 1} & (x \neq 1) \\ \dfrac{1}{2} & (x = 1) \end{cases}$, 在 $x = 1$ 处.

2. 讨论下列函数在 $(-\infty, +\infty)$ 内的连续性:

$(1) f(x) = \begin{cases} x & (-1 \leqslant x \leqslant 1) \\ 1 & (x < -1 \text{ 或 } x > 1) \end{cases}$; $\qquad (2) f(x) = \begin{cases} \sin x & (-\infty < x \leqslant 0) \\ 0 & (0 < x \leqslant 1) \\ \dfrac{1}{x - 1} & (1 < x < +\infty) \end{cases}$;

$(3) f(x) = \begin{cases} \dfrac{\sin(x^2 - 1)}{x - 1} & (x \neq 1) \\ 2 & (x = 1) \end{cases}$; $\qquad (4) f(x) = \begin{cases} \sin x & (x < \dfrac{\pi}{4}) \\ \cos x & (x \geqslant \dfrac{\pi}{4}) \end{cases}$.

3. 求下列函数的间断点, 并指出其类型:

$(1) f(x) = \dfrac{x^2 - 1}{x^2 - 3x + 2}$; $\qquad (2) f(x) = \arctan \dfrac{1}{x}$;

$(3) f(x) = \dfrac{3}{2 - \dfrac{2}{x}}$; $\qquad (4) f(x) = \begin{cases} x - 1 & (x \leqslant 1) \\ 3 - x & (x > 1) \end{cases}$.

4. 确定常数 a 及 b, 使下列各函数在 $(-\infty, +\infty)$ 内连续:

$(1) f(x) = \begin{cases} e^x(\sin x + \cos x) & (x > 0) \\ 2x + a & (x \leqslant 0) \end{cases}$; $\qquad (2) f(x) = \begin{cases} a + bx^2 & (x \leqslant 0) \\ \dfrac{\sin bx}{x} & (x > 0) \end{cases}$;

$(3) f(x) = \begin{cases} (1 - x)^{\frac{1}{x}} & (x > 0) \\ b & (x = 0) \\ x\sin \dfrac{1}{x} + a & (x < 0) \end{cases}$; $\qquad (4) f(x) = \begin{cases} a - x^2 & (x < -1) \\ 1 & (x = -1) \\ \ln(x + x^2 + e^{b+x^3}) & (x > -1) \end{cases}$.

5. 求下列极限：

(1) $\lim\limits_{x\to 0}\sqrt{x^2-x+9}$；

(2) $\lim\limits_{x\to 0}\dfrac{\sqrt{x^2-2x+4}-2}{x}$；

(3) $\lim\limits_{x\to \frac{\pi}{4}}\dfrac{x^2+x\ln(\pi+x)}{\sin x}$；

(4) $\lim\limits_{x\to 0}\dfrac{\arctan x}{\ln(1+\sin x)}$；

(5) $\lim\limits_{x\to 0}\dfrac{1}{x}\ln\sqrt{\dfrac{1+x}{1-x}}$；

(6) $\lim\limits_{x\to 1}\dfrac{1-x}{\ln x}$；

(7) $\lim\limits_{x\to +\infty}x(\sqrt{1+x^2}-x)$；

(8) $\lim\limits_{x\to -2}\dfrac{\sin(x^2-4)}{x^2+x-2}$；

(9) $\lim\limits_{x\to 0}\dfrac{1-\cos x}{x^2+x^3}$；

(10) $\lim\limits_{x\to 0}\dfrac{\tan \pi x}{\mathrm{e}^x-1}$；

(11) $\lim\limits_{x\to 0}(\cos x)^{\frac{1}{x^2}}$.

1.7　闭区间上连续函数的性质

闭区间上的连续函数具有一些重要性质，从几何上看，这些性质都是十分明显的，但要严格证明它们，还需其他知识，这里证明从略.

1.7.1　闭区间上连续函数的有界性与最值性质

设函数 $f(x)$ 在闭区间 $[a,b]$ 上连续，则它的图形 $y=f(x)$ 是 $[a,b]$ 上的一条连续曲线. 从直观上看，这条曲线必有一点最低，也必有一点最高（图 1-30）. 对于函数 $f(x)$ 来说，即在 $[a,b]$ 上至少存在一点 ξ_1 和另一点 ξ_2，使得对一切 $x\in [a,b]$，恒有不等式

$$f(\xi_1)\leqslant f(x)\leqslant f(\xi_2)$$

成立. 这说明 $f(x)$ 在 $[a,b]$ 上是有界的，$f(\xi_1)$ 和 $f(\xi_2)$ 分别称为函数 $f(x)$ 在 $[a,b]$ 上的**最小值**（minimum）和**最大值**（maximum），分别记作

$$f(\xi_1)=\min_{x\in [a,b]}\{f(x)\}$$

和

$$f(\xi_2)=\max_{x\in [a,b]}\{f(x)\}.$$

归纳以上事实，我们有下面的结论：

定理 1-2 （**最大值与最小值定理**）闭区间上的连续函数在该区间上有界并一定有最大值和最小值.

定理的条件很重要，如果 $f(x)$ 在 $[a,b]$ 上有间断点，或仅在开区间 (a,b) 内连续，则定理的结论不一定成立. 例如，$f(x)=\dfrac{1}{x}$ 在 $(0,1)$ 内连续，但在 $(0,1)$ 内是无界的，并且取不到最大值与最小值（图 1-31）. 又如，$f(x)=x^3$ 在开区间 $(0,2)$ 内虽连续，但在 $(0,2)$ 内却没有最大值与最小值（不要误认为 8 和 0 是它的最大值与最小值）. 再如，

$$f(x)=\begin{cases}x+1 & (-1\leqslant x<0)\\ 0 & (x=0)\\ x-1 & (0<x\leqslant 1)\end{cases}$$

在$[-1,1]$上有间断点$x=0$，它在$[-1,1]$上既取不到最大值，也取不到最小值（图1-32）.

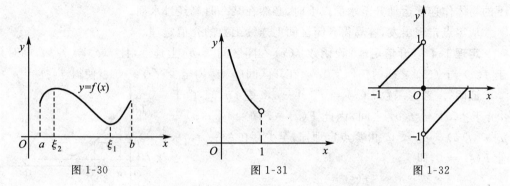

图 1-30   图 1-31   图 1-32

还需要指出的是，连续函数$f(x)$在闭区间$[a,b]$上的最大值与最小值，可能在区间(a,b)内部取得，也可能在区间端点$x=a$或$x=b$处取得.

1.7.2 闭区间上连续函数的介值性质

设$y=f(x)$是闭区间$[a,b]$上的一条连续曲线，它的两个端点分别在x轴的上方和下方，很显然$y=f(x)$与x轴至少有一个交点x_0（图1-33）. 这一事实可以作为下面零点定理的几何解释.

定理1-3　（零点定理）若函数$f(x)$在闭区间$[a,b]$上连续，且$f(a)$和$f(b)$异号，则在开区间(a,b)内至少存在一点ξ，使得$f(\xi)=0$. 也就是说，方程$f(x)=0$在(a,b)内至少有一个实根.

【例1-64】　证明方程$\mathrm{e}^x=3x$在$(0,1)$内至少有一个实根.

证明　设$f(x)=\mathrm{e}^x-3x$，则$f(x)$在$[0,1]$上连续，且$f(0)=1>0,f(1)=\mathrm{e}-3<0$.

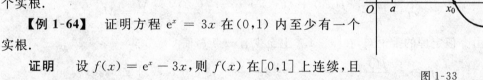

图 1-33

由零点定理知，在$(0,1)$内至少有一点ξ，使$f(\xi)=\mathrm{e}^{\xi}-3\xi=0$，即$\mathrm{e}^{\xi}=3\xi,x=\xi$就是所给方程的根.

【例1-65】　证明一元三次方程$ax^3+bx^2+cx+d=0$至少有一个实根.

证明　不妨设$a>0$. 设$f(x)=ax^3+bx^2+cx+d$，则

$$f(x)=ax^3\left(1+\frac{b}{ax}+\frac{c}{ax^2}+\frac{d}{ax^3}\right).$$

于是可知

当$x\to+\infty$时，$f(x)\to+\infty$，故存在$x_1>0$，使得$f(x_1)>0$；

当$x\to-\infty$时，$f(x)\to-\infty$，故存在$x_2<0$，使得$f(x_2)<0$.

因为$f(x)$在闭区间$[x_2,x_1]$上连续，由零点定理知，存在$\xi\in(x_2,x_1)$，使得$f(\xi)=0$，即方程$ax^3+bx^2+cx+d=0$至少有一个实根.

用类似的方法可证明:**任何实系数奇数次多项式方程必有实根.**

零点定理从一个侧面刻画了作连续运动的物体,其轨迹是不间断的.例如,在水面以下的物体作连续运动升至水面以上时,必然在某一时刻经过水面.

从零点定理出发,容易得到闭区间上连续函数的介值定理.

定理 1-4 (介值定理)设函数 $f(x)$ 在闭区间 $[a,b]$ 上连续,且 $f(a) \neq f(b)$,则对介于 $f(a)$ 与 $f(b)$ 之间的任何实数 μ,在开区间 (a,b) 内至少存在一点 ξ,使得 $f(\xi) = \mu$.

证明 考虑函数 $F(x) = f(x) - \mu, x \in [a,b]$,由于 μ 介于 $f(a)$ 与 $f(b)$ 之间,因此 $F(a) \cdot F(b) = [f(a) - \mu] \cdot [f(b) - \mu] < 0$. 由零点定理知,至少存在 $\xi \in (a,b)$,使 $F(\xi) = 0$,即

$$f(\xi) = \mu.$$

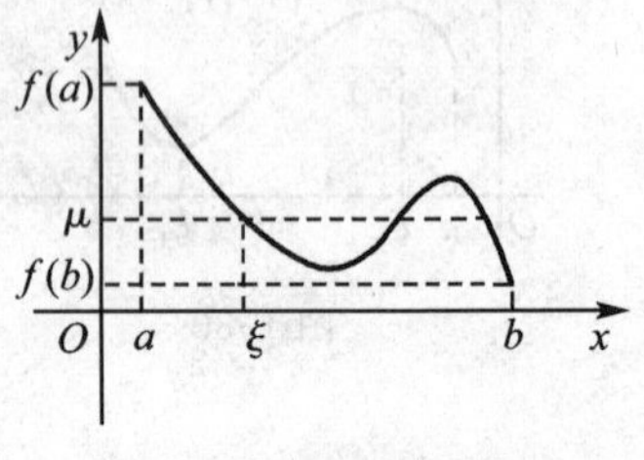

介值定理的几何解释是:连续曲线 $y = f(x)$ 与水平直线 $y = \mu [\mu$ 介于 $f(a)$ 与 $f(b)$ 之间,$f(a) \neq f(b)]$ 至少有一个交点(图 1-34).

图 1-34

作为介值定理的推论,我们可以得到:**闭区间上的连续函数必能取到它的最大值与最小值之间的一切值.**

【**例 1-66**】 设不恒为常数的函数 $f(x)$ 在 (a,b) 内连续,$a < x_1 < x_2 < \cdots < x_n < b$,证明在 (a,b) 内至少有一点 ξ,使得

$$f(\xi) = \frac{f(x_1) + f(x_2) + \cdots + f(x_n)}{n}.$$

证明 $f(x)$ 在闭区间 $[x_1, x_n]$ 上连续,由最大值与最小值定理知,$f(x)$ 在 $[x_1, x_n]$ 上有最大值 M 与最小值 m,使 $m \leqslant f(x_i) \leqslant M (i = 1,2,\cdots,n)$,从而

$$m = \frac{nm}{n} \leqslant \frac{f(x_1) + f(x_2) + \cdots + f(x_n)}{n} \leqslant \frac{nM}{n} = M,$$

由介值定理的推论知,在 $[x_1, x_n]$ 上至少有一点 ξ,使

$$f(\xi) = \frac{f(x_1) + f(x_2) + \cdots + f(x_n)}{n}, \xi \in [x_1, x_n] \subset (a,b).$$

在工程技术问题中经常需要求方程 $f(x) = 0$ 的解,但精确的解往往不易求得,从而要求方程的近似解.零点定理不但可以判断方程 $f(x) = 0$ 解的存在性,而且它的证明过程也提供了一种求方程近似解的方法,称之为**二分法**.用二分法求得的近似解可以达到要求的任意精度.我们通过下面的例题介绍如何应用这种方法.

【**例 1-67**】 证明方程 $x^3 - 4x + 1 = 0$ 在 $(0,1)$ 内只有一个实根,并求其近似解.

解 设 $f(x) = x^3 - 4x + 1$,则 $f(x)$ 是 $(-\infty, +\infty)$ 上的连续函数,在闭区间 $[0,1]$ 上,$f(0) = 1 > 0, f(1) = -2 < 0$,故由零点定理知,至少存在 $\xi \in (0,1)$,使 $f(\xi) = 0$,即 $f(x) = 0$ 在 $(0,1)$ 内至少有一个实根.

又因为 $f(1) = -2 < 0, \lim\limits_{x \to +\infty} f(x) = +\infty$,可知方程 $f(x) = 0$ 在 $(1, +\infty)$ 内至少有一个实根.同样,由于 $f(0) = 1 > 0, \lim\limits_{x \to -\infty} f(x) = -\infty$,故方程 $f(x) = 0$ 在 $(-\infty, 0)$ 内至少有一个实根.

注意到 $f(x)=0$ 是三次代数方程,至多有三个实根,现已证明它在 $(-\infty,0)$,$(0,1)$,$(1,+\infty)$ 内各至少有一个实根,可见方程 $f(x)=0$ 在 $(-\infty,0)$,$(0,1)$,$(1,+\infty)$ 每一个开区间内有且只有一个实根.

下面用二分法来求 $f(x)=0$ 在 $(0,1)$ 内的实根.

将 $[0,1]$ 二等分,计算 $f(x)$ 在其中点 $x=\dfrac{1}{2}$ 处的值,$f\left(\dfrac{1}{2}\right)=-\dfrac{7}{8}<0$,而 $f(0)=1>0$,可见 $f(x)=0$ 在 $(0,1)$ 内的实根只能落在 $\left(0,\dfrac{1}{2}\right)$ 内.

再将 $\left[0,\dfrac{1}{2}\right]$ 二等分,计算 $f(x)$ 在其中点 $x=\dfrac{1}{4}$ 处的值,$f\left(\dfrac{1}{4}\right)=\dfrac{1}{64}>0$,可见 $f(x)=0$ 在 $(0,1)$ 内的实根只能落在 $\left(\dfrac{1}{4},\dfrac{1}{2}\right)$ 内.

如此连续计算下去,取 $\left[\dfrac{1}{4},\dfrac{1}{2}\right]$ 的中点 $x=\dfrac{3}{8}$,$f\left(\dfrac{3}{8}\right)=-\dfrac{229}{512}<0$,而 $f\left(\dfrac{1}{4}\right)=\dfrac{1}{64}>0$,故所求根在 $\left(\dfrac{1}{4},\dfrac{3}{8}\right)$ 内.

取 $\left[\dfrac{1}{4},\dfrac{3}{8}\right]$ 的中点 $x=\dfrac{5}{16}$ 作为 $f(x)=0$ 在 $(0,1)$ 内实根的近似值,其误差不超过区间 $\left(\dfrac{1}{4},\dfrac{3}{8}\right)$ 长度的一半,即 $\dfrac{1}{16}$.

若要进一步提高精度,可重复上述步骤,这样得到的方程近似解,其误差可以任意的小.

习题 1-7

1. 证明方程 $\mathrm{e}^x-4x^2+1=0$ 至少有一个小于 1 的正根.

2. 证明方程 $2^x\cdot x=1$ 至少有一个小于 1 的正根.

3. 证明方程 $x=2+\sin x$ 至少有一个小于 3 的正根.

4. 证明方程 $x^4+4x^2-3x-1=0$ 在 $(-1,1)$ 内至少有两个实根.

5. 设函数 $f(x)$ 在 $[a,b]$ 上连续,若 $f(a)<a$,$f(b)>b$,试证:在 (a,b) 内至少有一点 ξ,使 $f(\xi)=\xi$.

6. 设函数 $f(x)$ 和 $g(x)$ 在 $[a,b]$ 上连续,且 $f(a)<g(a)$,$f(b)>g(b)$,证明:在 (a,b) 内至少有一点 ξ,使 $f(\xi)=g(\xi)$.

7. 设 $f(x)$ 在 $[a,b]$ 上连续,且 $a<c<d<b$,试证:对任意的正数 p 与 q,在 $[a,b]$ 上必存在一点 ξ,使

$$pf(c)+qf(d)=(p+q)f(\xi).$$

8. 证明方程 $x^3-x-1=0$ 在 $(1,2)$ 内有一实根,试用二分法求其近似值,使误差不超过 $\dfrac{1}{16}$.

1.8 应用实例阅读

本书在每一章的后面都设有应用实例阅读一节,其中大部分实例都有着真实的背景,

解决这些应用问题所用的工具不超过该章涉及的内容. 通过这些阅读材料, 读者可以开阔眼界, 活跃思想, 既可加深对前面知识的理解, 同时又可增强应用意识的培养, 提高应用能力.

【实例 1-1】 铅球投掷训练问题

用现代数学方法研究体育是从 20 世纪 70 年代开始的. 1973 年, 美国的应用数学家 J·B·开勒发表了赛跑理论, 并用他的理论训练中长跑运动员, 取得了很好的成绩. 几乎同时, 美国的计算机专家艾斯特运用数学、力学, 并借助计算机研究了当时铁饼投掷世界冠军的投掷技术, 从而提出了自己的研究理论, 据此改进了投掷技术的训练措施, 使这位世界冠军在短期内将成绩提高了 4 米, 并在一次奥运会上创造了连破三次世界纪录的辉煌成绩. 这些例子说明, 数学在体育训练中可以发挥明显的作用, 所用的数学内容也相当深入, 这里不能作详细介绍, 只选择一个较为简单的例子作一说明.

在铅球投掷的训练中, 教练关心的核心问题是投掷距离, 而距离的远近主要取决于两个因素: 投射初速度与投射角度, 这两个因素哪个更重要呢? 为此建立如下数学模型.

先将问题加以简化, 突出主要因素, 并给出三条假定:

(1) 忽略铅球在运行过程中的空气阻力作用;

(2) 投射角度与投射初速度是相互独立的;

(3) 将铅球视为一个质点.

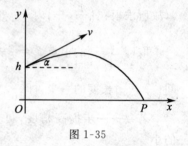

图 1-35

假设运动员投掷的出手高度为 h, 初速度为 v, 出手角度为 α, 如图 1-35 所示, 铅球在点 P 处落地. 设铅球在时刻 t 的动点坐标为 $(x(t), y(t))$, 于是得到铅球的运动方程

$$\begin{cases} x = v\cos\alpha \cdot t \\ y = v\sin\alpha \cdot t - \dfrac{1}{2}gt^2 + h \end{cases},$$

将 $t = \dfrac{x}{v\cos\alpha}$ 代入 y 中, 得到

$$y = -\frac{g}{2v^2} \cdot \frac{x^2}{\cos^2\alpha} + \tan\alpha \cdot x + h.$$

令 $y = 0$, 将 x 解出, 并舍掉负根, 就得到了点 P 的 x 坐标为

$$x = \frac{v^2\sin 2\alpha}{2g} + \sqrt{\left(\frac{v^2}{2g}\sin 2\alpha\right)^2 + h \cdot \frac{2v^2}{g}\cos^2\alpha}.$$

利用这一公式, 列表给出速度 v 与角度 α 对投掷距离的影响.

速度 v/(m/s)	角度 α/(°)	距离 x/m	速度 v/(m/s)	角度 α/(°)	距离 x/m
11.5	47.5	14.929	11.5	36	14.96
11.5	45	15.103	11.5	41.2	15.187
11.5	42.5	15.182	11.5	41.6	15.189
11.5	40	15.169	11	41.6	14.032
11.5	38	15.092	12	41.6	16.395

从表中可以看出, 当 $v = 11.5$ m/s 时, 最佳角度为 41.6°. 当角度 α 在 38° 到 41.6° 间变化时, 产生的距离差是 0.097 m, 即角度的 9.47% 的偏差, 引起距离的 0.64% 偏差. 而速度从 11 m/s 变到 12 m/s, 引起的距离差为 2.363 m, 即速度 9% 的增加, 导致距离

16.84%的增加.这个结果表明,教练在训练运动员时,应集中主要精力来增加投掷的初速度.

当然,上面的模型比较粗糙,还有许多因素没有加入,如运动员的身体转动,投掷者的手臂长度,肌肉爆发力,铅球质量等.加上以上因素,得出的公式自然会更精确,当然也复杂得多.

【实例1-2】 分形几何中的科克(Koch)曲线

从古希腊以来,人们已深入研究了直线、圆、椭圆、抛物线、双曲线等规则图形.但是,自然界的许多物体的形状及现象却是十分复杂的,如起伏蜿蜒的山脉,坑坑洼洼的地面,曲曲折折的海岸线,层层分叉的树木,支流纵横的水系,变幻飘忽的浮云,杂乱无章的粉尘等,传统的几何工具已无能为力了.

20世纪70年代,英国数学家曼德布鲁特(B. B. Mandelbrot)开创了"分形"几何的研究,形成了一个新的数学分支.分形的研究跨越了许多学科及科技领域,并展现了美妙和广阔的前景.分形几何中一个基本的有代表性的问题就是科克(Koch)曲线.

设有一个正三角形,每边的长度为单位1,现在每个边长正中间$\frac{1}{3}$处,再凸出造一个正三角形.小正三角形在三边上的出现,使原来的三角形变成六角形.再在六角形的12条边上,重复进行中间$\frac{1}{3}$处凸出造一个正三角形的过程,得到$4\times 12=48$边形.48边形每边的正中间还可以再在中间$\frac{1}{3}$处凸出造一个更小的正三角形,如此继续下去,其外缘的构造越来越精细.该曲线称为科克曲线,或雪花曲线.如图1-36所示的是开始四个阶段的雪花曲线.

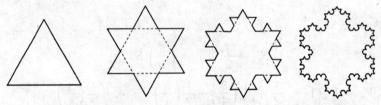

图1-36

易知,若正三角形的边长为$L_0=1$,则面积为$S_0=\frac{\sqrt{3}}{4}$.于是第一次操作后,边长$L_1=\frac{4}{3}L_0$,面积$S_1=S_0+3\cdot\frac{1}{9}S_0$.

第二次操作后,边长$L_2=\frac{4}{3}L_1=\left(\frac{4}{3}\right)^2L_0$,面积

$$S_2=S_1+3\left\{4\left[\left(\frac{1}{9}\right)^2S_0\right]\right\}=S_0+3\cdot\frac{1}{9}S_0+3\cdot 4\cdot\left(\frac{1}{9}\right)^2S_0.$$

如此作下去,其规律是:每条边生成四条新边;下一步,四条新边共生成四个新的小三角形.每一步操作中,曲线的整个长度将被乘以$\frac{4}{3}$.即第n步后的边长是

$$L_n = \left(\frac{4}{3}\right)^n L_0 = \left(\frac{4}{3}\right)^n.$$

从第二步起，每一步比上一步在每条边上多了 4 个小三角形，每个小三角形面积为上一步三角形面积的 $\frac{1}{9}$，因而可推算出第 n 步后的总面积为

$$S_n = S_0 + 3\left(\frac{1}{9} + \frac{4}{9^2} + \frac{4^2}{9^3} + \cdots + \frac{4^{n-1}}{9^n}\right)S_0.$$

于是

$$\lim_{n\to\infty} L_n = +\infty,$$

$$\lim_{n\to\infty} S_n = S_0 + 3 \cdot \frac{\frac{1}{9}}{1 - \frac{4}{9}} S_0 = \frac{8}{5}S_0 = \frac{2\sqrt{3}}{5}.$$

由此可见，科克曲线是一条特色鲜明的连续的闭合曲线. 它的总面积是有限的，永远小于原正三角形的外接圆面积，但它的长度却是无限的大. 这似乎是一个自相矛盾的结果：在有限的圆内却有着无限长的曲线，真是令人惊讶.

现将此问题稍加推广：有一棱长为单位 1 的正四面体，开始时，四面体的表面积为 $S_0 = \sqrt{3}$，体积为 $V_0 = \frac{\sqrt{2}}{12}$. 之后在四面体的每个面上，以三条中位线为边构成正三角形. 以这样的正三角形为底向外作小正四面体，于是其表面积 S_1 和体积 V_1 分别为

$$S_1 = \frac{3}{2}S_0,$$

$$V_1 = V_0 + 4 \cdot \frac{1}{8}V_0.$$

依此下去，有

$$S_n = \frac{3}{2}S_{n-1} = \left(\frac{3}{2}\right)^n S_0,$$

$$V_n = V_0\left\{1 + \left[\frac{1}{2} + \frac{1}{2}\left(\frac{3}{4}\right) + \frac{1}{2}\left(\frac{3}{4}\right)^2 + \cdots + \frac{1}{2}\left(\frac{3}{4}\right)^{n-1}\right]\right\}.$$

于是

$$\lim_{n\to\infty} S_n = +\infty,$$

$$\lim_{n\to\infty} V_n = V_0\left(1 + \frac{\frac{1}{2}}{1 - \frac{3}{4}}\right) = 3V_0 = \frac{\sqrt{2}}{4}.$$

可见用上述方法形成的几何体有着与科克曲线类似的性质.

【实例 1-3】　斐波那契数列与黄金分割问题

斐波那契数列出现在意大利数学家斐波那契（Fibonacci,1174 ~ 1250）在 1202 年所著的《算盘书》中. 书中是这样提出问题的："如果每对兔子每月能繁殖一对子兔，而子兔在出生后第二个月就有生殖能力，第三个月就生产一对兔子，以后每个月生产一对. 假定每对兔子都是一雌一雄，且均不死亡. 试问一对兔子一年能繁殖多少对兔子？"

他是这样解答的:若用"○"和"△"分别表示一对未成年和成年的兔子,简称仔兔和成兔,则根据题设有

图 1-37 为前 6 个月兔子的繁衍情况.6月份共有 13 对兔子.还可以看出,从 3 月份开始,每月的兔子总数恰好等于它前面两个月兔子总数之和.按照这个规律,可写出数列

$$1,1,2,3,5,8,13,21,34,55,89,144,233$$

即一年(12 个月)后共有兔子 233 对.

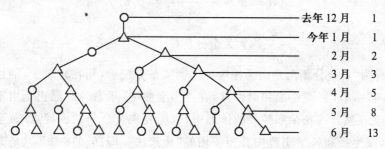

图 1-37

按上述规律写出的无限项数列就称为斐波那契数列,其中的每一项都称为斐波那契数.

若设 $F_0=1,F_1=1,F_2=2,F_3=3,F_4=5,F_5=8,\cdots$,则此数列应有下面的递推关系

$$F_{n+2}=F_{n+1}+F_n \quad (n=0,1,2,\cdots),$$

由此借助数学归纳法可推出通项公式

$$F_n=\frac{1}{\sqrt{5}}\left[\left(\frac{1+\sqrt{5}}{2}\right)^{n+1}-\left(\frac{1-\sqrt{5}}{2}\right)^{n+1}\right].$$

这个公式是由法国数学家比内(Binet)推出的.

令人惊异的是斐波那契数出现在许多场合,它反映了大自然的一个基本模式.

蜜蜂的繁殖和生长是很有趣的.雄蜂只有母亲,没有父亲.因为蜂后产的卵,受精的孵化为雌蜂,即工蜂或蜂后,而未受精的孵化为雄蜂.人们在追溯雄蜂的祖先时,发现一只雄蜂的第 n 代祖先的数目刚好就是斐波那契数列的第 n 项 F_n.

钢琴的 13 个半音阶的排列完全与雄蜂第六代祖先的排列情况类似,也和第 6 个月仔兔与成兔排列情况类似,这说明音调也与斐波那契数列有关.

如果一棵树每年都生长,第二年有两个分枝,通常第三年就有 3 个分枝,第四年就有 5 个分枝,第五年就有 8 个分枝,$\cdots$,每年的分枝数恰好是斐波那契数.

在植物界也能找到大量的斐波那契模式.几乎所有的花,其花瓣数都是斐波那契数.例如,百合花的花瓣有 3 瓣,毛茛属的植物有 5 瓣花,许多翠雀属的植物有 8 瓣花,万寿菊有 13 瓣花,紫菀属的植物有 21 瓣花,大多数雏菊有 34、55、89 瓣花.

不仅如此,斐波那契数列还与"黄金分割"有着内在关系.黄金分割这一名称是由中世纪著名画家达·芬奇提出的.所谓黄金分割其实就是按中外比分割:即将一条线段分成两段,使其较长的线段为较短的线段与整条线段的比例中项.例如,在图 1-38 中,有

应用微积分

$$\frac{MB}{AM}=\frac{AM}{AB}.$$

如设 $AB=1,AM=x$，则有

$$x^2=1-x, \text{即 } x^2+x-1=0.$$

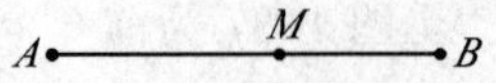

解之并舍去负根，得

图 1-38

$$AM=x=\frac{-1+\sqrt{5}}{2}\approx0.618,$$

点 M 称为黄金分割点，$\frac{-1+\sqrt{5}}{2}$ 称为黄金分割数.

之所以称为"黄金分割"，是因为按这种比例关系分配后，用在建筑上，能使建筑物更加美观；放在音乐里，音调更加和谐悦耳，在许多名曲中，乐章的高潮正是出现在全曲的0.618 处. 甚至在盛开的花朵和健美的体形中，也能发现黄金分割的特点. 黄金分割的应用极为广泛，在生产和科学实验中普遍使用的"优选法"，即"0.618 法"就是其中重要的一种.

那么，斐波那契数列与黄金分割之间有何关系呢？原来，黄金分割点的位置恰好是数列 $\left\{\frac{F_n}{F_{n+1}}\right\}$ 的极限，下面给予证明.

记 $x_n=\frac{F_n}{F_{n+1}}$，则有 $x_n=\frac{F_n}{F_n+F_{n-1}}=\frac{1}{1+\frac{F_{n-1}}{F_n}}=\frac{1}{1+x_{n-1}}, n=1,2,\cdots$.

先证数列 $\{x_n\}$ 的极限 $\lim\limits_{n\to\infty}x_n$ 的存在性.

分别讨论 $\{x_n\}$ 中偶数项组成的子列 $\{x_{2n}\}$ 及奇数项组成的子列 $\{x_{2n+1}\}$. 用数学归纳法可以证明，$\{x_{2n}\}$ 单调增加，$\{x_{2n+1}\}$ 单调减少. 又因 $0<x_n<1$，于是由单调有界原理知，$\{x_{2n}\}$ 与 $\{x_{2n+1}\}$ 的极限都存在. 设

$$\lim_{n\to\infty}x_{2n}=x^*, \quad \lim_{n\to\infty}x_{2n+1}=x_*,$$

并注意到 $x_{2n}=\frac{1}{1+x_{2n-1}}$，$x_{2n+1}=\frac{1}{1+x_{2n}}$. 令 $n\to\infty$，则有

$$x^*=\frac{1}{1+x_*}, \quad x_*=\frac{1}{1+x^*}.$$

由此两式，可解出

$$x^*=x_*,$$

这说明 $\{x_{2n}\}$ 与 $\{x_{2n+1}\}$ 具有相同的极限，记 $x=x^*=x_*$，即 $\lim\limits_{n\to\infty}x_n=x$.

在 $x_n=\frac{1}{1+x_{n-1}}$ 两边取极限，则得

$$x=\frac{1}{1+x}, \text{即 } x^2+x-1=0,$$

其正根 $x=\frac{-1+\sqrt{5}}{2}$ 正是黄金分割中的黄金分割数.

54

【实例 1-4】 方桌四条腿同时着地问题

将一个四条腿等长的方桌放在不平的地面上,问是否总能设法使它的四条腿同时着地?

分析 这是一个简单的数学建模问题,先作一些必要的假设:

(1) 桌子的四条腿一样长,桌腿与地面接触处可视为一个点;

(2) 地面高度连续变化,即可视地面为光滑连续曲面;

(3) 对于桌腿间距离和桌腿的长度而言,地面相对平坦,即桌子在任何位置至少有三条腿同时着地.

建立如图 1-39 所示的坐标系,A、B、C、D 为桌腿与地面的接触点,坐标原点设置在方桌的中心.

当方桌绕中心 O 转动时,对角线 AC 与初始位置的夹角设为 θ,设 A、C 两腿与地面距离之和为 $f(\theta)$,B、D 两腿与地面距离之和为 $g(\theta)$,则 $f(\theta) \geqslant 0, g(\theta) \geqslant 0$. 由假设(2)知,$f$ 和 g 都是连续函数. 由假设(3),桌子在任何位置至少有三条腿着地,即对任意的 θ,$f(\theta)$ 与 $g(\theta)$ 中至少有一个为零,当 $\theta = 0$ 时,不妨设 $g(\theta) = 0, f(\theta) > 0$,这样改变方桌位置使四条腿同时着地,就归为如下命题:

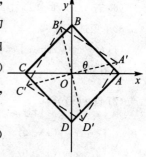

图 1-39

已知 $f(\theta)$ 和 $g(\theta)$ 是 θ 的连续函数,对任意的 θ,$f(\theta) \cdot g(\theta) = 0$ 且 $g(0) = 0, f(0) > 0$,证明存在 θ_0,使 $f(\theta_0) = g(\theta_0) = 0$.

证明 把方桌绕中心 O 逆时针旋转 $90°\left(\text{即}\dfrac{\pi}{2}\right)$,则对角线 AC 与 BD 的位置互换,由 $g(0) = 0, f(0) > 0$ 可知,$g\left(\dfrac{\pi}{2}\right) > 0, f\left(\dfrac{\pi}{2}\right) = 0$.

令 $h(\theta) = f(\theta) - g(\theta)$,则

$$h(0) = f(0) - g(0) > 0,$$

$$h\left(\frac{\pi}{2}\right) = f\left(\frac{\pi}{2}\right) - g\left(\frac{\pi}{2}\right) < 0.$$

由零点定理知,必存在 $\theta_0 \in \left(0, \dfrac{\pi}{2}\right)$,使 $h(\theta_0) = 0$,即 $f(\theta_0) = g(\theta_0)$,又 $f(\theta_0) \cdot g(\theta_0) = 0$,所以

$$f(\theta_0) = g(\theta_0) = 0.$$

复习题一

1. 在下列空格中填入"充分而非必要"、"必要而非充分"、"充分必要"中正确的一项:

(1) $\lim\limits_{x \to x_0} f(x)$ 存在是 $f(x)$ 在 x_0 的一个邻域内(除 x_0 外)有界的_____条件;$f(x)$ 在 x_0 的一个邻域内(除 x_0 外)有界是 $\lim\limits_{x \to x_0} f(x)$ 存在的_____条件.

(2) $\lim\limits_{x \to x_0} f(x)$ 存在是 $f(x)$ 在 x_0 处连续的_____条件;$f(x)$ 在 x_0 处连续是 $\lim\limits_{x \to x_0} f(x)$ 存在的_____条件.

(3) 设在 x_0 的一个去心邻域内 $\alpha(x) \neq 0$，那么 $\lim\limits_{x \to x_0} \alpha(x) = 0$ 是 $\lim\limits_{x \to x_0} \dfrac{1}{\alpha(x)} = \infty$ 的_____条件.

(4) $f(x)$ 在闭区间 $[a,b]$ 上连续是 $f(x)$ 在 $[a,b]$ 上有最大值、最小值的_____条件.

2. 下列命题是否正确？若正确，证明；若不正确，举出反例：

(1) $\lim\limits_{x \to x_0} f(x) = a$，则 $\lim\limits_{x \to x_0} |f(x)| = |a|$；反之如何？

(2) $\lim\limits_{x \to x_0} f(x) = a$，则 $\lim\limits_{x \to x_0} [f(x)]^2 = a^2$；反之如何？

(3) 若极限 $\lim\limits_{x \to x_0} f(x)$ 与 $\lim\limits_{x \to x_0} f(x)g(x)$ 都存在，则极限 $\lim\limits_{x \to x_0} g(x)$ 必存在.

(4) 若 $\lim\limits_{x \to x_0} f(x) \cdot g(x) = 0$，且 $x \to x_0$ 时 $g(x)$ 有界，则 $\lim\limits_{x \to x_0} f(x) = 0$.

(5) 若 $\lim\limits_{x \to x_0} [f(x) + g(x)]$ 存在，则 $\lim\limits_{x \to x_0} f(x)$ 和 $\lim\limits_{x \to x_0} g(x)$ 都存在.

(6) 若 $f(x)$ 和 $g(x)$ 在 x_0 处均不连续，则 $f(x) \cdot g(x)$ 在 x_0 处一定不连续.

3. 单项选择题

(1) $f(x) = |x \sin x| \, \mathrm{e}^{\cos x} \ (-\infty < x < +\infty)$ 是（   ）.

A. 有界函数   B. 单调函数   C. 周期函数   D. 偶函数

(2) 设 $g(x) = \begin{cases} 2-x & (x \leqslant 0) \\ x+2 & (x > 0) \end{cases}$，$f(x) = \begin{cases} x^2 & (x < 0) \\ -x & (x \geqslant 0) \end{cases}$，则 $g[f(x)] = ($ $)$.

A. $\begin{cases} 2+x^2 & (x < 0) \\ 2-x & (x \geqslant 0) \end{cases}$ B. $\begin{cases} 2-x^2 & (x < 0) \\ 2+x & (x \geqslant 0) \end{cases}$ C. $\begin{cases} 2+x^2 & (x < 0) \\ 2+x & (x \geqslant 0) \end{cases}$ D. $\begin{cases} 2-x^2 & (x < 0) \\ 2-x & (x \geqslant 0) \end{cases}$

(3) 当 $x \to 0$ 时，$(1 - \cos x) \ln(1 + x^2)$ 是比 $x \sin x^n$ 高阶的无穷小，而 $x \sin x^n$ 是比 $(\mathrm{e}^{x^2} - 1)$ 高阶的无穷小，则正整数 n 等于（   ）.

A. 1   B. 2   C. 3   D. 4

4. 有一打工者，每天上午到培训基地 A 学习，下午到超市 B 工作，晚饭后再去酒店 C 服务，早、晚饭在宿舍吃，中午带饭在学习或工作的地方吃.A、B、C 位于一条平直的马路一侧，且酒店在培训基地与超市之间，培训基地和酒店相距 3 km，酒店与超市相距 5 km.问打工者在这条马路 A 与 B 之间何处找一宿舍（假设随处可以找到），才能使每天往返的路程最短？

5. 在数列 $\{x_n\}$ 中，$x_1 = 1$，$x_{n+1} = 1 + \dfrac{x_n}{1 + x_n}$ $(n = 1, 2, \cdots)$，求极限 $\lim\limits_{n \to \infty} x_n$.

6. 计算下列极限：

(1) $\lim\limits_{x \to 0^+} \dfrac{1 - \sqrt{\cos x}}{x(1 - \cos \sqrt{x})}$；

(2) $\lim\limits_{n \to \infty} (\sqrt{n + 3\sqrt{n}} - \sqrt{n - \sqrt{n}})$；

(3) $\lim\limits_{n \to \infty} (\sqrt{n+2} - 2\sqrt{n+1} + \sqrt{n})$.

7. 试确定常数 a 的值，使下列函数在其定义域内处处连续：

(1) $f(x) = \begin{cases} \dfrac{\sin 2x + \mathrm{e}^{2ax} - 1}{x} & (x \neq 0) \\ a & (x = 0) \end{cases}$；

(2) $f(x) = \begin{cases} \dfrac{1 - \mathrm{e}^{\tan x}}{\arcsin \dfrac{x}{2}} & (x > 0) \\ a\mathrm{e}^{2x} & (x \leqslant 0) \end{cases}$.

8. 如图 1-40 所示，直线 AB 垂直于 Ox 轴，点 B（横坐标为 x）位于 $[0,2]$ 之间，A 在线段 MN 或 PQ 上.

设在 AB 的左边,MN 或 MN 与 PQ 之下的阴影部分面积为 S.试把 S 表示成为 x 的函数,并证明函数 S 是 $[0,2]$ 上的连续函数.

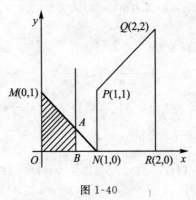

图 1-40

习题参考答案与提示

习题 1-1

1. (1) $(-2,-1)\bigcup(-1,2]$; (2) $[1,4]$; (3) $[-1,5]$; (4) $x=2k\pi,k=0,\pm1,\pm2,\cdots$

2. (1)否; (2)否; (3)否; (4)是; (5)否; (6)否 3. $\dfrac{1}{2},\dfrac{\sqrt{2}}{2},0,0,0$

4. $y=r\left(1-\dfrac{x}{h}\right),x\in(0,h)$; $V=\pi r^2 x\left(1-\dfrac{x}{h}\right)^2,x\in(0,h)$

5. $m=\begin{cases}2x & (0<x\leqslant0.5)\\ 1+3(x-0.5) & (0.5<x\leqslant1)\end{cases}$

6. 5.97 7. 5.8 级

8. (1)60 m/s; (2)2 s; (3)8 s,0; (4)12 s,-40 m/s; (5)4 s

9. (1)有界,无界; (2)有界; (3)有界; (4)无界

10. (1) 在 $(-\infty,+\infty)$ 内单调减少; (2) 在 $(-\infty,0)$ 内单调增加,在 $(0,+\infty)$ 内单调减少; (3) 在 $(0,+\infty)$ 内单调增加

12. (1)奇函数; (2)偶函数; (3)奇函数; (4)偶函数 14. $-2\pi,1,-\pi,1$

16. (1) $y=u^4,u=1+x^3$; (2) $y=\mathrm{e}^u,u=\cos x$; (3) $y=\arctan u,u=\sqrt[3]{v},v=\dfrac{x-1}{2}$;

(4) $y=5^u,u=\dfrac{1}{x}$; (5) $y=\tan u,u=x^2-2$; (6) $y=\sqrt[3]{u},u=1-v^{-1},v=x+1$

17. (1) $\sin^2 x,\sin x^2$; (2) $\arctan\sqrt{\lg x}$

(3) $f(g(x))=\begin{cases}2(x^2-1) & (\mid x\mid\leqslant1)\\ 0 & (\mid x\mid>1)\end{cases}$, $g(f(x))=\begin{cases}4x^2-1 & (x\leqslant0)\\ -1 & (x>0)\end{cases}$

18. $\varphi(x)=\sqrt{\lg(1-x)},x\leqslant0$

19. (1) $y=\dfrac{1}{2}(\log_3 x+5),x>0$; (2) $y=\dfrac{1-x}{1+x},x\neq-1$;

(3) $y=-\dfrac{1}{3}x^2+\dfrac{10}{3},x\geqslant0$; (4) $y=4^x-3,(-\infty,+\infty)$

习题 1-2

2. $-2,1$,不存在 3. (1) 不存在; (2)3

5. $(1)2^{n+1} \cdot 2\sin\dfrac{\pi}{2^{n+1}}$；　$(2)2^{n+1}R^2\tan\dfrac{\pi}{2^{n+1}}$；　$(3)2^{n+1} \cdot 2R\tan\dfrac{\pi}{2^{n+1}}$

7. (1) 无穷小；　(2) 无穷大；　(3) 无穷小；　(4) 无穷大

习题 1-3

1. (1) 不能；　(2) 不是；　(3) 相等

2. $(1)\dfrac{1}{2}-\dfrac{3}{2(2x^2+1)}$；　$(2)-2+\dfrac{3}{1+n^2}$；　$(3)5+3(x-1)$

3. $(1)7-2\sqrt{2}$，　$(2)-\dfrac{3}{2}$；　$(3)\dfrac{2}{3}$；　$(4)2x$；　(5)3；　$(6)\dfrac{3}{4}$；　$(7)\dfrac{1}{4}$；　(8)0；　$(9)\infty$；

$(10)\infty$；　(11)0；　$(12)\dfrac{1}{2^{20}}$；　$(13)-\dfrac{1}{2}$；　$(14)\dfrac{4}{3}$

5. (1)2；　$(2)\dfrac{5}{2}$；　(3)8；　$(4)x$；　(5)2；　$(6)\dfrac{1}{4}$；　(7)3；　$(8)6\sqrt{2}$；　(9)1

习题 1-4

2. $(1)e^2$；　$(2)e^{-1}$；　$(3)e^4$；　$(4)e^{-3}$；　$(5)e^3$；　(6)e　**3.** $k=\dfrac{1}{2}$

习题 1-5

3. $(1)\dfrac{1}{2}$；　$(2)\dfrac{1}{2}$；　(3)2；　$(4)\dfrac{1}{2}$；　(5)8；　$(6)\dfrac{3}{4}$　**5.** $a=-\dfrac{15}{16}$，　$b=-\dfrac{1}{4}$

习题 1-6

1. (1) 连续；　(2) 不连续；　(3) 不连续；　(4) 连续

2. (1) 连续区间 $(-\infty,-1),(-1,+\infty)$；　(2) 连续区间为 $(-\infty,1),(1,+\infty)$；

(3) 连续区间为 $(-\infty,+\infty)$；　　　　　(4) 连续区间为 $(-\infty,+\infty)$

3. (1)$x=1$ 是第一类间断点，$x=2$ 是第二类间断点；　(2)$x=0$ 是第一类间断点；

(3)$x=0$ 是第一类间断点；$x=1$ 是第二类间断点；　(4)$x=1$ 是第一类间断点

4. (1)$a=1$；　(2)$a=b$；　(3)$a=b=e^{-1}$；　(4)$a=b=2$

5. (1)3；　$(2)-\dfrac{1}{2}$；　$(3)\sqrt{2}\left(\dfrac{\pi^2}{16}+\dfrac{\pi}{4}\ln\dfrac{5\pi}{4}\right)$；　(4)1；　(5)1；　$(6)-1$；　$(7)\dfrac{1}{2}$；

$(8)\dfrac{4}{3}$；　$(9)\dfrac{1}{2}$；　$(10)\pi$；　$(11)e^{-\frac{1}{2}}$

习题 1-7

7. $\dfrac{21}{16}$

复习题一

1. (1) 充分而非必要,必要而非充分；　(2) 必要而非充分,充分而非必要；　(3) 充分必要；
(4) 充分而非必要

2. (1) 对,反之不对；　(2) 对,反之不对；　(3) 错；　(4) 错；　(5) 错；　(6) 错

3. (1)D；　(2)C；　(3)B　**4.** 在酒店 C 处　　　　$5.\dfrac{1+\sqrt{5}}{2}$　$6.(1)\dfrac{1}{2}$；　(2)2；　(3)0

7. $(1)-2$；　$(2)-2$

8. $S(x)=\begin{cases} x-\dfrac{1}{2}x^2 & (0\leqslant x\leqslant 1) \\ \dfrac{1}{2}x^2 & (1<x\leqslant 2) \end{cases}$

第 2 章　一元函数微分学及其应用

从本章起开始介绍一元函数的微分学和积分学,即利用极限理论,从局部和整体两个方面对函数性态进行更深入的研究.

在生产实践和科学研究中,不仅要了解变量之间的函数关系,更要考虑由自变量变化所引起函数变化而产生的下列两个问题:(1)因变量相对于自变量变化的快慢程度,即函数对自变量的变化率;(2)自变量的微小变化导致函数值变化的多少.这就是本章将讨论的两个重点内容:导数与微分.导数和微分的出现使数学在自然科学中不仅能表示状态,而且能表示运动的过程,它们反映了物质运动变化的瞬时状态和局部线性近似.

微分中值定理是微分学的理论基础,它建立了用导数深入研究函数性态的"桥梁".

本章通过实例引出导数与微分的概念,讨论函数求导的一般法则,介绍以不同形式表示的函数的求导方法,以及微分的计算方法.然后介绍用导数求未定式极限的洛必达法则、微分中值定理以及一般非线性函数在局部范围内的多项式函数逼近,即重要的泰勒公式.

本章的后一部分是应用导数研究函数的性态,包括函数的单调性、极大极小值、曲线的凹凸性等.

2.1　导数的概念

函数给出的是变量之间相依关系的定量描述,极限讨论的是当自变量按照某种方式变动时,函数的变化趋势.在实际问题中,还经常需要研究函数值相对于自变量变化的快慢程度.这类问题称为求**变化率**(rate of change)问题,在微积分中即为求导数.

2.1.1　变化率问题举例

【例 2-1】　**(变速直线运动的瞬时速度)** 在 1.2 节中,作为极限概念的一个引例,我们曾讨论了自由落体的瞬时速度问题.对于初速度为零的自由落体运动,其规律为 $h(t) = \frac{1}{2}gt^2$,我们得到它在 t_0 时刻的瞬时速度 gt_0,本质上就是极限

$$\lim_{t \to t_0} \frac{h(t) - h(t_0)}{t - t_0} = \lim_{t \to t_0} \frac{\frac{1}{2}gt^2 - \frac{1}{2}gt_0^2}{t - t_0} = \lim_{t \to t_0} \frac{1}{2}g(t + t_0).$$

更一般地,如果质点沿坐标轴作变速直线运动,在 t 时刻,其坐标为 $s(t)$,$s = s(t)$ 称为

该质点的**位置函数**，或**运动方程**，则从时刻 t_0 到时刻 t 这段时间间隔内，质点的平均速度为

$$\overline{v} = \frac{s(t) - s(t_0)}{t - t_0}.$$

由于质点的运动是非匀速的，因此在此时间间隔内运动不仅快慢不一，甚至可能相差很大。所以质点在 t_0 时刻的运动快慢显然不能用平均速度 $\overline{v}$ 表示。为了精确地探究这瞬息变化的快慢，即**瞬时速度**(instantaneous velocity)，就需要引入新的方法和观念。

一般来说，时间间隔越小，其平均速度就越接近质点在 t_0 时刻的瞬时速度。因此很自然地用极限 $\lim\limits_{t \to t_0} \overline{v}$ 来定义质点在 t_0 时刻的瞬时速度 $v(t_0)$，即

$$v(t_0) = \lim_{t \to t_0} \overline{v} = \lim_{t \to t_0} \frac{s(t) - s(t_0)}{t - t_0}.$$

以上求出的瞬时速度并不是通常意义下的"速度"，它没有时间间隔，是一个抽象的量，而正是这个抽象的量却最准确、最合理地描述了运动物体在不同时刻运动的快慢状态，科学技术中所说的速度就是指这种速度。

【例 2-2】（平面曲线切线的斜率）切线是引出导数概念的一个古老问题。大约在公元前 3 世纪，就已经出现了切线的静态定义：切线是与曲线只有一个交点的直线。根据这一定义可以求得一些圆锥曲线的切线。但是在描述复杂曲线时，这种静态定义就不合适了，比如对于抛物线 $y = x^2$，在原点 O 处两个坐标轴都符合上述定义，但实际上只有 x 轴是该抛物线的切线。

在寻求其他曲线切线的长期过程中，人们逐渐从运动的观点来看待切线，并形成了切线的动态定义：切线即变动割线的极限位置，例如 M 和 N 是曲线 C 上的两点（图 2-1），作割线 MN。当点 N 沿曲线 C 趋于 M 时，割线 MN 将绕点 M 旋转而趋于极限位置 MT，直线 MT 就称为曲线 C 在点 M 处的切线。这里极限位置的含义是：只要弦长 $|MN|$ 趋于零，$\angle NMT$ 也趋于零。

设曲线 C 为一条连续的平面曲线，其方程为 $y = f(x)$。$M(x_0, y_0)$ 是曲线 C 上的一个点（图 2-2）。在点 M 近旁任取 C 上的一点 $N(x, y)$，于是割线 MN 的斜率为

$$k_{MN} = \frac{f(x) - f(x_0)}{x - x_0}.$$

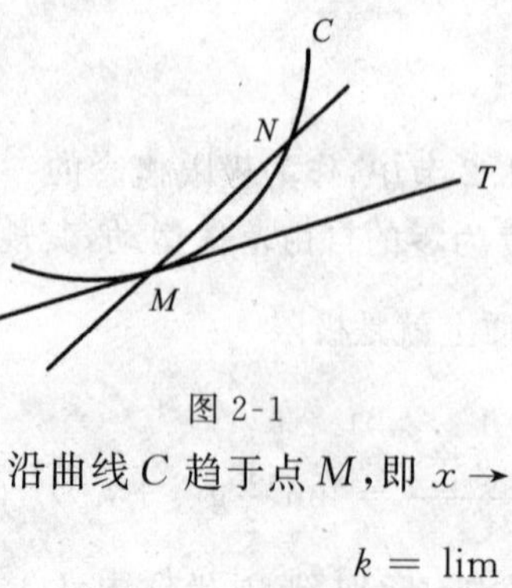

图 2-1 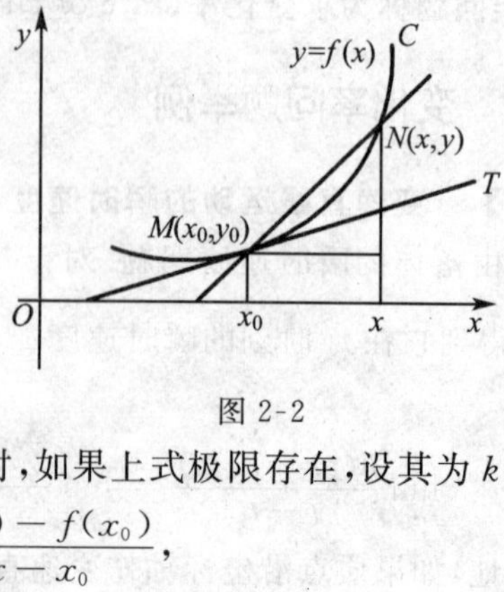   图 2-2

当点 N 沿曲线 C 趋于点 M，即 $x \to x_0$ 时，如果上式极限存在，设其为 k，即

$$k = \lim_{x \to x_0} \frac{f(x) - f(x_0)}{x - x_0},$$

k 就是曲线 C 在点 M 处**切线的斜率**.

【例 2-3】　（**质量分布不均匀细棒的线密度**）如图 2-3 所示，OA 是置于 x 轴 $[0,l]$ 区间上的一根质量分布不均匀的细棒. 从原点 O 到 x 点之间的质量是 $m(x)$，为了研究细棒的质量分布，需要知道它的线密度. 所谓线密度，对于质量均匀分布的细棒来说，就是细棒的质量与细棒的长度之比，即单位长度的质量. 对于质量分布不均匀的细棒，不同点处的线密度需用极限的方法来定义.

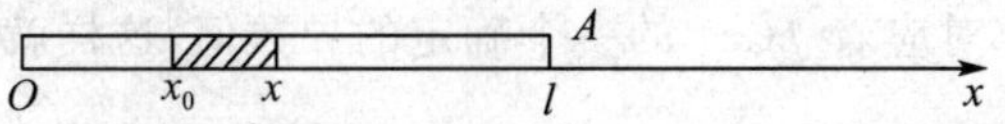

图 2-3

现在细棒上截取一小段 $[x_0,x]$，这一小段的质量为 $m(x)-m(x_0)$，该小段上的平均线密度为

$$\bar{\delta} = \frac{m(x)-m(x_0)}{x-x_0},$$

于是 x_0 点处的线密度为

$$\delta(x_0) = \lim_{x\to x_0}\bar{\delta} = \lim_{x\to x_0}\frac{m(x)-m(x_0)}{x-x_0}.$$

以上是三个背景完全不同的实例，但它们的计算都归结为求极限 $\lim\limits_{x\to x_0}\dfrac{f(x)-f(x_0)}{x-x_0}$，即求函数增量与自变量增量的商的极限，也就是求函数 $f(x)$ 在点 x_0 处的变化率. 若记 $\Delta x=x-x_0$，$\Delta y=f(x)-f(x_0)$，则上面极限也可写作

$$\lim_{\Delta x\to 0}\frac{\Delta y}{\Delta x} \text{ 或 } \lim_{\Delta x\to 0}\frac{f(x_0+\Delta x)-f(x_0)}{\Delta x}.$$

还可以举出许多变化率的实例，如物理学中的电流强度，化学中化学反应的速度，生态学中种群的增长率，经济学中的价格波动率，以及医学中的传染病传播速度，社会学中的信息传播速度等，抽去各种变化率问题的实际含义，仅保留其共同的数学结构，就得出了导数的概念.

2.1.2　导数的概念

定义 2-1　设函数 $y=f(x)$ 在点 x_0 的某个邻域内有定义，当自变量 x 在 x_0 处取得增量 Δx（点 $x_0+\Delta x$ 仍在该邻域内）时，相应的函数取得增量 $\Delta y=f(x_0+\Delta x)-f(x_0)$. 如果 Δy 与 Δx 之比当 $\Delta x\to 0$ 时的极限存在，则称**函数 $y=f(x)$ 在点 x_0 处可导**（derivable），并称这个极限为**函数 $y=f(x)$ 在点 x_0 处的导数**（derivative），记为 $f'(x_0)$，即

$$f'(x_0) = \lim_{\Delta x\to 0}\frac{\Delta y}{\Delta x} = \lim_{\Delta x\to 0}\frac{f(x_0+\Delta x)-f(x_0)}{\Delta x}. \tag{1}$$

也可记作 $y'\big|_{x=x_0}$，$\dfrac{\mathrm{d}y}{\mathrm{d}x}\Big|_{x=x_0}$ 或 $\dfrac{\mathrm{d}f(x)}{\mathrm{d}x}\Big|_{x=x_0}$.

函数 $f(x)$ 在点 x_0 处可导也称 $f(x)$ **在点 x_0 处具有导数**或**导数存在**.

导数的定义还有其他形式，常见的有

$$f'(x_0) = \lim_{h \to 0} \frac{f(x_0 + h) - f(x_0)}{h} \text{ 和 } f'(x_0) = \lim_{x \to x_0} \frac{f(x) - f(x_0)}{x - x_0}.$$

导数是函数变化率的精确描述,它反映了因变量随自变量变化的快慢程度.

如果极限(1)不存在,就称函数 $y = f(x)$ **在点** x_0 **处不可导**. 如果极限(1)为 ∞,为方便起见,也称函数 $y = f(x)$ **在点** x_0 **处的导数为无穷大**,记作 $f'(x_0) = \infty$.

如果函数 $f(x)$ 在开区间 I 内的每点处都可导,就称函数 $f(x)$ **在开区间** I **内可导**. 这时,对于任一 $x \in I$,都对应着 $f(x)$ 的一个确定的导数值,这样就定义了一个以 I 为定义域的新的函数,称其为原来函数 $y = f(x)$ 在 I 内的**导函数**,记作 y'、$f'(x)$、$\frac{dy}{dx}$ 或 $\frac{df(x)}{dx}$.

这时 $y' = \lim_{\Delta x \to 0} \frac{f(x + \Delta x) - f(x)}{\Delta x}$ 或 $f'(x) = \lim_{h \to 0} \frac{f(x + h) - f(x)}{h}$. 这里视 x 为常量,Δx 或 h 为变量.

不难看出,可导函数 $f(x)$ 在点 x_0 处的导数 $f'(x_0)$ 就是导函数 $f'(x)$ 在点 x_0 处的函数值,即

$$f'(x_0) = f'(x)\,|_{x=x_0}.$$

由于导数是 $\frac{\Delta y}{\Delta x}$ 当 $\Delta x \to 0$ 的极限,按照左、右极限的概念,若极限 $\lim_{\Delta x \to 0^-} \frac{\Delta y}{\Delta x}$ 与 $\lim_{\Delta x \to 0^+} \frac{\Delta y}{\Delta x}$ 存在,则极限值分别称为函数 $f(x)$ 在点 x_0 处的**左导数**与**右导数**,并分别记作 $f'_-(x_0)$ 和 $f'_+(x_0)$,即

$$f'_-(x_0) = \lim_{\Delta x \to 0^-} \frac{f(x_0 + \Delta x) - f(x_0)}{\Delta x},$$

$$f'_+(x_0) = \lim_{\Delta x \to 0^+} \frac{f(x_0 + \Delta x) - f(x_0)}{\Delta x}.$$

显然,$f'(x_0)$ 存在的充要条件是,$f(x)$ 在点 x_0 处的左、右导数都存在且相等,即

$$f'_-(x_0) = f'_+(x_0).$$

如果函数在开区间 (a,b) 内可导,且 $f'_+(a)$ 及 $f'_-(b)$ 存在,则称函数 $f(x)$ **在闭区间** $[a,b]$ **上可导**. 在不致发生混淆的情况下,导函数 $f'(x)$ 简称为导数.

2.1.3 用定义求导数举例

按定义求导,可以按下面三步进行:

(1)求增量:$\Delta y = f(x + \Delta x) - f(x)$;

(2)算比值:$\frac{\Delta y}{\Delta x} = \frac{f(x + \Delta x) - f(x)}{\Delta x}$;

(3)取极限:$\lim_{\Delta x \to 0} \frac{\Delta y}{\Delta x} = \lim_{\Delta x \to 0} \frac{f(x + \Delta x) - f(x)}{\Delta x}$.

【例 2-4】 求函数 $y = f(x) = bx + c$ 的导数,b,c 为常数.

解 按照导数定义

$$f'(x) = \lim_{\Delta x \to 0} \frac{\Delta y}{\Delta x} = \lim_{\Delta x \to 0} \frac{[b(x + \Delta x) + c] - (bx + c)}{\Delta x} = \lim_{\Delta x \to 0} \frac{b\Delta x}{\Delta x} = b,$$

即

$$(bx+c)'=b.$$

特别地,当 $b=0$ 时,可得 $(c)'=0$,即常数的导数等于零.

【例 2-5】　求幂函数 $y=x^{\mu}(x>0)$ 的导数,这里 μ 是任意非零实数.

解　先证 $\lim\limits_{x\to 0}\dfrac{(1+x)^{\mu}-1}{x}=\mu$.

设 $\alpha=(1+x)^{\mu}-1$,则 $x\to 0$ 时,有 $\alpha\to 0$,且 $\ln(1+\alpha)=\mu\ln(1+x)$,由此

$$\lim\limits_{x\to 0}\frac{(1+x)^{\mu}-1}{x}=\lim\limits_{x\to 0}\frac{\alpha}{x}=\lim\limits_{x\to 0}\frac{\alpha}{\ln(1+\alpha)}\cdot\mu\cdot\frac{\ln(1+x)}{x}$$

$$=\lim\limits_{\alpha\to 0}\frac{\alpha}{\ln(1+\alpha)}\cdot\mu\cdot\lim\limits_{x\to 0}\frac{\ln(1+x)}{x}=1\cdot\mu\cdot 1=\mu,$$

于是

$$\lim\limits_{\Delta x\to 0}\frac{\Delta y}{\Delta x}=\lim\limits_{\Delta x\to 0}\frac{(x+\Delta x)^{\mu}-x^{\mu}}{\Delta x}=x^{\mu-1}\lim\limits_{\Delta x\to 0}\frac{\left(1+\dfrac{\Delta x}{x}\right)^{\mu}-1}{\dfrac{\Delta x}{x}}=\mu x^{\mu-1},$$

即

$$(x^{\mu})'=\mu x^{\mu-1}.$$

例如, $(\sqrt{x})'=(x^{\frac{1}{2}})'=\dfrac{1}{2}x^{\frac{1}{2}-1}=\dfrac{1}{2\sqrt{x}}$; $\left(\dfrac{1}{x}\right)'=(x^{-1})'=-x^{-2}=-\dfrac{1}{x^2}.$

特别地,对正整数 n,有

$$(x^n)'=nx^{n-1}.$$

【例 2-6】　求正弦函数 $f(x)=\sin x$ 的导数.

解　$f'(x)=\lim\limits_{h\to 0}\dfrac{f(x+h)-f(x)}{h}=\lim\limits_{h\to 0}\dfrac{\sin(x+h)-\sin x}{h}$

$$=\lim\limits_{h\to 0}\frac{1}{h}\cdot 2\cos\left(x+\frac{h}{2}\right)\sin\frac{h}{2}=\lim\limits_{h\to 0}\cos\left(x+\frac{h}{2}\right)\cdot\frac{\sin\dfrac{h}{2}}{\dfrac{h}{2}}=\cos x,$$

即

$$(\sin x)'=\cos x.$$

可见正弦函数的导数是余弦函数,用类似方法可得

$$(\cos x)'=-\sin x.$$

即余弦函数的导数是负的正弦函数.

【例 2-7】　求指数函数 $f(x)=a^x(a>0,a\neq 1)$ 的导数.

解　$f'(x)=\lim\limits_{h\to 0}\dfrac{f(x+h)-f(x)}{h}=\lim\limits_{h\to 0}\dfrac{a^{x+h}-a^x}{h}=a^x\lim\limits_{h\to 0}\dfrac{a^h-1}{h}.$

由于 $\lim\limits_{h\to 0}\dfrac{a^h-1}{h}=\ln a$(见 1.6 节例 1-61),因此

$$f'(x)=a^x\ln a,$$

即

$$(a^x)'=a^x\ln a.$$

特别地

$$(e^x)'=e^x.$$

即以 e 为底的指数函数的导数就是其本身.

【例 2-8】 求对数函数 $f(x) = \log_a x (a > 0, a \neq 1)$ 的导数.

解 $f'(x) = \lim\limits_{h \to 0} \dfrac{f(x+h) - f(x)}{h} = \lim\limits_{h \to 0} \dfrac{\log_a(x+h) - \log_a x}{h}$

$$= \lim_{h \to 0} \frac{1}{h} \log_a \frac{x+h}{x} = \lim_{h \to 0} \frac{1}{x} \cdot \frac{x}{h} \log_a \left(1 + \frac{h}{x}\right)$$

$$= \frac{1}{x} \lim_{h \to 0} \frac{\log_a \left(1 + \dfrac{h}{x}\right)}{\dfrac{h}{x}}.$$

由 1.6 节例 1-60 知

$$\lim_{h \to 0} \frac{\log_a \left(1 + \dfrac{h}{x}\right)}{\dfrac{h}{x}} = \frac{1}{\ln a},$$

所以

$$f'(x) = \frac{1}{x \ln a},$$

即

$$(\log_a x)' = \frac{1}{x \ln a}.$$

特别地,自然对数的导函数为 $(\ln x)' = \dfrac{1}{x}$.

【例 2-9】 考察函数 $f(x) = |x|$ 在 $x = 0$ 处的可导性.

解
$$f(x) = |x| = \begin{cases} x & x > 0 \\ 0 & x = 0, \\ -x & x < 0 \end{cases}$$

$$\lim_{x \to 0^-} \frac{f(x) - f(0)}{x - 0} = \lim_{x \to 0^-} \frac{-x}{x} = -1,$$

即

$$f'_-(0) = -1,$$

$$\lim_{x \to 0^+} \frac{f(x) - f(0)}{x - 0} = \lim_{x \to 0^+} \frac{x}{x} = 1,$$

即

$$f'_+(0) = 1.$$

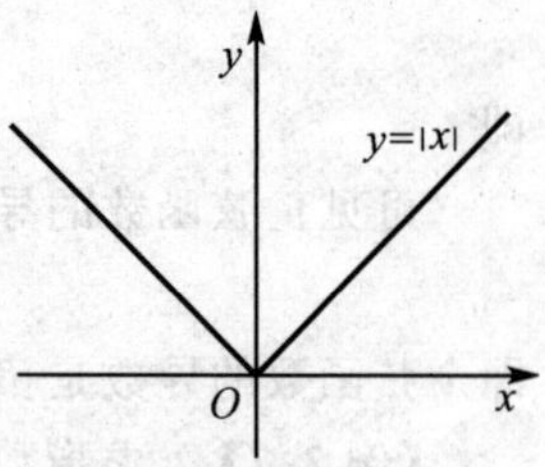

图 2-4

可见 $f'_-(0) \neq f'_+(0)$,所以 $f(x) = |x|$ 在 $x = 0$ 处不可导.

从图 2-4 看,曲线 $y = |x|$ 在点 $(0,0)$ 处不"光滑",而是有一个"尖点". 曲线在该点没有切线.

【例 2-10】 设 $f'(x_0) = 4$,求 $\lim\limits_{h \to 0} \dfrac{f(x_0 + 3h) - f(x_0)}{h}$.

解 根据导数的定义,这里把 $3h$ 看成 Δx,则

$$\lim_{h \to 0} \frac{f(x_0 + 3h) - f(x_0)}{h} = 3 \lim_{h \to 0} \frac{f(x_0 + 3h) - f(x_0)}{3h} = 3f'(x_0) = 12.$$

2.1.4   导数的几何意义

根据前面的讨论可知:函数 $y = f(x)$ 在点 x_0 处的导数 $f'(x_0)$ 即为曲线 $y = f(x)$ 在点 $M(x_0, y_0)$ 处的切线的斜率,这就是导数的几何意义.

由此可得到曲线 $y = f(x)$ 在点 $M(x_0, y_0)$ 处的**切线方程**为

$$y - y_0 = f'(x_0)(x - x_0).$$

如果 $f'(x_0) = \infty$,则曲线 $y = f(x)$ 在点 $M(x_0, y_0)$ 处具有垂直于 x 轴的切线 $x = x_0$.

过切点 $M(x_0, y_0)$ 且与切线垂直的直线叫做曲线 $y = f(x)$ 在点 M 处的**法线**. 如果 $f'(x_0) \neq 0$,则法线的斜率为 $-\dfrac{1}{f'(x_0)}$,从而**法线方程**为

$$y - y_0 = -\frac{1}{f'(x_0)}(x - x_0).$$

【例 2-11】   求曲线 $y = \sqrt{x}$ 在点 $P(4, 2)$ 处的切线的斜率,并写出曲线在该点处的切线与法线方程.

解   根据导数的几何意义,所求切线的斜率为 $k_1 = y'|_{x=4}$,法线的斜率 $k_2 = -\dfrac{1}{k_1}$. 由于 $y' = (\sqrt{x})' = \dfrac{1}{2\sqrt{x}}$,于是 $k_1 = \dfrac{1}{2\sqrt{x}}\Big|_{x=4} = \dfrac{1}{4}$,$k_2 = -4$,从而切线方程为

$$y - 2 = \frac{1}{4}(x - 4),$$

即

$$x - 4y + 4 = 0;$$

法线方程为

$$y - 2 = -4(x - 4),$$

即

$$4x + y - 18 = 0.$$

2.1.5   函数可导性与连续性的关系

设函数 $y = f(x)$ 在点 x 处可导,即 $\lim\limits_{\Delta x \to 0} \dfrac{\Delta y}{\Delta x} = f'(x)$ 存在,从而 $\dfrac{\Delta y}{\Delta x} = f'(x) + \alpha$,其中 α 为当 $\Delta x \to 0$ 时的无穷小. 这样 $\Delta y = f'(x)\Delta x + \alpha\Delta x$,则有当 $\Delta x \to 0$ 时,$\Delta y \to 0$,即函数在点 x 处连续,即**可导必连续**.

从例 2-9 我们知道,虽然 $f(x) = |x|$ 在 $x = 0$ 处连续,却不可导,这表明**连续未必可导**.

【例 2-12】   函数 $y = f(x) = \sqrt[3]{x}$ 在区间 $(-\infty, +\infty)$ 内连续,但在 $x = 0$ 处不可导,这是因为在 $x = 0$ 处有 $\dfrac{f(0 + h) - f(0)}{h} = \dfrac{\sqrt[3]{h}}{h} = \dfrac{1}{h^{2/3}}$,因而

应用微积分

$$\lim_{h \to 0} \frac{f(0+h)-f(0)}{h} = \lim_{h \to 0} \frac{1}{h^{2/3}} = +\infty,$$

即导数为无穷大. 在几何图形上表现为曲线 $y = \sqrt[3]{x}$ 在 $(0,0)$ 点处
有垂直于 x 轴的切线 $x = 0$(图 2-5).

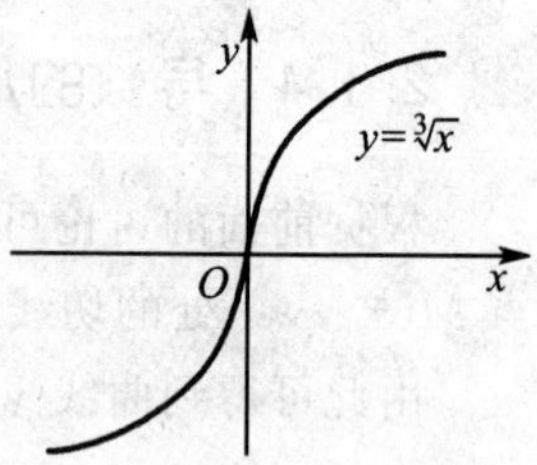

【例 2-13】 讨论函数

$$f(x) = \begin{cases} x\sin\dfrac{1}{x} & (x \neq 0) \\ 0 & (x = 0) \end{cases}$$

图 2-5

在 $x = 0$ 处的连续性与可导性.

解 因为 $\lim_{x \to 0} f(x) = \lim_{x \to 0} x\sin\dfrac{1}{x} = 0 = f(0)$,

所以 $f(x)$ 在 $x = 0$ 处连续.

而

$$\frac{f(0+\Delta x)-f(0)}{\Delta x} = \frac{\Delta x \sin\dfrac{1}{\Delta x}}{\Delta x} = \sin\frac{1}{\Delta x},$$

当 $\Delta x \to 0$ 时,上式极限不存在,即 $f(x)$ 在 $x = 0$ 处不可导.

可见函数在某点连续是函数在该点可导的必要条件,而不是充分条件.

2.1.6 导数概念应用举例

在本章开始,我们通过讨论变速直线运动的瞬时速度和平面曲线切线的斜率,以及质量分布不均匀的细棒的线密度等典型实例,引出了导数的概念. 函数在某一点的导数表示它在该点的变化率,变化率问题在不同学科中广泛存在,下面通过一些变化率实例,介绍导数概念在一些学科中的应用.

【例 2-14】 (化学反应速度)某一化学反应过程中,反应物的浓度 c 是时间 t 的函数:$c = c(t)$,当时间由 t 增至 $t + \Delta t$ 时,相应浓度的增量 $\Delta c = c(t+\Delta t) - c(t)$,反应物浓度的平均变化率为

$$\bar{v} = \frac{\Delta c}{\Delta t} = \frac{c(t+\Delta t)-c(t)}{\Delta t},$$

而反应物在 t 时刻的化学反应瞬时速度为

$$v(t) = \lim_{\Delta t \to 0} \frac{\Delta c}{\Delta t} = \lim_{\Delta t \to 0} \frac{c(t+\Delta t)-c(t)}{\Delta t} = c'(t).$$

【例 2-15】 (气体的压缩率)温度恒定的气体体积 V 与压强 p 有关,是压强 p 的函数,当压强由 p 增至 $p + \Delta p$ 时,相应体积的增量 $\Delta V = V(p+\Delta p) - V(p)$,体积的平均变化率为

$$\frac{\Delta V}{\Delta p} = \frac{V(p+\Delta p)-V(p)}{\Delta p}.$$

由实际意义知,无论 $\Delta p > 0$ 还是 $\Delta p < 0$,上面比值均取负值. 当压强为 p 时,体积的变化率为

$$\lim_{\Delta p \to 0} \frac{\Delta V}{\Delta p} = \lim_{\Delta p \to 0} \frac{V(p + \Delta p) - V(p)}{\Delta p} = V'(p),$$

$V'(p)$ 的绝对值即反映了压强为 p 时气体体积的压缩率. 热力学中定义

$$\beta = -\frac{V'(p)}{V}$$

为气体的**等温压缩系数**, 它反映了压强为 p 时单位体积气体的体积压缩率.

【例 2-16】（生物种群的增长率）设 $N = N(t)$ 表示某生物种群在 t 时刻个体的总数, 在从 t 到 $t + \Delta t$ 时间段内, 可以用比值

$$\frac{\Delta N}{\Delta t} = \frac{N(t + \Delta t) - N(t)}{\Delta t}$$

来描述该种群的平均增长率. 为了研究种群个体数量的变化规律, 例如预测若干年后该种群个体数量的变化, 需要得到在任意时刻 t 时, N 对 t 的变化率, 即

$$\lim_{\Delta t \to 0} \frac{\Delta N}{\Delta t} = \lim_{\Delta t \to 0} \frac{N(t + \Delta t) - N(t)}{\Delta t} = N'(t).$$

导数 $N'(t)$ 在生物学中称为 t 时刻种群的**增长率**.

需要说明的是, 种群个体总数 $N(t)$ 只能取正整数, 它不是连续函数, 但考虑到在 $N(t)$ 数量很大时, 可将其视为连续函数, 且为可导函数.

【例 2-17】（边际成本）设函数 $C = C(Q)$ 表示生产 Q 个产品的总成本, 若 Q 的数量很大时, 则可认为 Q 连续变化. 于是生产单位产品的平均成本为 $\dfrac{C(Q)}{Q}$, 当产品数达到 Q_0 时, 再生产 ΔQ 个产品的平均成本为

$$\frac{\Delta C}{\Delta Q} = \frac{C(Q_0 + \Delta Q) - C(Q_0)}{\Delta Q}.$$

令 $\Delta Q \to 0$,

$$\lim_{\Delta Q \to 0} \frac{C(Q_0 + \Delta Q) - C(Q_0)}{\Delta Q} = C'(Q_0),$$

$C'(Q_0)$ 就表示产量达到 Q_0 时, 再生产单位产品的成本. 在经济学中 $C'(Q_0)$ 称为**边际成本**. 边际成本 $C'(Q_0)$ 与平均成本 $\bar{C} = \dfrac{C(Q_0)}{Q_0}$ 进行比较的结果, 可以作为是否增加产量的重要决策依据.

习题 2-1

1. 大家在中学学过, 在稳恒电流的电路中, 导线通过的电量 $q = q(t)$ 随时间 t 的变化是均匀的, 因此, 单位时间内通过导线的电量 $\dfrac{\Delta q}{\Delta t}$ 是常数, 它就是电流强度. 若电路中的电流是变动的, 即电量 $q = q(t)$ 随时间 t 的变化是非均匀的, 那么如何去理解并求出在某一时刻 t_0 的电流强度?

2. 设物体绕定轴旋转, 在时间 t 内转过角度 θ. 如果旋转是匀速的, 那么称 $\omega = \dfrac{\theta}{t}$ 为该物体旋转的**角速度**, 如果旋转是非匀速的, 怎样确定在某一瞬时物体旋转的角速度?

3. 高温物体在空气中会逐渐冷却, 在冷却的过程中, 其温度 T 是时刻 t 的函数, 即 $T = f(t)$. 试给出

下列概念的表达式：

(1) 从时刻 t_0 到时刻 $t_0 + \Delta t$ 这段时间内冷却的平均速度；

(2) 在时刻 t_0 的冷却速度.

4. 设 $y = ax^2 + bx + c$，其中 a, b, c 为常数，试按导数定义证明 $y' = 2ax + b$.

5. 求下列函数的导数：

(1) $y = x^6$； (2) $y = \sqrt[7]{x^4}$； (3) $y = x^{2.8}$；

(4) $y = \dfrac{1}{\sqrt{x}}$； (5) $y = x^3 \cdot \sqrt[5]{x}$； (6) $y = \dfrac{x^2 \cdot \sqrt[3]{x^2}}{\sqrt{x^5}}$.

6. 若函数 $f(x)$ 在 $x = a$ 处可导，求下列函数极限：

(1) $\lim\limits_{h \to 0} \dfrac{f(a) - f(a-h)}{h}$； (2) $\lim\limits_{x \to a} \dfrac{xf(a) - af(x)}{x - a}$；

(3) $\lim\limits_{t \to 0} \dfrac{f(a + 2t) - f(a + t)}{2t}$； (4) $\lim\limits_{n \to \infty} n\left[f\left(a + \dfrac{1}{n}\right) - f(a)\right]$.

7. 求半径 $r = 3$ 时，圆面积 S 对半径 r 的变化率.

8. 若正圆锥的高恒为 3，求底半径 $r = 2$ 时，圆锥体积 V 对底面半径 r 的变化率.

9. 求抛物线 $y = x - \dfrac{x^2}{50}$ 在原点 $(0,0)$ 处的切线方程.

10. 求曲线 $y = e^x$ 在点 $(0,1)$ 处的切线方程与法线方程.

11. 在抛物线 $y = x^2$ 上作割线 AB，其中点 A 与点 B 的横坐标分别是 1 与 3，问抛物线上哪一点处的切线平行于 AB？

12. 抛物线 $y = x^2 - 5x + 9$ 上哪一点处的法线平行于直线 $x + y - 1 = 0$？并求该法线的方程.

13. 如果 $f(x)$ 为偶函数，且 $f'(0)$ 存在，证明 $f'(0) = 0$.

14. 设 $f(x)$ 在 $x = 0$ 的邻域内有定义，且 $f(0) = 0, f'(0)$ 存在，证明 $\lim\limits_{x \to 0} \dfrac{f(x)}{x} = f'(0)$.

15. 讨论下列函数在 $x = 0$ 处的连续性与可导性：

(1) $y = |\sin x|$； (2) $y = \begin{cases} x^2 \sin \dfrac{1}{x} & (x \neq 0) \\ 0 & (x = 0) \end{cases}$；

(3) $y = \begin{cases} x^3 & (x \leqslant 0) \\ x^2 & (x > 0) \end{cases}$； (4) $f(x) = \begin{cases} \ln(1 + x) & (x > 0) \\ \sqrt{1 + x} - \sqrt{1 - x} & (x \leqslant 0) \end{cases}$.

16. 设函数 $f(x) = \begin{cases} x^m \sin \dfrac{1}{x} & (x \neq 0) \\ 0 & (x = 0) \end{cases}$（$m$ 为正整数）.

试问：(1) m 为何值时，$f(x)$ 在 $x = 0$ 处连续；(2) m 为何值时，$f(x)$ 在 $x = 0$ 处可导.

17. 讨论函数 $f(x) = \sqrt[3]{x - 2}$ 在 $x = 2$ 处的连续性与可导性.

18. 试确定常数 a, b，使得函数

$$f(x) = \begin{cases} \cos x & (x \leqslant 0) \\ ax + b & (x > 0) \end{cases}$$

在 $x = 0$ 处可导.

19. 证明：双曲线 $xy = a^2$ 上任一点处的切线与两坐标轴围成的三角形的面积等于常数.

20. 设函数 $f(x)$ 在 $x = 0$ 处可导，且 $f(0) = 0, f'(0) = b$，若函数

$$F(x) = \begin{cases} \dfrac{f(x) + a\sin x}{x} & (x \neq 0) \\ A & (x = 0) \end{cases}$$

在 $x = 0$ 处连续,试确定常数 A 的值.

2.2　求导法则

用导数定义可以求出一些简单函数的导数,但当函数较为复杂时,用定义直接计算导数就相当困难.本节介绍一些求导的法则,借助于这些法则和一些简单函数的导数,可以求得任何初等函数的导数.

2.2.1　函数的和、差、积、商的求导法则

法则 2-1　（**导数的四则运算**）如果函数 $u = u(x)$ 及 $v = v(x)$ 都在点 x 处具有导数,那么它们的和、差、积、商（除分母为零的点外）都在点 x 处具有导数,且

(1) $(u \pm v)' = u' \pm v'$;

(2) $(uv)' = u'v + uv'$,　$(cu)' = cu'$ (c 为常数);

(3) $\left(\dfrac{u}{v}\right)' = \dfrac{u'v - uv'}{v^2}$ ($v \neq 0$),特别地 $\left(\dfrac{1}{v}\right)' = -\dfrac{v'}{v^2}$.

证明　我们只证(1)、(2).

(1)
$$\lim_{\Delta x \to 0} \frac{[u(x + \Delta x) \pm v(x + \Delta x)] - [u(x) \pm v(x)]}{\Delta x}$$

$$= \lim_{\Delta x \to 0} \frac{u(x + \Delta x) - u(x)}{\Delta x} \pm \lim_{\Delta x \to 0} \frac{v(x + \Delta x) - v(x)}{\Delta x}$$

$$= u'(x) \pm v'(x).$$

即

$$(u \pm v)' = u' \pm v'.$$

(2) 因为

$$\Delta u = u(x + \Delta x) - u(x),$$

从而

$$u(x + \Delta x) = \Delta u + u(x).$$

同理

$$v(x + \Delta x) = \Delta v + v(x),$$

于是

$$\lim_{\Delta x \to 0} \frac{u(x + \Delta x)v(x + \Delta x) - u(x)v(x)}{\Delta x}.$$

$$= \lim_{\Delta x \to 0} \frac{[\Delta u + u(x)][\Delta v + v(x)] - u(x)v(x)}{\Delta x}$$

$$= \lim_{\Delta x \to 0} \frac{\Delta u \cdot v(x) + u(x) \cdot \Delta v + \Delta u \cdot \Delta v}{\Delta x}$$

$$= \lim_{\Delta x \to 0} \frac{\Delta u}{\Delta x} \cdot v(x) + \lim_{\Delta x \to 0} \frac{\Delta v}{\Delta x} \cdot u(x) + \lim_{\Delta x \to 0} \frac{\Delta u}{\Delta x} \cdot \lim_{\Delta x \to 0} \Delta v$$

$$= u'(x)v(x) + u(x)v'(x) + u'(x) \cdot 0$$

$$= u'(x)v(x) + u(x)v'(x).$$

即

$$(uv)' = u'v + uv'.$$

特别是当 $v = c$（常数）时，立即得到

$$(cu)' = cu'(c \text{ 是常数}).$$

（3）略.

（1）、（2）可以推广到有限个可导函数的和、差及积的情况：

$$(u_1 \pm u_2 \pm \cdots \pm u_n)' = u_1' \pm u_2' \pm \cdots \pm u_n',$$

$$(u_1 u_2 \cdots u_3)' = u_1' u_2 \cdots u_n + u_1 u_2' \cdots u_n + \cdots + u_1 u_2 \cdots u_n'.$$

【例 2-18】 设 $y = 2x^4 - 3x^2 - x + 1$，求 y'.

解
$$\begin{aligned}
y' &= (2x^4 - 3x^2 - x + 1)' = (2x^4)' + (-3x^2)' + (-x)' + (1)' \\
&= 2(x^4)' - 3(x^2)' - x' \\
&= 8x^3 - 6x - 1.
\end{aligned}$$

【例 2-19】 设 $f(x) = x^3 + \sin x - \cos \dfrac{\pi}{2}$，求 $f'(x)$ 及 $f'\left(\dfrac{\pi}{2}\right)$.

解
$$f'(x) = 3x^2 + \cos x, \quad f'\left(\frac{\pi}{2}\right) = \frac{3}{4}\pi^2.$$

【例 2-20】 设 $f(x) = \sqrt{x}\sin x + \ln 3$，求 $f'(x)$.

解
$$\begin{aligned}
f'(x) &= (\sqrt{x}\sin x)' + (\ln 3)' \\
&= (\sqrt{x})'\sin x + \sqrt{x}(\sin x)' \\
&= \frac{1}{2\sqrt{x}} \cdot \sin x + \sqrt{x}\cos x \\
&= \frac{\sin x}{2\sqrt{x}} + \sqrt{x}\cos x.
\end{aligned}$$

【例 2-21】 设 $y = \tan x$，求 y'.

解
$$y' = (\tan x)' = \left(\frac{\sin x}{\cos x}\right)' = \frac{(\sin x)'\cos x - \sin x(\cos x)'}{\cos^2 x}$$

$$= \frac{\cos^2 x + \sin^2 x}{\cos^2 x} = \frac{1}{\cos^2 x} = \sec^2 x,$$

即

$$(\tan x)' = \frac{1}{\cos^2 x} = \sec^2 x.$$

类似地有

$$(\cot x)' = \frac{-1}{\sin^2 x} = -\csc^2 x.$$

【例 2-22】 设 $y = \sec x$，求 y'.

解 $y' = (\sec x)' = \left(\dfrac{1}{\cos x}\right)' = \dfrac{(1)'\cos x - 1 \cdot (\cos x)'}{\cos^2 x} = \dfrac{\sin x}{\cos^2 x} = \sec x \tan x,$

即

$$(\sec x)' = \sec x\tan x.$$

类似地

$$(\csc x)' = -\csc x\cot x.$$

【例 2-23】　设 $y = \dfrac{1+\sin x}{1+\cos x}$，求 y'.

解　$y' = \left(\dfrac{1+\sin x}{1+\cos x}\right)' = \dfrac{(1+\sin x)'(1+\cos x) - (1+\sin x)(1+\cos x)'}{(1+\cos x)^2}$

$= \dfrac{\cos x(1+\cos x) - (1+\sin x)(-\sin x)}{(1+\cos x)^2}$

$= \dfrac{\cos x + \cos^2 x + \sin x + \sin^2 x}{(1+\cos x)^2}$

$= \dfrac{\cos x + \sin x + 1}{(1+\cos x)^2}.$

2.2.2　复合函数的求导法则

先观察函数 $y = (3x-2)^2$，易知

$$\frac{\mathrm{d}y}{\mathrm{d}x} = \left[(3x-2)^2\right]' = (9x^2 - 12x + 4)' = 18x - 12.$$

另一方面，函数 $y = (3x-2)^2$ 又可以看成由 $y = u^2$，$u = 3x-2$ 复合而成. 由于 $\dfrac{\mathrm{d}y}{\mathrm{d}u} = 2u$，$\dfrac{\mathrm{d}u}{\mathrm{d}x} = 3$. 从而

$$\frac{\mathrm{d}y}{\mathrm{d}u} \cdot \frac{\mathrm{d}u}{\mathrm{d}x} = 2u \cdot 3 = 2(3x-2) \cdot 3 = 18x - 12.$$

于是本例中有等式

$$\frac{\mathrm{d}y}{\mathrm{d}x} = \frac{\mathrm{d}y}{\mathrm{d}u} \cdot \frac{\mathrm{d}u}{\mathrm{d}x}.$$

一般地，对于复合函数有下面的求导法则.

法则 2-2　（**链式法则**）如果 $u = g(x)$ 在 x 处可导，而 $y = f(u)$ 在 $u = g(x)$ 处可导，则复合函数 $y = f[g(x)]$ 在 x 处可导，且其导数为

$$\boxed{\frac{\mathrm{d}y}{\mathrm{d}x} = f'(u) \cdot g'(x) \quad \text{或} \quad \frac{\mathrm{d}y}{\mathrm{d}x} = \frac{\mathrm{d}y}{\mathrm{d}u} \cdot \frac{\mathrm{d}u}{\mathrm{d}x}.}$$

证明　由于 $y = f(u)$ 在点 u 处可导，因此 $\lim\limits_{\Delta u \to 0} \dfrac{\Delta y}{\Delta u} = f'(u)$ 存在，根据极限与无穷小的关系有

$$\frac{\Delta y}{\Delta u} = f'(u) + \alpha,$$

其中 α 是 $\Delta u \to 0$ 时的无穷小. 若上式中 $\Delta u \neq 0$，用 Δu 乘上式两边得

$$\Delta y = f'(u)\Delta u + \alpha \cdot \Delta u.$$

因为 u 是中间变量，所以 Δu 有可能为零. 若 $\Delta u = 0$，则必有 $\Delta y = 0$. 粗略地看，它似

乎包含在上式中,但这时 α 无定义. 为简便,当 $\Delta u = 0$ 时,补充定义 $\alpha = 0$,这样无论 Δu 是否为零,函数 y 的增量 Δy 都可统一表示为 $\Delta y = f'(u)\Delta u + \alpha \cdot \Delta u$. 用 $\Delta x \neq 0$ 除该式两边,得

$$\frac{\Delta y}{\Delta x} = f'(u)\frac{\Delta u}{\Delta x} + \alpha \frac{\Delta u}{\Delta x},$$

于是

$$\lim_{\Delta x \to 0}\frac{\Delta y}{\Delta x} = \lim_{\Delta x \to 0}\left[f'(u)\frac{\Delta u}{\Delta x} + \alpha \frac{\Delta u}{\Delta x}\right].$$

由于 $u = g(x)$ 可导,故连续,从而当 $\Delta x \to 0$ 时,有 $\Delta u \to 0$,这样

$$\lim_{\Delta x \to 0}\alpha = \lim_{\Delta u \to 0}\alpha = 0.$$

注意到 $\lim\limits_{\Delta x \to 0}\dfrac{\Delta u}{\Delta x} = g'(x)$,所以

$$\lim_{\Delta x \to 0}\frac{\Delta y}{\Delta x} = f'(u) \cdot \lim_{\Delta x \to 0}\frac{\Delta u}{\Delta x},$$

即

$$\frac{\mathrm{d}y}{\mathrm{d}x} = f'(u) \cdot g'(x).$$

可见复合函数对自变量的导数等于它对中间变量的导数乘以中间变量对自变量的导数,这个法则也被形象地称为**链式法则**.

用数学归纳法容易将这一法则推广到有限次复合的函数上去. 例如,设 $y = f(u)$,$u = \varphi(v)$,$v = \psi(x)$ 均可导,则复合函数 $y = f(\varphi(\psi(x)))$ 也可导,且

$$\frac{\mathrm{d}y}{\mathrm{d}x} = \frac{\mathrm{d}y}{\mathrm{d}u} \cdot \frac{\mathrm{d}u}{\mathrm{d}v} \cdot \frac{\mathrm{d}v}{\mathrm{d}x} = f'(u)\varphi'(v)\psi'(x).$$

【例 2-24】 设 $y = (2x^2 + 1)^5$,求 $\dfrac{\mathrm{d}y}{\mathrm{d}x}$.

解 $y = (2x^2 + 1)^5$ 是由 $y = u^5$,$u = 2x^2 + 1$ 复合而成,因此

$$\frac{\mathrm{d}y}{\mathrm{d}x} = \frac{\mathrm{d}y}{\mathrm{d}u} \cdot \frac{\mathrm{d}u}{\mathrm{d}x} = 5u^4 \cdot 4x = 20x(2x^2 + 1)^4.$$

【例 2-25】 设 $y = \mathrm{e}^{x^3}$,求 $\dfrac{\mathrm{d}y}{\mathrm{d}x}$.

解 $y = \mathrm{e}^{x^3}$ 是由 $y = \mathrm{e}^u$,$u = x^3$ 复合而成,因此

$$\frac{\mathrm{d}y}{\mathrm{d}x} = \frac{\mathrm{d}y}{\mathrm{d}u} \cdot \frac{\mathrm{d}u}{\mathrm{d}x} = \mathrm{e}^u \cdot 3x^2 = 3x^2\mathrm{e}^{x^3}.$$

【例 2-26】 设 $y = \ln\sin x$,求 $\dfrac{\mathrm{d}y}{\mathrm{d}x}$.

解 $y = \ln\sin x$ 是由 $y = \ln u$,$u = \sin x$ 复合而成,因此

$$\frac{\mathrm{d}y}{\mathrm{d}x} = \frac{\mathrm{d}y}{\mathrm{d}u} \cdot \frac{\mathrm{d}u}{\mathrm{d}x} = \frac{1}{u} \cdot \cos x = \frac{\cos x}{\sin x} = \cot x.$$

【例 2-27】 设 $y = \sin\sqrt{1 + x^2}$,求 $\dfrac{\mathrm{d}y}{\mathrm{d}x}$.

解 $y = \sin\sqrt{1 + x^2}$ 由函数 $y = \sin u$,$u = \sqrt{v}$ 及 $v = 1 + x^2$ 复合而成,因为

$$\frac{\mathrm{d}y}{\mathrm{d}u} = \cos u, \quad \frac{\mathrm{d}u}{\mathrm{d}v} = \frac{1}{2\sqrt{v}}, \quad \frac{\mathrm{d}v}{\mathrm{d}x} = 2x,$$

所以

$$\frac{\mathrm{d}y}{\mathrm{d}x} = \cos u \cdot \frac{1}{2\sqrt{v}} \cdot 2x = \frac{x}{\sqrt{1+x^2}} \cdot \cos\sqrt{1+x^2}.$$

链式法则在求导运算中占有十分重要的地位,用其求导时,首先要熟练地引入中间变量,把函数分解成一串已知导数的函数,当熟练掌握该法则后,可以不引入中间变量记号,但一定要做到心中有数,分解一次,求导一次,直到自变量为止.

【例 2-28】　设 $y = \log_3(x^2 + 1)$,求 $\dfrac{\mathrm{d}y}{\mathrm{d}x}$.

解　$\dfrac{\mathrm{d}y}{\mathrm{d}x} = (\log_3(x^2 + 1))' = \dfrac{1}{(x^2 + 1)\ln 3} \cdot (x^2 + 1)' = \dfrac{2x}{(x^2 + 1)\ln 3}.$

【例 2-29】　设 $y = \cos^2\left(x - \dfrac{\pi}{4}\right)$,求 $\dfrac{\mathrm{d}y}{\mathrm{d}x}\Big|_{x=0}$.

解　$\dfrac{\mathrm{d}y}{\mathrm{d}x} = \left(\cos^2\left(x - \dfrac{\pi}{4}\right)\right)' = 2\cos\left(x - \dfrac{\pi}{4}\right)\left(\cos\left(x - \dfrac{\pi}{4}\right)\right)'$

$$= 2\cos\left(x - \frac{\pi}{4}\right)\left(-\sin\left(x - \frac{\pi}{4}\right)\right)\left(x - \frac{\pi}{4}\right)'$$

$$= -2\sin\left(x - \frac{\pi}{4}\right)\cos\left(x - \frac{\pi}{4}\right)$$

$$= -\sin\left(2x - \frac{\pi}{2}\right) = \cos 2x.$$

于是

$$\frac{\mathrm{d}y}{\mathrm{d}x}\Big|_{x=0} = \cos 0 = 1.$$

【例 2-30】　设 $f(x) = \sin x$,求 $f'(2x), (f(2x))', f'(\sin x), (f(\sin x))'$.

解　记号 $f'(2x)$ 相当于设 $u = 2x$,$f(u)$ 对 u 求导;记号 $(f(2x))'$ 表示复合函数 $f(2x)$ 对 x 求导.另外两题的记号含义类似,于是

$$f'(2x) = \cos 2x, \quad (f(2x))' = (\sin 2x)' = 2\cos 2x.$$

$$f'(\sin x) = \cos(\sin x), \quad (f(\sin x))' = (\sin(\sin x))' = \cos(\sin x) \cdot \cos x.$$

【例 2-31】　设函数 $f(x)$ 可导,$y = xf(x^2)$,求 $\dfrac{\mathrm{d}y}{\mathrm{d}x}$.

解　$\dfrac{\mathrm{d}y}{\mathrm{d}x} = (xf(x^2))' = x'f(x^2) + x(f(x^2))'$

$$= f(x^2) + xf'(x^2) \cdot 2x$$

$$= f(x^2) + 2x^2 f'(x^2).$$

2.2.3　反函数的求导法则

法则 2-3　(**反函数求导法则**)如果函数 $x = f(y)$ 在区间 I_y 内单调、可导且 $f'(y) \neq 0$,则它的反函数 $y = f^{-1}(x)$ 在对应区间 $I_x = \{x \mid x = f(y), y \in I_y\}$ 内也可导,且

$$\boxed{\left[f^{-1}(x)\right]' = \frac{1}{f'(y)} \quad \text{或} \quad \frac{\mathrm{d}y}{\mathrm{d}x} = \frac{1}{\dfrac{\mathrm{d}x}{\mathrm{d}y}}.}$$

证明   由于 $x = f(y)$ 在 I_y 内单调、可导,因而必然连续,由 1.6 节初等函数的连续性内容知,$x = f(y)$ 的反函数 $y = f^{-1}(x)$ 存在,且 $f^{-1}(x)$ 在 I_x 内也单调、连续.

给 x 以增量 Δx,且 $\Delta x \neq 0$,由 $y = f^{-1}(x)$ 的单调性可知

$$\Delta y = f^{-1}(x + \Delta x) - f^{-1}(x) \neq 0.$$

于是有 $\dfrac{\Delta y}{\Delta x} = \dfrac{1}{\dfrac{\Delta x}{\Delta y}}$,因为 $y = f^{-1}(x)$ 连续,所以当 $\Delta x \to 0$ 时,必有 $\Delta y \to 0$,从而

$$\left[f^{-1}(x)\right]' = \lim_{\Delta x \to 0} \frac{\Delta y}{\Delta x} = \lim_{\Delta y \to 0} \frac{1}{\dfrac{\Delta x}{\Delta y}} = \frac{1}{f'(y)},$$

即反函数的导数等于直接函数导数的倒数.

对于反函数的求导法则,可作如下几何解释.

$x = f(y)$ 与它的反函数 $y = f^{-1}(x)$ 的图形是同一条曲线(图 2-6),并设该曲线上处处有切线. 过曲线上任一点 $M(x,y)$,作出曲线在该点的切线,该切线与 x 轴、y 轴的交角分别是 α 和 β. 由导数的几何意义可知

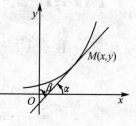

图 2-6

$$\left[f^{-1}(x)\right]' = \tan \alpha, \quad f'(y) = \tan \beta.$$

由初等数学知识,易推得

$$\tan \alpha = \cot \beta = \frac{1}{\tan \beta},$$

即有

$$\left[f^{-1}(x)\right]' = \frac{1}{f'(y)}.$$

【例 2-32】   求反正弦函数 $y = \arcsin x$ 的导数.

解   因为 $y = \arcsin x (-1 \leqslant x \leqslant 1)$ 是 $x = \sin y \left(-\dfrac{\pi}{2} \leqslant y \leqslant \dfrac{\pi}{2}\right)$ 的反函数,而 $x = \sin y$ 在 $\left(-\dfrac{\pi}{2}, \dfrac{\pi}{2}\right)$ 内单调、可导,且 $(\sin y)' = \cos y > 0$,于是

$$y' = (\arcsin x)' = \frac{1}{(\sin y)'} = \frac{1}{\cos y}.$$

因为在 $\left(-\dfrac{\pi}{2}, \dfrac{\pi}{2}\right)$ 内,$\cos y = \sqrt{1 - \sin^2 y} = \sqrt{1 - x^2}$,所以

$$(\arcsin x)' = \frac{1}{\sqrt{1 - x^2}} \quad (-1 < x < 1).$$

类似地

$$(\arccos x)' = -\frac{1}{\sqrt{1 - x^2}} \quad (-1 < x < 1).$$

【例 2-33】　求反正切函数 $y = \arctan x$ 的导数.

解　因为 $y = \arctan x(-\infty < x < +\infty)$ 是 $x = \tan y\left(-\dfrac{\pi}{2} < y < \dfrac{\pi}{2}\right)$ 的反函数,

而 $x = \tan y$ 在 $\left(-\dfrac{\pi}{2}, \dfrac{\pi}{2}\right)$ 内单调、可导,且 $(\tan y)' = \sec^2 y > 0$,所以

$$(\arctan x)' = \frac{1}{(\tan y)'} = \frac{1}{\sec^2 y}.$$

又 $\sec^2 y = 1 + \tan^2 y = 1 + x^2$,从而

$$(\arctan x)' = \frac{1}{1+x^2} \quad (-\infty < x < +\infty).$$

类似地

$$(\text{arccot } x)' = -\frac{1}{1+x^2} \quad (-\infty < x < +\infty).$$

至此,我们已求出了基本初等函数的导数. 由于初等函数是由基本初等函数经过有限次四则运算和复合运算而构成的,因此利用已求出的基本初等函数的导数,以及导数的运算法则,原则上可以求出任何一个初等函数的导数. 可以说:一切初等函数的求导问题已经解决,而且可导的初等函数的导数一般仍为初等函数.

2.2.4　一些特殊的求导法则

1. 隐函数的求导法则

用解析式描述 y 对于 x 的函数关系,可用两种不同的方式:一种形式是形如 $y = f(x)$ 的描述方式,称为显函数,初等函数都可以用显函数表示;另一种形式是用一个含 x, y 的方程 $F(x, y) = 0$ 描述,由方程确定的函数称为**隐函数**,关于隐函数的概念,我们曾在 1.1 节中加以叙述. 现在的问题是:怎样求隐函数的导数?

有时隐函数可以化为显函数(这时称为隐函数的显化),例如从方程 $x^2 + y^3 - 1 = 0$ 可解出 $y = \sqrt[3]{1-x^2}$. 但是,有时隐函数显化是困难的,甚至是不可能的. 例如方程 $\mathrm{e}^y + xy - 3 = 0$,可以证明它在一定范围内能够确定 y 是 x 的函数,但是这个隐函数是很难显化的.

至于给定的方程 $F(x, y) = 0$,在什么条件下可以确定隐函数 $y = f(x)$,并且 y 关于 x 可导等,我们将在下册中讨论. 下面我们举例说明,在所给定方程已确定了隐函数的条件下,隐函数求导的一般方法.

【例 2-34】　已知函数 $y = y(x)$ 由方程 $y - \tan(x+y) = 0$ 确定,求 $\dfrac{\mathrm{d}y}{\mathrm{d}x}$.

解　把由方程 $y = \tan(x+y)$ 确定的函数 $y = y(x)$ 代入方程,则得到恒等式

$$y(x) - \tan[x + y(x)] \equiv 0.$$

将此恒等式两边同时对 x 求导,得

$$y' - \sec^2(x+y)(1+y') = 0,$$

由此解得

$$\frac{\mathrm{d}y}{\mathrm{d}x} = y' = \frac{\sec^2(x+y)}{1 - \sec^2(x+y)} = -\frac{\sec^2(x+y)}{\tan^2(x+y)} = -\csc^2(x+y).$$

可见,求隐函数导数时,只要记住 x 是自变量,y 是 x 的函数,而 y 的函数是 x 的复合函数,将方程两边对 x 求导,就得到一个含有导数 $\dfrac{\mathrm{d}y}{\mathrm{d}x}$ 的方程,从中解出 $\dfrac{\mathrm{d}y}{\mathrm{d}x}$ 即可. 需要注意的是,隐函数导数的表达式中一般同时含有变量 x 和 y,这与显函数导数的表达式不同.

【例 2-35】 已知函数 $y = y(x)$ 由方程 $xy - \mathrm{e}^x + \mathrm{e}^y = 0$ 确定,求 $\dfrac{\mathrm{d}y}{\mathrm{d}x}\Big|_{x=0}$.

解 将方程两边分别对 x 求导,有

$$y + x \cdot \frac{\mathrm{d}y}{\mathrm{d}x} - \mathrm{e}^x + \mathrm{e}^y \cdot \frac{\mathrm{d}y}{\mathrm{d}x} = 0.$$

整理得

$$\frac{\mathrm{d}y}{\mathrm{d}x} = \frac{\mathrm{e}^x - y}{x + \mathrm{e}^y}.$$

又因为当 $x = 0$ 时,从原方程解得 $y = 0$,所以 $\dfrac{\mathrm{d}y}{\mathrm{d}x}\Big|_{x=0} = \dfrac{\mathrm{e}^0 - 0}{0 + \mathrm{e}^0} = 1$.

【例 2-36】 求上半椭圆 $\dfrac{x^2}{4} + \dfrac{y^2}{9} = 1 (y > 0)$ 在点 $(\sqrt{2}, \dfrac{3}{2}\sqrt{2})$ 处的切线方程和法线方程.

解 将方程 $\dfrac{x^2}{4} + \dfrac{y^2}{9} = 1$ 两边对 x 求导,并注意到 y 是 x 的函数,则得 $\dfrac{2x}{4} + \dfrac{2y}{9}y' = 0$,解得 $y' = -\dfrac{9x}{4y}$. 由导数几何意义知,所求切线的斜率为 $y'|_{x=\sqrt{2}} = -\dfrac{9x}{4y}\Big|_{\substack{x=\sqrt{2} \\ y=\frac{3}{2}\sqrt{2}}} = -\dfrac{3}{2}$,

从而法线斜率为 $\dfrac{2}{3}$. 于是,所求切线方程与法线方程分别为

$$y - \frac{3}{2}\sqrt{2} = -\frac{3}{2}(x - \sqrt{2}),$$

$$y - \frac{3}{2}\sqrt{2} = \frac{2}{3}(x - \sqrt{2}).$$

化简得

$$3x + 2y - 6\sqrt{2} = 0,$$

$$4x - 6y + 5\sqrt{2} = 0.$$

【例 2-37】 设 $y = x^{\sin x} (x > 0)$,求 $\dfrac{\mathrm{d}y}{\mathrm{d}x}$.

解 方程 $y = x^{\sin x}$ 两边取对数,得

$$\ln y = \sin x \ln x.$$

上式对 x 求导,得

$$\frac{1}{y}\frac{\mathrm{d}y}{\mathrm{d}x} = \cos x \ln x + \frac{\sin x}{x},$$

从而有

$$\frac{\mathrm{d}y}{\mathrm{d}x} = y\left(\cos x \ln x + \frac{\sin x}{x}\right) = x^{\sin x}\left(\cos x \ln x + \frac{\sin x}{x}\right).$$

本例中的 $x^{\sin x}$ 是所谓的**幂指函数**. 对于一般的幂指函数 $y = [u(x)]^{v(x)}$,求导时,可先

取对数,再利用隐函数求导方法,这种先取自然对数再求导的方法叫做**对数求导法**.除幂指函数外,对含有多个因式相乘除,带有乘方、开方的函数求导时,用这一方法较为方便.

本题也可用下面方法求解:

$$y = x^{\sin x} = \mathrm{e}^{\sin x \ln x}, \text{故 } y' = \mathrm{e}^{\sin x \ln x}\left(\cos x \ln x + \frac{\sin x}{x}\right) = x^{\sin x}\left(\cos x \ln x + \frac{\sin x}{x}\right).$$

对一般的幂指函数 $[u(x)]^{v(x)}$,也可先变形为 $\mathrm{e}^{v(x)\ln u(x)}$,再求导.

【例 2-38】 求函数 $y = (x+1)\sqrt[3]{\dfrac{x(x-3)}{(x+2)^2}}$ 在 $y \neq 0$ 处的导数.

解　先取函数的绝对值,再取对数,得

$$\ln|y| = \ln|x+1| + \frac{1}{3}\ln|x| + \frac{1}{3}\ln|x-3| - \frac{2}{3}\ln|x+2|.$$

两边关于 x 求导[并注意到无论 $t > 0$ 还是 $t < 0$,均有 $(\ln|t|)' = \dfrac{1}{t}$],整理得

$$y' = (x+1)\sqrt[3]{\frac{x(x-3)}{(x+2)^2}}\left[\frac{1}{x+1} + \frac{1}{3x} + \frac{1}{3(x-3)} - \frac{2}{3(x+2)}\right].$$

2. 参数式函数求导法

在 1.1 节中,我们已经介绍了由参数方程 $\begin{cases} x = \varphi(t) \\ y = \psi(t) \end{cases}$ 确定的 y 与 x 之间的函数关系.参数方程有着广泛的应用,例如在研究物体运动的轨迹时,常会遇到参数方程.下面来讨论如何求由参数方程所确定的函数的导数.

假设 $x = \varphi(t)$,$y = \psi(t)$ 都可导,且 $\varphi'(t) \neq 0$,$x = \varphi(t)$ 有单调的反函数 $t = \varphi^{-1}(x)$,则由参数方程 $\begin{cases} x = \varphi(t) \\ y = \psi(t) \end{cases}$ 所确定的函数 $y = y(x)$,可以看成是由函数 $y = \psi(t)$ 及 $t = \varphi^{-1}(x)$ 复合而成的函数,由复合函数及反函数的求导法则,有

$$\frac{\mathrm{d}y}{\mathrm{d}x} = \frac{\mathrm{d}y}{\mathrm{d}t} \cdot \frac{\mathrm{d}t}{\mathrm{d}x} = \frac{\dfrac{\mathrm{d}y}{\mathrm{d}t}}{\dfrac{\mathrm{d}x}{\mathrm{d}t}},$$

即

$$\boxed{\frac{\mathrm{d}y}{\mathrm{d}x} = \frac{\psi'(t)}{\varphi'(t)}.}$$

【例 2-39】 计算由参数方程 $\begin{cases} x = \mathrm{e}^{2t} \\ y = \mathrm{e}^{-t} \end{cases}$ 所确定的函数 $y = y(x)$ 的导数 $\dfrac{\mathrm{d}y}{\mathrm{d}x}$.

解　$\dfrac{\mathrm{d}y}{\mathrm{d}x} = \dfrac{\dfrac{\mathrm{d}y}{\mathrm{d}t}}{\dfrac{\mathrm{d}x}{\mathrm{d}t}} = \dfrac{-\mathrm{e}^{-t}}{2\mathrm{e}^{2t}} = -\dfrac{1}{2}\mathrm{e}^{-3t}.$

【例 2-40】 设半径为 a 的动圆在 x 轴上无滑动地滚动,A 是圆周上的一个定点,开始时点 A 在原点 O 处,设参变量为 φ,如图 2-7 所示,则点 A 的轨迹方程为

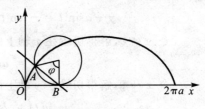

图 2-7

应用微积分

$$\begin{cases} x = a(\varphi - \sin \varphi) \\ y = a(1 - \cos \varphi) \end{cases}.$$

该曲线称为**摆线**或**旋轮线**.

求摆线在 $\varphi = \dfrac{\pi}{2}$ 对应点处的切线方程和法线方程.

解 当 $\varphi = \dfrac{\pi}{2}$ 时,摆线上的相应点 M_0 的坐标是:

$$x_0 = a\left(\frac{\pi}{2} - \sin \frac{\pi}{2}\right) = a\left(\frac{\pi}{2} - 1\right),$$

$$y_0 = a\left(1 - \cos \frac{\pi}{2}\right) = a.$$

曲线在点 M_0 处的切线斜率为

$$\frac{\mathrm{d}y}{\mathrm{d}x}\bigg|_{\varphi = \frac{\pi}{2}} = \frac{\dfrac{\mathrm{d}y}{\mathrm{d}\varphi}}{\dfrac{\mathrm{d}x}{\mathrm{d}\varphi}}\bigg|_{\varphi = \frac{\pi}{2}} = \frac{a\sin \varphi}{a(1 - \cos \varphi)}\bigg|_{\varphi = \frac{\pi}{2}} = 1.$$

代入直线的点斜式方程,即得摆线在 $\varphi = \dfrac{\pi}{2}$ 对应点处的切线方程和法线方程分别为

$$y - a = x - a\left(\frac{\pi}{2} - 1\right),$$

$$y - a = -\left[x - a\left(\frac{\pi}{2} - 1\right)\right].$$

化简后得

$$x - y + a\left(2 - \frac{\pi}{2}\right) = 0,$$

$$x + y - \frac{\pi}{2}a = 0.$$

【例 2-41】 证明星形线 $\begin{cases} x = a\cos^3 t \\ y = a\sin^3 t \end{cases}$ $(a > 0)$(图 2-8)上任

一点处的切线(除坐标轴外)被坐标轴所截的线段为定长.

证明 设 M 是曲线上的任一点,其坐标为 $(a\cos^3 t, a\sin^3 t)$,则曲线在点 M 处的切线的斜率为

$$\frac{\mathrm{d}y}{\mathrm{d}x} = \frac{3a\sin^2 t\cos t}{-3a\cos^2 t\sin t} = -\tan t,$$

故切线为

$$y - a\sin^3 t = -\tan t(x - a\cos^3 t).$$

令 $y = 0$,解得切线在 x 轴上的截距为

$$x(t) = a\cos^3 t + a\sin^2 t\cos t = a\cos t;$$

令 $x = 0$,解得切线在 y 轴上的截距为

$$y(t) = a\sin^3 t + a\cos^2 t\sin t = a\sin t.$$

故所求切线被坐标轴所截的线段长度为

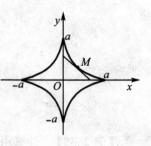

图 2-8

78

$$\sqrt{x^2(t) + y^2(t)} = \sqrt{a^2\cos^2 t + a^2\sin^2 t} = a(常数).$$

习题 2-2

1. 求下列函数的导数：

(1) $y = 2x^2 - 5x + 9$;　　　　(2) $y = 2\sqrt[3]{x} - \dfrac{3}{x^2} + \sqrt[4]{3}$;

(3) $y = 5x^3 - a^x + 3e^x$;　　　(4) $y = 2\tan x + \sec x - 1$;

(5) $y = 5\log_2 x - 2x^4$;　　　(6) $y = \dfrac{x}{m} + \dfrac{m}{x} + 2\sqrt{x} + \dfrac{2}{\sqrt{x}}$　(m 为常数);

(7) $y = \cos x \ln x$;　　　　(8) $y = x^3 \log_a x$;

(9) $y = x^2 \arccos x$;　　　(10) $y = x10^x$;

(11) $y = x\ln x \sin x$;　　　(12) $y = \dfrac{x}{4^x}$;

(13) $y = \dfrac{\sin x}{1 + \cos x}$;　　　(14) $y = \dfrac{1 - \ln x}{1 + \ln x}$;

(15) $y = \dfrac{e^x}{2}\sin x - \sqrt{2}$;　　(16) $y = \dfrac{e^x}{x^2} + \dfrac{2}{\tan x} + \dfrac{\cot x}{3}$.

2. 求下列函数在给定点处的导数：

(1) 设 $f(x) = \sqrt{2}(x^2 - x + 1)$, 求 $f'(1)$, $f'(\sqrt{2})$;

(2) 设 $f(x) = x^3 + 4\cos x - \sin\dfrac{\pi}{2}$, 求 $f'(x)$, $f'\left(\dfrac{\pi}{2}\right)$.

(3) 设 $\rho = \theta\sin\theta + \dfrac{1}{2}\cos\theta$, 求 $\dfrac{d\rho}{d\theta}\bigg|_{\theta=\frac{\pi}{4}}$.

3. 求曲线 $y = x\ln x$ 在 $(1,0)$ 点处的切线方程和法线方程.

4. 求曲线 $y = 2\sin x + x^2$ 上横坐标为 $x = 0$ 的点处的切线方程和法线方程.

5. 经过点 $(0, -3)$ 及点 $(5, -2)$ 的直线与曲线 $y = \dfrac{c}{x+1}$ 相切, 试求 c 的值.

6. 求下列函数的导数：

(1) $y = \sin 4x$;　　　　(2) $y = \sqrt{3 + x^2}$;

(3) $y = (1 - x^2)^{10}$;　　　(4) $y = \tan(\sin x)$;

(5) $y = e^{\sqrt{x}}$;　　　　(6) $y = \sin(e^x)$;

(7) $y = (5x + 2)^3$;　　　(8) $y = \sqrt[6]{4 - 3x}$;

(9) $y = \sqrt{a^2 - x^2}$;　　　(10) $y = \ln(\cos x)$.

7. 求下列函数的导数：

(1) $y = \sqrt[4]{1 + 2x + x^3}$;　　　(2) $y = (1 + x^4)^{\frac{2}{3}}$;

(3) $y = \dfrac{1}{(1 + x^4)^3}$;　　　(4) $y = e^{x\cos x}$;

(5) $y = e^{-3x^2} + \ln(1 - 2x)$;　　(6) $y = \dfrac{x}{\sqrt{x^2 + 3^2}} + \ln(1 + x^2)$;

(7) $y = \cos^4(e^x)$;　　　(8) $y = \sin^2(x^2 + 1)$;

(9) $y = 3^{\cos^2 x}$；

(10) $y = (x^3 - x^{-2} + 3)^4$；

(11) $y = \tan^3(\ln x)$；

(12) $y = \ln[\ln(\ln x)]$；

(13) $y = \mathrm{e}^{(1 - \sin x)^{\frac{1}{2}}}$；

(14) $y = \sqrt{x + \sqrt{x + \sqrt{x}}}$.

8. 求下列函数的导数：

(1) $y = \arcsin x^2 - x \mathrm{e}^{x^2}$；

(2) $y = \arccos \dfrac{1}{x}$；

(3) $y = x \arctan \sqrt{x^3 - 2x}$；

(4) $y = \mathrm{e}^{\arccos \frac{x}{a}}$；

(5) $y = \dfrac{\arctan x}{x}$；

(6) $y = (\arcsin \sqrt{x})^2$.

9. 设 $f(x)$ 可导，求下列函数的导数 $\dfrac{\mathrm{d}y}{\mathrm{d}x}$：

(1) $y = f(x^2)$；

(2) $y = f(\mathrm{e}^x) \mathrm{e}^{f(x)}$；

(3) $y = x f\left(\dfrac{1}{x}\right)$；

(4) $y = f(f(x))$；

(5) $y = \ln f(x)$；

(6) $y = \sin(f(x))$.

10. 试证明：

(1) 可导奇函数的导数是偶函数，可导偶函数的导数是奇函数；

(2) 可导周期函数的导数仍为周期函数，且周期不变.

11. 求由下列方程所确定的隐函数的导数 $\dfrac{\mathrm{d}y}{\mathrm{d}x}$：

(1) $y + x \mathrm{e}^y = 1$；

(2) $y^3 - 3xy = 5$；

(3) $x^3 + y^3 - 3axy = 0$；

(4) $\sqrt{x} + \sqrt{y} = \sqrt{a}$；

(5) $\mathrm{e}^{x+y} + \cos(xy) = 0$；

(6) $\arctan \dfrac{y}{x} = \ln \sqrt{x^2 + y^2}$.

12. 试用对数求导法求下列函数的导数：

(1) $y = x^x \ (x > 0)$；

(2) $y = x \sqrt{\dfrac{1 - x}{1 + x}}$；

(3) $y = \left(\dfrac{x}{1 + x}\right)^x$；

(4) $y = (\sin x)^{\cos x}$.

13. 证明曲线 $x^2 + 2y^2 = 8$ 与曲线 $x^2 = 2\sqrt{2}\, y$ 在点 $(2, \sqrt{2})$ 处垂直相交（正交）.（注：所谓两条曲线正交，是指它们在交点处的切线相互垂直.）

14. 求下列由参数方程所确定的函数的导数 $\dfrac{\mathrm{d}y}{\mathrm{d}x}$：

(1) $\begin{cases} x = \dfrac{1}{1 + t} \\ y = \dfrac{t}{1 + t} \end{cases}$；

(2) $\begin{cases} x = \ln(1 + t^2) \\ y = 1 - \arctan t \end{cases}$.

15. 设 $\begin{cases} x = f(t) - \pi \\ y = f(\mathrm{e}^{3t} - 1) \end{cases}$，其中 f 可导，且 $f'(0) \neq 0$，求 $\dfrac{\mathrm{d}y}{\mathrm{d}x}\Big|_{t=0}$.

16. 求下列曲线在所给参数值相应点处的切线和法线方程：

(1) $\begin{cases} x = \sin t \\ y = \cos 2t \end{cases}$，在 $t = \dfrac{\pi}{4}$ 处；

(2) $\begin{cases} x = \dfrac{3t}{1 + t^2} \\ y = \dfrac{3t^2}{1 + t^2} \end{cases}$，在 $t = 2$ 处.

17. 设一质点在 xOy 平面上的运动方程是 $\begin{cases} x = \dfrac{1}{\sqrt{1+t^2}} \\ y = \dfrac{t}{\sqrt{1+t^2}} \end{cases}$.

(1) 验证运动轨道是半圆周 $x^2 + y^2 = 1 (x > 0)$;

(2) 求质点在时刻 t 的速度 $v(t)$;

(3) 求 $\lim\limits_{t \to -\infty} v(t)$ 及 $\lim\limits_{t \to +\infty} v(t)$ 的值.

2.3 高阶导数与相关变化率

2.3.1 高阶导数

由导数的变化率背景可以知道,如果一个作变速直线运动物体的运动方程为 $s = s(t)$,则其速度 $v(t)$ 是 $s(t)$ 对时间 t 的导数,即 $v = \dfrac{ds}{dt}$ 或 $v = s'(t)$,而其加速度 $a(t)$ 又是速度 $v(t)$ 对时间 t 的变化率,即速度 $v(t)$ 对时间 t 的导数: $a(t) = \dfrac{dv}{dt} = \dfrac{d}{dt}\left(\dfrac{ds}{dt}\right)$ 或 $a(t) = [s'(t)]'$,我们称 $a(t)$ 为 s 对 t 的二阶导数.

一般地,函数 $y = f(x)$ 的导数 $y' = f'(x)$ 仍然是 x 的可导函数,则称 $y' = f'(x)$ 的导数为 $y = f(x)$ 的**二阶导数**,记作 y'' 或 $\dfrac{d^2 y}{dx^2}$,即 $y'' = (y')'$ 或 $\dfrac{d^2 y}{dx^2} = \dfrac{d}{dx}\left(\dfrac{dy}{dx}\right)$. 相应地,把 $y = f(x)$ 的导数 $y' = f'(x)$ 称为函数 $y = f(x)$ 的**一阶导数**.

类似地,二阶导数的导数叫做 $f(x)$ 的**三阶导数**,三阶导数的导数叫做 $f(x)$ 的**四阶导数**,$\cdots$,$(n-1)$ 阶导数的导数叫做 $f(x)$ 的 n **阶导数**,分别记作 y''',$y^{(4)}$,$\cdots$,$y^{(n)}$ 或 $\dfrac{d^3 y}{dx^3}$,$\dfrac{d^4 y}{dx^4}$,$\cdots$,$\dfrac{d^n y}{dx^n}$. 若函数 $y = f(x)$ 具有 n 阶导数,也说 $f(x)$ 为 n **阶可导**. 二阶及二阶以上的导数称为**高阶导数**(derivatives of higher order). 为统一起见,也可把 $f(x)$ 本身称为 $f(x)$ 的 0 **阶导数**. 求一个函数的高阶导数只要逐次进行求导即可.

许多实际问题都要涉及到高阶导数,如求自感电动势时,要用到电流对时间的变化率 $\dfrac{di}{dt}$,而电流 $i(t)$ 又等于通过导体截面的电荷量 $q(t)$ 的导数 $\dfrac{dq}{dt}$,从而将用到 $\dfrac{d^2 q}{dt^2}$. 几何上研究曲线弯曲方向和弯曲程度时,也要用到高阶导数.

【例 2-42】 求函数 $y = \sqrt{1-x^2}$ 的二阶导数 y'' 及 $y''|_{x=\frac{\sqrt{3}}{2}}$.

解
$$y' = \frac{-2x}{2\sqrt{1-x^2}} = \frac{-x}{\sqrt{1-x^2}},$$

从而
$$y'' = \frac{-\sqrt{1-x^2} - (-x) \cdot \dfrac{-2x}{2\sqrt{1-x^2}}}{(\sqrt{1-x^2})^2} = \frac{-1}{(1-x^2)^{3/2}}.$$

$$y''\Big|_{x=\frac{\sqrt{3}}{2}} = \frac{-1}{\left(1-\frac{3}{4}\right)^{3/2}} = -8.$$

【例 2-43】 求指数函数 $y = e^x$ 的 n 阶导数.

解 $y' = e^x$, $y'' = e^x$, $y''' = e^x$, $\cdots$, $y^{(n)} = e^x$, 即 $(e^x)^{(n)} = e^x$.

不难验证, 指数函数 $y = a^x (a > 0, a \neq 1)$ 的 n 阶导数

$$(a^x)^{(n)} = a^x (\ln a)^n.$$

【例 2-44】 求正弦函数 $y = \sin x$ 与余弦函数 $y = \cos x$ 的 n 阶导数.

解 $y = \sin x$,

$$y' = \cos x = \sin\left(x + \frac{\pi}{2}\right),$$

$$y'' = \cos\left(x + \frac{\pi}{2}\right) = \sin\left(x + \frac{\pi}{2} + \frac{\pi}{2}\right) = \sin\left(x + 2 \cdot \frac{\pi}{2}\right),$$

$$y''' = \cos\left(x + 2 \cdot \frac{\pi}{2}\right) = \sin\left(x + 3 \cdot \frac{\pi}{2}\right),$$

$$y^{(4)} = \cos\left(x + 3 \cdot \frac{\pi}{2}\right) = \sin\left(x + 4 \cdot \frac{\pi}{2}\right).$$

一般地, 由数学归纳法可得

$$y^{(n)} = \sin\left(x + n \cdot \frac{\pi}{2}\right),$$

即

$$(\sin x)^{(n)} = \sin\left(x + n \cdot \frac{\pi}{2}\right).$$

类似地, 可得

$$(\cos x)^{(n)} = \cos\left(x + n \cdot \frac{\pi}{2}\right).$$

【例 2-45】 求对数函数 $y = \ln(1+x)(x > -1)$ 的 n 阶导数.

解 $$y' = \frac{1}{1+x},$$

$$y'' = -\frac{1}{(1+x)^2},$$

$$y''' = \frac{1 \cdot 2}{(1+x)^3},$$

$$y^{(4)} = -\frac{1 \cdot 2 \cdot 3}{(1+x)^4}.$$

一般地, 可得

$$y^{(n)} = (-1)^{n-1} \frac{(n-1)!}{(1+x)^n},$$

即

$$[\ln(1+x)]^{(n)} = (-1)^{n-1} \frac{(n-1)!}{(1+x)^n}.$$

【例 2-46】 求幂函数 $y = x^\mu$ 的 n 阶导数.

解
$$y' = \mu x^{\mu-1},$$
$$y'' = \mu(\mu-1)x^{\mu-2},$$
$$y''' = \mu(\mu-1)(\mu-2)x^{\mu-3}.$$

一般地，
$$(x^\mu)^{(n)} = \mu(\mu-1)(\mu-2)\cdots(\mu-n+1)x^{\mu-n}.$$

特别地，
$$(x^n)^{(n)} = n!, \quad (x^n)^{(n+1)} = 0.$$

以上几个函数的高阶导数经常遇到，应该熟记.

用数学归纳法不难证明，若函数 u、v 均有 n 阶导数，则有下面的求导法则：

(1) $(u \pm v)^{(n)} = u^{(n)} \pm v^{(n)}$；

(2) $(cu)^{(n)} = cu^{(n)}$（c 为常数）；

【例 2-47】 求函数 $y = \dfrac{1}{x^2+2x-3}$ 的 n 阶导数.

解
$$\frac{1}{x^2+2x-3} = \frac{1}{4}\left(\frac{1}{x-1} - \frac{1}{x+3}\right),$$

而
$$\left(\frac{1}{x-1}\right)^{(n)} = \frac{(-1)^n n!}{(x-1)^{n+1}}, \quad \left(\frac{1}{x+3}\right)^{(n)} = \frac{(-1)^n n!}{(x+3)^{n+1}},$$

从而
$$\left(\frac{1}{x^2+2x-3}\right)^{(n)} = \frac{(-1)^n n!}{4}\left[\frac{1}{(x-1)^{n+1}} - \frac{1}{(x+3)^{n+1}}\right].$$

【例 2-48】 求由方程 $x^2+y^2=4$ 所确定的隐函数 $y=y(x)$ 的二阶导数.

解 方程两边同时对 x 求导，得 $2x+2yy'=0$，故
$$y' = -\frac{x}{y},$$

再在上式两边对 x 求导，得
$$y'' = -\frac{1\cdot y - x\cdot y'}{y^2} = -\frac{y - x\left(-\dfrac{x}{y}\right)}{y^2} = -\frac{y^2+x^2}{y^3} = -\frac{4}{y^3}.$$

对于参数方程 $\begin{cases} x=\varphi(t) \\ y=\psi(t) \end{cases}$ 所确定的函数 $y=f(x)$，有 $\dfrac{dy}{dx} = \dfrac{\psi'(t)}{\varphi'(t)}$. 若 $x=\varphi(t), y=\psi(t)$ 具有二阶导数，则 $y=f(x)$ 的二阶导数为

$$\frac{d^2y}{dx^2} = \frac{d\left(\dfrac{dy}{dx}\right)}{dx} = \frac{\dfrac{d}{dt}\left[\dfrac{\psi'(t)}{\varphi'(t)}\right]}{\varphi'(t)} = \frac{\dfrac{\varphi'(t)\psi''(t) - \psi'(t)\varphi''(t)}{\varphi'^2(t)}}{\varphi'(t)} = \frac{\varphi'\psi'' - \psi'\varphi''}{\varphi'^3}.$$

【例 2-49】 设 $y=y(x)$ 由参数方程 $\begin{cases} x=\ln(1+t^2) \\ y=\arctan t \end{cases}$ 确定，试求 $\dfrac{d^2y}{dx^2}$.

解
$$\frac{dx}{dt} = \frac{2t}{1+t^2}, \frac{dy}{dt} = \frac{1}{1+t^2},$$

于是

83

$$\frac{\mathrm{d}y}{\mathrm{d}x} = \frac{\frac{\mathrm{d}y}{\mathrm{d}t}}{\frac{\mathrm{d}x}{\mathrm{d}t}} = \frac{\frac{1}{1+t^2}}{\frac{2t}{1+t^2}} = \frac{1}{2t},$$

从而

$$\frac{\mathrm{d}^2 y}{\mathrm{d}x^2} = \frac{\frac{\mathrm{d}}{\mathrm{d}t}\left(\frac{\mathrm{d}y}{\mathrm{d}x}\right)}{\frac{\mathrm{d}x}{\mathrm{d}t}} = \frac{-\frac{1}{2t^2}}{\frac{2t}{1+t^2}} = -\frac{1+t^2}{4t^3}.$$

2.3.2 相关变化率

在某一变化过程中,可能涉及到几个变量,如 x、y、z 等. 这几个变量之间存在某种数量上的相依关系,而它们又都是另一变量 t 的可导函数,即 $x = x(t)$,$y = y(t)$,$z = z(t)$. 这样变化率 $\frac{\mathrm{d}x}{\mathrm{d}t}$、$\frac{\mathrm{d}y}{\mathrm{d}t}$、$\frac{\mathrm{d}z}{\mathrm{d}t}$ 之间也就存在着某种依赖关系,这种相互依赖的变化率称为**相关变化率**. 解决相关变化率问题,可先建立包括 x、y、z 的等式关系,然后用链式法则在等式两边对 t 求导,则可从其中一个变化率求出另外的变化率.

【例 2-50】 一飞机在离地面 2 km 的高度,以 200 km/h 的速度飞临某目标之上空,以便进行航空摄影. 试求飞机至该目标上方时摄像机转动的速度.

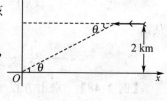

图 2-9

解 坐标系的选择如图 2-9 所示:把目标取为坐标原点,飞机与目标的水平距离为 x km,则有 $\tan\theta = \frac{2}{x}$.

由于 x 与 θ 都是时间 t 的函数,将等式两边分别对 t 求导,可得

$$\sec^2\theta \cdot \frac{\mathrm{d}\theta}{\mathrm{d}t} = -\frac{2}{x^2} \cdot \frac{\mathrm{d}x}{\mathrm{d}t},$$

则

$$\frac{\mathrm{d}\theta}{\mathrm{d}t} = -2\frac{\cos^2\theta}{x^2} \cdot \frac{\mathrm{d}x}{\mathrm{d}t} = -\frac{2}{x^2} \cdot \frac{x^2}{x^2+4} \cdot \frac{\mathrm{d}x}{\mathrm{d}t}$$

$$= -\frac{2}{x^2+4} \cdot \frac{\mathrm{d}x}{\mathrm{d}t}.$$

现 $x = 0$,$\frac{\mathrm{d}x}{\mathrm{d}t} = -200$ km/h(负号表示 x 在减小),故有

$$\frac{\mathrm{d}\theta}{\mathrm{d}t} = \frac{-2}{4} \cdot (-200) = 100(\mathrm{rad/h}).$$

即角速度为 100 弧度 / 小时,化为角度就是

$$\frac{100}{60 \times 60} \times \frac{180}{\pi} = \frac{5}{\pi}(\text{度} / \text{秒}).$$

【例 2-51】 用充气机给某一气球充气,假设在充气过程中气球始终保持球体形状,而且充气机以不变的速度均匀充气. 如果充气的速度为 50 $\mathrm{dm^3/s}$,当气球的半径 $r = 5$ dm

时,求气球半径的增长率.

解　当气球半径为 r 时,气球体积 $V = \dfrac{4}{3}\pi r^3$,两边对 t 求导

$$\frac{\mathrm{d}V}{\mathrm{d}t} = \frac{4}{3}\pi \cdot 3r^2 \cdot \frac{\mathrm{d}r}{\mathrm{d}t}.$$

所求气球半径增长率为 $\dfrac{\mathrm{d}r}{\mathrm{d}t}$,注意到 $\dfrac{\mathrm{d}V}{\mathrm{d}t} = 50, r = 5$,代入有

$$50 = \frac{4}{3}\pi \cdot 3 \cdot 5^2 \cdot \frac{\mathrm{d}r}{\mathrm{d}t},$$

从而

$$\frac{\mathrm{d}r}{\mathrm{d}t} = \frac{1}{2\pi}(\mathrm{dm/s}).$$

习题 2-3

1. 求下列函数的二阶导数:

(1) $y = \mathrm{e}^{2x-1}$;　　　　　(2) $y = \mathrm{e}^{-t}\sin t$;　　　　　(3) $y = \sqrt{a^2 - x^2}$;

(4) $y = \ln(1 - x^2)$;　　　　(5) $y = \mathrm{e}^{x^2}$;　　　　　　(6) $y = \ln\cos x$;

(7) $y = (1 + x^2)\arctan x$;　(8) $y = \ln(1 - 3x)$;　　　(9) $y = \dfrac{x}{\sqrt{1 + x^2}}$;

(10) $y = x\ln x$;　　　　　　(11) $y = (2x + 1)^2$;　　　(12) $y = \cos^2 2x$.

2. 验证函数 $y = \cos \mathrm{e}^x + \sin \mathrm{e}^x$ 满足关系式 $y'' - y' + y\mathrm{e}^{2x} = 0$.

3. 已知物体的运动规律为 $s = A\sin \omega t(A, \omega$ 是常数$)$,求物体运动的加速度,并验证:

$$\frac{\mathrm{d}^2 s}{\mathrm{d}t^2} + \omega^2 s = 0.$$

4. 设抛物线 $y = ax^2 + bx + c$ 与曲线 $y = \mathrm{e}^x$ 在点 $(0,1)$ 处相交,且在交点处有相同的一阶、二阶导数,试确定 $a、b、c$ 的值.

5. 设 $f(x)$ 为二阶可导函数,求下列各函数的二阶导数.

(1) $y = f(\ln x)$;　　　(2) $y = f(x^n), n \in \mathbf{N}_+$;　　　(3) $y = f(f(x))$.

6. 设函数 $z = g(y), y = f(x)$ 都存在二阶导数,求复合函数 $z = g[f(x)]$ 的二阶导数.

7. 求下列函数的 n 阶导数:

(1) $y = x^n + x^{n-1} + \cdots + x + 1$;　　　(2) $y = x\ln x$;

(3) $y = \cos^2 x$;　　　　　　　　　　　(4) $y = \dfrac{1}{x^2 - 3x + 2}$.

8. 求由下列方程所确定的隐函数的二阶导数:

(1) $y = \tan(x + y)$,求 $\dfrac{\mathrm{d}^2 y}{\mathrm{d}x^2}$;　　　(2) $\mathrm{e}^y + xy = \mathrm{e}$,求 $\dfrac{\mathrm{d}^2 y}{\mathrm{d}x^2}\Big|_{x=0}$;

(3) $x^2 + xy + y^2 = 4$;　　　　　　(4) $\arctan \dfrac{y}{x} = \ln\sqrt{x^2 + y^2}$.

9. 验证:

(1) 由参数方程 $\begin{cases} x = \sqrt{1+t} \\ y = \sqrt{1-t} \end{cases}$ 确定的函数 $y = y(x)$ 满足关系式 $y^3 \dfrac{\mathrm{d}^2 y}{\mathrm{d}x^2} + 2 = 0$;

（2）由参数方程 $\begin{cases} x = e^t \sin t \\ y = e^t \cos t \end{cases}$ 确定的函数 $y = y(x)$ 满足关系式

$$(x+y)^2 \frac{\mathrm{d}^2 y}{\mathrm{d}x^2} = 2\left(x \frac{\mathrm{d}y}{\mathrm{d}x} - y\right).$$

10. 求下列参数方程所确定的函数的二阶导数：

（1）$\begin{cases} x = \ln(1+t^2); \\ y = t - \arctan t; \end{cases}$

（2）$\begin{cases} x = f'(t) \\ y = tf'(t) - f(t) \end{cases}$，其中 f 二阶可导.

11. 一梯子长 5 m，它的一端沿直立墙下滑（图 2-10），另一端在地面上移动，假设其下端水平移动速率为 0.3 m/s，当下端离墙 1.4 m 时，其上端向下移动的速率是多少？

12. 一动点 P 在曲线 $9y = 4x^2$ 上运动，并知点 P 的横坐标的速率为 30 cm/s，当点 P 过点 $(3,4)$ 时，从原点到点 P 的距离的变化率是多少（设坐标轴的单位长为 1 cm）？

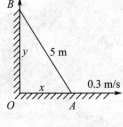

图 2-10

2.4　函数的微分与函数的局部线性逼近

　　微分是一元函数微分学中的另一个基本概念，它与导数密切相关又有着本质上的差别. 导数反映函数在某一点变化"快慢"的程度，即变化率；而微分则主要是表述函数在某一点的增量（也叫改变量）的近似程度.

　　本节介绍微分的概念、运算以及如何利用微分对函数进行局部线性逼近.

2.4.1　微分的概念

　　先来分析一个简单的例子：有一个圆形金属薄片受温度变化影响，其半径由 r_0 变到 $r_0 + \Delta r$，此时圆面积的改变量为

$$\Delta S = \pi(r_0 + \Delta r)^2 - \pi r_0^2 = 2\pi r_0 \Delta r + \pi(\Delta r)^2.$$

这里 ΔS 分成两部分，第一部分 $2\pi r_0 \Delta r$ 是与 Δr 成比例的部分，即 Δr 的线性函数；而第二部分 $\pi(\Delta r)^2$，当 $\Delta r \to 0$ 时，是比 Δr 高阶的无穷小，并且与第一部分 $2\pi r_0 \Delta r$ 相比，也是高阶无穷小. 所以 $\pi(\Delta r)^2$ 是圆面积改变量 ΔS 的次要部分，而 $2\pi r_0 \Delta r$ 是 ΔS 的主要部分. 由此可见，如果半径的变化很小，即 $|\Delta r|$ 很小时，面积的改变量 ΔS 可近似地用第一部分代替. 即

$$\Delta S \approx 2\pi r_0 \Delta r.$$

　　再如一个正立方体金属块受温度变化的影响，其棱长由 x_0 变到 $x_0 + \Delta x$，此时正立方体体积的改变量为

$$\Delta V = (x_0 + \Delta x)^3 - x_0^3 = 3x_0^2 \Delta x + 3x_0(\Delta x)^2 + (\Delta x)^3.$$

这里 ΔV 也分成两部分，第一部分 $3x_0^2 \Delta x$ 是 Δx 的线性函数，第二部分 $3x_0(\Delta x)^2 + (\Delta x)^3$ 是关于 Δx 的高阶无穷小，所以 $3x_0^2 \Delta x$ 是体积改变量的主要部分. 由此可见，体积的改变量 ΔV 可近似地表示成 $\Delta V \approx 3x_0^2 \Delta x$.

在科学技术中经常需考虑函数 $y = f(x)$ 增量 Δy 或 $f(x)$ 与自变量增量 Δx 之间的关系. 但一般说来, 这种关系往往较为复杂, 而我们总希望用较简单的函数, 例如 Δx 的一次函数在局部范围内近似表示 Δy 或 $f(x)$, 这种思想称为**局部线性逼近**. 微分的概念正是在这种背景下产生的.

定义 2-2　设函数 $y = f(x)$ 在某区间内有定义, x_0 及 $x_0 + \Delta x$ 在这区间内, 如果函数的增量 $\Delta y = f(x_0 + \Delta x) - f(x_0)$ 可表示为 $\Delta y = A\Delta x + o(\Delta x)$, 其中 A 与 Δx 无关, 那么称函数 $y = f(x)$ 在点 x_0 处是**可微**的, 而 $A\Delta x$ 叫做函数 $y = f(x)$ 在点 x_0 处相应于自变量增量 Δx 的**微分**(differential), 记作 dy, 即

$$\mathrm{d}y = A\Delta x.$$

根据前面的讨论可知, 函数 $y = f(x)$ 在点 x_0 处的微分 $\mathrm{d}y = A\Delta x$ 是函数增量 Δy 当 $\Delta x \to 0$ 时的线性主部. 进而有两个问题必须回答: 一是若 $f(x)$ 可微, 如何确定 A; 二是 $f(x)$ 满足什么条件, 就一定可微?

假设函数 $y = f(x)$ 在点 x_0 处是可微的, 则按定义有 $\Delta y = A\Delta x + o(\Delta x)$, 两边都除以 Δx, 得

$$\frac{\Delta y}{\Delta x} = A + \frac{o(\Delta x)}{\Delta x}.$$

于是当 $\Delta x \to 0$ 时, 由上式就得到 $A = \lim\limits_{\Delta x \to 0} \dfrac{\Delta y}{\Delta x} = f'(x_0)$, 因此, 如果函数 $y = f(x)$ 在点 x_0 处可微, 则 $f(x)$ 在点 x_0 处也是可导的, 且 $A = f'(x_0)$.

反之, 如果函数 $y = f(x)$ 在点 x_0 处可导, 即 $\lim\limits_{\Delta x \to 0} \dfrac{\Delta y}{\Delta x} = f'(x_0)$, 根据函数极限与无穷小的关系, 有

$$\frac{\Delta y}{\Delta x} = f'(x_0) + \alpha.$$

其中 $\alpha \to 0$(当 $\Delta x \to 0$ 时), 由此又有

$$\Delta y = f'(x_0)\Delta x + \alpha\Delta x = f'(x_0)\Delta x + o(\Delta x).$$

因为 $f'(x_0)$ 不依赖于 Δx, 记 $A = f'(x_0)$, 则有

$$\Delta y = A\Delta x + o(\Delta x),$$

所以 $f(x)$ 在点 x_0 处可微.

由此可见, **函数 $f(x)$ 在点 x_0 处可微的充分必要条件是函数 $f(x)$ 在点 x_0 处可导, 且当 $f(x)$ 在点 x_0 处可微时, 其微分一定是 $\mathrm{d}y = f'(x_0)\Delta x$.**

这一结果表明, 函数 $f(x)$ 在某点可微与可导是等价的, 故求导法又叫**微分法**, 可导与可微两词可以通用, 但要注意二者在概念上完全不同.

【例 2-52】　求函数 $y = x^3$ 在 $x = 1$ 和 $x = 3$ 处的微分.

解　　　　　　$\mathrm{d}y = (x^3)' \big|_{x=1}\Delta x = 3x^2 \big|_{x=1}\Delta x = 3\Delta x;$

　　　　　　　　　$\mathrm{d}y = (x^3)' \big|_{x=3}\Delta x = 3x^2 \big|_{x=3}\Delta x = 27\Delta x.$

可见函数在某点 x_0 处的微分, 既与 x_0 有关, 又与 Δx 有关.

【例 2-53】　设扇形的圆心角 $\theta = \dfrac{\pi}{3}$, 半径 $R = 1\ \mathrm{m}$, 如果圆心角不变, 半径 R 增加了

1 cm,试求扇形面积 S 的增量与微分.

解 扇形面积 $S = \frac{1}{2}R^2\theta$. 当 $R = 1, \Delta R = 0.01$ 时,面积 S 的增量

$$\Delta S = \frac{1}{2} \cdot 1.01^2 \cdot \frac{\pi}{3} - \frac{1}{2} \cdot 1^2 \cdot \frac{\pi}{3} \approx 0.010\ 519.$$

由于

$$S'(1) = R\theta \mid_{R=1} = \frac{\pi}{3},$$

因此所求微分

$$dS = S'(1) \cdot \Delta R = \frac{\pi}{3} \cdot 0.01 \approx 0.010\ 467.$$

可见用微分代替增量的误差很小,而且计算方便.

若函数 $y = f(x)$ 在区间 I 内每点 x 处都可微,则称 $f(x)$ 在 I 内是可微的,且

$$dy = f'(x)\Delta x.$$

通常把自变量 x 的增量 Δx 称为**自变量的微分**,记作 dx,这是因为对于恒等函数 $y = x$,当然 $dy = dx$,又由微分计算公式 $dy = (x)'\Delta x$,即有 $dy = \Delta x$,所以 $dx = \Delta x$. 于是函数 $y = f(x)$ 的微分又可记作

$$\boxed{dy = f'(x)dx.}$$

上式两端除以 dx,有

$$\frac{dy}{dx} = f'(x).$$

这就是说,函数的微分 dy 与自变量的微分 dx 之商等于该函数的导数. 因此,导数也称作**微商**(differential quotient). 在此以前,我们把 $\frac{dy}{dx}$ 看做导数的整体记号,现将 dy 与 dx 各自赋予了独立的含义,因而可将 $\frac{dy}{dx}$ 看做分式来运算. 这样理解导数,在以后的运算中会带来很大方便.

【例 2-54】 求函数 $y = e^{-x^2+1}$ 的微分 dy.

解 $dy = (e^{-x^2+1})'dx = e^{-x^2+1}(-2x)dx$

$\qquad = -2xe^{-x^2+1}dx.$

【例 2-55】 求函数 $y = \ln^3(x+1)$ 的微分 dy.

解 $\qquad dy = (\ln^3(x+1))'dx$

$$= 3\ln^2(x+1) \cdot \frac{1}{x+1}dx$$

$$= \frac{3}{x+1}\ln^2(x+1)dx.$$

2.4.2 微分公式与运算法则

根据微分的表达式 $dy = f'(x)dx$ 可知,微分 dy 与导数 $f'(x)$ 只差一个因子,所以微

分计算与导数计算相仿.对每一个导数公式与求导法则,微分就有相应的结果.为查阅方便,列表如下:

1. 基本初等函数的微分公式(表 2-1)

表 2-1　　　　　　　　　　基本初等函数的微分公式

导数公式	微分公式
$(x^\mu)' = \mu x^{\mu-1}$	$\mathrm{d}(x^\mu) = \mu x^{\mu-1}\mathrm{d}x$
$(\sin x)' = \cos x$	$\mathrm{d}(\sin x) = \cos x\mathrm{d}x$
$(\cos x)' = -\sin x$	$\mathrm{d}(\cos x) = -\sin x\mathrm{d}x$
$(\tan x)' = \sec^2 x$	$\mathrm{d}(\tan x) = \sec^2 x\mathrm{d}x$
$(\cot x)' = -\csc^2 x$	$\mathrm{d}(\cot x) = -\csc^2 x\mathrm{d}x$
$(\sec x)' = \sec x\tan x$	$\mathrm{d}(\sec x) = \sec x\tan x\mathrm{d}x$
$(\csc x)' = -\csc x\cot x$	$\mathrm{d}(\csc x) = -\csc x\cot x\mathrm{d}x$
$(a^x)' = a^x\ln a$	$\mathrm{d}(a^x) = a^x\ln a\mathrm{d}x$
$(\mathrm{e}^x)' = \mathrm{e}^x$	$\mathrm{d}(\mathrm{e}^x) = \mathrm{e}^x\mathrm{d}x$
$(\log_a x)' = \dfrac{1}{x\ln a}$	$\mathrm{d}(\log_a x) = \dfrac{1}{x\ln a}\mathrm{d}x$
$(\ln x)' = \dfrac{1}{x}$	$\mathrm{d}(\ln x) = \dfrac{1}{x}\mathrm{d}x$
$(\arcsin x)' = \dfrac{1}{\sqrt{1-x^2}}$	$\mathrm{d}(\arcsin x) = \dfrac{1}{\sqrt{1-x^2}}\mathrm{d}x$
$(\arccos x)' = -\dfrac{1}{\sqrt{1-x^2}}$	$\mathrm{d}(\arccos x) = -\dfrac{1}{\sqrt{1-x^2}}\mathrm{d}x$
$(\arctan x)' = \dfrac{1}{1+x^2}$	$\mathrm{d}(\arctan x) = \dfrac{1}{1+x^2}\mathrm{d}x$
$(\mathrm{arccot}\, x)' = -\dfrac{1}{1+x^2}$	$\mathrm{d}(\mathrm{arccot}\, x) = -\dfrac{1}{1+x^2}\mathrm{d}x$

2. 函数和、差、积、商的微分公式(表 2-2)

表 2-2　　　　　　　　　　函数和、差、积、商的微分公式

导数公式	微分公式
$(u \pm v)' = u' \pm v'$	$\mathrm{d}(u \pm v) = \mathrm{d}u \pm \mathrm{d}v$
$(cu)' = cu'$(c 为常数)	$\mathrm{d}(cu) = c\mathrm{d}u$($c$ 为常数)
$(uv)' = u'v + uv'$	$\mathrm{d}(uv) = v\mathrm{d}u + u\mathrm{d}v$
$\left(\dfrac{u}{v}\right)' = \dfrac{u'v - uv'}{v^2}$($v \neq 0$)	$\mathrm{d}\left(\dfrac{u}{v}\right) = \dfrac{v\mathrm{d}u - u\mathrm{d}v}{v^2}$($v \neq 0$)

3. 复合函数的微分法则

设 $y = f(u)$ 及 $u = g(x)$ 都可导,则复合函数 $y = f(g(x))$ 的微分为
$$\mathrm{d}y = y'_x\,\mathrm{d}x = f'(u)g'(x)\mathrm{d}x.$$
因为 $g'(x)\mathrm{d}x = \mathrm{d}u$,所以复合函数 $y = f(g(x))$ 的微分也可以写成
$$\mathrm{d}y = f'(u)\mathrm{d}u$$

或

$$\mathrm{d}y = y'_u\mathrm{d}u.$$

可见,不论 u 是自变量还是中间变量,微分形式 $\mathrm{d}y = f'(u)\mathrm{d}u$ 保持不变.这一性质称

为微分形式不变性.

【例 2-56】 求函数 $y = \cos(2x+1)$ 的微分 $\mathrm{d}y$.

解
$$\mathrm{d}y = \mathrm{d}[\cos(2x+1)] = -\sin(2x+1)\mathrm{d}(2x+1)$$
$$= -\sin(2x+1) \cdot 2\mathrm{d}x = -2\sin(2x+1)\mathrm{d}x.$$

上式中第二个等号用到了微分形式不变性.

【例 2-57】 设 $y = \mathrm{e}^x \sin 2x$,求 $\mathrm{d}y$.

解 应用微分运算公式及微分形式不变性,有
$$\mathrm{d}y = \mathrm{d}(\mathrm{e}^x \sin 2x) = \mathrm{e}^x \mathrm{d}(\sin 2x) + \sin 2x \mathrm{d}(\mathrm{e}^x)$$
$$= \mathrm{e}^x \cos 2x \mathrm{d}(2x) + \sin 2x \cdot \mathrm{e}^x \mathrm{d}x$$
$$= 2\mathrm{e}^x \cos 2x \mathrm{d}x + \mathrm{e}^x \sin 2x \mathrm{d}x$$
$$= (2\mathrm{e}^x \cos 2x + \mathrm{e}^x \sin 2x)\mathrm{d}x.$$

利用微分形式不变性求隐函数的导数,有时较为方便.

【例 2-58】 求由方程 $y = 1 + x\mathrm{e}^y$ 确定的函数的导数 $\dfrac{\mathrm{d}y}{\mathrm{d}x}$.

解 对方程两边求微分,得
$$\mathrm{d}y = 0 + \mathrm{d}(x\mathrm{e}^y) = x\mathrm{d}\mathrm{e}^y + \mathrm{e}^y \mathrm{d}x = x\mathrm{e}^y \mathrm{d}y + \mathrm{e}^y \mathrm{d}x,$$
有
$$(1 - x\mathrm{e}^y)\mathrm{d}y = \mathrm{e}^y \mathrm{d}x,$$
所以
$$\frac{\mathrm{d}y}{\mathrm{d}x} = \frac{\mathrm{e}^y}{1 - x\mathrm{e}^y} = \frac{\mathrm{e}^y}{2 - y}.$$

对于由参数方程所确定的函数的导数问题也可以用微分的方法来求.

【例 2-59】 求由参数方程 $\begin{cases} x = t\mathrm{e}^t \\ y = 2t + t^2 \end{cases}$ 确定的函数的导数 $\dfrac{\mathrm{d}y}{\mathrm{d}x}, \dfrac{\mathrm{d}^2 y}{\mathrm{d}x^2}$.

解
$$\mathrm{d}y = (2t + t^2)' \mathrm{d}t = (2 + 2t)\mathrm{d}t,$$
$$\mathrm{d}x = (t\mathrm{e}^t)' \mathrm{d}t = (\mathrm{e}^t + t\mathrm{e}^t)\mathrm{d}t,$$
于是
$$\frac{\mathrm{d}y}{\mathrm{d}x} = \frac{(2+2t)\mathrm{d}t}{(\mathrm{e}^t + t\mathrm{e}^t)\mathrm{d}t} = 2\mathrm{e}^{-t},$$
$$\mathrm{d}\left(\frac{\mathrm{d}y}{\mathrm{d}x}\right) = \mathrm{d}(2\mathrm{e}^{-t}) = -2\mathrm{e}^{-t}\mathrm{d}t,$$
$$\frac{\mathrm{d}^2 y}{\mathrm{d}x^2} = \frac{\mathrm{d}}{\mathrm{d}x}\left(\frac{\mathrm{d}y}{\mathrm{d}x}\right) = \frac{-2\mathrm{e}^{-t}\mathrm{d}t}{(\mathrm{e}^t + t\mathrm{e}^t)\mathrm{d}t} = \frac{-2\mathrm{e}^{-2t}}{1+t}.$$

2.4.3 微分的几何意义及简单应用

1. 微分的几何意义

由导数的几何意义,立即可以得到微分的几何意义.

如图 2-11 所示,设函数 $y = f(x)$ 的图形是一条光滑的曲线,则 $f'(x_0)$ 表示该曲线在

点 $M(x_0, y_0)$ 处切线 MT 的斜率 $\tan \alpha$. 给自变量 x 以微小增量 Δx, 就得到曲线上另一点 $N(x_0 + \Delta x, y_0 + \Delta y)$. 从图 2-11 可知: $MQ = \Delta x$, $QN = \Delta y$. 而

$$QP = MQ \cdot \tan \alpha = \Delta x \cdot f'(x_0),$$

即

$$\mathrm{d}y = QP.$$

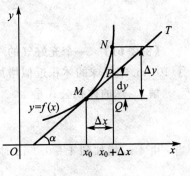

图 2-11

可见, 对于可微函数 $y = f(x)$, 当 Δy 是曲线 $y = f(x)$ 上的点的纵坐标的增量时, $\mathrm{d}y$ 就是曲线的切线在该点处纵坐标相应的增量. 当 $|\Delta x|$ 很小时, 用微分 $\mathrm{d}y$ 近似代替函数增量 Δy 产生的误差 $|\Delta y - \mathrm{d}y|$ 比 $|\Delta x|$ 小得多. 因此在点 M 的邻近, 我们可以用切线段来近似代替曲线段.

记 $\Delta x = x - x_0$, 则切线 MT 的方程为 $y = f(x_0) + f'(x_0)(x - x_0)$, 从而函数 $f(x)$ 在 x_0 的附近可以近似表示为一次多项式, 即

$$f(x) \approx f(x_0) + f'(x_0)(x - x_0).$$

这种方法称为函数的**局部线性逼近**(local linear approximation). $|\Delta x| = |x - x_0|$ 愈小, 近似精度愈高.

2. 微分在近似计算中的应用

根据前面的讨论可知, 当 $f'(x_0) \neq 0$ 时, 函数 $y = f(x)$ 在 x_0 处的微分 $\mathrm{d}y = f'(x_0)\Delta x$ 是增量 $\Delta y = f(x_0 + \Delta x) - f(x_0)$ 的**线性主部**$(\Delta x \to 0)$. 事实上, 当 $f'(x_0) \neq 0$ 时, Δy 与 $\mathrm{d}y$ 是 $\Delta x \to 0$ 时的等价无穷小, 这是因为

$$\lim_{\Delta x \to 0} \frac{\Delta y}{\mathrm{d}y} = \lim_{\Delta x \to 0} \frac{\Delta y}{f'(x_0)\Delta x} = \frac{1}{f'(x_0)} \lim_{\Delta x \to 0} \frac{\Delta y}{\Delta x} = 1.$$

故当 $|\Delta x|$ 足够小时, 可以用微分近似计算增量 Δy, 即

$$\Delta y \approx \mathrm{d}y.$$

由此出发可立即得到下面的近似计算公式:

$$\Delta y \approx f'(x_0)\Delta x, \tag{1}$$

$$f(x_0 + \Delta x) \approx f(x_0) + f'(x_0)\Delta x, \tag{2}$$

$$f(x) \approx f(x_0) + f'(x_0)(x - x_0). \tag{3}$$

应用这些近似公式时, 应选择恰当的 x_0, 使 $f(x_0)$ 及 $f'(x_0)$ 较容易计算.

【例 2-60】 利用微分计算 $\sin 46°$ 的近似值.

解 要利用微分计算函数的近似值, 必须找到 $f(x)$、x_0 与 Δx.

将 $46°$ 化为弧度:

$$46° = \frac{\pi}{4} + \frac{\pi}{180},$$

取函数 $f(x) = \sin x$, $x_0 = \frac{\pi}{4}$, $\Delta x = \frac{\pi}{180}$.

由公式(2)

$$\sin 46° = \sin\left(\frac{\pi}{4} + \frac{\pi}{180}\right) \approx \sin \frac{\pi}{4} + \cos \frac{\pi}{4} \cdot \frac{\pi}{180}$$

$$= \frac{\sqrt{2}}{2} + \frac{\sqrt{2}}{2} \cdot \frac{\pi}{180} \approx 0.707\ 1(1 + 0.017\ 5) \approx 0.719\ 4.$$

【例 2-61】 一个充好气的气球，半径为 4 m，升空后，因外部气压降低，气球半径增大了 10 cm. 问气球的体积近似增加了多少？

解 球的体积公式是

$$V = \frac{4}{3}\pi r^3.$$

当 r 由 4 m 增加到 $4 + 0.1$ m 时，气球增加的体积为 ΔV，$\Delta V \approx \mathrm{d}V$. 而

$$\mathrm{d}V = V' \Delta r = 4\pi r^2 \Delta r,\ 即$$
$$\Delta V \approx 4\pi r^2 \Delta r.$$

此处 $\Delta r = 0.1, r = 4$，则

$$\Delta V \approx 4 \times 3.14 \times 4^2 \times 0.1 \approx 20 (\mathrm{m}^3).$$

在公式(3)中，若令 $x_0 = 0$，则当 $|x|$ 很小时，可得

$$f(x) \approx f(0) + f'(0)x.$$

由此得到一些常用近似公式：

$$\sin x \approx x;\quad \tan x \approx x;\quad \mathrm{e}^x \approx 1 + x;\quad \ln(1 + x) \approx x;\quad \arctan x \approx x;$$

$$(1 + x)^\mu \approx 1 + \mu x (\mu\ 为实数);\quad 特别地\ \sqrt[n]{1 + x} \approx 1 + \frac{1}{n}x.$$

习题 2-4

1. 设有一正方形 $ABCD$，边长为 x，面积为 S，如图 2-12 所示.

(1) 当边长由 x 增加到 $x + \Delta x$ 时，正方形面积 S 的增加量 ΔS 是多少？ΔS 在图形上表示哪块面积？

(2) ΔS 关于 Δx 的线性部分是什么？在图形上表示哪块面积？

(3) ΔS 与这个线性部分相差多少？这个差在图形上表示什么？它是不是 Δx 的高阶无穷小？

(4) 面积 S 的微分 $\mathrm{d}S$ 等于什么？在图形上表示什么？

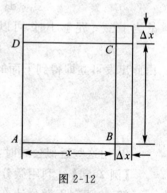

图 2-12

2. 求下列函数的微分：

(1) $y = ax^3 - bx^2 + c$;

(2) $y = (a^2 - x^2)^5$;

(3) $y = \sqrt{1 + x^2}$;

(4) $y = \dfrac{x}{\sqrt{1 + x^2}}$;

(5) $y = x\sin 2x$;

(6) $y = \ln^2(1 - x)$.

3. 将适当的函数填入下列括号内，使等式成立.

(1) $\mathrm{d}(\quad) = \mathrm{d}x$;

(2) $\mathrm{d}(\quad) = x\mathrm{d}x$;

(3) $\mathrm{d}(\quad) = \sin 3x\mathrm{d}x$;

(4) $\mathrm{d}(\quad) = -\cos x\mathrm{d}x$;

(5) $\mathrm{d}(\quad) = \mathrm{e}^{2x}\mathrm{d}x$;

(6) $\mathrm{d}(\quad) = \dfrac{1}{1 - x}\mathrm{d}x$.

4. 求下列方程所确定的函数 y 的微分 $\mathrm{d}y$：

(1) $x + \sqrt{xy + y} = 4$;

(2) $y = \tan(x + y)$;

5. 利用微分形式不变性，求由下列方程确定的隐函数 $y = y(x)$ 的微分 $\mathrm{d}y$ 及导数 $\dfrac{\mathrm{d}y}{\mathrm{d}x}$：

(1) $x^3 + y^2 \sin x - y = 6$；　　　　(2) $\arctan \dfrac{y}{x} = \ln \sqrt{x^2 + y^2}$.

6. 计算下列函数的近似值：

(1) $\sqrt[3]{998}$；　(2) $\ln 1.01$；　(3) $e^{1.01}$；　(4) $\tan 136°$；　(5) $\sin 33°$.

7. 由物理学知道，单摆的周期 T 与摆长 l 的函数关系是 $T = 2\pi \sqrt{\dfrac{l}{g}}$，其中 g 为重力加速度(常数)。现欲将单摆的摆长 l 由 100 cm 调长 1 cm，试求周期 T 的增量与微分(取 $g = 980$ cm/s^2).

8. 有一批半径为 1 cm 的球，为了提高球面的光洁度，要镀上一层铜，厚度定为 0.01 cm，估计一下每只球需要用铜多少克？(铜的密度是 8.9 g/cm^2).

2.5　利用导数求极限——洛必达法则

在上一章中，对两个无穷小作比较时，发现两个无穷小之比 $\dfrac{f(x)}{g(x)}$ 的极限可能存在，也可能不存在，这种极限称为 $\dfrac{0}{0}$ **型未定式**. 类似地，称两个无穷大之比的极限为 $\dfrac{\infty}{\infty}$ **型未定式**.

本节将介绍一种利用导数求未定式极限的方法 —— 洛必达(L'Hospital，法国，1661 ~ 1704) 法则.

2.5.1　$\dfrac{0}{0}$ 型未定式的极限

设 $\lim\limits_{x \to x_0} f(x) = 0$，$\lim\limits_{x \to x_0} g(x) = 0$，为计算 $\lim\limits_{x \to x_0} \dfrac{f(x)}{g(x)}$，我们先从几何上寻求解决途径.

如图 2-13 所示，$P_0 N_1$、$P_0 N_2$ 分别是曲线 $y = f(x)$，$y = g(x)$ 在 P_0 处的切线，x 轴上动点 P 的横坐标 $x = x_0 + \Delta x$，根据微分的几何意义以及函数增量与微分的关系，有

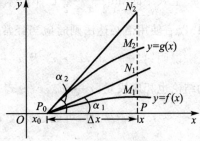

图 2-13

$$
\begin{aligned}
\frac{f(x)}{g(x)} &= \frac{M_1 P}{M_2 P} = \frac{N_1 P + o(\Delta x)}{N_2 P + o(\Delta x)} \\
&= \frac{N_1 P / \Delta x + o(\Delta x) / \Delta x}{N_2 P / \Delta x + o(\Delta x) / \Delta x} \\
&\to \frac{\tan \alpha_1}{\tan \alpha_2} = \frac{f'(x_0)}{g'(x_0)} \quad (\Delta x \to 0).
\end{aligned}
$$

这启发我们，当 $f(x)$、$g(x)$ 在 x_0 处可导，且极限 $\lim\limits_{x \to x_0} \dfrac{f'(x)}{g'(x)}$ 存在或为 ∞ 时，应有

$$
\lim_{x \to x_0} \frac{f(x)}{g(x)} = \lim_{x \to x_0} \frac{f'(x)}{g'(x)}.
$$

上述直观分析是在较宽松的条件下进行的，所推测的结果，正是 $\dfrac{0}{0}$ 型未定式洛必达

应用微积分

法则的结论,至于洛必达法则的严格证明留到下一节进行.

$\dfrac{0}{0}$ **型未定式的洛必达法则**   设函数 $f(x)$ 和 $g(x)$ 都在点 x_0 的某去心邻域内有定义,且满足条件:

(1) $\lim\limits_{x\to x_0}f(x)=\lim\limits_{x\to x_0}g(x)=0$.

(2) 在点 x_0 的某去心邻域内,$f'(x)$ 及 $g'(x)$ 都存在,且 $g'(x)\neq 0$.

(3) $\lim\limits_{x\to x_0}\dfrac{f'(x)}{g'(x)}$ 存在(或为无穷大).

则有

$$\lim_{x\to x_0}\frac{f(x)}{g(x)}=\lim_{x\to x_0}\frac{f'(x)}{g'(x)}.$$

如果 $\dfrac{f'(x)}{g'(x)}$ 当 $x\to x_0$ 时仍属 $\dfrac{0}{0}$ 型,且这时 $f'(x)$、$g'(x)$ 都满足定理中 $f(x)$、$g(x)$ 所要满足的条件,那么可以继续使用洛必达法则.

【例 2-62】   求 $\lim\limits_{x\to 2}\dfrac{\ln(x^2-3)}{x^2-3x+2}$.

解   这是 $\dfrac{0}{0}$ 型未定式,应用洛必达法则,便得

$$\lim_{x\to 2}\frac{\ln(x^2-3)}{x^2-3x+2}=\lim_{x\to 2}\frac{\dfrac{2x}{x^2-3}}{2x-3}=4.$$

【例 2-63】   求 $\lim\limits_{x\to 1}\dfrac{x^3-3x+2}{2x^3-x^2-4x+3}$.

解   原式 $=\lim\limits_{x\to 1}\dfrac{3x^2-3}{6x^2-2x-4}=\lim\limits_{x\to 1}\dfrac{6x}{12x-2}=\dfrac{3}{5}$.

上式中的 $\lim\limits_{x\to 1}\dfrac{6x}{12x-2}$ 已不是未定式,不能对它应用洛必达法则,否则要导致错误结果.以后使用洛必达法则时应当经常注意这一点.

说明:当 $x\to x_0^-$,$x\to x_0^+$ 及 $x\to\infty$,$x\to-\infty$,$x\to+\infty$ 时,$\dfrac{0}{0}$ 型未定式的洛必达法则的结论也相应成立,$x\to x_0^-$,$x\to x_0^+$ 时的证明与上述结论的证明完全类似,而 $x\to\infty$ 及 $x\to-\infty$,$x\to+\infty$ 时,可通过变换 $x=\dfrac{1}{t}$ 化成 $t\to 0$ 及 $t\to 0^-$,$t\to 0^+$ 的情况.

【例 2-64】   求 $\lim\limits_{x\to+\infty}\dfrac{\ln\left(1+\dfrac{1}{x}\right)}{\operatorname{arccot}x}$.

解   这是 $\dfrac{0}{0}$ 型的未定式,应用洛必达法则,得

$$\lim_{x\to+\infty}\frac{\ln\left(1+\dfrac{1}{x}\right)}{\operatorname{arccot}x}=\lim_{x\to+\infty}\frac{\dfrac{1}{x}}{\operatorname{arccot}x}=\lim_{x\to+\infty}\frac{-\dfrac{1}{x^2}}{-\dfrac{1}{1+x^2}}=\lim_{x\to+\infty}\frac{1+x^2}{x^2}=1.$$

本题也是 $\dfrac{0}{0}$ 型未定式,但在计算过程中,用到了等价无穷小代换.如果一开始就一味使用洛必达法则,必将招至繁琐的运算.因此使用洛必达法则求极限时,可灵活结合其他求极限方法.

2.5.2　$\dfrac{\infty}{\infty}$型未定式的极限

与 $\dfrac{0}{0}$ 型未定式类似,对于 $\dfrac{\infty}{\infty}$ 型未定式也有类似结果.这里不加证明地给出结论.

$\dfrac{\infty}{\infty}$ 型未定式的洛必达法则　设函数 $f(x)$ 和 $g(x)$ 在 x_0 的某去心邻域内有定义,且满足条件:

(1) $\lim\limits_{x \to x_0} f(x) = \infty, \lim\limits_{x \to x_0} g(x) = \infty$.

(2) $f'(x)$、$g'(x)$ 在该去心邻域内存在,且 $g'(x) \neq 0$.

(3) $\lim\limits_{x \to x_0} \dfrac{f'(x)}{g'(x)}$ 存在(或无穷大).

则有

$$\lim_{x \to x_0} \frac{f(x)}{g(x)} = \lim_{x \to x_0} \frac{f'(x)}{g'(x)}.$$

说明:将定理中的 $x \to x_0$ 换成 $x \to x_0^-$,$x \to x_0^+$,$x \to \infty$,$x \to -\infty$,$x \to +\infty$,结论也相应成立.

【例 2-65】　求 $\lim\limits_{x \to +\infty} \dfrac{\ln x}{x^n}(n > 0)$.

解　这是 $\dfrac{\infty}{\infty}$ 型的未定式,应用洛必达法则,得

$$原式 = \lim_{x \to +\infty} \frac{\dfrac{1}{x}}{n x^{n-1}} = \lim_{x \to +\infty} \frac{1}{n x^n} = 0.$$

【例 2-66】　求 $\lim\limits_{x \to +\infty} \dfrac{x^n}{e^{\lambda x}}(n$ 为正整数,$\lambda > 0)$.

解　这是 $\dfrac{\infty}{\infty}$ 型的未定式,反复使用洛必达法则,有

$$原式 = \lim_{x \to +\infty} \frac{n x^{n-1}}{\lambda e^{\lambda x}} = \lim_{x \to +\infty} \frac{n(n-1) x^{n-2}}{\lambda^2 e^{\lambda x}} = \cdots = \lim_{x \to +\infty} \frac{n!}{\lambda^n e^{\lambda x}} = 0.$$

不难证明,把 n 换成任意正实数 μ,结果仍成立.

2.5.3　其他类型未定式的极限

除了 $\dfrac{0}{0}$ 型、$\dfrac{\infty}{\infty}$ 型未定式外,还有形如 $0 \cdot \infty$、$\infty - \infty$、0^0、1^∞、∞^0 型的未定式,对于这些未定式,需经过代数变形,将它们化为 $\dfrac{0}{0}$ 或 $\dfrac{\infty}{\infty}$ 型的未定式来计算.

【例 2-67】 求 $\lim\limits_{x\to 0^+} x^2\ln x$.

解 这是 $0\cdot\infty$ 型未定式. 因为 $x^2\ln x=\dfrac{\ln x}{\dfrac{1}{x^2}}$, 当 $x\to 0^+$ 时, 上式右端为 $\dfrac{\infty}{\infty}$ 型未定式, 应用洛必达法则, 得

$$\text{原式}=\lim_{x\to 0^+}\frac{\ln x}{x^{-2}}=\lim_{x\to 0^+}\frac{\dfrac{1}{x}}{-2\cdot x^{-3}}=-\frac{1}{2}\lim_{x\to 0^+}x^2=0.$$

【例 2-68】 求 $\lim\limits_{x\to 0}\left(\dfrac{1}{x}-\dfrac{1}{\sin x}\right)$.

解 这是 $\infty-\infty$ 型未定式, 因为 $\dfrac{1}{x}-\dfrac{1}{\sin x}=\dfrac{\sin x-x}{x\sin x}$, 当 $x\to 0$ 时, 上式右端为 $\dfrac{0}{0}$ 型未定式, 应用洛必达法则, 得

$$\text{原式}=\lim_{x\to 0}\frac{\sin x-x}{x\sin x}=\lim_{x\to 0}\frac{\sin x-x}{x^2}=\lim_{x\to 0}\frac{\cos x-1}{2x}=\lim_{x\to 0}\frac{-\dfrac{1}{2}x^2}{2x}=\lim_{x\to 0}\left(-\frac{1}{4}x\right)=0.$$

【例 2-69】 求 $\lim\limits_{x\to 0^+}(\cot x)^{\frac{1}{\ln x}}$.

解 这是 ∞^0 型未定式. 因为 $(\cot x)^{\frac{1}{\ln x}}=e^{\frac{1}{\ln x}\ln\cot x}$, 而 $x\to 0^+$ 时, $\dfrac{1}{\ln x}\ln\cot x$ 属于 $\dfrac{\infty}{\infty}$ 型未定式, 应用洛必达法则, 得

$$\lim_{x\to 0^+}\frac{\ln\cot x}{\ln x}=\lim_{x\to 0^+}\frac{\dfrac{1}{\cot x}\cdot(-\csc^2 x)}{\dfrac{1}{x}}=\lim_{x\to 0^+}\frac{-x}{\cos x\sin x}=-1,$$

所以

$$\lim_{x\to 0^+}(\cot x)^{\frac{1}{\ln x}}=e^{-1}.$$

【例 2-70】 求 $\lim\limits_{x\to 0}(\cos x+x\sin x)^{\frac{1}{x^2}}$.

解 这是 1^∞ 型未定式, 我们令 $y=(\cos x+x\sin x)^{\frac{1}{x^2}}$, 两边取对数得

$$\ln y=\frac{1}{x^2}\ln(\cos x+x\sin x),$$

于是

$$\lim_{x\to 0}\ln y=\lim_{x\to 0}\frac{\ln(\cos x+x\sin x)}{x^2}$$
$$=\lim_{x\to 0}\frac{\dfrac{1}{\cos x+x\sin x}\cdot(-\sin x+\sin x+x\cos x)}{2x}$$
$$=\frac{1}{2}\lim_{x\to 0}\frac{\cos x}{\cos x+x\sin x}=\frac{1}{2},$$

从而

$$\lim_{x \to 0}(\cos x + x\sin x)^{\frac{1}{x^2}} = e^{\frac{1}{2}}.$$

【例 2-71】　求 $\lim\limits_{x \to 0} \dfrac{x^2\sin\dfrac{1}{x}}{\sin x}$.

解　若使用洛必达法则,必有

$$\lim_{x \to 0}\frac{x^2\sin\dfrac{1}{x}}{\sin x} = \lim_{x \to 0}\frac{2x\sin\dfrac{1}{x} + x^2\cos\dfrac{1}{x} \cdot \left(-\dfrac{1}{x^2}\right)}{\cos x}$$

$$= \lim_{x \to 0}\frac{2x\sin\dfrac{1}{x} - \cos\dfrac{1}{x}}{\cos x}.$$

而当 $x \to 0$ 时,$\cos\dfrac{1}{x}$ 的极限不存在,用洛必达法则失效.事实上

$$\lim_{x \to 0}\frac{x^2\sin\dfrac{1}{x}}{\sin x} = \lim_{x \to 0}\frac{x^2\sin\dfrac{1}{x}}{x} = \lim_{x \to 0}x\sin\frac{1}{x} = 0.$$

【例 2-72】　求 $\lim\limits_{x \to +\infty} \dfrac{e^x - e^{-x}}{e^x + e^{-x}}$.

解　对此极限,洛必达法则条件都满足,但不难发现

$$\lim_{x \to +\infty}\frac{e^x - e^{-x}}{e^x + e^{-x}} = \lim_{x \to +\infty}\frac{e^x + e^{-x}}{e^x - e^{-x}} = \lim_{x \to +\infty}\frac{e^x - e^{-x}}{e^x + e^{-x}}.$$

出现了循环现象,用洛必达法则求失效.因此改用其他方法,分子分母同时除以 e^x,有

$$\lim_{x \to +\infty}\frac{e^x - e^{-x}}{e^x + e^{-x}} = \lim_{x \to +\infty}\frac{1 - e^{-2x}}{1 + e^{-2x}} = 1.$$

习题　2-5

1.求下列极限:

(1) $\lim\limits_{x \to 1} \dfrac{x^9 - 1}{x^5 - 1}$;

(2) $\lim\limits_{x \to \left(\frac{\pi}{2}\right)^+} \dfrac{1 - \sin x}{\cos x}$;

(3) $\lim\limits_{x \to 0} \dfrac{e^x - e^{-x}}{\sin x}$;

(4) $\lim\limits_{x \to 0} \dfrac{\tan x - x}{x^2\sin x}$;

(5) $\lim\limits_{x \to 0} \dfrac{x - \sin x}{x^2(e^x - 1)}$;

(6) $\lim\limits_{x \to 0} \dfrac{2^x - 3^x}{x}$;

(7) $\lim\limits_{x \to +\infty} \dfrac{\dfrac{\pi}{2} - \arctan x}{\sin\dfrac{1}{x}}$;

(8) $\lim\limits_{x \to 0} \dfrac{e^x - 1}{\sin x}$;

(9) $\lim\limits_{x \to 1} \dfrac{\ln x}{x - 1}$;

(10) $\lim\limits_{x \to 0} \dfrac{e^x - e^{-x} - 2x}{x - \sin x}$;

(11) $\lim\limits_{x \to \frac{\pi}{2}} \dfrac{\ln\sin x}{(\pi - 2x)^2}$;

(12) $\lim\limits_{x \to 0} \dfrac{1 - \cos x^2}{x^3\sin x}$.

2.求下列极限:

(1) $\lim\limits_{x \to +\infty} \dfrac{\ln x}{\sqrt{x}}$;

(2) $\lim\limits_{x \to 0^+} \dfrac{\ln\sin x}{\ln\sin 2x}$;

(3) $\lim\limits_{x \to +\infty} \dfrac{e^x}{x^3}$;

(4) $\lim\limits_{x \to 0^+} \dfrac{\ln\cot x}{\ln x}$;

(5) $\lim\limits_{x \to \frac{\pi}{2}} \dfrac{\tan x}{\tan 3x}$;

(6) $\lim\limits_{x \to +\infty} \dfrac{\ln(1 + e^{x^2})}{x}$.

3. 求下列极限：

(1) $\lim\limits_{x \to 1}\left(\dfrac{3}{1-x^3} - \dfrac{1}{1-x}\right)$；　　(2) $\lim\limits_{x \to 0}\left(\dfrac{1}{x} - \dfrac{1}{e^x-1}\right)$；　　(3) $\lim\limits_{x \to 0}\left(\dfrac{1}{x} - \cot x\right)$；

(4) $\lim\limits_{x \to 1}(1-x)\tan\dfrac{\pi x}{2}$；　　(5) $\lim\limits_{x \to \frac{\pi}{2}}(\sec x - \tan x)$；　　(6) $\lim\limits_{x \to 0^+}\sin x \ln x$；

(7) $\lim\limits_{x \to 0^+} x \ln x$；　　(8) $\lim\limits_{x \to 1}\left(\dfrac{1}{\ln x} - \dfrac{1}{x-1}\right)$.

4. 求下列极限：

(1) $\lim\limits_{x \to \frac{\pi}{2}^-}(\cos x)^{\frac{\pi}{2}-x}$；　　(2) $\lim\limits_{x \to 0^+}\left(\ln\dfrac{1}{x}\right)^x$；　　(3) $\lim\limits_{x \to 0^+} x^x$；

(4) $\lim\limits_{x \to 0^+}(\tan x)^{\sin x}$；　　(5) $\lim\limits_{x \to 0^+}\left(\dfrac{1}{x}\right)^{\tan x}$.

5. 试论证下列极限存在，但不能用洛必达法则来求：

(1) $\lim\limits_{x \to \infty}\dfrac{x + \sin x}{x}$；　　(2) $\lim\limits_{x \to +\infty}\dfrac{x + \sin x}{x + \cos x}$；　　(3) $\lim\limits_{x \to 0}\dfrac{x^2 \cos\dfrac{1}{x}}{\tan x}$；

(4) $\lim\limits_{x \to \frac{\pi}{2}}\dfrac{\sec x}{\tan x}$.

6. 讨论函数 $f(x) = \begin{cases} \left[\dfrac{(1+x)^{\frac{1}{x}}}{e}\right]^{\frac{1}{x}} & (x > 0) \\[3mm] e^{-\frac{1}{2}} & (x \leqslant 0) \end{cases}$ 在 $x = 0$ 处的连续性.

2.6　微分中值定理

　　前面学习了函数导数的概念，导数反映了函数的局部变化性态.为了进一步研究导数的应用，尤其是用导数分析函数的整体性态，就需要寻求函数值在某区间上的变化与该区间某点处导数之间的联系.微分中值定理(mean-value theorem)正是构架起了函数与导数二者之间的桥梁，并为利用导数研究函数性态开辟了新的途径.本节所介绍的微分中值定理，包含了法国数学家罗尔(Rolle，1652～1719)、拉格朗日(Lagrange，1736～1813)和柯西等人的工作.微分中值定理在微积分学中占有十分重要的地位.

2.6.1　罗尔定理

　　罗尔定理是微分学中许多重要结论的基础，在引入之前，先介绍一个预备性定理——费马(Fermat，法国，1601～1665)引理.

　　观察图2-14，图中的连续曲线是函数 $y = f(x)$ 的图形，曲线在"高峰"$(x_1, f(x_1))$ 及"低谷"$(x_2, f(x_2))$ 处具有切线，其切线是水平的.这一事实正是下面费马引理的几何解释.

　　费马引理　设函数 $f(x)$ 在点 x_0 的某邻域 $U(x_0)$ 内有定义，并且在 x_0 处可导，如果对任意的 $x \in U(x_0)$ 有 $f(x) \leqslant f(x_0)$[或 $f(x) \geqslant f(x_0)$]，那么 $f'(x_0) = 0$.

　　证明　不妨设 $x \in U(x_0)$ 时，$f(x) \leqslant f(x_0)$.于是，对于 $x_0 + \Delta x \in U(x_0)$，有

$$f(x_0 + \Delta x) \leqslant f(x_0).$$

从而当 $\Delta x > 0$ 时,

$$\frac{f(x_0 + \Delta x) - f(x_0)}{\Delta x} \leqslant 0;$$

当 $\Delta x < 0$ 时,

$$\frac{f(x_0 + \Delta x) - f(x_0)}{\Delta x} \geqslant 0.$$

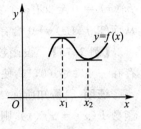

图 2-14

由函数 $f(x)$ 在点 x_0 可导的条件及极限的保号性,得

$$f'(x_0) = f'_+(x_0) = \lim_{\Delta x \to 0^+} \frac{f(x_0 + \Delta x) - f(x_0)}{\Delta x} \leqslant 0,$$

$$f'(x_0) = f'_-(x_0) = \lim_{\Delta x \to 0^-} \frac{f(x_0 + \Delta x) - f(x_0)}{\Delta x} \geqslant 0.$$

而 $f'(x_0)$ 是一个定数,因此它必须等于零,即 $f'(x_0) = 0$.

对于 $x \in U(x_0)$ 时,$f(x) \geqslant f(x_0)$ 的情形可类似证明.

通常称导数等于零的点为函数的**驻点**(stationary point),或者**临界点**(critical point).以下罗尔定理是费马引理的直接推论.

定理 2-1　(**罗尔定理**)若函数 $f(x)$ 在闭区间 $[a,b]$ 上连续,在开区间 (a,b) 内可导,且 $f(a) = f(b)$,则至少存在一点 $\xi \in (a,b)$,使得 $f'(\xi) = 0$.

证明　不妨假设 $f(x)$ 在 $[a,b]$ 上不恒为常数.因为如果 $f(x)$ 恒为常数,则 $f'(x) = 0$ 在 (a,b) 内处处成立,这时定理的结论是明显的.

由于 $f(x)$ 在 $[a,b]$ 上连续,由闭区间连续函数的性质,$f(x)$ 在 $[a,b]$ 上必取得最大值 M 和最小值 m.因为 $f(x)$ 不恒为常数,所以必有 $M > m$.又 $f(a) = f(b)$,则 M 和 m 中至少有一个不等于 $f(a)$[或 $f(b)$],不妨设 $M \neq f(a)$.这时根据闭区间上连续函数的性质,在 (a,b) 内至少有一点 ξ,使 $f(\xi) = M$,于是对 (a,b) 内任一点 x,必有 $f(x) \leqslant f(\xi)$,从而由费马引理,即得 $f'(\xi) = 0$.

罗尔中值定理的几何意义是:如果一条连续曲线 $y = f(x)$ 除两个端点外,处处具有不垂直于 x 轴的切线,且两端点处纵坐标相等,则在这条曲线上至少有一点 C,曲线在点 C 处的切线是平行于 x 轴的,如图 2-15 所示.也就是说,可微函数的函数值相等的两个点之间至少有一个导函数的零点.

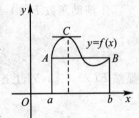

【例 2-73】　验证罗尔定理对函数 $f(x) = 2x^2 - 4x + 1$ 在区间 $[-1, 3]$ 上的正确性.

图 2-15

解　显然 $f(x)$ 在区间 $[-1, 3]$ 上连续,在 $(-1, 3)$ 内可导.$f'(x) = 4x - 4$.又 $f(-1) = 7$,$f(3) = 7$,故 $f(x)$ 在区间 $[-1, 3]$ 上满足罗尔中值定理的条件.令 $f'(x) = 0$,即 $4x - 4 = 0$ 得 $x = 1$.即 $\xi = 1 \in (-1, 3)$.

【例 2-74】　不用求出函数 $f(x) = (x-1)(x-2)(x-3)$ 的导数,说明方程 $f'(x) = 0$ 有几个实根,并指出它们所在的区间.

解　函数 $f(x)$ 在 $[1, 3]$ 上连续,在 $(1, 3)$ 内可导,且 $f(1) = f(2) = f(3) = 0$.于是由罗尔定理知,至少存在两点 $\xi_1 \in (1, 2)$ 和 $\xi_2 \in (2, 3)$,使得 $f'(\xi_1) = f'(\xi_2) = 0$,即

$f'(x) = 0$ 至少有 2 个实根 ξ_1, ξ_2. 又 $f'(x)$ 是二次多项式,故 $f'(x) = 0$ 最多有两个实根,从而知 $f'(x) = 0$ 恰有两个实根 ξ_1 和 ξ_2,且 $\xi_1 \in (1,2), \xi_2 \in (2,3)$.

【例 2-75】 设函数 $f(x)$ 在 $[0,1]$ 上连续,在 $(0,1)$ 内可导,且 $f(1) = 0$. 证明:至少存在一点 $\xi \in (0,1)$,使 $f(\xi) + \xi f'(\xi) = 0$.

证明 易知所证结论中 $f(\xi) + \xi f'(\xi)$ 恰是函数 $xf(x)$ 的导数在 ξ 点的值,于是构造函数 $F(x) = xf(x)$,则 $F'(x) = f(x) + xf'(x)$,函数 $F(x)$ 在 $[0,1]$ 上连续,在 $(0,1)$ 内可导. $F(0) = 0 \cdot f(0) = 0, F(1) = 1 \cdot f(1) = 0$. 即 $F(0) = F(1)$,由罗尔定理,至少存在一点 $\xi \in (0,1)$,使 $F'(\xi) = 0$. 即 $f(\xi) + \xi f'(\xi) = 0$.

罗尔定理的物理意义也很明显,即一个作直线运动的物体经过一段时间后,又返回原来的位置,那么它必在某一时刻速度为零.

2.6.2 拉格朗日中值定理

定理 2-2 (拉格朗日中值定理)若函数 $f(x)$ 在闭区间 $[a,b]$ 上连续,在开区间 (a,b) 内可导,则至少存在一点 $\xi \in (a,b)$,使得

$$f'(\xi) = \frac{f(b) - f(a)}{b - a}$$

或

$$f(b) - f(a) = f'(\xi)(b - a).$$

证明 显然,罗尔定理是拉格朗日中值定理当 $f(a) = f(b)$ 时的特殊情况,下面我们将应用罗尔定理来证明拉格朗日中值定理.

易知所证的结论可写成 $f'(\xi) - \dfrac{f(b) - f(a)}{b - a} = 0$ 的形式,而该式恰好是 $f(x) - \dfrac{f(b) - f(a)}{b - a}x$ 的导数在 ξ 点的值.

作辅助函数 $F(x) = f(x) - \dfrac{f(b) - f(a)}{b - a}x$,则

$$F'(x) = f'(x) - \frac{f(b) - f(a)}{b - a}.$$

显然 $F(x)$ 在 $[a,b]$ 上连续,在 (a,b) 内可导. 又

$$F(a) = f(a) - \frac{f(b) - f(a)}{b - a}a,$$

$$F(b) = f(b) - \frac{f(b) - f(a)}{b - a}b,$$

两式相减,有

$$F(a) - F(b) = f(a) - f(b) - \frac{f(b) - f(a)}{b - a}(a - b) = 0.$$

所以

$$F(a) = F(b).$$

那么由罗尔定理知,在 (a,b) 内至少存在一点 ξ,使 $F'(\xi) = 0$,即

$$f'(\xi) = \frac{f(b) - f(a)}{b - a},$$

亦即

$$f(b) - f(a) = f'(\xi)(b - a).$$

公式 $f(b) - f(a) = f'(\xi)(b - a)$ 称为**拉格朗日中值公式**. 显然,当 $a > b$ 时仍然成立,此时 ξ 在 a、b 之间,若 $f(x)$ 在以 x_0 和 $x_0 + \Delta x$ 为端点的小区间上满足拉格朗日定理的条件,而 x_0 和 $x_0 + \Delta x$ 之间的一点 ξ 可以用 $x_0 + \theta\Delta x$ 表示,那么中值公式的形式为

$$f(x_0 + \Delta x) - f(x_0) = f'(x_0 + \theta\Delta x)\Delta x, \quad \theta \in (0,1).$$

拉格朗日中值定理的几何意义是:如果连续曲线 $y = f(x)$ 的弧 $\overset{\frown}{AB}$ 上除端点外处处具有不垂直于 x 轴的切线,那么这弧上至少有一点 C,使曲线在 C 点处的切线平行于弦 AB,如图 2-16 所示.

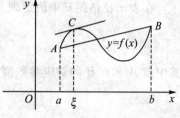

图 2-16

从本定理很容易得到下面两个重要的推论.

推论 2-1　如果函数 $f(x)$ 在区间 (a,b) 内的导数 $f'(x) \equiv 0$,则 $f(x)$ 在 (a,b) 内是一个常数.

证明　对于 (a,b) 内任意两点 x_1 和 x_2,设 $x_1 < x_2$,在 $[x_1, x_2]$ 上应用拉格朗日中值定理有

$$f(x_2) - f(x_1) = f'(\xi)(x_2 - x_1), \quad \xi \in (x_1, x_2).$$

注意到 $f'(\xi) = 0$,即得 $f(x_2) = f(x_1)$,而这个等式对于 (a,b) 内任意两点都成立,这就证明了 $f(x)$ 在 (a,b) 内是一个常数.

由推论 2-1 不难得到推论 2-2.

推论 2-2　若两个函数 $f(x)$ 及 $g(x)$ 在 (a,b) 内可导,并满足 $f'(x) = g'(x)$,则在 (a,b) 内 $f(x) = g(x) + c$(c 为常数).

【例 2-76】　证明对任意两个实数 x_1, x_2,恒有 $|\sin x_1 - \sin x_2| \leqslant |x_1 - x_2|$.

证明　函数 $f(x) = \sin x$ 在 $[x_1, x_2]$ 或 $[x_2, x_1]$($x_1 \neq x_2$)上满足拉格朗日中值定理条件,$\sin x_1 - \sin x_2 = \cos \xi \cdot (x_1 - x_2)$,$\xi$ 介于 x_1 与 x_2 之间. 进而

$$|\sin x_1 - \sin x_2| = |\cos \xi| \cdot |x_1 - x_2| \leqslant |x_1 - x_2|.$$

当 $x_1 = x_2$ 时,结论亦成立.

所以对任意的 x_1, x_2,恒有

$$|\sin x_1 - \sin x_2| \leqslant |x_1 - x_2|.$$

【例 2-77】　证明当 $x > 0$ 时,$\dfrac{x}{1 + x^2} < \arctan x < x$.

证明　考虑函数 $y = \arctan x$,显然它在区间 $[0, x]$ 上满足拉格朗日中值定理的条件,于是

$$\arctan x = \arctan x - \arctan 0 = (\arctan x)'\big|_{x=\xi}(x - 0) = \frac{x}{1 + \xi^2},$$

其中 $0 < \xi < x$,注意到 $1 < 1 + \xi^2 < 1 + x^2$,即得结论.

【例 2-78】　设 $f(x)$ 在 $[a,b]$ 上可导,证明至少存在一点 $\xi \in (a,b)$,使

$$\frac{b^n f(b) - a^n f(a)}{b-a} = [nf(\xi) + \xi f'(\xi)]\xi^{n-1} \quad (n \geqslant 1).$$

证明 令 $F(x) = x^n f(x)$，显然 $F(x)$ 在 $[a,b]$ 上满足拉格朗日中值定理的条件，于是在 $[a,b]$ 上

$$\frac{b^n f(b) - a^n f(a)}{b-a} = [x^n f(x)]' \big|_{x=\xi} = [nf(\xi) + \xi f'(\xi)]\xi^{n-1}.$$

2.6.3　柯西中值定理

在表示拉格朗日中值定理几何意义的图 2-16 中，如果将曲线用参数方程表示：

$$\begin{cases} x = g(t) \\ y = f(t) \end{cases}, \quad a \leqslant t \leqslant b,$$

其中点 A 和点 B 的对应参数值分别为 a 和 b，那么弦 AB 的斜率为

$$k_{AB} = \frac{f(b) - f(a)}{g(b) - g(a)}.$$

根据参数方程所确定的函数求导法则知，曲线在点 C（此时 $t = \xi$）处的切线斜率为 $\frac{\mathrm{d}y}{\mathrm{d}x} = \frac{f'(\xi)}{g'(\xi)}$. 由于曲线在点 C 处的切线与弦 AB 平行，因此

$$\frac{f(b) - f(a)}{g(b) - g(a)} = \frac{f'(\xi)}{g'(\xi)}, \quad a < \xi < b.$$

由此可得到柯西中值定理.

定理 2-3　（柯西中值定理）如果函数 $f(x)$、$g(x)$ 在闭区间 $[a,b]$ 上连续，在开区间 (a,b) 内可导，且 $g'(x) \neq 0$，那么在 (a,b) 内至少有一点 ξ，使

$$\frac{f(b) - f(a)}{g(b) - g(a)} = \frac{f'(\xi)}{g'(\xi)}, \quad a < \xi < b.$$

证明　首先由 $g'(x) \neq 0$，应用拉格朗日中值定理可知 $g(a) \neq g(b)$. 将欲证结论改写为

$$f'(\xi) - \frac{f(b) - f(a)}{g(b) - g(a)} g'(\xi) = 0.$$

启发我们作一辅助函数

$$\varphi(x) = f(x) - \frac{f(b) - f(a)}{g(b) - g(a)} \cdot g(x),$$

容易验证 $\varphi(x)$ 满足罗尔定理的条件，根据罗尔定理，在区间 (a,b) 内至少有一点 ξ，使 $\varphi'(\xi) = 0$，即

$$f'(\xi) - \frac{f(b) - f(a)}{g(b) - g(a)} g'(\xi) = 0.$$

又 $g'(\xi) \neq 0$，因此

$$\frac{f(b) - f(a)}{g(b) - g(a)} = \frac{f'(\xi)}{g'(\xi)}, \quad a < \xi < b.$$

显然，如果 $g(x) = x$，则 $g(b) - g(a) = b - a$，$g'(\xi) = 1$，此时柯西中值定理就变为拉格

朗日中值定理.因此柯西中值定理是拉格朗日中值定理的推广.

作为柯西中值定理的一个直接应用,可以证明 $\dfrac{0}{0}$ 型或 $\dfrac{\infty}{\infty}$ 型未定式的洛必达法则.下面仅证明 $x \to x_0$ 时 $\dfrac{0}{0}$ 型未定式的情形.

【例 2-79】　设函数 $f(x)$ 和 $g(x)$ 在 x_0 的某去心邻域 $U(x_0)\backslash\{x_0\}$ 内有定义,且满足
(1) $\lim\limits_{x \to x_0} f(x) = \lim\limits_{x \to x_0} g(x) = 0$.
(2) $f'(x)$、$g'(x)$ 在 $U(x_0)\backslash\{x_0\}$ 内存在,且 $g'(x) \neq 0$.
(3) $\lim\limits_{x \to x_0} \dfrac{f'(x)}{g'(x)} = A$(或 ∞).
则

$$\lim_{x \to x_0} \frac{f(x)}{g(x)} = \lim_{x \to x_0} \frac{f'(x)}{g'(x)} = A(\text{或} \infty).$$

证明　因为求 $\dfrac{f(x)}{g(x)}$ 当 $x \to x_0$ 时的极限与 $f(x_0)$ 及 $g(x_0)$ 无关,所以可以假定 $f(x_0) = g(x_0) = 0$,于是由条件(1)(2)知道,$f(x)$ 及 $g(x)$ 在点 x_0 的某一邻域内是连续的.设 x 是这邻域内的一点,那么在以 x 及 x_0 为端点的区间上,柯西中值定理的条件均满足,因此有

$$\frac{f(x)}{g(x)} = \frac{f(x)-0}{g(x)-0} = \frac{f(x)-f(x_0)}{g(x)-g(x_0)} = \frac{f'(\xi)}{g'(\xi)} \quad (\xi \text{在} x \text{与} x_0 \text{之间}).$$

令 $x \to x_0$,取极限

$$\lim_{x \to x_0} \frac{f(x)}{g(x)} = \lim_{x \to x_0} \frac{f'(\xi)}{g'(\xi)} = \lim_{\xi \to x_0} \frac{f'(\xi)}{g'(\xi)} = \lim_{x \to x_0} \frac{f'(x)}{g'(x)} = A(\text{或} \infty).$$

【例 2-80】　设函数 $f(x)$ 在区间 $[a,b](a>0)$ 上连续,在开区间 (a,b) 内可导,那么至少有一点 $\xi \in (a,b)$,使得 $2\xi[f(b)-f(a)] = (b^2-a^2)f'(\xi)$.

证明　设 $g(x) = x^2$,知 $f(x)$ 及 $g(x)$ 在 $[a,b]$ 上连续,在 (a,b) 内可导,且 $g'(x) = 2x \neq 0$,应用柯西中值定理,存在 $\xi \in (a,b)$,使

$$\frac{f(b)-f(a)}{g(b)-g(a)} = \frac{f'(\xi)}{g'(\xi)},$$

即

$$\frac{f(b)-f(a)}{b^2-a^2} = \frac{f'(\xi)}{2\xi}.$$

于是

$$2\xi[f(b)-f(a)] = (b^2-a^2)f'(\xi).$$

习题 2-6

1. 验证函数 $y = \dfrac{1}{1+x^2}$ 在区间 $[-2,2]$ 上满足罗尔定理的条件,并求出满足罗尔定理的 ξ.

2. 验证函数 $f(x) = \ln x$ 在区间 $[1,e]$ 上满足拉格朗日中值定理的条件,并求出 $(1,e)$ 内满足拉格朗

日中值定理的 ξ.

3. 验证函数 $f(x) = x^3 + 1$ 和 $g(x) = x^2$ 在区间 $[1,2]$ 上满足柯西中值定理的条件,并求出 $(1,2)$ 内满足柯西中值定理的 ξ.

4. 如果 $a_0, a_1, \cdots, a_n$ 是满足 $a_0 + \dfrac{a_1}{2} + \cdots + \dfrac{a_n}{n+1} = 0$ 的实数,证明方程 $a_0 + a_1 x + \cdots + a_n x^n = 0$ 在 $(0,1)$ 内至少有一个实根.

5. 证明方程 $x^3 + x - 1 = 0$ 在区间 $(0,1)$ 内只有一个实根.

6. 证明下列恒等式:

(1) $\arctan x + \arctan \dfrac{1}{x} = \dfrac{\pi}{2} (x > 0)$;　　　　　　(2) $\arcsin x + \arccos x = \dfrac{\pi}{2} (-1 \leqslant x \leqslant 1)$.

7. 设 $f(x)$, $g(x)$ 在 $[a,b]$ 可导, $f(a) = 0$, $g(b) = 0$,试证:在 (a,b) 内至少存在一点 ξ,使得 $f'(\xi)g(\xi) + f(\xi)g'(\xi) = 0$.

8. 证明:对函数 $f(x) = px^2 + qx + r$ 在某区间上应用拉格朗日中值定理所求得的 ξ 必位于该区间的中点,这里 p、q、r 是常数.

9. 证明下列不等式:

(1) $\dfrac{b-a}{b} < \ln \dfrac{b}{a} < \dfrac{b-a}{a}$ 　$(0 < a < b)$;

(2) $\dfrac{\alpha - \beta}{\cos^2 \beta} \leqslant \tan \alpha - \tan \beta \leqslant \dfrac{\alpha - \beta}{\cos^2 \alpha}$,其中 $0 < \beta \leqslant \alpha < \dfrac{\pi}{2}$;

(3) $\dfrac{x}{1+x} < \ln(1+x) < x$,其中 $x > 0$.

10. 设 $f(x)$ 在 $[a,b]$ 上连续,在 (a,b) 内可导 $(0 < a < b)$.证明:方程 $f(b) - f(a) = \left(\ln \dfrac{b}{a}\right) x f'(x)$ 在 (a,b) 内至少有一个根.

11. 设函数 $f(x)$ 在 $[a,b]$ 上连续 $(a > 0)$,在 (a,b) 内可导,证明存在 $\xi, \eta \in (a,b)$ 使得

$$f'(\xi) = \frac{a+b}{2\eta} f'(\eta).$$

2.7　泰勒公式——用多项式逼近函数

无论是理论分析,还是近似计算,我们总希望在局部范围内用一个较简单的函数来近似表示一个较复杂的函数,这是数学中的一个基本思想和常用手段.多项式就是一个很理想的函数,它只包含加法和乘法两种运算,最适于用计算机计算,并在 $(-\infty, +\infty)$ 上处处连续,且有任意阶的连续导数.

如何从一个函数 $f(x)$ 本身得出所需要的多项式 $P(x)$,使得 $f(x) \approx P(x)$,且可估计 $|f(x) - P(x)|$ 的大小显然十分重要.用多项式近似代替函数的方法称为**多项式逼近**.泰勒 (Taylor B,英国,$1685 \sim 1731$) 公式正好解决了上述问题.

2.7.1　泰勒多项式与泰勒公式

在函数的微分与函数的局部线性逼近一节中,当函数 $f(x)$ 在 x_0 点可导时,我们得到下列的近似计算公式

$$f(x) \approx f(x_0) + f'(x_0)(x - x_0). \tag{1}$$

上式中左右两边之差是比 $x - x_0$ 高阶的无穷小(当 $x \to x_0$ 时),即

$$f(x) = f(x_0) + f'(x_0)(x - x_0) + o(x - x_0).$$

公式(1) 就是用一次多项式 $P_1(x) = f(x_0) + f'(x_0)(x - x_0)$ 近似表示 $f(x)$,它满足
$P_1(x_0) = f(x_0)$, $P_1'(x_0) = f'(x_0)$. 其优点是计算简便,但也有明显的两处不足:第一是
精确度不高,误差 $|R_1(x)| = |f(x) - P_1(x)|$ 只是比 $(x - x_0)$ 高阶的无穷小(当 $x \to x_0$
时);第二是不能定量地估算出误差的大小.

　　为了提高精度,我们很自然地想到,当函数 $f(x)$ 在 x_0 点二阶可导时,可否用二次多
项式 $P_2(x) = a_0 + a_1(x - x_0) + a_2(x - x_0)^2$ 近似表示 $f(x)$,且 $P_2(x)$ 满足:

$$P_2(x_0) = f(x_0),\ P_2'(x_0) = f'(x_0),\ P_2''(x_0) = f''(x_0). \tag{2}$$

由关系式(2) 容易求出:$a_0 = f(x_0)$, $a_1 = f'(x_0)$, $a_2 = \dfrac{f''(x_0)}{2}$,考查极限

$$\lim_{x \to x_0} \frac{f(x) - P_2(x)}{(x - x_0)^2},$$

有

$$\lim_{x \to x_0} \frac{f(x) - \left[f(x_0) + f'(x_0)(x - x_0) + \dfrac{f''(x_0)}{2}(x - x_0)^2 \right]}{(x - x_0)^2}$$

$$= \lim_{x \to x_0} \frac{f'(x) - f'(x_0) - f''(x_0)(x - x_0)}{2(x - x_0)}$$

$$= \frac{1}{2} \lim_{x \to x_0} \left[\frac{f'(x) - f'(x_0)}{x - x_0} - f''(x_0) \right]$$

$$= \frac{1}{2} [f''(x_0) - f''(x_0)] = 0,$$

从而

$$f(x) = P_2(x) + R_2(x)$$

$$= f(x_0) + f'(x_0)(x - x_0) + \frac{f''(x_0)}{2}(x - x_0)^2 + o((x - x_0)^2).$$

即当用 $P_2(x)$ 近似表示 $f(x)$ 时,误差 $|R_2(x)|$ 是比 $(x - x_0)^2$ 高阶的无穷小.

　　可见,二次多项式 $P_2(x)$ 正是我们所希望的函数. 从几何角度来看,曲线 $y = f(x)$ 和
$y = P_2(x)$ 在 $x = x_0$ 处有相同的纵坐标,相同的切线,相同的弯曲方向和弯曲程度(相关
内容见下一节);从运动学的角度讲,就是有相同的起点,相同的初速度和相同的加速度.

　　按照上面的思路,为了进一步提高精度,当函数 $f(x)$ 在 x_0 点 n 阶可导时,可用 n 次多项
式 $P_n(x) = a_0 + a_1(x - x_0) + a_2(x - x_0)^2 + \cdots + a_n(x - x_0)^n$ 近似表示 $f(x)$($|R_n(x)|$ 为
由此而产生的误差),且 $P_n(x)$ 满足

$$P_n(x_0) = f(x_0),\ P_n^{(k)}(x_0) = f^{(k)}(x_0) \quad (k = 1, 2, \cdots, n). \tag{3}$$

由关系式(3) 可以求得

$$a_0 = f(x_0), \quad a_k = \frac{f^{(k)}(x_0)}{k!} \quad (k = 1, 2, \cdots, n).$$

　　依照 $P_2(x)$ 的情形,不难证明 $f(x) - P_n(x) = o((x - x_0)^n)$,从而有

$$f(x) = P_n(x) + R_n(x)$$

$$= f(x_0) + f'(x_0)(x - x_0) + \frac{f''(x_0)}{2!}(x - x_0)^2 + \cdots +$$

$$\frac{f^{(n)}(x_0)}{n!}(x - x_0)^n + o((x - x_0)^n).$$

综上所述,得如下定理:

定理 2-4 （**泰勒定理**）设函数 $f(x)$ 在点 x_0 处具有 n 阶导数,则当 $x \to x_0$ 时,

$$f(x) = P_n(x) + R_n(x)$$

$$= f(x_0) + f'(x_0)(x - x_0) + \frac{f''(x_0)}{2!}(x - x_0)^2 + \cdots +$$

$$\frac{f^{(n)}(x_0)}{n!}(x - x_0)^n + o((x - x_0)^n). \tag{4}$$

公式(4) 也称作具有皮亚诺(Peano,意大利,1858 ~ 1932) 余项的 n 阶泰勒公式,
$P_n(x) = f(x_0) + f'(x_0)(x - x_0) + \frac{f''(x_0)}{2!}(x - x_0)^2 + \cdots + \frac{f^{(n)}(x_0)}{n!}(x - x_0)^n$ 称为 n
阶泰勒多项式,$R_n(x) = o((x - x_0)^n)$ 称为**皮亚诺型余项**.

式(4) 表明在 x_0 点附近用泰勒多项式 $P_n(x)$ 近似表示函数 $f(x)$ 时,其误差是比 $(x - x_0)^n$ 高阶的无穷小,这个结论在理论分析上有重要价值. 其缺点是没有给出误差的定量结果,但只要将条件加强一下,即可得到满意的结果.

定理 2-5 （**泰勒中值定理**）如果函数 $f(x)$ 在 (a,b) 内具有 $n + 1$ 阶导数,x_0、$x \in (a,b)$,且 $x_0 \neq x$,则在 x_0 与 x 之间至少有一点 ξ,使得

$$f(x) = P_n(x) + R_n(x)$$

$$= f(x_0) + f'(x_0)(x - x_0) + \frac{f''(x_0)}{2!}(x - x_0)^2 + \cdots +$$

$$\frac{f^{(n)}(x_0)}{n!}(x - x_0)^n + \frac{f^{(n+1)}(\xi)}{(n+1)!}(x - x_0)^{n+1}. \tag{5}$$

式(5) 也称作具有**拉格朗日余项**的 n 阶泰勒公式,$R_n(x) = \frac{f^{(n+1)}(\xi)}{(n+1)!}(x - x_0)^{n+1}$ 称为**拉格朗日型余项**.

特别地,当 $n = 0$ 时,公式(5) 成为

$$f(x) = f(x_0) + f'(\xi)(x - x_0) \quad (\xi \text{ 在 } x_0 \text{ 与 } x \text{ 之间}).$$

这就是拉格朗日中值定理. 所以拉格朗日中值公式是泰勒公式的一个特殊情况.

在公式(5) 中令 $x_0 = 0$,公式成为

$$\boxed{\begin{aligned} f(x) &= f(0) + f'(0)x + \frac{f''(0)}{2!}x^2 + \cdots + \\ &\frac{f^{(n)}(0)}{n!}x^n + \frac{f^{(n+1)}(\theta x)}{(n+1)!}x^{n+1} \quad (0 < \theta < 1). \end{aligned}} \tag{6}$$

公式(6) 称为 $f(x)$ 的**麦克劳林**(Maclaurin,英国,1698 ~ 1746)**公式**.

【例 2-81】 求 $f(x) = \sqrt{x}$ 在 $x_0 = 4$ 处的带有拉格朗日型余项的二阶泰勒公式.

解　　　　　　　　$f(x) = \sqrt{x}$,　　　　　$f(4) = 2$,

$$f'(x) = \frac{1}{2}x^{-\frac{1}{2}}, \qquad f'(4) = \frac{1}{4},$$

$$f''(x) = -\frac{1}{4}x^{-\frac{3}{2}}, \qquad f''(4) = -\frac{1}{32},$$

$$f'''(x) = \frac{3}{8}x^{-\frac{5}{2}}, \qquad f'''(\xi) = \frac{3}{8} \cdot \frac{1}{\xi^{\frac{5}{2}}},$$

故有

$$\sqrt{x} = 2 + \frac{1}{4}(x-4) - \frac{1}{64}(x-4)^2 + \frac{1}{16} \cdot \frac{1}{\xi^{\frac{5}{2}}}(x-4)^3 \quad (\xi \text{ 在 } 4 \text{ 与 } x \text{ 之间}).$$

2.7.2　常用函数的麦克劳林公式

(1) $f(x) = \mathrm{e}^x$ 的 n 阶麦克劳林公式

由于　　$f(x) = \mathrm{e}^x$,　　　　　$f(0) = 1$,

$$f'(x) = \mathrm{e}^x, \qquad f'(0) = 1,$$
$$f''(x) = \mathrm{e}^x, \qquad f''(0) = 1,$$
$$\vdots \qquad\qquad \vdots$$
$$f^{(n)}(x) = \mathrm{e}^x, \qquad f^{(n)}(0) = 1,$$
$$f^{n+1}(x) = \mathrm{e}^x, \qquad f^{(n+1)}(\theta x) = \mathrm{e}^{\theta x}.$$

代入公式(6),就得 e^x 的 n 阶麦克劳林公式

$$\mathrm{e}^x = 1 + x + \frac{x^2}{2!} + \cdots + \frac{x^n}{n!} + \frac{\mathrm{e}^{\theta x}}{(n+1)!}x^{n+1} \quad (0 < \theta < 1). \tag{7}$$

(2) $f(x) = \sin x$ 的麦克劳林公式

由于　　$f(x) = \sin x$,　　　　　$f(0) = 0$,

$$f'(x) = \sin\left(x + \frac{\pi}{2}\right), \qquad f'(0) = 1,$$

$$f''(x) = \sin\left(x + 2 \cdot \frac{\pi}{2}\right), \qquad f''(0) = 0,$$

$$f'''(x) = \sin\left(x + 3 \cdot \frac{\pi}{2}\right), \qquad f'''(0) = -1,$$

$$f^{(4)}(x) = \sin\left(x + 4 \cdot \frac{\pi}{2}\right), \qquad f^{(4)}(0) = 0,$$

$$\vdots \qquad\qquad\qquad \vdots$$

$$f^{(n)}(x) = \sin\left(x + n \cdot \frac{\pi}{2}\right), \qquad f^{(n)}(0) = \sin\frac{n\pi}{2},$$

所以

$$f^{(n)}(0) = \begin{cases} 0 & (n = 2m) \\ (-1)^m & (n = 2m+1) \end{cases} \quad (m = 0, 1, 2, \cdots).$$

于是由公式(6)得到

$$\sin x = x - \frac{x^3}{3!} + \frac{x^5}{5!} - \cdots + \frac{(-1)^{m-1}}{(2m-1)!}x^{2m-1} + R_{2m}(x).$$

其中

$$R_{2m}(x) = \frac{\sin\left[\theta x + (2m+1)\dfrac{\pi}{2}\right]}{(2m+1)!} x^{2m+1} \quad (0 < \theta < 1). \tag{8}$$

如果 m 分别取 $1,2,3$,则可得到 $\sin x$ 的一次、三次和

五次多项式:$y = x, y = x - \dfrac{1}{6}x^3$ 和 $y = x - \dfrac{1}{6}x^3 +$

$\dfrac{1}{120}x^5$. 图 2-17 直观地反映出在 $x = 0$ 附近这些多项式对

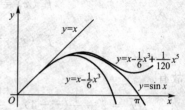

图 2-17

$\sin x$ 的逼近情况.

类似地,还可以得到如下麦克劳林公式.

(3)$f(x) = \cos x$ 的麦克劳林公式

$$\cos x = 1 - \frac{x^2}{2!} + \frac{x^4}{4!} - \cdots + \frac{(-1)^m x^{2m}}{(2m)!} + R_{2m+1}(x).$$

其中

$$R_{2m+1}(x) = \frac{\cos\left[\theta x + (m+1)\pi\right] x^{2m+2}}{(2m+2)!} \quad (0 < \theta < 1). \tag{9}$$

(4)$f(x) = \ln(1+x)$ 的 n 阶麦克劳林公式

$$\ln(1+x) = x - \frac{x^2}{2} + \frac{x^3}{3} - \cdots + (-1)^{n-1}\frac{x^n}{n} + \frac{(-1)^n}{(n+1)(1+\theta x)^{n+1}}x^{n+1}$$

$$(0 < \theta < 1). \tag{10}$$

(5)$f(x) = (1+x)^\alpha$ 的 n 阶麦克劳林公式

$$(1+x)^\alpha = 1 + \alpha x + \frac{\alpha(\alpha-1)}{2!}x^2 + \cdots + \frac{\alpha(\alpha-1)\cdots(\alpha-n+1)}{n!}x^n +$$

$$\frac{\alpha(\alpha-1)\cdots(\alpha-n+1)(\alpha-n)}{(n+1)!}(1+\theta x)^{\alpha-n-1}x^{n+1} \quad (0 < \theta < 1). \tag{11}$$

当 α 取正整数 n 时,上面最后一项为零,于是得到牛顿二项展开式.

以上各式给出的是带有拉格朗日型余项的麦克劳林公式,读者不难对应写出带有皮亚诺型余项的麦克劳林公式.

【例 2-82】 用 $\sin x$ 的 4 阶泰勒多项式计算 $\sin 18°$ 的近似值,并估计误差.

解 应用 $\sin x$ 的麦克劳林公式,得

$$\sin 18° = \sin\frac{\pi}{10} \approx \frac{\pi}{10} - \frac{\left(\dfrac{\pi}{10}\right)^3}{3!} \approx 0.309\,0,$$

$$\left|R_4\left(\frac{\pi}{10}\right)\right| = \left|\frac{\left(\dfrac{\pi}{10}\right)^5}{5!}\sin\left(\theta x + \frac{5\pi}{2}\right)\right| \leqslant \frac{\left(\dfrac{\pi}{10}\right)^5}{5!} < 10^{-4} \quad (0 < \theta < 1).$$

本题若用微分近似计算,则 $\sin 18° = \sin\dfrac{\pi}{10} \approx \dfrac{\pi}{10} \approx 0.314$,其精确度仅为 $\dfrac{1}{200}$. 可见在近似计算函数值的时候,利用泰勒公式较之利用微分精度更高,运用范围更广. 如果当 $n \to \infty$ 时,$R_n(x) \to 0$,那么可以把函数值计算到任何精度.

【例 2-83】　求 e 的近似值,要求误差小于 10^{-5}.

解　在 e^x 的麦克劳林公式中,取 $x=1$,得

$$e = 1 + 1 + \frac{1}{2!} + \cdots + \frac{1}{n!} + \frac{e^{\theta}}{(n+1)!} \quad (0 < \theta < 1).$$

由于 $e^{\theta} < e < 3$,故

$$R_n(1) = \frac{e^{\theta}}{(n+1)!} < \frac{3}{(n+1)!} \to 0 \quad (n \to \infty),$$

因此,只要 n 取得充分大,用近似公式

$$e \approx 1 + 1 + \frac{1}{2!} + \cdots + \frac{1}{n!}$$

来计算 e 的近似值,可以达到所需要的任何精度.为使

$$R_n(1) < \frac{3}{(n+1)!} < 10^{-5},$$

只要取 $n=8$ 就行了,因为 $R_8(1) < \frac{3}{9!} < 10^{-5}$,于是 e 的误差小于 10^{-5} 的近似值为

$$e \approx 1 + 1 + \frac{1}{2!} + \cdots + \frac{1}{8!} \approx 2.718\,28.$$

一般情况下,在求 $f(x)$ 的泰勒公式时,需要计算 $f(x)$ 的各阶导数,这往往是一项比较繁杂的计算工作.因此,经常用间接方法求一些函数的泰勒公式.

【例 2-84】　设 $f(x) = x^2 \ln(1+x)$,求 $f^{(100)}(0)$.

解　因为

$$\ln(1+x) = x - \frac{x^2}{2} + \frac{x^3}{3} - \cdots + (-1)^{97} \frac{x^{98}}{98} + o(x^{98}),$$

所以

$$\begin{aligned}
f(x) &= x^2 \ln(1+x) \\
&= x^2 \left[x - \frac{x^2}{2} + \frac{x^3}{3} - \cdots + (-1)^{97} \frac{x^{98}}{98} + o(x^{98}) \right] \\
&= x^3 - \frac{x^4}{2} + \frac{x^5}{3} - \cdots + (-1)^{97} \frac{x^{100}}{98} + o(x^{100}).
\end{aligned}$$

由上式知

$$\frac{f^{(100)}(0)}{100!} = \frac{(-1)^{97}}{98},$$

从而

$$f^{(100)}(0) = -\frac{100!}{98}.$$

【例 2-85】　问当 $x \to 0$ 时,$e^{-x^2} - \cos\sqrt{2}\,x$ 是 x 的几阶无穷小?

解　因为 $e^x = 1 + x + \frac{x^2}{2!} + o(x^2)$,所以

$$e^{-x^2} = 1 - x^2 + \frac{x^4}{2!} + o(x^4).$$

又

$$\cos x = 1 - \frac{x^2}{2!} + \frac{x^4}{4!} + o(x^4),$$

$$\cos \sqrt{2} x = 1 - \frac{(\sqrt{2} x)^2}{2!} + \frac{(\sqrt{2} x)^4}{4!} + o(x^4),$$

于是

$$\mathrm{e}^{-x^2} - \cos \sqrt{2} x = \frac{x^4}{3} + o(x^4).$$

而 $\lim\limits_{x \to 0} \dfrac{\dfrac{x^4}{3} + o(x^4)}{x^4} = \dfrac{1}{3}$，即 $\mathrm{e}^{-x^2} - \cos \sqrt{2} x$ 是 x 的 4 阶无穷小(当 $x \to 0$ 时).

【例 2-86】 利用泰勒公式求极限 $\lim\limits_{x \to 0} \dfrac{x - \sin x}{x^3}$.

解 因为分母是 x^3，所以只要将 $\sin x$ 展开成三阶泰勒公式即可.

$$\sin x = x - \frac{x^3}{3!} + o(x^3) \quad (x \to 0).$$

$$\begin{aligned}
\lim_{x \to 0} \frac{x - \sin x}{x^3} &= \lim_{x \to 0} \frac{x - \left[x - \dfrac{x^3}{3!} + o(x^3) \right]}{x^3} \\
&= \lim_{x \to 0} \left(\frac{1}{3!} - \frac{o(x^3)}{x^3} \right) \\
&= \frac{1}{6}.
\end{aligned}$$

习题 2-7

1. 求函数 $f(x) = x^4 - 5x^3 + x^2 - 3x + 4$ 在 $x_0 = 4$ 处的 4 阶泰勒多项式.

2. 设 $\dfrac{x^4 - 5x^3 + x^2 - 3x + 4}{(x-4)^5} = \dfrac{A_1}{(x-4)^5} + \dfrac{A_2}{(x-4)^4} + \dfrac{A_3}{(x-4)^3} + \dfrac{A_4}{(x-4)^2} + \dfrac{A_5}{(x-4)}$，利用题 1 的结果求 A_1, A_2, A_3, A_4, A_5.

3. 求函数 $f(x) = \sin x$ 在 $x_0 = \dfrac{\pi}{4}$ 处的带拉格朗日型余项的 3 阶泰勒公式.

4. 求函数 $f(x) = \tan x$ 的带拉格朗日型余项的 2 阶麦克劳林公式.

5. 求 $f(x) = \dfrac{1}{1-x}$ 的带有皮亚诺余项的 n 阶麦克劳林公式.

6. 设 $f(x) = x^2 \sin x$. (1) 写出 $y = \sin x$ 带有 $o(x^{98})$ 余项的泰勒展开式，并写出 $f(x) = x^2 \sin x$ 的展开式；(2) 求 $f^{(99)}(0)$.

7. 应用泰勒公式求下列极限：

(1) $\lim\limits_{x \to 0} \dfrac{\cos x - \mathrm{e}^{-\frac{x^2}{2}}}{x^4}$；　　　　(2) $\lim\limits_{x \to 0} \dfrac{x - \sin x}{x^2(\mathrm{e}^x - 1)}$；　　　　(3) $\lim\limits_{x \to 0} \dfrac{\sin x - x\cos x}{\sin^3 x}$.

8. 设函数 $f(x)$ 在点 x_0 处存在二阶导数 $f''(x_0)$，求

$$\lim_{h \to 0} \frac{f(x_0 + 2h) - 2f(x_0 + h) + f(x_0)}{h^2}.$$

9. 用四阶泰勒公式计算下列各式的近似值，并估计误差：

(1)$\sqrt{e}$；　　　　　(2)$\sin 28°$.

10. 利用泰勒公式计算$\sqrt{5}$的近似值，并使误差小于 0.000 1.

11. 当$x \to 0$时，下列无穷小是x的几阶无穷小？

(1)$\cos x - e^{-\frac{x^2}{2}}$；　　　　　(2)$e^x \sin x - x(1+x)$.

2.8　利用导数研究函数的性态

微分中值定理和泰勒公式建立起函数的改变量与导数之间的联系，从而开辟了利用导数研究函数性态的途径. 下面我们以导数为工具，来研究函数的单调性、极值、曲线的凹凸性等，并据此作出函数图形.

2.8.1　函数的单调性

在第 1 章中，已经给出了函数单调性的定义，但利用定义判别函数的单调性需要解不等式，这通常是困难的. 而应用导数来讨论函数的单调性，往往简单易行.

设函数$f(x)$在$[a,b]$上连续，在(a,b)内可导，如果函数在(a,b)内为单调增加[图 2-18(a)]，那么其图形上各点处的切线斜率除个别点可能是零外，其余都是正的，即$f'(x) \geqslant 0, x \in (a,b)$. 上述结论也可用分析方法得到：对任意的$x \in (a,b)$，不论$\Delta x > 0$或$\Delta x < 0$，总有

$$\frac{f(x+\Delta x) - f(x)}{\Delta x} > 0.$$

于是，由导数的定义和极限的局部保号性知

$$f'(x) = \lim_{\Delta x \to 0} \frac{f(x+\Delta x) - f(x)}{\Delta x} \geqslant 0.$$

同理，如果函数在(a,b)内单调减少[图 2-18(b)]，则$f'(x) \leqslant 0, x \in (a,b)$. 由此可见，函数的单调性与导数的符号有着密切的联系.

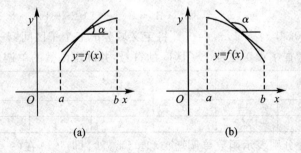

(a)　　　　　(b)

图 2-18

反过来，能否用导数的符号来判定函数的单调性呢？

设函数$f(x)$在$[a,b]$上连续，在(a,b)内可导，那么对任意的$x_1, x_2 \in [a,b]$，且$x_1 < x_2$，应用拉格朗日中值定理，得到

$$f(x_2) - f(x_1) = f'(\xi)(x_2 - x_1) \quad (\text{其中 } \xi \text{ 在 } x_1 \text{ 与 } x_2 \text{ 之间}).$$

上式中 $x_2 - x_1 > 0$,因此,如果在 (a,b) 内导数 $f'(x)$ 保证正号,即 $f'(x) > 0$,那么也有 $f'(\xi) > 0$. 于是 $f(x_2) - f(x_1) = f'(\xi)(x_2 - x_1) > 0$,即 $f(x_1) < f(x_2)$,也就说明函数 $y = f(x)$ 在 $[a,b]$ 上单调增加.

同理,如果函数在 (a,b) 内导数 $f'(x)$ 保持负号,即 $f'(x) < 0$,即得 $f(x_1) > f(x_2)$,也就是说函数 $y = f(x)$ 在 $[a,b]$ 上单调减少.

归纳以上讨论,得下面的结论.

定理 2-6 (函数单调性判别准则)设函数 $f(x)$ 在 $[a,b]$ 上连续,在 (a,b) 内可导,

(1) 如果在 (a,b) 内 $f'(x) > 0$,则函数 $f(x)$ 在 $[a,b]$ 上单调增加;

(2) 如果在 (a,b) 内 $f'(x) < 0$,则函数 $f(x)$ 在 $[a,b]$ 上单调减少.

应当注意,$f'(x) > 0$(或 $f'(x) < 0$)是可导函数单调增加(或减少)的充分条件,而非必要条件. 在函数单调区间的个别点上,函数的导数可以为零. 例如,在区间 $(-\infty, +\infty)$ 内,函数 $f(x) = x^3$ 为单调增加函数,函数 $g(x) = -x^3$ 为单调减少函数,但 $f'(0)$ 与 $g'(0)$ 均为零.

事实上,如果 $f'(x)$ 在某个区间内非负(或非正),且使 $f'(x) = 0$ 的点在任何有限的子区间内只有有限多个,那么 $f(x)$ 在该区间内仍是单调增加(或减少)的.函数的这种单调性方法的判别对于 $(-\infty, +\infty)$ 区间上也同样成立.

【例 2-87】 证明函数 $f(x) = x + \sin x$ 在 $(-\infty, +\infty)$ 上单调增加.

证明 因为 $f'(x) = 1 + \cos x \geqslant 0$,且使等号成立的点 $x = (2k-1)\pi (k = \pm 1, \pm 2, \cdots)$ 为离散点,所以 $f(x)$ 在 $(-\infty, +\infty)$ 上单调增加.

一般情况下,讨论函数 $f(x)$ 的单调区间可分为如下三步:

(1) 求出函数的导数 $f'(x)$;

(2) 求出使得 $f'(x) = 0$ 的点和一阶导数不存在的点,用这些点将 $f(x)$ 的定义域分成若干个区间;

(3) 根据 $f'(x)$ 在各区间的符号,确定函数在各区间的单调性.

【例 2-88】 确定函数 $f(x) = x^3 - 3x$ 的单调区间.

解 函数的定义域为 $(-\infty, +\infty)$,

$$f'(x) = 3x^2 - 3 = 3(x-1)(x+1),$$

令 $f'(x) = 0$,得 $x_1 = 1, x_2 = -1$.将定义域分成三个子区间:$(-\infty, -1), (-1,1), (1, +\infty)$,列表考查 $f'(x)$ 在各个子区间的符号,并确定函数的单调性如下:

x	$(-\infty, -1)$	-1	$(-1,1)$	1	$(1, +\infty)$
$f'(x)$	$+$	0	$-$	0	$+$
$f(x)$	↗		↘		↗

记号 ↗ 和 ↘ 分别表示函数单调增加和单调减少. 即 $f(x)$ 在 $(-\infty, -1]$ 和 $[1, +\infty)$ 上是单调增加的,在 $[-1,1]$ 上是单调减少的.

【例 2-89】 判断函数 $f(x) = (x-1)x^{\frac{2}{3}}$ 的单调性.

解 函数的定义域为 $(-\infty, +\infty)$,当 $x \neq 0$ 时,$f'(x) = \dfrac{5x - 2}{3\sqrt[3]{x}}$. 令 $f'(x) = 0$,得

驻点 $x=\dfrac{2}{5}$，又 $x=0$ 是函数 $f(x)$ 的不可导点．列表讨论如下：

x	$(-\infty,0)$	0	$\left(0,\dfrac{2}{5}\right)$	$\dfrac{2}{5}$	$\left(\dfrac{2}{5},+\infty\right)$
$f'(x)$	+	不存在	−	0	+
$f(x)$	↗		↘		↗

即函数 $f(x)$ 在 $(-\infty,0]$、$\left[\dfrac{2}{5},+\infty\right)$ 上是单调增加的，在 $\left[0,\dfrac{2}{5}\right]$ 上是单调减少的．

【例 2-90】　证明 $x>1$ 时，$e^x>ex$．

证明　设 $f(x)=e^x-ex$，则 $f(x)$ 在 $[1,+\infty)$ 上连续，在 $(1,+\infty)$ 内可导，且 $f(1)=0$，又 $f'(x)=e^x-e$．

所以，当 $x>1$ 时，有 $f'(x)>0$，即 $f(x)$ 在 $[1,+\infty)$ 上是单调增加函数．因此 $f(x)>f(1)=0$．即当 $x>1$ 时，有 $e^x-ex>0$，亦即 $e^x>ex(x>1)$．

【例 2-91】　证明方程 $x-\dfrac{1}{2}\sin x=0$ 只有一个实根 $x=0$．

证明　设辅助函数 $f(x)=x-\dfrac{1}{2}\sin x$，则 $f'(x)=1-\dfrac{1}{2}\cos x>0(-\infty<x<+\infty)$，因而函数 $f(x)$ 在 $(-\infty,+\infty)$ 内为单调增加，于是 $f(x)=0$ 就不可能有两个零点，即最多有一个零点．而 $x=0$ 满足方程，这就证明了方程 $x-\dfrac{1}{2}\sin x=0$ 有唯一的实根 $x=0$．

2.8.2　函数的极值

在例 2-89 中，我们看到 $x=0$ 和 $x=\dfrac{2}{5}$ 是函数 $f(x)=(x-1)x^{\frac{2}{3}}$ 单调区间的分界点．在 $x=0$ 充分小的去心邻域内，$f(x)<f(0)$；在 $x=\dfrac{2}{5}$ 充分小的去心邻域内，$f(x)>f(\dfrac{2}{5})$．具有 $x=0$ 及 $x=\dfrac{2}{5}$ 这种性质的点在讨论函数性态中占有重要地位．

定义 2-3　假定函数 $f(x)$ 在点 x_0 及其附近有定义，如果存在 x_0 的某去心邻域 $\mathring{U}(x_0)$，使得对所有的 $x\in\mathring{U}(x_0)$，有 $f(x)<f(x_0)[$ 或 $f(x)>f(x_0)]$，则称点 x_0 为函数 $f(x)$ 的一个**极大值点**（或**极小值点**），并称 $f(x_0)$ 为函数 $f(x)$ 的**极大值**（local maximum）[或**极小值**（local minimum）]．极大值点和极小值点统称为**极值点**，极大值和极小值统称为**极值**（extremum）．

值得注意的是，$f(x)$ 在某区间上可能有多个极值，极小值有时也会大于极大值，因为极值描述的是函数的局部性态．

在 2.6 节中，费马定理实际上已表明，如果 $f(x)$ 可导，x_0 是极值点，则 $f'(x_0)=0$，即 x_0 是 $f(x)$ 的驻点，但是驻点不一定是极值点，例如 $f(x)=x^3$ 在其驻点 $x=0$ 处就不取得极值．另外，函数在不可导点处也可能取得极值，例如 $f(x)=|x|$，显然 $x=0$ 是函数 $f(x)$ 的极小值点，但 $f'(0)$ 不存在，因此函数的驻点和不可导点是函数的**可疑极值点**．

从几何上看,若 $x = x_0$ 是连续函数图形单调上升与单调下降的分界点,则 x_0 必为极值点,于是我们可得到判断函数极值的重要法则:

定理 2-7 (**一阶充分条件**)设函数 $f(x)$ 在点 x_0 的某邻域 $(x_0 - \delta, x_0 + \delta)$ 内连续,在 $(x_0 - \delta, x_0)$ 和 $(x_0, x_0 + \delta)$ 内可导,x_0 是 $f(x)$ 的驻点或不可导点.

(1) 若在 $(x_0 - \delta, x_0)$ 内 $f'(x) < 0$,而在 $(x_0, x_0 + \delta)$ 内 $f'(x) > 0$,则 x_0 为极小值点;

(2) 若在 $(x_0 - \delta, x_0)$ 内 $f'(x) > 0$,而在 $(x_0, x_0 + \delta)$ 内 $f'(x) < 0$,则 x_0 为极大值点;

(3) 若 $f'(x)$ 在这两个区间内不变号,则 x_0 不是极值点.

证明 (1) 因为在 $(x_0 - \delta, x_0)$ 内 $f'(x) < 0$,可知在 $(x_0 - \delta, x_0)$ 内,$f(x)$ 单调减少;又在 $(x_0, x_0 + \delta)$ 内 $f'(x) > 0$,故 $f(x)$ 在 $(x_0, x_0 + \delta)$ 内单调增加,且 $f(x)$ 在 x_0 处连续,因此 x_0 必是 $f(x)$ 的极小值点.

(2) 同理可证.

(3) 不妨假设 $f'(x) > 0$,则在 $(x_0 - \delta, x_0)$ 和 $(x_0, x_0 + \delta)$ 内,$f(x)$ 均单调增加,因此 x_0 不是 $f(x)$ 的极值点.

由上述定理,求函数 $f(x)$ 的极值可分为如下三步:

(1) 求函数的导数 $f'(x)$;

(2) 求出 $f(x)$ 的可疑极值点 —— 驻点和不可导点;

(3) 考虑可疑极值点附近导数的符号,从而求出函数的极值点,并算出极值.

当函数在驻点处二阶可导,且二阶导数不等于零时,也可用下面的方法判断驻点是否为极值点.

定理 2-8 (**二阶充分条件**)设函数 $f(x)$ 在点 x_0 处二阶可导,且 $f'(x_0) = 0$,而 $f''(x_0) \neq 0$,则

(1) 当 $f''(x_0) > 0$ 时,$f(x)$ 在点 x_0 处取得极小值;

(2) 当 $f''(x_0) < 0$ 时,$f(x)$ 在点 x_0 处取得极大值.

证明 (1) 因为 $f''(x_0) > 0$,根据二阶导数的定义,有

$$f''(x_0) = \lim_{x \to x_0} \frac{f'(x) - f'(x_0)}{x - x_0} > 0.$$

由函数极限的局部保号性性质知,存在 $\delta > 0$,当 $x \in (x_0 - \delta, x_0)$ 和 $(x_0, x_0 + \delta)$ 时,有

$$\frac{f'(x) - f'(x_0)}{x - x_0} > 0.$$

因为 $f'(x_0) = 0$,所以有

$$\frac{f'(x)}{x - x_0} > 0.$$

由此可知,当 $x \in (x_0 - \delta, x_0)$ 时,$f'(x) < 0$;当 $x \in (x_0, x_0 + \delta)$ 时,$f'(x) > 0$. 由一阶充分条件可知 $f(x)$ 在点 x_0 处取得极小值.

(2) 同理可证.

【**例 2-92**】 求函数 $f(x) = 2x^3 - 9x^2 + 12x - 3$ 的极值.

解 $f(x)$ 的定义域为 $(-\infty, +\infty)$,

$$f'(x) = 6x^2 - 18x + 12 = 6(x-1)(x-2),$$

令 $f'(x) = 0$,得驻点 $x_1 = 1, x_2 = 2$,用 $x_1 = 1, x_2 = 2$ 分割定义域,列表讨论如下:

x	$(-\infty, 1)$	1	$(1,2)$	2	$(2, +\infty)$
$f'(x)$	+	0	—	0	+
$f(x)$	↗	极大值	↘	极小值	↗

所以函数在 $x = 1$ 处取得极大值 $f(1) = 2$,在 $x = 2$ 处取得极小值 $f(2) = 1$.

【例 2-93】 求函数 $f(x) = (x-1)x^{\frac{2}{3}}$ 的极值.

解 由例 2-89 的讨论知,$x = \dfrac{2}{5}$ 是 $f(x)$ 的驻点,又 $f(x)$ 在 $x = 0$ 处不可导,用 $x = \dfrac{2}{5}$ 和 $x = 0$ 分割定义域,列表讨论如下:

x	$(-\infty, 0)$	0	$\left(0, \frac{2}{5}\right)$	$\frac{2}{5}$	$\left(\frac{2}{5}, +\infty\right)$
$f'(x)$	+	不存在	—	0	+
$f(x)$	↗	极大值 0	↘	极小值 $-\frac{3}{5}\sqrt[3]{\frac{4}{25}}$	↗

即函数 $f(x)$ 在 $x = 0$ 处得极大值 $f(0) = 0$,在 $x = \dfrac{2}{5}$ 处取得极小值 $f\left(\dfrac{2}{5}\right) = -\dfrac{3}{5}\sqrt[3]{\dfrac{4}{25}}$. 对于 $x = \dfrac{2}{5}$ 这一点,也可以应用二阶充分条件来判断,因为这时 $f''(x) = \dfrac{10x+2}{9x^{\frac{4}{3}}}$,当 $x = \dfrac{2}{5}$ 时,$f''(x) = \dfrac{5}{3}\sqrt[3]{\dfrac{5}{2}} > 0$,于是即可判定 $f(x)$ 在 $x = \dfrac{2}{5}$ 时取得极小值.

【例 2-94】 求函数 $f(x) = xe^x$ 的极值.

解 $f(x)$ 的定义域为 $(-\infty, +\infty)$,$f'(x) = (x+1)e^x$,$f''(x) = (x+2)e^x$.

令 $f'(x) = 0$,得驻点 $x = -1$,由 $f''(-1) = e^{-1} > 0$ 知,$f(-1) = -e^{-1}$ 是函数 $f(x)$ 的极小值.

2.8.3 函数的最大值与最小值

在实际例子中,经常要遇到“用料最省”、“时间最短”、“产量最高”之类的问题. 这类问题在数学上常归结为求某个函数在某个区间上的最大值和最小值.

设函数 $f(x)$ 在 $[a,b]$ 上连续,除有限个点外均可导,并且使导数为零的点也是有限个. 由闭区间上连续函数的性质可知,$f(x)$ 在 $[a,b]$ 上必取得最大值和最小值. 此时,如果最大值(或最小值)在 (a,b) 内某点取得,那么它一定也是极大值(或极小值),该点一定是驻点或导数不存在的点. 另外,最大值(或最小值)也可能在区间的端点处取得. 因此,可先求函数 $f(x)$ 在 (a,b) 内的所有可疑极值点的函数值,再与区间端点的函数值比较,它们中最大(小)者即为最大(小)值.

【例 2-95】 求 $f(x) = \ln(x^2 + 1)$ 在闭区间 $[-1, 2]$ 上的最大值与最小值.

解 $f(x)$ 在 $[-1, 2]$ 上连续,令 $f'(x) = \dfrac{2x}{1+x^2} = 0$,得 $f(x)$ 在区间 $(-1, 2)$ 内的驻点 $x = 0$,相应函数值为 $f(0) = 0$.

在区间端点处,$f(-1) = \ln 2$,$f(2) = \ln 5$,比较以上三个函数值,可知 $f(x)$ 在闭区间 $[-1, 2]$ 上的最大值为 $f(2) = \ln 5$,最小值为 $f(0) = 0$.

在一些特殊情况下,求最大(小)值可以简化.如函数 $f(x)$ 在区间 $[a, b]$ 上单调增加,则 $f(a)$ 是最小值,$f(b)$ 是最大值;单调减少时,则情况恰好相反.如果函数在一个区间(有限或无限,开或闭)内只有一个可疑极值点 x_0,若 $f(x_0)$ 为极大(小)值,则 $f(x_0)$ 就是最大(小)值.对于实际问题,根据问题的背景,若能够知道 $f(x)$ 的最大(小)值一定在开区间 (a, b) 内取得,这时若 $f(x)$ 在 (a, b) 内只有唯一的可疑极值点 x_0,则 $f(x_0)$ 即是所求的最大(小)值.

【例 2-96】 将边长为 a 的一块正方形铁皮四角各截去一个大小相同的小正方形,然后将四边折起做成一个无盖的盒子.问截掉的小正方形的边长为多大时,所得盒子的容积最大?

解 设截掉的小正方形的边长为 x,则盒底的边长为 $a - 2x$,如图 2-19 所示,盒子的容积为 $V = x(a - 2x)^2$ $\left(0 < x < \dfrac{a}{2}\right)$.则 $V' = (a - 2x)^2 - 4x(a - 2x) = (a - 2x)(a - 6x)$.令 $V' = 0$,得 $x_1 = \dfrac{a}{6}$,$x_2 = \dfrac{a}{2}$(舍去).

因为在 $\left(0, \dfrac{a}{2}\right)$ 内可导函数 V 只有唯一驻点,而该实际问题容积 V 又确实存在最大值.所以,当截去的小正方形的边长 $x = \dfrac{a}{6}$ 时,盒子容积 V 最大,最大值为 $\dfrac{2}{27}a^3$.

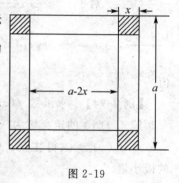

图 2-19

【例 2-97】 某经济开发区在规划建设项目时,要对居民区空气中的污染物进行控制.要求居民区与污染源的距离至少为 1 km.又知在污染相对集中的情况下,空气污染程度与释放污染物量成正比,与到污染源距离成反比(设比例系数为 1),现有相距 10 km 的工厂区 A、B 分别释放污染物为 $60\ \mu g/mL$ 与 $240\ \mu g/mL$.若要在 A、B 之间建一居民小区,试问建在何处可使总污染最小?

解 设居民区建在距 A 工厂 x (km) 处(图 2-20).设小区受到的总污染为 $P(x)$,由题意知

$$P(x) = \frac{60}{x} + \frac{240}{10 - x},\quad x \in [1, 9],$$

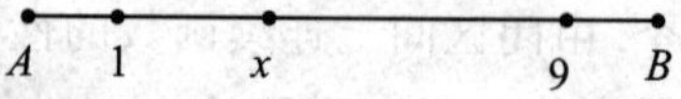

则

$$P'(x) = -\frac{60}{x^2} + \frac{240}{(10 - x)^2}.$$

图 2-20

令 $P'(x) = 0$,解得唯一驻点 $x = \dfrac{10}{3}$,故把居民小区建在距 A 工厂 $\dfrac{10}{3}$ km 处可使总污染最小.

2.8.4　曲线的凹凸性与拐点

前面讨论了确定函数单调性的方法,从而可以定出函数图形各弧段的上升与下降.为了更深入地研究函数的性态,还需要讨论曲线的弯曲方向,即曲线的凹凸性.

例如,在图 2-21 中,区间 $[a,b]$ 上的两条弧都是单调上升的,但是它们上升的方式不同.$\overset{\frown}{AMB}$ 向下弯曲呈凸形,$\overset{\frown}{ANB}$ 向上弯曲呈凹形,曲线的这种特性称为曲线的凹凸性.

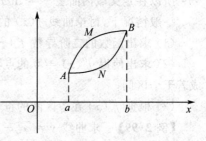

图 2-21

定义 2-4　一个可导函数 $y = f(x)$ 的图形,如果在区间 I 上的曲线都位于它每一点切线的上方,那么称曲线 $y = f(x)$ 在区间 I 上是(**向上**)**凹的**(concave),如图 2-22(a) 所示.如果在区间 I 上的曲线都位于它每一点处切线的下方,那么称该曲线 $y = f(x)$ 在区间 I 上是(**向上**)**凸的**(convex),如图 2-22(b) 所示.

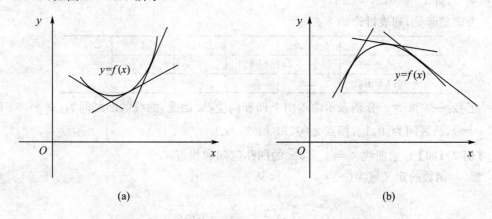

(a)　　　　　　　　　　(b)

图 2-22

进一步观察图 2-22 中两种曲线切线斜率的变化,可以看出,向上凹的曲线其切线的斜率随着 x 的增大而增大,即 $f'(x)$ 单调增加;向上凸的曲线其切线的斜率随着 x 的增大而减小,即 $f'(x)$ 单调减少.

由于二阶导数 $f''(x)$ 的正负可以判别一阶导数 $f'(x)$ 的增减性,于是有下面定理.

定理 2-9　设 $f(x)$ 在 $[a,b]$ 上连续,在 (a,b) 内具有一阶和二阶导数,那么

(1) 若在 (a,b) 内 $f''(x) > 0$,则 $f(x)$ 在 $[a,b]$ 上的图形是凹的;

(2) 若在 (a,b) 内 $f''(x) < 0$,则 $f(x)$ 在 $[a,b]$ 上的图形是凸的.

若曲线 $y = f(x)$ 在某区间内是凹(凸)的,则称该区间是曲线 $y = f(x)$ 的凹(凸)区间.如果曲线 $y = f(x)$ 经过点 $(x_0, f(x_0))$ 时,凹凸性发生了变化,即点 $(x_0, f(x_0))$ 是曲线 $y = f(x)$ 上凹凸性的分界点,则称点 $(x_0, f(x_0))$ 为曲线 $y = f(x)$ 的**拐点**

(inflection point).

从拐点的定义结合曲线凹凸性的判别法立即可知,曲线的拐点$(x_0,f(x_0))$对应着 $f''(x_0)=0$ 或 $f''(x_0)$ 不存在.

【例 2-98】 验证曲线 $y=\ln x$ 是向上凸的.

证明 函数 $y=\ln x$ 的定义域是 $(0,+\infty)$,因为

$$y'=\frac{1}{x},\quad y''=-\frac{1}{x^2}<0,$$

所以在定义域内曲线 $y=\ln x$ 是向上凸的.

一般情况下,讨论曲线 $f(x)$ 的凹凸区间可分为如下三步:

(1) 求出函数的二阶导数 $f''(x)$;

(2) 求出使得 $f''(x)=0$ 的点和二阶导数不存在的点,用这些点将 $f(x)$ 的定义域分成若干个区间;

(3) 根据 $f''(x)$ 在各区间的符号,确定曲线在各区间上的凹凸性.

【例 2-99】 求曲线 $y=x^4-2x^3+1$ 的凹凸区间及拐点.

解 函数的定义域为 $(-\infty,+\infty)$,

$$y'=4x^3-6x^2,$$
$$y''=12x^2-12x=12x(x-1).$$

令 $y''=0$,得 $x_1=0,x_2=1.$

为清楚起见,列表讨论如下:

x	$(-\infty,0)$	0	$(0,1)$	1	$(1,+\infty)$
y''	+	0	−	0	+
$y=f(x)$ 的图形	⌣	拐点	⌢	拐点	⌣

记号 ⌣ 和 ⌢ 分别表示曲线向上凹和向上凸.因此,曲线的凹区间为 $(-\infty,0]$ 和 $[1,+\infty)$,凸区间为 $[0,1]$,拐点是 $(0,1)$ 和 $(1,0)$.

【例 2-100】 求曲线 $y=1-\sqrt[3]{x}$ 的凹凸区间和拐点.

解 函数的定义域为 $(-\infty,+\infty)$,又

$$y'=-\frac{1}{3\sqrt[3]{x^2}},\quad y''=\frac{2}{9x\sqrt[3]{x}}.$$

当 $x=0$ 时,y',y'' 都不存在.列表讨论如下:

x	$(-\infty,0)$	0	$(0,+\infty)$
y''	−	不存在	+
$y=f(x)$ 的图形	⌢	拐点	⌣

因此,$(-\infty,0)$ 是凸区间,$(0,+\infty)$ 是凹区间,点 $(0,1)$ 为曲线 $y=1-\sqrt[3]{x}$ 的拐点.

2.8.5 曲线的渐近线,函数作图

若连续曲线上的动点沿曲线无限远离原点时,动点与某一直线的距离趋于零,则称此直线为该曲线的一条**渐近线**(asymptotic line).

分二种情况讨论:

若 $\lim\limits_{x\to\infty}f(x)=b$，则称直线 $y=b$ 为曲线 $y=f(x)$ 的一条**水平渐近线**；若 $\lim\limits_{x\to x_0}f(x)=\infty$，则称直线 $x=x_0$ 为曲线 $y=f(x)$ 的一条**铅直渐近线**. 这两种情况在第 1 章已经作了介绍.

【例 2-101】　求曲线 $y=\mathrm{e}^{-\frac{x^2}{2}}$ 的渐近线.

解　因为 $\lim\limits_{x\to\infty}\mathrm{e}^{-\frac{x^2}{2}}=0$，所以 $y=0$ 为曲线的水平渐近线.

【例 2-102】　求曲线 $y=\dfrac{2x-1}{(x-1)^2}$ 的渐近线.

解　因为 $\lim\limits_{x\to1}\dfrac{2x-1}{(x-1)^2}=\infty$，所以 $x=1$ 为曲线的铅直渐近线.

又因为 $\lim\limits_{x\to\infty}\dfrac{2x-1}{(x-1)^2}=0$，所以 $y=0$ 为曲线的水平渐近线.

根据上面的讨论，借助于一阶导数的符号，可以确定函数图形的单调区间和极值；借助于二阶导数的符号，可以确定函数图形的凹凸区间和拐点；通过求极限运算，还可以确定函数图形的渐近线，再加上一些初等的方法，就可以较准确地描绘出函数的图形.

【例 2-103】　全面讨论函数 $y=\mathrm{e}^{-\frac{x^2}{2}}$ 的性态，并作出其图形.

解　函数的定义域为 $(-\infty,+\infty)$，易见函数 $y=\mathrm{e}^{-\frac{x^2}{2}}$ 是偶函数，图形关于 y 轴对称.

$$y'=-x\mathrm{e}^{-\frac{x^2}{2}},\quad 令\ y'=0,得\ x=0.$$

$$y''=-(1-x^2)\mathrm{e}^{-\frac{x^2}{2}},\quad 令\ y''=0,得\ x=\pm1.$$

列表讨论如下（由对称性，只列 $[0,+\infty)$ 内的表）

x	0	(0,1)	1	(1,+∞)
y'	0	−	−	−
y''	−	−	0	+
y	极大值	⌢	拐点	⌣

由此可知，函数的单调减少区间为 $[0,+\infty)$，极大值 $y|_{x=0}=1$. 函数图形在 $[0,1]$ 内是向上凸的，在 $[1,+\infty)$ 内是向上凹的，拐点 $(1,\mathrm{e}^{-\frac{1}{2}})$.

由例 2-101 可知，$y=0$ 为曲线的水平渐近线. 再补充点：$(2,\mathrm{e}^{-2})$. 根据以上结果可描绘出函数 $y=\mathrm{e}^{-\frac{x^2}{2}}$ 在 $[0,+\infty)$ 上的图形，再利用图形的对称性便得出函数的图形（图 2-23）.

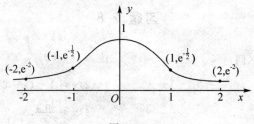

图 2-23

【例 2-104】 全面讨论函数 $y = \dfrac{2x-1}{(x-1)^2}$ 的性态,并作出其图形.

解 函数的定义域为 $(-\infty,1) \bigcup (1,+\infty)$,

$$y' = \frac{-2x}{(x-1)^3}, \quad 令 y' = 0,得 x = 0,$$

$$y'' = \frac{4x+2}{(x-1)^4}, \quad 令 y'' = 0,得 x = -\frac{1}{2}.$$

列表讨论如下:

x	$\left(-\infty,-\dfrac{1}{2}\right)$	$-\dfrac{1}{2}$	$\left(-\dfrac{1}{2},0\right)$	0	$(0,1)$	$(1,+\infty)$
y'	$-$	$-$	$-$	0	$+$	$-$
y''	$-$	0	$+$	$+$	$+$	$+$
y	⌢	拐点	⌣	极小值	⌣	⌣

由此可见,函数的单调减少区间为 $(-\infty,0]$ 和 $(1,+\infty)$,单调增加区间为 $[0,1)$,极小值为 $y|_{x=0} = -1$.

函数图形在 $\left(-\infty,-\dfrac{1}{2}\right]$ 内是向上凸的,在 $\left[-\dfrac{1}{2},1\right)$,$(1,+\infty)$ 内是向上凹的,拐点是 $\left(-\dfrac{1}{2},-\dfrac{8}{9}\right)$.由例 2-102 知,$x=1$ 为曲线的铅直渐近线,$y=0$ 为曲线的水平渐近线.

再补充几个点 $\left(\dfrac{1}{2},0\right)$,$(2,3)$,$\left(-1,-\dfrac{3}{4}\right)$,$\left(3,\dfrac{5}{4}\right)$,$\left(-2,-\dfrac{5}{9}\right)$,$\left(4,\dfrac{7}{9}\right)$,根据以上结果可描绘出所求函数的图形(图 2-24).

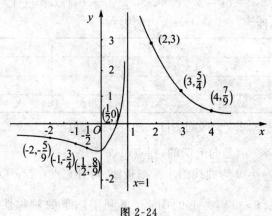

图 2-24

习题 2-8

1. 求下列函数的单调区间:

(1) $y = x^3 + 3x^2 - 1$;

(2) $y = 1 - (x-2)^{\frac{2}{3}}$;

(3) $y = e^x - x - 1$;

(4) $y = \dfrac{\ln x}{x}$.

2. 证明下列不等式:

(1)$e^x > 1 + x$　$(x > 0)$;

(2)$1 + \dfrac{x}{2} > \sqrt{1 + x}$　$(x > 0)$;

(3)$2\sqrt{x} > 3 - \dfrac{1}{x}$　$(x > 1)$;

(4)$x > \ln(1 + x)$　$(x > 0)$.

3. 求下列函数的极值:

(1)$y = 2x^2 - \ln x$;

(2)$y = \arctan x - \dfrac{1}{2}\ln(1 + x^2)$;

(3)$y = x^3 - 3x^2 + 7$;

(4)$y = x^2 e^{-x}$;

(5)$y = (x - 3)^2(x - 2)$;

(6)$y = (x^2 - 1)^3 + 1$;

(7)$y = \sin^2 x$;

(8)$y = 2 - (x - 1)^{\frac{2}{3}}$.

4. 试问 a 为何值时,函数 $f(x) = a\sin x + \dfrac{1}{3}\sin 3x$ 在 $x = \dfrac{\pi}{3}$ 处取得极值?它是极大值还是极小值?并求出此极值.

5. 设函数 $y = ax^3 + bx$ 在 $x = 1$ 处取得极值为 4,求 a, b 的值.

6. 求函数在指定区间上的最大值与最小值:

(1)$y = x + 2\sqrt{x}$, $[0, 4]$;

(2)$y = x^4 - 2x^2 + 5$, $[-2, 2]$;

(3)$y = \arctan\left(\dfrac{1 - x}{1 + x}\right)$, $[0, 1]$;

(4)$y = x e^{-\frac{x^2}{2}}$, $[-2, 2]$;

(5)$y = \dfrac{x^2}{1 + x}$, $\left[-\dfrac{1}{2}, 1\right]$.

7. 求函数 $f(x) = x^p + (1 - x)^p (p > 1)$ 在 $[0, 1]$ 上的最大值和最小值,并证明不等式

$$\dfrac{1}{2^{p-1}} \leqslant x^p + (1 - x)^p \leqslant 1 \quad (x \in [0, 1], p > 1).$$

8. 证明不等式: $e^x \leqslant \dfrac{1}{1 - x}$　$(x < 1)$.

9. 讨论方程 $\ln x = \dfrac{1}{3}x$ 有几个实根.

10. 求 y 轴上的定点 $(0, b)(b > 0)$ 到抛物线 $x^2 = 4y$ 上的点之间的最短距离.

11. 求内接于椭圆 $\dfrac{x^2}{a^2} + \dfrac{y^2}{b^2} = 1$ 且面积最大的矩形的边长.

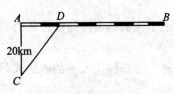

图 2-25

12. 铁路线上 AB 段的距离为 100 km,工厂 C 距 A 处 20 km,并且 AC 垂直于 AB(图 2-25).为了运输需要,要在 AB 线上选一定点 D,修筑一条公路 DC.已知铁路每 km 货运的运费与公路每 km 货运的运费之比为 $3:5$.为了使货物从供应站 B 运到工厂 C 的运费最省,问 D 点应选在何处?

13. 一房地产公司有 50 套公寓要出租,当租金为每月 180 元时,公寓可以全部租出去;当月租金每月增加 10 元时,就有一套公寓租不出去,而租出去的公寓每套每月需花费 20 元的维修费.试问公寓的月租金定为多少,房地产公司可获最大的收益?

14. 证明曲线 $y_1 = x\ln x(x > 0)$ 和 $y_2 = x\arctan x(-\infty < x < +\infty)$ 都是凹的.

15. 求下列曲线的凹凸区间及拐点:

(1)$y = 1 + x^2 - \dfrac{1}{2}x^4$; 　(2)$y = xe^{-x}$;

(3)$y = x + (1 - x)^{5/3}$; 　(4)$y = \ln(1 + x^2)$;

(5)$y = e^{-x^2}$.

16.试确定 a、b、c 的值,使三次曲线 $y = ax^3 + bx^2 + cx$ 有一拐点$(1,2)$,且在拐点处切线斜率为-1.

17.全面讨论下列函数的性态,并描绘它们的图形:

(1)$y = 3x - x^3$;　　　　　(2)$y = \dfrac{x^2}{1+x^2}$;

(3)$y = \ln(1+x^2)$;　　　　(4)$y = 1 + \dfrac{36x}{(x+3)^2}$.

2.9 应用实例阅读

【实例 2-1】 飞机的降落曲线

在研究飞机的自动着陆系统时,技术人员需要分析飞机的降落曲线.根据经验,一架水平飞行的飞机,其降落曲线是一条三次抛物线.如图 2-26 所示,已知飞机的飞行高度为 h,飞机的着陆点为原点 O,且在整个降落过程中,飞机的水平速度始终保持常数 v.出于安全考虑,飞机下降的垂直加速度的最大绝对值不得超过 $\dfrac{g}{10}$,否则乘客将感到不舒服,此处 g 为重力加速度.下面要解决两个问题:

(1)若飞机从 $x = x_0$ 处开始下降,试确定出飞机的降落曲线;

(2)求开始下降点 x_0 所能允许的最小值.

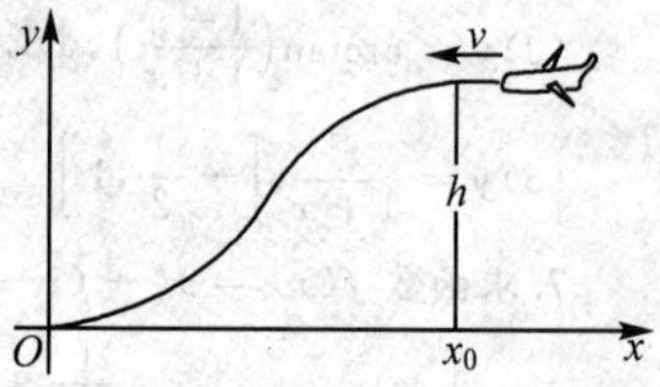

解　建立平面直角坐标系,设飞机降落时在 xOy 平面内飞行,其降落曲线为

图 2-26

$$y = ax^3 + bx^2 + cx + d.$$

由题设条件,有

$$y(0) = 0, \quad y(x_0) = h.$$

由于飞机的飞行曲线是光滑的,故 $y(x)$ 具有连续的一阶导数,所以 $y(x)$ 还要满足

$$y'(0) = 0, \quad y'(x_0) = 0$$

将上述条件代入 y 的表达式,则有

$$\begin{cases} y(0) = d = 0, \\ y'(0) = c = 0 \\ y(x_0) = ax_0^3 + bx_0^2 + cx_0 + d = h \\ y'(x_0) = 3ax_0^2 + 2bx_0 + c = 0 \end{cases}$$

解之,得 $a = -\dfrac{2h}{x_0^3}$,$b = \dfrac{3h}{x_0^2}$,$c = d = 0$.于是飞机的降落曲线为

$$y = -\dfrac{2h}{x_0^3}x^3 + \dfrac{3h}{x_0^2}x^2 = -\dfrac{h}{x_0^2}\left(\dfrac{2}{x_0}x^3 - 3x^2\right).$$

又飞机的垂直速度是 y 关于时间 t 的导数,故

$$\dfrac{dy}{dt} = -\dfrac{h}{x_0^2}\left(\dfrac{6}{x_0}x^2 - 6x\right)\dfrac{dx}{dt},$$

其中 $\dfrac{dx}{dt}$ 是飞机的水平速度,即 $\dfrac{dx}{dt} = v$,故有

$$\frac{\mathrm{d}y}{\mathrm{d}t} = -\frac{6hv}{x_0^2}\left(\frac{x^2}{x_0}-x\right).$$

垂直加速度为

$$\frac{\mathrm{d}^2 y}{\mathrm{d}t^2} = -\frac{6hv}{x_0^2}\left(\frac{2x}{x_0}-1\right)\frac{\mathrm{d}x}{\mathrm{d}t} = -\frac{6hv^2}{x_0^2}\left(\frac{2x}{x_0}-1\right),$$

记垂直加速度为 $a(x)$，则

$$\mid a(x)\mid = \frac{6hv^2}{x_0^2}\left|\frac{2x}{x_0}-1\right|,\ x\in[0,x_0],$$

因此，垂直加速度的最大值是

$$\max_{x\in[0,x_0]}\mid a(x)\mid = \frac{6hv^2}{x_0^2}.$$

根据设计要求，有

$$\frac{6hv^2}{x_0^2}\leqslant\frac{g}{10},$$

此时，x_0 应满足

$$x_0\geqslant v\cdot\sqrt{\frac{60h}{g}},$$

即 x_0 所能允许的最小值为 $v\cdot\sqrt{\dfrac{60h}{g}}$.

例如，当飞机以水平速度 540 km/h，高度为 1 000 m 飞临机场上空时，有

$$x_0\geqslant\frac{540\times1\,000}{3\,600}\sqrt{\frac{60\times1\,000}{9.8}}\approx11\,737(\mathrm{m}),$$

即飞机所需的降落距离不得小于 11 737 m.

【实例 2-2】　敷设光缆问题

要在陆地城市 A 与海岛 B 之间敷设一条地下光缆（图 2-27），经地质勘测后知，陆地区域与水下区域每公里敷设的成本不同，试问如何确定敷设路线，可使工程的总成本最低？

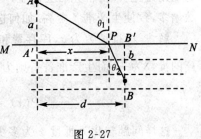

解　设海岸线是直线 MN，城市 A 和海岛 B 到 MN 的距离分别为 $AA'=a$，$BB'=b$，它们之间的水平距离 $A'B'=d$. 光缆在陆地区域和水下区域每公里的敷设成本分别为 c_1 元和 c_2 元. 陆地光缆与水下光缆在海岸线的交汇处为点 P，AP、BP 均为直线段.

图 2-27

设 $A'P=x$，则陆地敷设的成本为

$$Q_1(x) = \mid AP\mid c_1 = \sqrt{a^2+x^2}\,c_1,$$

水下敷设的成本为

$$Q_2(x) = \mid BP\mid c_2 = \sqrt{b^2+(d-x)^2}\,c_2,$$

这样，问题就转为求目标函数

$$Q(x) = Q_1(x)+Q_2(x) = \sqrt{a^2+x^2}\,c_1 + \sqrt{b^2+(d-x)^2}\,c_2\quad(0\leqslant x\leqslant d)$$

的最小值问题. 上式两边对 x 求导,得

$$\frac{\mathrm{d}Q}{\mathrm{d}x} = \frac{c_1 x}{\sqrt{a^2 + x^2}} - \frac{c_2(d-x)}{\sqrt{b^2 + (d-x)^2}}.$$

下面说明 $Q(x)$ 有唯一驻点. 由

$$\frac{\mathrm{d}^2 Q}{\mathrm{d}x^2} = \frac{c_1 a^2}{(a^2 + x^2)^{3/2}} + \frac{c_2 b^2}{[b^2 + (d-x)^2]^{3/2}}$$

可知在 $(0, d)$ 上,$\frac{\mathrm{d}^2 Q}{\mathrm{d}x^2} > 0$,所以 $\frac{\mathrm{d}Q}{\mathrm{d}x}$ 单调增加,且

$$Q'(0) = -\frac{c_2 d}{\sqrt{b^2 + d^2}} < 0, \ Q'(d) = \frac{c_1 d}{\sqrt{a^2 + d^2}} > 0.$$

对 $Q'(x)$ 应用连续函数的零点定理,必有唯一的 $\xi \in (0, d)$,使

$$Q'(\xi) = 0.$$

因为 $x = \xi$ 是 $Q(x)$ 的唯一驻点,根据问题的实际意义,ξ 就是 $Q(x)$ 的最小值点.

由于直接从 $\frac{\mathrm{d}Q}{\mathrm{d}x} = 0$ 求驻点 $x = \xi$ 比较麻烦,下面引入两个辅助角 θ_1, θ_2(图 2-27),可知

$$\sin \theta_1 = \frac{x}{\sqrt{a^2 + x^2}}, \ \sin \theta_2 = \frac{d-x}{\sqrt{b^2 + (d-x)^2}}.$$

令 $\frac{\mathrm{d}Q}{\mathrm{d}x} = 0$,得 $c_1 \sin \theta_1 - c_2 \sin \theta_2 = 0$,即

$$c_1 \sin \theta_1 = c_2 \sin \theta_2,$$

这说明,当点 P 选在满足等式 $c_1 \sin \theta_1 = c_2 \sin \theta_2$ 成立之处时,可使总工程的成本最低.

【实例 2-3】 最优生产批量的选择

某工厂生产某种型号车床,年产量为 a 台,分若干批进行生产. 每批生产需准备费 b 元. 由于该产品均匀投入市场,因而每批产品中有一半先存放在库中,每台车床的库存费为 c 元,且上一批售完后立即生产下一批. 显然,生产批量大则库存费高,生产批量小则批数增多,致使生产准备费高. 如何选择批量,才能使一年中库存费与生产准备费的和最小?

解 设批量数为 x,库存费和生产准备费之和为 $P(x)$. 由于年产量为 a,所以每年生产的批数为 $\frac{a}{x}$,而生产准备费则为 $b \cdot \frac{a}{x}$,于是得到

$$P(x) = \frac{ab}{x} + \frac{c}{2}x \quad (0 < x \leqslant a).$$

这样问题转化为批量 x 为多少时,$P(x)$ 最小. 对 $P(x)$ 求导,有

$$P'(x) = -\frac{ab}{x^2} + \frac{c}{2}.$$

令 $P'(x) = 0$,得 $cx^2 = 2ab$,所以 $x = \pm\sqrt{\frac{2ab}{c}}$,舍去负根,得驻点 $x = \sqrt{\frac{2ab}{c}}$. 又

$$P''(x) = \frac{2ab}{x^3} > 0,$$

故当 $x = \sqrt{\frac{2ab}{c}}$ 时,$P(x)$ 取得极小值,也就是最小值. 于是得出:要使一年中库存费与准

备费之和最小,最优批量应是 $\sqrt{\dfrac{2ab}{c}}$,实际上要取与 $\sqrt{\dfrac{2ab}{c}}$ 最接近的正整数.

例如,每年产量为 1 100 台,每批生产准备费为 0.2 万元,每年每台库存费为 0.1 万元,这时最优批量为

$$x = \sqrt{\frac{2ab}{c}} = \sqrt{\frac{2 \times 1\,100 \times 0.2}{0.1}} = 66.33,$$

因此可选取最优批量为 66 台.

【实例 2-4】 为什么不宜制造当量级太大的核弹头

核武器具有极大的杀伤力,核弹的爆炸量,即核裂变或聚变时释放出的能量,通常用相当于多少千吨 T.N.T 炸药的爆炸威力来度量.已知核弹头在与它的爆炸量的立方根成正比的距离内,会产生每 cm² 0.351 6 kg 的超压,这种距离称作有效距离.若记有效距离为 D,爆炸量为 x,则二者的函数关系为

$$D = Cx^{\frac{1}{3}},$$

其中,C 为比例常数.

又知当 x 为 100 千吨 T.N.T 当量时,有效距离 D 为 3.218 6 km.于是

$$3.218\,6 = C \cdot 100^{\frac{1}{3}}.$$

解出

$$C = \frac{3.218\,6}{100^{\frac{1}{3}}} \approx 0.693\,4,$$

所以

$$D = 0.693\,4x^{\frac{1}{3}}.$$

如果爆炸当量增加至 10 倍,即变为 1 000 千吨 T.N.T 当量时,则有效距离增加至

$$0.693\,4 \times 1\,000^{\frac{1}{3}} = 6.934(\text{km}),$$

约为 100 千吨 T.N.T 当量时的 2 倍.这说明其作用范围并没有因爆炸量的大幅度增加而显著增加.

下面来研究爆炸量与相对效率的关系.所谓相对效率是指核弹的有效距离尺寸爆炸量的变化率 $\dfrac{\mathrm{d}D}{\mathrm{d}x}$,即爆炸量每增加 1 千吨 T.N.T 当量时,有效距离的增加量.由 $\dfrac{\mathrm{d}D}{\mathrm{d}x} = \dfrac{1}{3} \cdot$ $0.693\,4 \cdot x^{-\frac{2}{3}}$,当 $x = 100, \Delta x = 1$ 时,利用微分近似计算,得

$$\Delta D \approx \frac{1}{3} \cdot 0.693\,4 \cdot 100^{-\frac{2}{3}} \cdot 1 \approx 0.010\,7 \text{ km} = 10.7 \text{ m}.$$

这就是说,对 100 千吨级(10 万吨级)爆炸量的核弹来说,爆炸量每增加 1 千吨,有效距离约增加 10.7 m.

如果 $x = 1\,000, \Delta x = 1$,则

$$\Delta D \approx \frac{1}{3} \cdot 0.693\,4 \cdot 1\,000^{-\frac{2}{3}} \cdot 1 \approx 0.002\,3 \text{ km} = 2.3 \text{ m},$$

即对百万吨级的核弹来说,每增加 1 千吨的爆炸量,有效距离仅增加 2.3 m,相对效率反而下降了.

可见,除了制造、运输、投放等技术因素,无论从作用范围,或是从相对效率来说,都不宜制造当量级太大的核弹头.事实上,在 1945 年二战中,美国投放到日本广岛、长崎的原子弹,其爆炸当量为 20 千吨,有效距离为 1.87 km.

复习题二

1. 判断下列命题的正确性.若正确,请予以证明;若不正确,请举出反例:

(1) 若 $f(x) + g(x)$ 在 $x = x_0$ 处可导,则 $f(x)$ 与 $g(x)$ 在 $x = x_0$ 处也一定可导;

(2) 若 $f(x)$ 在 $x = x_0$ 处可导,$g(x)$ 在 $x = x_0$ 处不可导,则 $f(x) + g(x)$ 在 $x = x_0$ 处必不可导;

(3) 若可导函数 $f(x)$ 与 $g(x)$,当 $x > a$ 时,有 $f'(x) > g'(x)$,则当 $x > a$ 时,必有 $f(x) > g(x)$;

(4) 若可导函数 $f(x)$ 与 $g(x)$,当 $x > a$ 时,有 $f'(x) > g'(x)$,并且 $f(a) = g(a)$,则当 $x > a$ 时,必有 $f(x) > g(x)$.

2. 单项选择题:

(1) 设 $f(x)$ 在开区间 $(-\delta, \delta)$ 内有定义,且恒有 $|f(x)| \leqslant x^2$,则 $x = 0$ 必是 $f(x)$ 的(　　).

A. 间断点　　　　　　　　　　　B. 连续,但不可导的点

C. 可导点,且 $f'(0) = 0$　　　　　D. 可导点,但 $f'(0) \neq 0$

(2) 设在 $[0,1]$ 上 $f''(x) > 0$,则 $f'(0), f'(1), f(1) - f(0)$ 或 $f(0) - f(1)$ 的大小顺序为(　　).

A. $f'(1) > f'(0) > f(1) - f(0)$　　　　B. $f'(1) > f(1) - f(0) > f'(0)$

C. $f(1) - f(0) > f'(1) > f'(0)$　　　　D. $f'(1) > f(0) - f(1) > f'(0)$

(3) 设函数 $f(x)$ 在 $(-\infty, +\infty)$ 内连续,其导函数的图形如图 2-28 所示,则 $f(x)$ 有(　　).

A. 一个极小值点和两个极大值点

B. 两个极小值点和一个极大值点

C. 两个极小值点和两个极大值点

D. 三个极小值点和一个极大值点

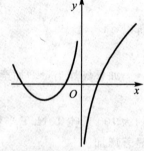

3. 已知 $f(x)$ 是周期为 5 的连续函数,它在 $x = 1$ 的某邻域内满足关系式

$$f(1 + \sin x) - 3f(1 - \sin x) = 8x + \alpha(x)$$

其中,$\alpha(x)$ 是当 $x \to 0$ 时比 x 高阶的无穷小,且 $f(x)$ 在 $x = 1$ 处可导,求曲线 $y = f(x)$ 在点 $(6, f(6))$ 处的切线方程.

图 2-28

4. 设曲线 $y = x^n$ 在点 $(1,1)$ 处的切线与 x 轴的交点为 $(\xi_n, 0)$,求 $\lim\limits_{n \to \infty} \xi_n^n$.

5. 已知 $y = f\left(\dfrac{x+1}{x-1}\right)$ 满足 $f'(x) = \arctan \sqrt{x}$,求 $\dfrac{\mathrm{d}y}{\mathrm{d}x}\Big|_{x=2}$.

6. 求曲线 $\begin{cases} x = t^2 - 2t + 3 \\ \mathrm{e}^y \sin t - y + 1 = 0 \end{cases}$ 在 $t = 0$ 所对应点处的切线方程.

7. 试从 $\dfrac{\mathrm{d}x}{\mathrm{d}y} = \dfrac{1}{y'}$ 导出:

(1) $\dfrac{\mathrm{d}^2 x}{\mathrm{d}y^2} = -\dfrac{y''}{(y')^3}$;　　　　(2) $\dfrac{\mathrm{d}^3 x}{\mathrm{d}y^3} = \dfrac{3(y'')^2 - y'y'''}{(y')^5}$.

8. 设雨滴为球状体,若雨滴凝聚水分的速率与表面积成正比,且雨滴在形成过程中一直保持球体状,试证雨滴半径增加的速率为一常数.

9. 求下列极限:

(1) $\lim\limits_{x \to 1} \dfrac{\ln\cos(x-1)}{1 - \sin\frac{\pi}{2}x}$；　　　　(2) $\lim\limits_{x \to +\infty}(x + \sqrt{1+x^2})^{\frac{1}{x}}$；

(3) $\lim\limits_{x \to 0}\left(\dfrac{1}{\sin^2 x} - \dfrac{\cos^2 x}{x^2}\right)$；　　　(4) $\lim\limits_{x \to 0}\left(\dfrac{e^x + e^{2x} + \cdots + e^{nx}}{n}\right)^{\frac{1}{x}}$，其中 n 为正整数.

10. 设函数 $f(x)$，$g(x)$ 在 $[a,b]$ 连续，在 (a,b) 内具有二阶导数且存在相等的最大值，$f(a) = g(a)$，$f(b) = g(b)$，证明：存在 $\xi \in (a,b)$，使得 $f''(\xi) = g''(\xi)$.

11. 证明下列不等式：

(1) 若 $0 < x < 1$，则 $\dfrac{1-x}{1+x} < e^{-2x}$；　　(2) 若 $x \geqslant 0$，则 $\ln(1+x) \geqslant \dfrac{\arctan x}{1+x}$；

(3) 证明：当 $0 < a < b < \pi$ 时

$$b\sin b + 2\cos b + \pi b > a\sin a + 2\cos a + \pi a.$$

12. 已知函数 $y = \dfrac{x^2}{x^2 - 4}$，求

(1) 函数的单调区间及极值；　　　　(2) 函数图形的凹凸区间及拐点；

(3) 函数图形的渐近线；　　　　　　(4) 作出函数的图形.

13. 求函数 $y = \left(1 + x + \dfrac{x^2}{2!} + \cdots + \dfrac{x^n}{n!}\right)e^{-x}$ 的极值.

14. 设函数 $f(x)$ 在 $[0,1]$ 上具有三阶导数，且 $f(0) = 1, f(1) = 2, f'\left(\dfrac{1}{2}\right) = 0$，证明在 $(0,1)$ 内至少存在一点 ξ，使 $|f'''(\xi)| \geqslant 24$.

15. 设函数 $f(x)$ 在区间 $[0,c]$ 上可微，$f'(x)$ 单调减少，$f(0) = 0$，证明对 $0 < a \leqslant b < a+b \leqslant c$，有 $f(a+b) \leqslant f(a) + f(b)$.

16. （光的折射定律）设在 x 轴的上下两侧有两种不同的介质 Ⅰ 和 Ⅱ，光在介质 Ⅰ 和介质 Ⅱ 中的传播速度分别是 v_1 和 v_2. 如图 2-29 所示，当光线以最速路径从 A 传播到 B（从 A 到 B 耗时最少）时，证明 $\dfrac{\sin\alpha}{v_1} = \dfrac{\sin\beta}{v_2}$. 这里 α, β 分别是光线的入射角与折射角.

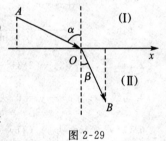

图 2-29

（这是光学中著名的**折射定律**，物理学家通过实验发现了该定律，而数学家则论证了隐藏在这一规律后面的数量关系：光线沿着耗时最少的路径传播.）

17. 设函数 $f(x)$ 在区间 $[a,b]$ 上具有二阶导数，且 $f(a) = f(b) = 0, f'(a)f'(b) > 0$，证明存在点 $\xi \in (a,b)$，使得 $f''(\xi) = 0$.

18. 设奇函数 $f(x)$ 在 $[-1,1]$ 上具有 2 阶导数，且 $f(1) = 1$，证明：

(1) 存在 $\xi \in (0,1)$，使得 $f'(\xi) = 1$；

(2) 存在 $\eta \in (-1,1)$，使得 $f''(\eta) + f'(\eta) = 1$.

习题参考答案与提示

习题 2-1

1. 若从 t_0 到 $t_0 + \Delta t$ 时刻，通过导线的电量为 Δq，则在 t_0 时刻的电流强度为 $\lim\limits_{\Delta t \to 0}\dfrac{\Delta q}{\Delta t}$

$= \lim\limits_{\Delta t \to 0}\dfrac{q(t_0 + \Delta t) - q(t_0)}{\Delta t}$

2. $\lim\limits_{\Delta t \to 0} \dfrac{\Delta \theta}{\Delta t}$ **3.** (1) $\dfrac{\Delta T}{\Delta t} = \dfrac{f(t_0 + \Delta t) - f(t_0)}{\Delta t}$;   (2) $\lim\limits_{\Delta t \to 0} \dfrac{\Delta T}{\Delta t}$

5. (1) $y' = 6x^5$;   (2) $y' = \dfrac{4}{7} x^{-\frac{3}{7}}$;   (3) $y' = 2.8 x^{1.8}$;   (4) $y' = -\dfrac{1}{2} x^{-\frac{3}{2}}$;

(5) $y' = \dfrac{16}{5} x^2 \sqrt[5]{x}$;   (6) $y' = \dfrac{1}{6} x^{-\frac{5}{6}}$

6. (1) $f'(a)$;   (2) $f(a) - af'(a)$;   (3) $\dfrac{1}{2} f'(a)$;   (4) $f'(a)$.

7. 6π **8.** 4π **9.** $y = x$ **10.** $x - y + 1 = 0$, $x + y - 1 = 0$ **11.** $(2, 4)$

12. $(3, 3)$, $x + y - 6 = 0$

15. (1) 在 $x = 0$ 处连续, 不可导   (2) 在 $x = 0$ 处连续, 可导   (3) 在 $x = 0$ 处连续, 可导

(4) 在 $x = 0$ 处连续, 可导

16. (1) $m \geqslant 1$;   (2) $m \geqslant 2$.   **17.** 在 $x = 2$ 处连续, 不可导   **18.** $a = 0$, $b = 1$ **20.** $a + b$

习题 2-2

1. (1) $y' = 4x - 5$;   (2) $y' = \dfrac{2}{3} x^{-\frac{2}{3}} + \dfrac{6}{x^3}$;   (3) $y' = 15x^2 - a^x \ln a + 3e^x$;

(4) $y' = 2\sec^2 x + \sec x \cdot \tan x$;   (5) $y' = \dfrac{5}{x \ln 2} - 8x^3$;   (6) $y' = \dfrac{1}{m} - \dfrac{m}{x^2} + \dfrac{1}{\sqrt{x}} - \dfrac{1}{x\sqrt{x}}$;

(7) $y' = -\sin x \ln x + \dfrac{1}{x} \cos x$;   (8) $y' = 3x^2 \log_a x + \dfrac{x^2}{\ln a}$;   (9) $y' = 2x \arccos x - \dfrac{x^2}{\sqrt{1 - x^2}}$;

(10) $y' = 10^x (1 + x \ln 10)$; (11) $y' = \ln x \sin x + \sin x + x \ln x \cos x$; (12) $y' = \dfrac{1 - x \ln 4}{4^x}$;

(13) $y' = \dfrac{1}{1 + \cos x}$;   (14) $y' = -\dfrac{2}{x(1 + \ln x)^2}$; (15) $y' = \dfrac{e^x}{2} (\sin x + \cos x)$;

(16) $y' = \dfrac{e^x x - 2e^x}{x^3} - \dfrac{7}{3 \sin^2 x}$.

2. (1) $\sqrt{2}$, $4 - \sqrt{2}$;   (2) $3x^2 - 4\sin x$, $\dfrac{3\pi^2}{4} - 4$;   (3) $\dfrac{\sqrt{2}}{4} \left(1 + \dfrac{\pi}{2} \right)$

4. 切线方程为 $2x - y = 0$, 法线方程为 $x + 2y = 0$ **5.** $-\dfrac{64}{5}$

6. (1) $y' = 4\cos 4x$;   (2) $y' = \dfrac{x}{\sqrt{3 + x^2}}$;   (3) $y' = -20x(1 - x^2)^9$;   (4) $y' = \sec^2(\sin x)\cos x$;

(5) $y' = \dfrac{e^{\sqrt{x}}}{2\sqrt{x}}$;   (6) $y' = e^x \cos(e^x)$;   (7) $y' = 15(5x + 2)^2$;   (8) $y' = -\dfrac{1}{2}(4 - 3x)^{-\frac{5}{6}}$;

(9) $y' = \dfrac{-x}{\sqrt{a^2 - x^2}}$;   (10) $y' = -\tan x$.

7. (1) $y' = \dfrac{1}{4}(3x^2 + 2)(1 + 2x + x^3)^{-\frac{3}{4}}$;   (2) $y' = \dfrac{8}{3} x^3 (1 + x^4)^{-\frac{1}{3}}$;   (3) $y' = -\dfrac{12x^3}{(1 + x^4)^4}$;

(4) $y' = (\cos x - x\sin x)e^{x\cos x}$;   (5) $y' = -6xe^{-3x^2} - \dfrac{2}{1 - 2x}$;   (6) $y' = \dfrac{9}{\sqrt{(x^2 + 9)^3}} + \dfrac{2x}{1 + x^2}$;

(7) $y' = -4e^x \cos^3(e^x)\sin(e^x)$;   (8) $y' = 2x\sin[2(x^2 + 1)]$;   (9) $y' = -\ln 3 \sin(2x) 3^{\cos^2 x}$;

(10) $y' = 4(x^3 - x^{-2} + 3)^3 (3x^2 + 2x^{-3})$;   (11) $y' = \dfrac{3\tan^2(\ln x)}{x\cos^2(\ln x)}$;

(12) $y' = \dfrac{1}{x\ln x \cdot \ln(\ln x)}$;   (13) $y' = -\dfrac{1}{2} e^{(1 - \sin x)^{\frac{1}{2}}} \dfrac{\cos x}{\sqrt{1 - \sin x}}$;

(14) $y' = \dfrac{1}{2\sqrt{x + \sqrt{x + \sqrt{x}}}} \cdot \left[1 + \dfrac{1}{2\sqrt{x + \sqrt{x}}}(1 + \dfrac{1}{2\sqrt{x}})\right].$

8. (1) $y' = \dfrac{2x}{\sqrt{1-x^4}} - (1+2x^2)\mathrm{e}^{x^2}$; 　(2) $y' = \dfrac{1}{x^2\sqrt{1 - \frac{1}{x^2}}}$;

(3) $y' = \arctan\sqrt{x^3 - 2x} + \dfrac{3x^3 - 2x}{2(x^3 - 2x + 1)\sqrt{x^3 - 2x}}$; 　(4) $y' = -\mathrm{e}^{\arccos\frac{x}{a}}\dfrac{1}{a\sqrt{1 - \frac{x^2}{a^2}}}$;

(5) $y' = \dfrac{1}{x^2}\left(\dfrac{x}{1+x^2} - \arctan x\right)$; 　(6) $y' = \dfrac{1}{\sqrt{x(1-x)}}\arcsin\sqrt{x}$

9. (1) $y' = 2xf'(x^2)$; 　(2) $\mathrm{e}^x f'(\mathrm{e}^x)\mathrm{e}^{f(x)} + f(\mathrm{e}^x)\mathrm{e}^{f(x)}f'(x)$; 　(3) $y' = f\left(\dfrac{1}{x}\right) - \dfrac{1}{x}f'\left(\dfrac{1}{x}\right)$

(4) $y' = f'(x)f'[f(x)]$; 　(5) $y' = \dfrac{f'(x)}{f(x)}$; 　(6) $y' = f'(x)\cos f(x)$

11. (1) $-\dfrac{\mathrm{e}^y}{1 + x\mathrm{e}^y}$; (2) $\dfrac{y}{y^2 - x}$; 　(3) $\dfrac{ay - x^2}{y^2 - ax}$; 　(4) $-\dfrac{\sqrt{y}}{\sqrt{x}}$; 　(5) $\dfrac{y\sin(xy) - \mathrm{e}^{x+y}}{\mathrm{e}^{x+y} - x\sin(xy)}$; 　(6) $\dfrac{x+y}{x-y}$

12. (1) $y' = x^x(\ln x + 1)$; 　(2) $y' = x\sqrt{\dfrac{1-x}{1+x}}\left[\dfrac{1}{x} - \dfrac{1}{(1-x^2)}\right]$;

(3) $y' = \left(\dfrac{x}{1+x}\right)^x\left(\ln\dfrac{x}{1+x} + \dfrac{1}{1+x}\right)$; 　(4) $y' = (\sin x)^{1+\cos x}(\cot^2 x - \ln\sin x)$

14. (1) -1; 　(2) $-\dfrac{1}{2t}$　**15.** 3

16. (1) $2\sqrt{2}x + y - 2 = 0$, $\sqrt{2}x - 4y - 1 = 0$; 　(2) $4x + 3y - 12 = 0$, $3x - 4y + 6 = 0$

17. (2) $\dfrac{1}{1+t^2}$; 　(3) $0, 0$

习题 2-3

1. (1) $4\mathrm{e}^{2x-1}$; 　(2) $-2\mathrm{e}^{-t}\cos t$; 　(3) $-\dfrac{a^2}{(a^2-x^2)^{3/2}}$; 　(4) $-\dfrac{2(1+x^2)}{(1-x^2)^2}$; 　(5) $2\mathrm{e}^{x^2}(1+2x^2)$;

(6) $-\sec^2 x$; 　(7) $2\arctan x + \dfrac{2x}{1+x^2}$; 　(8) $\dfrac{9}{(1-3x)^2}$; 　(9) $\dfrac{-3x}{\sqrt{(1+x^2)^5}}$

(10) $\dfrac{1}{x}$; 　(11) 8; 　(12) $-8\cos 4x$

4. $a = \dfrac{1}{2}$, $b = 1$, $c = 1$

5. (1) $y'' = \dfrac{1}{x^2}[f''(\ln x) - f'(\ln x)]$; 　(2) $y'' = n(n-1)x^{n-2}f'(x^n) + (nx^{n-1})^2 f''(x^n)$;

(3) $y'' = f''(f(x)) \cdot (f'(x))^2 + f'(f(x)) \cdot f''(x)$

6. $z'' = g''[f(x)] \cdot [f'(x)]^2 + g'[f(x)] \cdot f''(x)$

7. (1) $n!$; 　(2) $(-1)^n\dfrac{(n-2)!}{x^{n-1}}(n \geqslant 2)$; 　(3) $-2^{n-1}\sin\left[2x + \dfrac{(n-1)}{2}\pi\right]$;

(4) $(-1)^n n!\left[\dfrac{1}{(x-2)^{n+1}} - \dfrac{1}{(x-1)^{n+1}}\right]$

8. (1) $-2\cot^3(x+y)\csc^2(x+y)$; 　(2) $\dfrac{1}{\mathrm{e}^2}$; 　(3) $\dfrac{-24}{(x+2y)^3}$; 　(4) $\dfrac{2(x^2+y^2)}{(x-y)^3}$

10. (1) $\dfrac{1+t^2}{4t}$; 　(2) $\dfrac{1}{f''(t)}$　**11.** $0.087\,5$ m/s　**12.** 82 cm/s

习题 2-4

1. (1) $\Delta S = 2x\Delta x + (\Delta x)^2$；(2) $2x\Delta x$；(3) $(\Delta x)^2$，是；(4) $2x\Delta x$

2. (1) $(3ax^2 - 2bx)dx$；(2) $-10x(a^2 - x^2)^4 dx$；(3) $\dfrac{x}{\sqrt{1+x^2}}dx$；(4) $(x^2+1)^{-\frac{3}{2}}dx$；

(5) $(\sin 2x + 2x\cos 2x)dx$；(6) $\dfrac{2\ln(1-x)}{x-1}dx$

3. (1) $x + c$；(2) $\dfrac{1}{2}x^2 + c$；(3) $-\dfrac{1}{3}\cos 3x + c$；(4) $-\sin x + c$；

(5) $\dfrac{1}{2}e^{2x} + c$；(6) $-\ln(1-x) + c$

4. (1) $-\dfrac{y + 2\sqrt{xy+y}}{x+1}dx$；(2) $-\csc^2(x+y)dx$

5. (1) $dy = \dfrac{3x^2 + y^2\cos x}{1 - 2y\sin x}dx$，$\dfrac{dy}{dx} = \dfrac{3x^2 + y^2\cos x}{1 - 2y\sin x}$；(2) $dy = \dfrac{x+y}{x-y}dx$，$\dfrac{dy}{dx} = \dfrac{x+y}{x-y}$

6. (1) 9.993 3；(2) 0.01；(3) 2.745 5；(4) -0.965；(5) 0.545；

7. 0.010 010 3 s, 0.010 035 4 s

8. 1.16 g

习题 2-5

1. (1) $\dfrac{9}{5}$；(2) 0；(3) 2；(4) $\dfrac{1}{3}$；(5) $\dfrac{1}{6}$；(6) $\ln 2 - \ln 3$；

(7) 1；(8) 1；(9) 1；(10) 2；(11) $-\dfrac{1}{8}$；(12) $\dfrac{1}{2}$

2. (1) 0；(2) 1；(3) 不存在；(4) -1；(5) 3；(6) 不存在

3. (1) 1；(2) $\dfrac{1}{2}$；(3) 0；(4) $\dfrac{2}{\pi}$；(5) 0；(6) 0；(7) 0；(8) $\dfrac{1}{2}$

4. (1) 1；(2) 1；(3) 1；(4) 1；(5) 1   5. (1) 1；(2) 1；(3) 0；(4) 1

习题 2-6

1. $\xi = 0$ 2. $\xi = e - 1$ 3. $\xi = \dfrac{14}{9}$

7. 提示：对函数 $F(x) = f(x)g(x)$ 在 $[a,b]$ 上应用罗尔中值定理.

10. 提示：令 $g(x) = \ln x$，在 $[a,b]$ 上对 $f(x)$ 和 $g(x)$ 应用柯西中值定理.

11. 提示：令 $g(x) = x^2$，在 $[a,b]$ 上对 $f(x)$ 和 $g(x)$ 应用柯西中值定理后再对函数 $f(x)$ 应用一次拉格朗日中值定理.

习题 2-7

1. $-56 + 21(x-4) + 37(x-4)^2 + 11(x-4)^3 + (x-4)^4$ 2. $-56, 21, 37, 11, 1$

3. $\dfrac{\sqrt{2}}{2}\left[1 + \left(x - \dfrac{\pi}{4}\right) - \dfrac{1}{2}\left(x - \dfrac{\pi}{4}\right)^2 - \dfrac{1}{6}\left(x - \dfrac{\pi}{4}\right)^3\right] + \dfrac{1}{24}\sin\xi \cdot \left(x - \dfrac{\pi}{4}\right)^4$，$\xi$ 在 $\dfrac{\pi}{4}$ 与 x 之间

4. $x + \dfrac{1 + 2\sin^2\xi}{3\cos^4\xi}x^3$，$\xi$ 在 0 与 x 之间   5. $\dfrac{1}{1-x} = 1 + x + x^2 + \cdots + x^n + o(x^n)$

6. (1) $\sin x = x - \dfrac{x^3}{3!} + \dfrac{x^5}{5!} - \cdots + \dfrac{x^{97}}{97!} + o(x^{98})$；$f(x) = x^3 - \dfrac{x^5}{3!} + \dfrac{x^7}{5!} - \cdots + \dfrac{x^{99}}{97!} + o(x^{100})$；

(2) 98×99.

7. (1) $-\dfrac{1}{12}$；(2) $\dfrac{1}{6}$；(3) $\dfrac{1}{3}$.   8. $f''(x_0)$ 9. (1) 1.648, 0.001；(2) 0.469 2, 0.000 2

10. 2.236 1   11. (1) 4 阶；(2) 3 阶

习题 2-8

1. (1)$(-\infty, -2]\nearrow$，$[-2, 0]\searrow$，$[2, +\infty)\nearrow$；　(2)$(-\infty, 2]\nearrow$，$[2, +\infty)\searrow$；　(3)$(-\infty, 0]\searrow$，$[0, +\infty)\nearrow$；　(4)$(0, e]\nearrow$，$[e, +\infty)\searrow$.

3. (1) 极小值 $y\left(\dfrac{1}{2}\right) = \dfrac{1}{2} + \ln 2$；　(2) 极大值 $y(1) = \dfrac{\pi}{4} - \dfrac{1}{2}\ln 2$；

　(3) 极大值 $y(0) = 7$，极小值 $y(2) = 3$；　(4) 极大值 $y(2) = 4e^{-2}$，极小值 $y(0) = 0$；

　(5) 极大值 $y\left(\dfrac{7}{3}\right) = \dfrac{4}{27}$，极小值 $y(3) = 0$；　(6) 极小值 $y(0) = 0$；

　(7) 极大值 $y\left(k\pi + \dfrac{\pi}{2}\right) = 1$，极小值 $y(k\pi) = 0 (k = 0, \pm 1, \pm 2, \cdots)$；　(8) 极大值 $y(1) = 2$

4. $a = 2$，$f\left(\dfrac{\pi}{3}\right) = \sqrt{3}$ 为极大值　　5. $a = -2, b = 6$.

6. (1) 最大值 8，最小值 0；(2) 最大值 13，最小值 4；(3) 最大值 $\dfrac{\pi}{4}$，最小值 0；(4) 最大值 $e^{\frac{1}{2}}$，最小值 $-e^{\frac{1}{2}}$；

　(5) 最大值 $\dfrac{1}{2}$，最小值 0

7. 最小值 $f\left(\dfrac{1}{2}\right) = \dfrac{1}{2^{p-1}}$，最大值 $f(0) = f(1) = 1$.　　9. 两个实根

10. $d = \begin{cases} b & (0 \leqslant b \leqslant 2) \\ 2\sqrt{b-1} & (b > 2) \end{cases}$　　11. $\sqrt{2}a, \sqrt{2}b$　　12. $AD = 15$ km　　13. 350 元 / 月

15. (1) 凸区间 $\left(-\infty, -\dfrac{\sqrt{3}}{3}\right]$ 及 $\left[\dfrac{\sqrt{3}}{3}, +\infty\right)$，凹区间 $\left[-\dfrac{\sqrt{3}}{3}, \dfrac{\sqrt{3}}{3}\right]$，拐点 $\left(-\dfrac{\sqrt{3}}{3}, \dfrac{23}{18}\right)$ 及 $\left(\dfrac{\sqrt{3}}{3}, \dfrac{23}{18}\right)$；

　(2) 凸区间 $(-\infty, 2]$，凹区间 $[2, +\infty)$ 拐点 $(2, 2e^{-2})$；

　(3) 凹区间 $(-\infty, 1]$，凸区间 $[1, +\infty)$，拐点 $(1, 1)$；

　(4) 凸区间 $(-\infty, -1]$ 及 $[1, +\infty)$，凹区间 $[-1, 1]$，拐点 $(-1, \ln 2), (1, \ln 2)$；

　(5) 凸区间 $\left[-\dfrac{\sqrt{2}}{2}, \dfrac{\sqrt{2}}{2}\right]$，凹区间 $\left(-\infty, -\dfrac{\sqrt{2}}{2}\right]$ 及 $\left[\dfrac{\sqrt{2}}{2}, +\infty\right)$，拐点 $\left(-\dfrac{\sqrt{2}}{2}, e^{-\frac{1}{2}}\right)$, $\left(\dfrac{\sqrt{2}}{2}, e^{-\frac{1}{2}}\right)$

16. $a = 3, b = -9, c = 8$.

17. (1) 定义域 $(-\infty, +\infty)$；$(-\infty, -1]\searrow$，$[-1, 1]\nearrow$，$[1, +\infty)\searrow$；极大值 $y(1) = 2$，极小值 $y(-1) = -2$；凸区间 $[0, +\infty)$，凹区间 $(-\infty, 0]$；拐点 $(0, 0)$.

　(2) 定义域 $(-\infty, +\infty)$；$(-\infty, 0]\searrow$，$[0, +\infty)\nearrow$；极小值 $y(0) = 0$；凸区间 $\left(-\infty, -\dfrac{\sqrt{3}}{3}\right]$，$\left[\dfrac{\sqrt{3}}{3}, +\infty\right)$，凹区间 $\left[-\dfrac{\sqrt{3}}{3}, \dfrac{\sqrt{3}}{3}\right]$，水平渐近线 $y = 1$.

　(3) 定义域 $(-\infty, +\infty)$；$(-\infty, 0]\searrow$，$[0, +\infty)\nearrow$；极小值 $y(0) = 0$；凸区间 $(-\infty, -1]$ 及 $[1, +\infty)$，凹区间 $[-1, 1]$；拐点 $(-1, \ln 2), (1, \ln 2)$.

　(4) 定义域 $(-\infty, -3) \bigcup (-3, +\infty)$；$(-\infty, -3)\searrow$，$(-3, 3]\nearrow$，$[3, +\infty)\searrow$；极大值 $y(3) = 4$；凸区间 $(-\infty, -3)$ 及 $(-3, 6]$，凹区间 $[6, +\infty)$；水平渐近线 $y = 1$，铅直渐近线 $x = -3$.

复习题二

1. (1) 否，例如 $f(x) = |x|$，$g(x) = -|x|$ 在 $x = 0$ 点；　(2) 是；　(3) 否；　(4) 是

2. (1)C；　(2)B；　(3)C　　3. $2x - y - 12 = 0$　　4. $\dfrac{1}{e}$　　5. $-\dfrac{2}{3}\pi$　　6. $y - 1 = -\dfrac{e}{2}(x - 3)$

9. (1) $-\dfrac{4}{\pi^2}$；　(2)1；　(3) $\dfrac{4}{3}$；　(4) $\dfrac{n+1}{2}$

10. 提示：作辅助函数 $F(x) = f(x) - g(x)$，利用罗尔定理.

12. (1)单调增加区间为$(-\infty,-2)$和$(-2,0]$;单调减少区间为$[0,2)$和$(2,+\infty)$;极大值为$y|_{x=0}=0$ (2)函数图形在$(-2,2)$内是向上凸的,在$(-\infty,2),(2,+\infty)$内是向上凹的;无拐点. (3)$x=\pm2$为铅直渐近线,$y=1$为水平渐近线.

13. 当n为奇数时,$y(0)=1$为极大值;当n为偶数时,无极值.

第3章 一元函数积分学及其应用

积分学是微积分学的重要组成部分,在科学技术、工程和经济管理等许多领域都有着广泛的应用.

一元函数积分学包括定积分和不定积分.定积分借助于极限方法处理非均匀、非线性的微小量的无穷累加问题,研究的是函数的整体性态.在一定条件下,定积分的计算要归结为原函数的计算,从而产生了不定积分的概念.

从定义上看,定积分与不定积分似乎是两个不相干的概念,而牛顿·莱布尼兹公式揭示了二者之间内在的密切关联,阐述了积分运算与微分运算的互逆本质.该公式在微积分学中占有极其重要的地位.

在本章中,我们先介绍定积分的概念、存在条件和性质,利用微分中值定理推导出微积分基本公式,接着介绍不定积分与定积分的计算方法,以及定积分在几何、物理、力学和工程技术中的应用实例.最后介绍定积分的推广——反常积分.

3.1 定积分的概念、性质、可积准则

定积分是从解决某些量的累积问题中抽象出来的一个数学概念,有着广泛的实际背景.本节我们先从两个经典问题谈起,并由此引出定积分的概念,接着介绍定积分的基本性质和可积准则.

3.1.1 定积分问题举例

【例 3-1】 (曲边梯形的面积)设函数 $f(x)$ 在 $[a,b]$ 上连续,且 $f(x) \geqslant 0$,称由曲线 $y = f(x)$,直线 $x = a, x = b$ 和 $y = 0$ 围成的平面图形为**曲边梯形**(图 3-1).由于任何由曲线围成的平面图形均由若干个曲边梯形拼接而成,其面积自然就等于各个曲边梯形面积之和.因此求曲边梯形的面积即为求平面曲线所围图形面积的关键.初等几何只能解决 $f(x) = ax + b$ 的情形,因而需要在初等几何的基础上引进新的方法.

借助极限方法,我们可以分 4 步完成曲边梯形面积的计算:

(1) **分划**.在 $[a,b]$ 上任意插入 $n-1$ 个分点

$$a = x_0 < x_1 < x_2 < \cdots < x_{i-1} < x_i < \cdots < x_{n-1} < x_n = b$$

将 $[a,b]$ 分成 n 个小区间 $[x_{i-1}, x_i](i = 1, 2, \cdots, n)$,并记 $[x_{i-1}, x_i]$ 的长度为 $\Delta x_i = x_i -$

应用微积分

x_{i-1},用直线 $x=x_i$ 将曲边梯形分成 n 个小曲边梯形.

（2）**代替**.当每个小区间的长度都很小时,函数 $y=f(x)$ 在每个小区间 $[x_{i-1},x_i]$ 上的变化很小,因此小曲边梯形可近似地看做矩形,从而在 $[x_{i-1},x_i]$ 上任取一点 ξ_i,用 $f(\xi_i)$ 作为该近似矩形的高,矩形面积

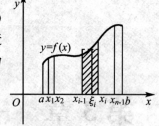

$$\Delta S_i = f(\xi_i)\Delta x_i \quad (i=1,2,\cdots,n)$$

即为小曲边梯形面积的近似值.

（3）**求和**.上述 n 个小矩形面积之和就是曲边梯形面积的近似值,即

图 3-1

$$S \approx \sum_{i=1}^{n}\Delta S_i = \sum_{i=1}^{n}f(\xi_i)\Delta x_i.$$

（4）**取极限**.记 $\lambda=\max\limits_{1\leqslant i\leqslant n}\{\Delta x_i\}$,由上述三个过程易知,随着 $\lambda\to 0$,和式 $\sum\limits_{i=1}^{n}\Delta S_i$ 将无限地接近曲边梯形面积的"真值"S,因此很自然地将 $\lambda\to 0$ 时 $\sum\limits_{i=1}^{n}\Delta S_i$ 的极限规定为曲边梯形的面积,即

$$S = \lim_{\lambda\to 0}\sum_{i=1}^{n}f(\xi_i)\Delta x_i.$$

【例 3-2】（非均匀细棒的质量）设有一个质量分布不均匀的细棒,现将其置于 x 轴上,左、右端点的坐标分别为 a 和 b（图 3-2）.细棒上点 x 处的线密度为 $\rho(x)$[假定 $\rho(x)$ 连续],下面求其质量.类似于例 3-1 中的方法,仍分 4 步计算:

图 3-2

（1）**分划**.在 $[a,b]$ 上任意插入 $n-1$ 个分点

$$a = x_0 < x_1 < \cdots < x_{i-1} < x_i < \cdots < x_{n-1} < x_n = b$$

将细棒分成 n 个小段,第 i 段的长度为 $\Delta x_i = x_i - x_{i-1}$.

（2）**代替**.当 $\Delta x_i(i=1,2,\cdots,n)$ 都很小时,$\rho(x)$ 在 $[x_{i-1},x_i]$ 上的变化也很小,因此可近似地认为在 $[x_{i-1},x_i]$ 上质量是均匀分布的,线密度为 $\rho(\xi_i)$（ξ_i 是 $[x_{i-1},x_i]$ 上的任意一点）,从而

$$\Delta m_i = \rho(\xi_i)\Delta x_i \quad (i=1,2,\cdots,n)$$

就是这一段细棒质量的近似值.

（3）**求和**.将 n 段质量的近似值相加,即得细棒质量 m 的近似值,即

$$m \approx \sum_{i=1}^{n}\Delta m_i = \sum_{i=1}^{n}\rho(\xi_i)\Delta x_i.$$

（4）**取极限**.记 $\lambda=\max\limits_{1\leqslant i\leqslant n}\{\Delta x_i\}$.显然,当 $\lambda\to 0$ 时,和式 $\sum\limits_{i=1}^{n}\Delta m_i$ 无限地接近 m,因此

$$m = \lim_{\lambda\to 0}\sum_{i=1}^{n}\rho(\xi_i)\Delta x_i.$$

【例 3-3】（变速直线运动的路程）设某物体作变速直线运动.已知速度 $v=v(t)$ 是时间间隔 $[T_1,T_2]$ 上的连续函数,且 $v(t)\geqslant 0$.下面计算在这段时间内物体行进的路程.

134

类似于上面两例的方法,具体计算步骤为:

在时间间隔 $[T_1,T_2]$ 上任意插入 $n-1$ 个分点

$$T_1 = t_0 < t_1 < t_2 < \cdots < t_{n-1} < t_n = T_2,$$

把 $[T_1,T_2]$ 分为 n 个小时间区间 $[t_{i-1},t_i]\,(i=1,2,\cdots,n)$,第 i 个小时间段的长度记为 $\Delta t_i = t_i - t_{i-1}$.

在 $[t_{i-1},t_i]$ 上任取一个时刻 τ_i,则该时间段内物体行进的路程 Δs_i,可近似表示为

$$\Delta s_i \approx v(\tau_i)\Delta t_i \quad (i=1,2,\cdots,n),$$

于是该物体在整个时间间隔 $[T_1,T_2]$ 上行进的路程近似值为

$$s \approx \sum_{i=1}^{n} v(\tau_i)\Delta t_i.$$

记 $\lambda = \max\{\Delta t_1,\Delta t_2,\cdots,\Delta t_n\}$,则当 $\lambda \to 0$ 时,上面和式的极限即为变速直线运动的路程

$$s = \lim_{\lambda \to 0}\sum_{i=1}^{n} v(\tau_i)\Delta t_i.$$

上面三个问题虽然来自不同的学科,但解决问题的方法是相同的.所求的量都要归结为具有相同结构的一种特定和的极限.即

曲边梯形的面积为 $\qquad S = \lim\limits_{\lambda \to 0}\sum\limits_{i=1}^{n} f(\xi_i)\Delta x_i.$

非均匀细棒的质量为 $\qquad m = \lim\limits_{\lambda \to 0}\sum\limits_{i=1}^{n} \rho(\xi_i)\Delta x_i.$

变速直线运动的路程为 $\qquad s = \lim\limits_{\lambda \to 0}\sum\limits_{i=1}^{n} v(\tau_i)\Delta \tau_i.$

在客观世界中,具有以上特征的量极为广泛,抛开各种问题的具体意义,将它们在数量关系上的共同特征和本质加以概括,便抽象出定积分的概念.

3.1.2　定积分的概念

定义 3-1　设函数 $f(x)$ 在闭区间 $[a,b]$ 上有定义.任取 $[a,b]$ 的一个分划:

$$a = x_0 < x_1 < \cdots < x_{n-1} < x_n = b,$$

把 $[a,b]$ 分成 n 个子区间 $[x_{i-1},x_i]\,(i=1,2,\cdots,n)$,记 $\Delta x_i = x_i - x_{i-1}\,(i=1,2,\cdots,n)$,$\lambda = \max\limits_{1\leqslant i\leqslant n}\{\Delta x_i\}$;在 $[x_{i-1},x_i]$ 上任取一点 ξ_i,作**积分和**

$$S_n = \sum_{i=1}^{n} f(\xi_i)\Delta x_i,$$

如果不论对 $[a,b]$ 采用何种分划,也不论在 $[x_{i-1},x_i]$ 上如何选取 ξ_i,只要当 $\lambda \to 0$ 时,S_n 都以同样的一个常数 I 为极限,则称 $f(x)$ 在 $[a,b]$ 上**可积**,且称 I 为 $f(x)$ 在 $[a,b]$ 上的**定积分**(definite integral),记为 $\int_a^b f(x)\mathrm{d}x$,即

$$\int_a^b f(x)\mathrm{d}x = \lim_{\lambda \to 0}\sum_{i=1}^{n} f(\xi_i)\Delta x_i.$$

其中 $f(x)$ 称为**被积函数**,$f(x)\mathrm{d}x$ 称为**被积表达式**,x 称为**积分变量**,$[a,b]$ 称为**积分区**

间,a 和 b 分别称为**积分下限**和**积分上限**,$\displaystyle\int$ 称为**积分符号**.

在定积分的定义中假定了 $a < b$,但在实际应用和理论分析中会遇到积分上限小于下限或上、下限相等的情况,为此,将定积分的定义扩充如下:

$a > b$ 时,$\Delta x_i < 0$,故规定

$$\int_a^b f(x)\mathrm{d}x = -\int_b^a f(x)\mathrm{d}x;$$

$a = b$ 时,规定

$$\int_a^a f(x)\mathrm{d}x = 0.$$

由定积分的定义可知,前面讨论的三个问题中的面积、质量和路程分别为

$$S = \int_a^b f(x)\mathrm{d}x,$$

$$m = \int_a^b \rho(x)\mathrm{d}x,$$

和

$$s = \int_{T_1}^{T_2} v(t)\mathrm{d}t.$$

对于定积分的理解,应注意以下几点:

(1) 定积分 $\displaystyle\int_a^b f(x)\mathrm{d}x$ 表示的是一个数,这个数取决于积分区间 $[a,b]$ 和被积函数 $f(x)$,而与积分变量的记号无关,即

$$\int_a^b f(x)\mathrm{d}x = \int_a^b f(u)\mathrm{d}u = \int_a^b f(t)\mathrm{d}t.$$

这一事实从几何上看是十分明显的:设在 $[a,b]$ 上 $f(x) > 0$,$f(u) > 0$,$f(t) > 0$,分别在 xOy 平面、uOy 平面、tOy 平面上画出曲线 $y = f(x)$,$y = f(u)$ 和 $y = f(t)$,它们的形状相同,因而它们对应的曲边梯形的面积都相等.

(2) 定积分 $\displaystyle\int_a^b f(x)\mathrm{d}x$ 是一个极限,这个极限既不同于前面学过的函数极限,也不同于数列极限,它是和式 $\displaystyle\sum_{i=1}^{n} f(\xi_i)\Delta x_i$ 的极限. 这个极限一旦存在,它与 $[a,b]$ 的分划无关,也与在 $[x_{i-1}, x_i]$ 上选取 ξ_i 的方式无关.

3.1.3 定积分的几何意义

由前面的讨论可知,当 $f(x)$ 是 $[a,b]$ 上非负可积函数时,$\displaystyle\int_a^b f(x)\mathrm{d}x$ 表示由曲线 $y = f(x)$,直线 $x = a$,$x = b$ 和 $y = 0$ 所围成的曲边梯形的面积. 因此,由三角形面积的公式知 $\displaystyle\int_0^1 x\mathrm{d}x = \frac{1}{2}$;由圆面积公式知 $\displaystyle\int_0^R \sqrt{R^2 - x^2}\,\mathrm{d}x = \frac{\pi}{4}R^2$ (图 3-3).

如果可积函数 $f(x)$ 在 $[a,b]$ 上有时取正值,有时取负值,则由定积分的定义及 $f(x) \geqslant 0$ 时的几何意义易知,$\displaystyle\int_a^b f(x)\mathrm{d}x$ 代表曲边梯形在 x 轴上方部分的面积减去 x 轴下方部

分的面积. 例如,就图 3-4 而言,

$$\int_a^b f(x)\mathrm{d}x = S_1 - S_2 + S_3,$$

其中 S_1、S_2 和 S_3 分别是图中 D_1、D_2 和 D_3 的面积.

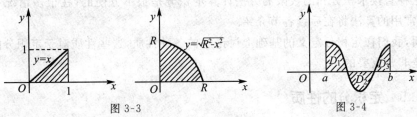

图 3-3　　　　　　　　　　　　　图 3-4

【例 3-4】　已知函数 $f(x)$ 在 $[a,b]$ 上满足 $f(x) > 0, f'(x) < 0, f''(x) > 0$,试从定积分的几何意义,比较下述三个数的大小:

$$I_1 = \int_a^b f(x)\mathrm{d}x, \quad I_2 = f(b) \cdot (b-a),$$

$$I_3 = \frac{b-a}{2}[f(a) + f(b)].$$

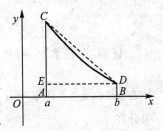

图 3-5

解　由题设可知,非负函数 $f(x)$ 在 $[a,b]$ 上单调减少,其图形是凹的,如图 3-5 所示. 由定积分的几何意义知,I_1 是曲边梯形 $ABDC$ 的面积,I_2 是矩形 $ABDE$ 的面积,I_3 是梯形 $ABDC$ 的面积,故

$$I_3 > I_1 > I_2.$$

3.1.4　可积准则

从定积分定义可知,定积分是一类结构复杂的极限,直接从定义出发讨论函数是否可积,显然十分困难,甚至是不可能的. 那么,函数具备什么条件一定可积呢?关于这个问题,我们有如下定理:

定理 3-1　（可积的充分条件）如果函数 $f(x)$ 在 $[a,b]$ 上连续,或只有有限个第一类间断点,那么定积分 $\int_a^b f(x)\mathrm{d}x$ 一定存在.

上述定理证明较复杂,从略.

根据定积分的定义,积分和的极限值与区间分划及 ξ_i 的取法无关. 因而对于某些可积函数,可选取适当的分划和适当的 ξ_i,求出它们的定积分.

【例 3-5】　求 $\int_0^1 \mathrm{e}^x \mathrm{d}x$.

解　函数 $f(x) = \mathrm{e}^x$ 在 $[0,1]$ 上连续,因而在 $[0,1]$ 上可积. 将 $[0,1]$ 进行 n 等分,分点 $x_i = \dfrac{i}{n}(i = 0,1,\cdots,n)$. $\Delta x_i = \dfrac{1}{n}$;选 $\xi_i = \dfrac{i}{n}(i = 1,2,\cdots,n)$,则对应的积分和

$$S_n = \sum_{i=1}^n \mathrm{e}^{\frac{i}{n}} \cdot \frac{1}{n} = \frac{1}{n}(\mathrm{e}^{\frac{1}{n}} + \mathrm{e}^{\frac{2}{n}} + \cdots + \mathrm{e}^{\frac{n}{n}}) = \frac{\mathrm{e}^{\frac{1}{n}}(1 - \mathrm{e})}{n(1 - \mathrm{e}^{\frac{1}{n}})},$$

由于

$$\lim_{n \to \infty} S_n = e - 1,$$

故

$$\int_0^1 e^x dx = e - 1.$$

用这种直接求积分和的极限的方法计算定积分是很不方便的,在很多情况下是难以求出的. 常用的算法将在后续各节介绍.

下面,我们在定积分定义的基础上讨论它的各种性质,这些性质对于定积分的计算和应用都是非常重要的.

3.1.5 定积分的性质

性质 3-1 (**线性运算规则**)若函数 $f(x)$ 与 $g(x)$ 都在 $[a,b]$ 上可积,则对任意常数 α 和 β,函数 $\alpha f(x) + \beta g(x)$ 在 $[a,b]$ 上也可积,且

$$\int_a^b [\alpha f(x) + \beta g(x)] dx = \alpha \int_a^b f(x) dx + \beta \int_a^b g(x) dx.$$

证明　任取 $[a,b]$ 的一个分划 Δ:

$$a = x_0 < x_1 < \cdots < x_{n-1} < x_n = b,$$

并在 $[x_{i-1}, x_i]$ 上任取一点 ξ_i,记 $\Delta x_i = x_i - x_{i-1}(i = 1, 2, \cdots, n)$,$\lambda = \max_{1 \leqslant i \leqslant n}\{\Delta x_i\}$,则相应的积分和

$$\sum_{i=1}^n [\alpha f(\xi_i) + \beta g(\xi_i)] \Delta x_i = \alpha \sum_{i=1}^n f(\xi_i) \Delta x_i + \beta \sum_{i=1}^n g(\xi_i) \Delta x_i.$$

由 $f(x)$ 和 $g(x)$ 的可积性知,右端两项在 $\lambda \to 0$ 时分别以 $\alpha \int_a^b f(x) dx$ 和 $\beta \int_a^b g(x) dx$ 为极限,从而左端极限存在,这说明 $\alpha f(x) + \beta g(x)$ 在 $[a,b]$ 上可积,且

$$\int_a^b [\alpha f(x) + \beta g(x)] dx = \alpha \int_a^b f(x) dx + \beta \int_a^b g(x) dx.$$

由上述性质可知,计算较复杂函数的定积分时,可分项计算.

由定积分的定义,易得下面性质:

性质 3-2　若在 $[a,b]$ 上 $f(x) \equiv 1$,则 $\int_a^b 1 dx = \int_a^b dx = b - a.$

性质 3-3　若函数 $f(x)$ 在 $[a,b]$ 上可积,且 $f(x) \geqslant 0$,则 $\int_a^b f(x) dx \geqslant 0.$

性质 3-4 (**单调性**)若函数 $f(x)$ 与 $g(x)$ 在 $[a,b]$ 上均可积,且 $f(x) \leqslant g(x)$,则

$$\int_a^b f(x) dx \leqslant \int_a^b g(x) dx.$$

证明　由性质 3-1 可知,函数 $g(x) - f(x)$ 在 $[a,b]$ 上可积,且

$$\int_a^b [g(x) - f(x)] dx = \int_a^b g(x) dx - \int_a^b f(x) dx,$$

又因 $g(x) - f(x) \geqslant 0$,由性质 3-3,$\int_a^b [g(x) - f(x)] dx \geqslant 0$,从而

$$\int_a^b f(x) dx \leqslant \int_a^b g(x) dx.$$

性质 3-5　若函数 $f(x)$ 在 $[a,b]$ 上可积,且 M 与 m 分别是 $f(x)$ 在 $[a,b]$ 上的最大值与最小值,则

$$m(b-a) \leqslant \int_a^b f(x)\mathrm{d}x \leqslant M(b-a).$$

证明　在 $[a,b]$ 上,$f(x) \geqslant m$,故由性质 3-4、性质 3-1 和性质 3-2 知

$$\int_a^b f(x)\mathrm{d}x \geqslant \int_a^b m\mathrm{d}x = m\int_a^b \mathrm{d}x = m(b-a).$$

同理可证

$$\int_a^b f(x)\mathrm{d}x \leqslant M(b-a).$$

性质 3-6　若函数 $f(x)$ 在 $[a,b]$ 上可积,则 $|f(x)|$ 在 $[a,b]$ 上可积,且

$$\left| \int_a^b f(x)\mathrm{d}x \right| \leqslant \int_a^b |f(x)|\mathrm{d}x.$$

证明　关于 $|f(x)|$ 在 $[a,b]$ 上可积性的证明较为复杂,这里从略,以下只证不等式成立. 由于

$$-|f(x)| \leqslant f(x) \leqslant |f(x)|, \quad x \in [a,b],$$

由性质 3-4 及性质 3-1 可知,

$$-\int_a^b |f(x)|\mathrm{d}x \leqslant \int_a^b f(x)\mathrm{d}x \leqslant \int_a^b |f(x)|\mathrm{d}x,$$

此式即所要证明的不等式.

性质 3-4 ～ 性质 3-6 常用于比较定积分的大小和估计定积分的大致范围.

【例 3-6】　比较 $\int_1^2 x\mathrm{d}x$ 与 $\int_1^2 \sin x\mathrm{d}x$ 的大小.

解　易知 $x \in [1,2]$ 时,$x > \sin x$,故

$$\int_1^2 x\mathrm{d}x \geqslant \int_1^2 \sin x\mathrm{d}x.$$

【例 3-7】　证明:$1 \leqslant \int_0^1 \mathrm{e}^{x^2}\mathrm{d}x \leqslant \mathrm{e}$.

证明　易证 $f(x) = \mathrm{e}^{x^2}$ 在 $[0,1]$ 上单调增加,故最小值为 1,最大值为 e,则由性质 3-5,得

$$1 \leqslant \int_0^1 \mathrm{e}^{x^2}\mathrm{d}x \leqslant \mathrm{e}.$$

性质 3-7　（**对区间的可加性**）设函数 $f(x)$ 在 $[a,b]$ 上可积,$c \in (a,b)$,则 $f(x)$ 在 $[a,c]$ 和 $[c,b]$ 上也可积,且

$$\int_a^b f(x)\mathrm{d}x = \int_a^c f(x)\mathrm{d}x + \int_c^b f(x)\mathrm{d}x.$$

证明　$f(x)$ 在 $[a,b]$ 的子区间上的可积性证明从略. 以下只证可加性.

因为 $f(x)$ 在 $[a,b]$ 上可积,所以积分和的极限与分划方式无关,故总可将 c 作为一个分划点. 这样,$f(x)$ 在 $[a,b]$ 上的积分和等于 $f(x)$ 在 $[a,c]$ 和 $[c,b]$ 上的积分和 $\sum_{[a,c]} f(\xi_i)\Delta x_i$ 与 $\sum_{[c,b]} f(\xi_i)\Delta x_i$ 之和,即

$$\sum_{i=1}^{n} f(\xi_i)\Delta x_i = \sum_{[a,c]} f(\xi_i)\Delta x_i + \sum_{[c,b]} f(\xi_i)\Delta x_i.$$

令 $\lambda \to 0$，取极限，便得到所要证明的积分等式.

由性质 3-7 可知，计算分段表示的可积函数的定积分时，可分区间计算. 例如，对函数

$$f(x) = \begin{cases} x & (0 \leqslant x \leqslant 1) \\ 1 & (1 < x \leqslant 2) \end{cases},$$

$$\int_0^2 f(x)\mathrm{d}x = \int_0^1 x\mathrm{d}x + \int_1^2 \mathrm{d}x = \frac{1}{2} + 1 = \frac{3}{2}.$$

性质 3-7 可推广为

不论 a,b,c 的相对位置如何，总有 $\int_a^b f(x)\mathrm{d}x = \int_a^c f(x)\mathrm{d}x + \int_c^b f(x)\mathrm{d}x.$

例如，设 $a < b < c$，则由性质 3-7

$$\int_a^c f(x)\mathrm{d}x = \int_a^b f(x)\mathrm{d}x + \int_b^c f(x)\mathrm{d}x,$$

则

$$\int_a^b f(x)\mathrm{d}x = \int_a^c f(x)\mathrm{d}x - \int_b^c f(x)\mathrm{d}x = \int_a^c f(x)\mathrm{d}x + \int_c^b f(x)\mathrm{d}x.$$

性质 3-8 （积分中值定理）若 $f(x)$ 在 $[a,b]$ 上连续，则至少存在一点 $\xi \in [a,b]$，使

$$\int_a^b f(x)\mathrm{d}x = f(\xi) \cdot (b-a).$$

证明 因 $f(x)$ 在 $[a,b]$ 上连续，故在 $[a,b]$ 上可积. 设 $f(x)$ 在 $[a,b]$ 上的最大值和最小值分别为 M 和 m，则由性质 3-5

$$m(b-a) \leqslant \int_a^b f(x)\mathrm{d}x \leqslant M(b-a),$$

故

$$m \leqslant \frac{1}{b-a}\int_a^b f(x)\mathrm{d}x \leqslant M.$$

由连续函数的介值定理推论，至少存在一点 $\xi \in [a,b]$，使

$$f(\xi) = \frac{1}{b-a}\int_a^b f(x)\mathrm{d}x,$$

即

$$\int_a^b f(x)\mathrm{d}x = f(\xi) \cdot (b-a).$$

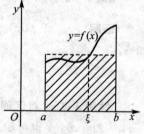

图 3-6

当 $f(x) \geqslant 0$ 时，积分中值定理具有简单的几何意义：对于如图 3-6 所示的曲边梯形，总存在一个高为 $f(\xi)$，底长为 $b-a$ 的矩形，使矩形面积等于曲边梯形的面积.

【例 3-8】 设 $f(x)$ 在 $[0,1]$ 上可微，且满足 $f(1) = 2\int_0^{\frac{1}{2}} xf(x)\mathrm{d}x$，证明：存在 $\xi \in (0,1)$，使得

$$f(\xi) + \xi f'(\xi) = 0.$$

证明　令 $F(x)=xf(x),x\in[0,1]$. 由积分中值定理可知, 存在 $\eta\in\left[0,\dfrac{1}{2}\right]$, 使得

$$2\int_0^{\frac{1}{2}}xf(x)\mathrm{d}x=2\cdot\frac{1}{2}\cdot\eta f(\eta)=\eta f(\eta)=F(\eta).$$

因此 $F(1)=f(1)=F(\eta)$. 再由罗尔定理知, 存在 $\xi\in(\eta,1)\subset(0,1)$, 使 $F'(\xi)=0$, 即

$$f(\xi)+\xi f'(\xi)=0.$$

习题 3-1

1. 已知某物体以速度 $v(t)=3t+5(\mathrm{m/s})$ 作直线运动, 试用定积分表示物体在 $T_1=1\,\mathrm{s}$ 到 $T_2=3\,\mathrm{s}$ 期间所运动的距离, 并用定积分求出该距离.

2. 放射性物质分解的速率 v 是时间 t 的函数: $v=v(t)$, 试表示放射性物体由时刻 t_0 到时刻 t_1 所分解的质量 m.

(1) 用积分和表示其近似值;

(2) 用定积分表示其准确值.

3. 交变电流强度 I 是时间 t 的函数: $I=I_0\sin(\omega t+\varphi_0)$, 其中 I_0、ω、φ_0 是常数, 试用定积分表示从 $t=0$ 时刻起, 经过时间 T 后, 通过导体横截面的电量 Q.

4. 利用定积分的定义, 求下列定积分:

(1) $\displaystyle\int_a^b x\mathrm{d}x$;　　　　　(2) $\displaystyle\int_0^1 x^2\mathrm{d}x$;　　　　　(3) $\displaystyle\int_0^1 2^x\mathrm{d}x$.

5. 填空(利用定积分的几何意义):

(1) $\displaystyle\int_0^4 3x\mathrm{d}x=$ _____;　　　　　(2) $\displaystyle\int_2^5(2x+1)\mathrm{d}x=$ _____;

(3) $\displaystyle\int_{-\pi}^{\pi}\sin x\mathrm{d}x=$ _____;　　　　　(4) $\displaystyle\int_0^2|x-1|\mathrm{d}x=$ _____.

6. 利用定积分表示下列极限:

(1) $\displaystyle\lim_{n\to\infty}\frac{1}{n}\left(\sin\frac{\pi}{n}+\sin\frac{2\pi}{n}+\cdots+\sin\frac{n\pi}{n}\right)$;

(2) $\displaystyle\lim_{n\to\infty}\left(\frac{1}{\sqrt{4n^2-1^2}}+\frac{1}{\sqrt{4n^2-2^2}}+\cdots+\frac{1}{\sqrt{4n^2-n^2}}\right)$.

7. 比较定积分的大小:

(1) $\displaystyle\int_0^1 x^2\mathrm{d}x$ 与 $\displaystyle\int_0^1 x^3\mathrm{d}x$;　　　　　(2) $\displaystyle\int_0^1 \mathrm{e}^x\mathrm{d}x$ 与 $\displaystyle\int_0^1 \mathrm{e}^{x^2}\mathrm{d}x$;

(3) $\displaystyle\int_e^{2e}\ln x\mathrm{d}x$ 与 $\displaystyle\int_e^{2e}(\ln x)^2\mathrm{d}x$;　　　　　(4) $\displaystyle\int_0^1 \mathrm{e}^x\mathrm{d}x$ 与 $\displaystyle\int_0^1\left[1+x+\frac{x^2}{2!}+\cdots+\frac{x^n}{n!}\right]\mathrm{d}x$.

8. 证明下列不等式:

(1) $\dfrac{1}{2}\leqslant\displaystyle\int_{\frac{\pi}{4}}^{\frac{\pi}{2}}\frac{\sin x}{x}\mathrm{d}x\leqslant\dfrac{\sqrt{2}}{2}$;　　　　　(2) $2\mathrm{e}^{-\frac{1}{4}}\leqslant\displaystyle\int_0^2 \mathrm{e}^{x^2-x}\mathrm{d}x\leqslant 2\mathrm{e}^2$;

(3) $\dfrac{\pi}{9}\leqslant\displaystyle\int_{\frac{\sqrt{3}}{3}}^{\sqrt{3}}x\arctan x\mathrm{d}x\leqslant\dfrac{2}{3}\pi$.

3.2　微积分基本定理

从 3.1 节就已经看到, 直接用定义计算定积分是很困难的, 因此需要寻找一种简便的

算法.

积分学的诞生,来源于计算平面曲线所包围的图形的面积以及曲面所包围的立体的体积.如阿基米德计算了球的体积和表面积、抛物线和直线所包围图形的面积等,也有其他一些数学家解决了现在看来可用积分解决的问题.但他们采取的方法都具有特殊技巧,缺乏普遍性,因此难以形成统一的方法.直到17世纪,牛顿(Newton,英国,1642～1727)和莱布尼兹(Leibniz,德国,1646～1716)在总结前人成果的基础上,各自独立地发现了微积分基本定理,从而将积分运算纳入了一个统一的框架之中.

微积分基本定理不仅为定积分的计算提供了简便的方法,而且将微分和积分这两个似乎不相干的概念联系起来,因此,它在微积分学中占有极其重要的地位.

牛顿和莱布尼兹的定积分思想又经过近二百年的发展,到了19世纪,才由数学家黎曼(Riemann,德国,1826～1866)给出了严格定义.本章所讲的定积分定义是属于黎曼的,在此意义下定积分也称**黎曼积分**.

3.2.1 牛顿-莱布尼兹公式

首先考虑两个问题:

第一个问题:已知一物体以速度 $v(t)(v(t) \geqslant 0)$ 作变速直线运动,求其在时间间隔 $[T_1, T_2]$ 内行进的路程.

由上一节定积分的概念知,该路程可用定积分 $\int_{T_1}^{T_2} v(t) \mathrm{d}t$ 表示.

第二个问题是第一个问题的反问题:已知该物体的运动方程 $s(t)$,求速度 $v(t)$.

由微分学知识知,$v(t) = s'(t)$.

再由上述问题的实际意义,易得如下等式:

$$\int_{T_1}^{T_2} v(t) \mathrm{d}t = s(T_2) - s(T_1). \tag{1}$$

一般地,设 $f(x)$ 是定义在区间 I 上的函数,若存在函数 $F(x)$,满足

$$F'(x) = f(x), \quad x \in I,$$

则称 $F(x)$ 是 $f(x)$ 在区间 I 上的一个**原函数**(primitive function).

易证,$f(x)$ 在 I 上若有原函数,则必有无穷多个,且任意两个原函数之间只相差一个常数,因而,若 $F(x)$ 是 $f(x)$ 的一个原函数,则 $F(x)+c(c$ 为任意常数) 就是 $f(x)$ 所有原函数的一般表达式.

在上面讨论的问题中,$s(t)$ 是 $v(t)$ 在 $[T_1, T_2]$ 上的一个原函数,而 $v(t)$ 是 $s(t)$ 在 $[T_1, T_2]$ 上的导函数.式(1)可描述为:定积分 $\int_{T_1}^{T_2} v(t) \mathrm{d}t$ 等于 $v(t)$ 的原函数 $s(t)$ 在积分上限处的值减去其在积分下限处的值.

这种结论不是偶然的巧合.

定理 3-2 (微积分基本定理)设 $f(x)$ 是 $[a,b]$ 上的可积函数,$F(x)$ 是 $f(x)$ 在 $[a,b]$ 上的一个原函数,则

$$\int_a^b f(x) \mathrm{d}x = F(b) - F(a) \xlongequal{\text{记}} F(x) \Big|_a^b. \tag{2}$$

证明　任取$[a,b]$的一个分划：
$$a = x_0 < x_1 < \cdots < x_{n-1} < x_n = b,$$
由微分中值定理知，存在$\xi_i \in (x_{i-1}, x_i)(i = 1, 2, \cdots, n)$，使得
$$F(x_i) - F(x_{i-1}) = F'(\xi_i)(x_i - x_{i-1}) = f(\xi_i)(x_i - x_{i-1}) = f(\xi_i)\Delta x_i,$$
从而
$$F(b) - F(a) = \sum_{i=1}^{n}[F(x_i) - F(x_{i-1})] = \sum_{i=1}^{n} f(\xi_i)\Delta x_i.$$

显然$\sum_{i=1}^{n} f(\xi_i)\Delta x_i$是$f(x)$在$[a,b]$上的一个特殊积分和，由于$f(x)$可积，故在上式两端取极限，便有
$$F(b) - F(a) = \lim_{\lambda \to 0}[F(b) - F(a)] = \lim_{\lambda \to 0}\sum_{i=1}^{n} f(\xi_i)\Delta x_i = \int_a^b f(x)\mathrm{d}x.$$

公式（2）称为**牛顿 - 莱布尼兹公式**. 因上述公式揭示了微分和积分之间的关系，故称为**微积分基本公式**.

有了上述定理，我们就可以有效方便地对定积分进行计算，把定积分的计算归结为求原函数的问题.

【**例 3-9**】　计算下列定积分：

(1) $\displaystyle\int_0^1 \frac{1}{1+x^2}\mathrm{d}x$;
　　　　　　　(2) $\displaystyle\int_0^{\frac{\pi}{4}} \frac{1}{\cos^2 x}\mathrm{d}x$;

(3) $\displaystyle\int_0^1 x^n\mathrm{d}x$($n$ 为正整数)；
　　　(4) $\displaystyle\int_0^{\frac{1}{2}} \frac{1}{\sqrt{1-x^2}}\mathrm{d}x$.

解　由于$\arctan x$是$\dfrac{1}{1+x^2}$的一个原函数，$\tan x$、$\dfrac{x^{n+1}}{n+1}$和$\arcsin x$分别是$\dfrac{1}{\cos^2 x}$、x^n和$\dfrac{1}{\sqrt{1-x^2}}$的原函数，根据牛顿 - 莱布尼兹公式，有

(1) $\displaystyle\int_0^1 \frac{1}{1+x^2}\mathrm{d}x = \arctan x \Big|_0^1 = \arctan 1 - \arctan 0 = \frac{\pi}{4}$;

(2) $\displaystyle\int_0^{\frac{\pi}{4}} \frac{1}{\cos^2 x}\mathrm{d}x = \tan x \Big|_0^{\frac{\pi}{4}} = \tan \frac{\pi}{4} - \tan 0 = 1$;

(3) $\displaystyle\int_0^1 x^n\mathrm{d}x = \frac{x^{n+1}}{n+1} \Big|_0^1 = \frac{1}{n+1} - 0 = \frac{1}{n+1}$;

(4) $\displaystyle\int_0^{\frac{1}{2}} \frac{1}{\sqrt{1-x^2}}\mathrm{d}x = \arcsin x \Big|_0^{\frac{1}{2}} = \arcsin \frac{1}{2} - \arcsin 0 = \frac{\pi}{6}$.

【**例 3-10**】　计算下列定积分

(1) 设 $f(x) = \begin{cases} x & (x \geqslant 0) \\ x^2 & (x < 0) \end{cases}$，求$\displaystyle\int_{-1}^1 f(x)\mathrm{d}x$;　(2) $\displaystyle\int_{-1}^3 |x-2|\mathrm{d}x$.

解　(1) $\displaystyle\int_{-1}^1 f(x)\mathrm{d}x = \int_{-1}^0 x^2\mathrm{d}x + \int_0^1 x\mathrm{d}x = \frac{1}{3}x^3 \Big|_{-1}^0 + \frac{1}{2}x^2 \Big|_0^1 = \frac{1}{3} + \frac{1}{2} = \frac{5}{6}$;

(2) $\displaystyle\int_{-1}^3 |x-2|\mathrm{d}x = \int_{-1}^2 (2-x)\mathrm{d}x + \int_2^3 (x-2)\mathrm{d}x$

$$= \left(2x - \frac{1}{2}x^2\right)\Big|_{-1}^{2} + \left(\frac{1}{2}x^2 - 2x\right)\Big|_{2}^{3} = \frac{9}{2} + \frac{1}{2} = 5.$$

3.2.2 原函数存在定理

有了牛顿-莱布尼兹公式,一般的定积分计算就转化为寻找被积函数的原函数. 这就很自然地会提出一个问题:可积函数是否都存在原函数?因为原函数的存在与否,决定了牛顿-莱布尼兹公式能否用于该定积分的计算之中. 下面就讨论这个问题.

设 $f(x)$ 是 $[a,b]$ 上的可积函数,x 为 $[a,b]$ 上的一点. 由定积分的性质 3-7 知,$f(x)$ 在 $[a,x]$ 上也可积,即 $\int_a^x f(x)\mathrm{d}x$ 存在.

上面表达式中 x 既表示定积分上限,又表示积分变量. 由于定积分与积分变量的记号无关,所以在熟悉上述表达式之前,为不致产生混淆,把积分变量改为其他符号. 现将上面的定积分写作

$$\int_a^x f(t)\mathrm{d}t.$$

如果上限 x 在 $[a,b]$ 内任意变动,对任一 $x \in [a,b]$,定积分 $\int_a^x f(t)\mathrm{d}t$ 都有唯一确定的对应值,所以它在 $[a,b]$ 上定义了一个函数,记作 $\Phi(x)$:

$$\Phi(x) = \int_a^x f(t)\mathrm{d}t \quad (x \in [a,b]),$$

称该函数为**积分上限函数**(或称变上限定积分).

下面的定理部分地回答了上面提出的问题.

定理 3-3 (原函数存在定理)若函数 $f(x)$ 在 $[a,b]$ 上连续,则 $\Phi(x) = \int_a^x f(t)\mathrm{d}t$ 就是 $f(x)$ 在 $[a,b]$ 上的一个原函数,即

$$\Phi'(x) = \frac{\mathrm{d}}{\mathrm{d}x}\int_a^x f(t)\mathrm{d}t = f(x) \quad (x \in [a,b]).$$

证明　任取 $x \in (a,b)$,取充分小的 Δx,使 $x + \Delta x \in (a,b)$,则

$$\Phi(x + \Delta x) - \Phi(x) = \int_a^{x+\Delta x} f(t)\mathrm{d}t - \int_a^x f(t)\mathrm{d}t$$

$$= \left[\int_a^x f(t)\mathrm{d}t + \int_x^{x+\Delta x} f(t)\mathrm{d}t\right] - \int_a^x f(t)\mathrm{d}t = \int_x^{x+\Delta x} f(t)\mathrm{d}t.$$

再由积分中值定理,有

$$\Phi(x + \Delta x) - \Phi(x) = f(\xi)\Delta x \quad (\xi \text{ 在 } x \text{ 与 } x + \Delta x \text{ 之间}),$$

故

$$\lim_{\Delta x \to 0} \frac{\Phi(x + \Delta x) - \Phi(x)}{\Delta x} = \lim_{\Delta x \to 0} f(\xi) = f(x).$$

若 $x = a$ 或 $x = b$,则取 $\Delta x > 0$ 或 $\Delta x < 0$,以上 $\Delta x \to 0$ 分别改为 $\Delta x \to 0^+$ 或 $\Delta x \to 0^-$,就得

$$\Phi'_+(a) = f(a)$$

与

$$\Phi'(b) = f(b).$$

这就证明了 $\Phi(x)$ 是 $f(x)$ 在 $[a,b]$ 上的一个原函数.

由这个定理可知,**连续函数必有原函数**,$\Phi(x)$ **就是其中的一个**. 因此,计算连续函数的定积分时,可直接利用牛顿-莱布尼兹公式.

原函数存在定理表明,由连续函数 $f(x)$ 确定的积分上限函数 $\Phi(x) = \int_a^x f(t)\mathrm{d}t$ 是可导函数,并且 $\Phi'(x) = f(x)$,它只是在表现形式上与普通的可导函数不同,对它的讨论与一般可导函数完全类似.

【例 3-11】 计算下列函数的导数:

$(1) \int_a^x t^2 \cos t\mathrm{d}t;$ $\qquad (2) \int_x^1 \arctan t^2 \mathrm{d}t;$ $\qquad (3) \int_0^{\sqrt{x}} \sin t^3 \mathrm{d}t;$ $\qquad (4) \int_{\sin x}^{x^2} \mathrm{e}^{-t^2}\mathrm{d}t.$

解 (1) $\dfrac{\mathrm{d}}{\mathrm{d}x}\displaystyle\int_a^x t^2\cos t\mathrm{d}t = x^2\cos x.$

(2) 先将 $\displaystyle\int_x^1 \arctan t^2\mathrm{d}t$ 化为积分上限函数 $-\displaystyle\int_1^x \arctan t^2\mathrm{d}t$,则有

$$\frac{\mathrm{d}}{\mathrm{d}x}\int_x^1 \arctan t^2\mathrm{d}t = -\frac{\mathrm{d}}{\mathrm{d}x}\int_1^x \arctan t^2\mathrm{d}t = -\arctan x^2.$$

(3) 设 $F(x) = \displaystyle\int_0^{\sqrt{x}} \sin t^3\mathrm{d}t$,则 $F(x)$ 可看做 $F(u) = \displaystyle\int_0^u \sin t^3\mathrm{d}t$ 与 $u = \sqrt{x}$ 的复合函数,根据复合函数求导法则,有

$$\frac{\mathrm{d}}{\mathrm{d}x}\int_0^{\sqrt{x}} \sin t^3\mathrm{d}t = \left(\frac{\mathrm{d}}{\mathrm{d}u}\int_0^u \sin t^3\mathrm{d}t\right)\cdot\frac{\mathrm{d}u}{\mathrm{d}x} = \sin u^3 \cdot \frac{1}{2\sqrt{x}} = \frac{1}{2\sqrt{x}}\sin x^{\frac{3}{2}}.$$

(4) 由定积分的性质,知

$$\int_{\sin x}^{x^2} \mathrm{e}^{-t^2}\mathrm{d}t = \int_0^{x^2} \mathrm{e}^{-t^2}\mathrm{d}t - \int_0^{\sin x} \mathrm{e}^{-t^2}\mathrm{d}t,$$

故

$$\frac{\mathrm{d}}{\mathrm{d}x}\int_{\sin x}^{x^2} \mathrm{e}^{-t^2}\mathrm{d}t = 2x\mathrm{e}^{-x^4} - \mathrm{e}^{-\sin^2 x}\cos x.$$

一般地,若 $u(x)$ 是可导函数,$f(x)$ 连续,则有

$$\frac{\mathrm{d}}{\mathrm{d}x}\int_a^{u(x)} f(t)\mathrm{d}t = f[u(x)]u'(x).$$

【例 3-12】 求 $\lim\limits_{x\to 0} \dfrac{\displaystyle\int_0^{x^2} \ln(1+2t)\mathrm{d}t}{x^4}.$

解 这是 $\dfrac{0}{0}$ 型的未定式. 分子是 $y = f(u) = \displaystyle\int_0^u \ln(1+2t)\mathrm{d}t$ 和 $u = x^2$ 的复合函数,故由洛必达法则和复合函数求导法,得

$$\lim_{x\to 0} \frac{\displaystyle\int_0^{x^2} \ln(1+2t)\mathrm{d}t}{x^4} = \lim_{x\to 0} \frac{2x\cdot\ln(1+2x^2)}{4x^3} = \lim_{x\to 0} \frac{2x\cdot 2x^2}{4x^3} = 1.$$

【例 3-13】 讨论函数 $F(x) = \displaystyle\int_0^x t(t-4)\mathrm{d}t$ 在 $[-1,5]$ 上的单调性,极值,最大、最小

值以及曲线 $y = F(x)$ 的凹凸性和拐点.

解
$$F'(x) = x(x-4), 令 F'(x) = 0, 得 x_1 = 0, x_2 = 4.$$
$$F''(x) = 2x - 4, 令 F''(x) = 0, 得 x_3 = 2.$$

列表如下:

x	$(-1,0)$	0	$(0,2)$	2	$(2,4)$	4	$(4,5)$
$F'(x)$	$+$	0	$-$	$-$	$-$	0	$+$
$F''(x)$	$-$	$-$	$-$	0	$+$	$+$	$+$
$F(x)$	⤴	极大值	⤵	拐点	⤵	极小值	⤴

则 $[-1,0], [4,5]$ 为单调递增区间, $[0,4]$ 单调递减区间.

$F(0) = 0$ 为极大值,

$$F(4) = \int_0^4 t(t-4)\,\mathrm{d}t = \int_0^4 (t^2 - 4t)\,\mathrm{d}t = \left(\frac{1}{3}t^3 - 2t^2\right)\Big|_0^4 = -\frac{32}{3}$$

为极小值.

$[-1,2]$ 为凸区间, $[2,5]$ 为凹区间,

$$F(2) = \int_0^2 t(t-4)\,\mathrm{d}t = -\frac{16}{3},$$

则 $\left(2, -\frac{16}{3}\right)$ 为拐点.

又

$$F(-1) = \int_0^{-1} t(t-4)\,\mathrm{d}t = -\frac{7}{3},$$

$F(5) = \int_0^5 t(t-4)\,\mathrm{d}t = -\frac{25}{3}$ 与 $F(0)$ 及 $F(4)$ 比较可知, 最大值为 0, 最小值为 $-\frac{32}{3}$.

习题 3-2

1. 用牛顿 - 莱布尼兹公式计算下列定积分:

$(1) \int_0^1 (3x^2 - 4x^3)\,\mathrm{d}x;$ 　　　$(2) \int_1^2 \frac{1}{x}\,\mathrm{d}x;$ 　　　$(3) \int_{\frac{1}{\sqrt{3}}}^{\sqrt{3}} \frac{1}{1+x^2}\,\mathrm{d}x;$ 　　　$(4) \int_0^{2\pi} |\sin x|\,\mathrm{d}x.$

2. 设 $f(x) = \begin{cases} x^2 & (0 \leqslant x < 1) \\ 1 & (1 \leqslant x \leqslant 2) \end{cases}$, 求 $F(x) = \int_1^x f(t)\,\mathrm{d}t$ $(0 \leqslant x \leqslant 2)$ 的表达式.

3. 设 $f(x) = \begin{cases} x+1 & (x < 0) \\ x & (x \geqslant 0) \end{cases}$, 求 $F(x) = \int_{-1}^x f(t)\,\mathrm{d}t$ 的表达式, 并讨论 $F(x)$ 在 $x = 0$ 处的连续性与可导性.

4. 求下列函数的导数 $\frac{\mathrm{d}y}{\mathrm{d}x}$:

$(1) y = \int_{-2}^x \frac{t^2 \sin t}{5+t^2}\,\mathrm{d}t;$ 　　$(2) y = \int_0^{x^3} \mathrm{e}^{t^2}\,\mathrm{d}t;$ 　　$(3) y = \int_{2x}^1 \sin(1+t^2)\,\mathrm{d}t;$ 　　$(4) y = \int_x^{x^2} \frac{\mathrm{d}t}{\sqrt{1+t^4}}.$

5. 设 $F(x) = \int_x^{x+2\pi} \mathrm{e}^{\sin t} \sin t\,\mathrm{d}t$, 证明 $F(x)$ 是常值函数.

6. 求由方程 $x^3 - \int_0^{y^2} \mathrm{e}^{-t^2}\,\mathrm{d}t + y = 0$ 确定的隐函数 $y = y(x)$ 的导数 $\frac{\mathrm{d}y}{\mathrm{d}x}$.

7. 求由参数方程 $x = \int_0^{t^2} \sin u \, du, y = \int_0^{t^2} \cos u \, du$ 所确定的函数 $y = y(x)$ 的导数 $\dfrac{dy}{dx}$.

8. 设 $F(x) = \int_0^x e^{-\frac{t^2}{2}} dt, x \in (-\infty, +\infty)$，求曲线 $y = F(x)$ 在拐点处的切线方程.

9. 求极限：

(1) $\displaystyle\lim_{x \to 1} \frac{\int_1^x e^{t^2} dt}{\ln x}$;

(2) $\displaystyle\lim_{x \to 0} \frac{\int_{\cos x}^1 t \ln t \, dt}{x^4}$;

(3) $\displaystyle\lim_{x \to 0} \frac{x}{\int_0^x \cos t^2 \, dt}$;

(4) $\displaystyle\lim_{x \to 0} \frac{\left(\int_0^x e^{t^2} dt\right)^2}{\int_0^x t e^{2t^2} dt}$.

10. 设 $f(x)$ 和 $g(x)$ 均为 $[a,b]$ 上的连续函数，证明：至少存在一点 $\xi \in (a,b)$，使

$$f(\xi) \int_\xi^b g(x) dx = g(\xi) \int_a^\xi f(x) dx.$$

11. 已知 $f(x) = \dfrac{1}{1+x^2} + x^3 \int_0^1 f(x) dx$，求 $\int_0^1 f(x) dx$.

3.3　不定积分

牛顿-莱布尼兹公式给出了定积分的计算方法，即将定积分的计算转化为求原函数的问题. 本节将致力于原函数的寻求，首先给出不定积分的概念，由此得到基本积分表，然后介绍不定积分的计算方法.

3.3.1　不定积分的概念及性质

3.2 节已经指出，如果 $F(x)$ 是 $f(x)$ 的一个原函数，则 $F(x) + c$（c 为任意常数）是 $f(x)$ 所有原函数的一般表达式，我们称 $F(x) + c$ 为 $f(x)$ 的不定积分，即有

定义 3-2　函数 $f(x)$ 在区间 I 上所有原函数的一般表达式称为 $f(x)$ 在 I 上的**不定积分**(indefinite integral)，记作 $\int f(x) dx$，即

$$\int f(x) dx = F(x) + c,$$

其中，$\int$ 称为积分符号，$f(x)$ 称为**被积函数**，$f(x)dx$ 称为**被积表达式**，x 称为**积分变量**，$F(x)$ 是 $f(x)$ 在区间 I 上的一个原函数.

因为区间 I 上的连续函数一定存在原函数，所以在区间 I 上的连续函数一定存在不定积分. 由不定积分的定义知，只需求出 $f(x)$ 在区间 I 上的一个原函数，再加上任意常数 c，便可得函数 $f(x)$ 在区间 I 上的不定积分.

例如，

$$\int x^2 dx = \frac{1}{3}x^3 + c, \quad x \in (-\infty, +\infty),$$

$$\int \sin x dx = -\cos x + c, \quad x \in (-\infty, +\infty),$$

$$\int \frac{1}{x} \mathrm{d}x = \ln x + c, \quad (x > 0),$$

$$\int \frac{1}{x} \mathrm{d}x = \ln(-x) + c, \quad (x < 0),$$

$$\int \frac{1}{x} \mathrm{d}x = \ln |x| + c, \quad (x \neq 0).$$

为简便起见,以后一般不再注明被积函数的适用区间. 应该注意,不定积分 $\int f(x)\mathrm{d}x$ 是 $f(x)$ 的全体原函数,它不是一个函数,而是一族函数,在几何上,它是一族曲线,称为**积分曲线族**. 显然,族中的任一条积分曲线可由另一条积分曲线沿 y 轴方向平移而得到. 如 $F(x)$ 是 $f(x)$ 的一个原函数,则不定积分 $\int f(x)\mathrm{d}x$ 的图形,即为如图 3-7 所示的积分曲线族. 曲线族中各条曲线在横坐标相同的点处的切线平行.

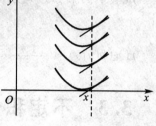

图 3-7

根据不定积分的定义,可得下列性质:

$$\left(\int f(x)\mathrm{d}x \right)' = f(x)$$

或

$$\mathrm{d}\int f(x)\mathrm{d}x = f(x)\mathrm{d}x.$$

在不定积分 $\int f(x)\mathrm{d}x$ 定义中,$f(x)\mathrm{d}x$ 本来是整个不定积分记号中不可分离的一部分,但是由上面的性质可知,积分号下的 $f(x)\mathrm{d}x$ 与微分表达式的符号是一致的,于是又得到下面的不定积分性质

$$\int f'(x)\mathrm{d}x = f(x) + c$$

或

$$\int \mathrm{d}f(x) = f(x) + c.$$

可见,不定积分运算与微分运算,在相差一个常数意义下互为逆运算.

【例 3-14】 已知 $\int xf(x)\mathrm{d}x = \mathrm{e}^x + c$,求 $f(x)$.

解 等式两边同时求导,可得

$$xf(x) = \mathrm{e}^x,$$

故

$$f(x) = \frac{\mathrm{e}^x}{x}.$$

3.3.2 基本积分公式

若 $F'(x) = f(x)$,则 $\int f(x)\mathrm{d}x = F(x) + c$,因此,由常用的一些求导公式立即得到下面的基本积分表.

(1) $\int k\mathrm{d}x = kx + c$（$k$ 为常数）；　　(2) $\int x^a \mathrm{d}x = \dfrac{1}{\alpha+1} x^{\alpha+1} + c$（$\alpha \neq -1$）；

(3) $\int \dfrac{\mathrm{d}x}{x} = \ln|x| + c$；　　(4) $\int a^x \mathrm{d}x = \dfrac{a^x}{\ln a} + c$（$a>0$，且 $a \neq 1$）；

(5) $\int \mathrm{e}^x \mathrm{d}x = \mathrm{e}^x + c$；　　(6) $\int \cos x\mathrm{d}x = \sin x + c$；

(7) $\int \sin x\mathrm{d}x = -\cos x + c$；　　(8) $\int \sec^2 x\mathrm{d}x = \int \dfrac{1}{\cos^2 x} \mathrm{d}x = \tan x + c$；

(9) $\int \csc^2 x\mathrm{d}x = \int \dfrac{1}{\sin^2 x}\mathrm{d}x = -\cot x + c$；　(10) $\int \sec x\tan x\mathrm{d}x = \sec x + c$；

(11) $\int \csc x\cot x\mathrm{d}x = -\csc x + c$；　　(12) $\int \dfrac{\mathrm{d}x}{\sqrt{1-x^2}} = \arcsin x + c$；

(13) $\int \dfrac{\mathrm{d}x}{1+x^2} = \arctan x + c$.

以上 13 个公式是求不定积分的基础，必须熟记.

3.3.3　积分法则

求定积分和不定积分的方法统称为**积分法则**，与导数的线性运算法则相对应，不定积分也有相应的法则.

1. 积分的线性运算法则

若函数 $f(x)$ 与 $g(x)$ 的不定积分都存在，则对任意常数 k_1 与 k_2，函数 $k_1 f(x) + k_2 g(x)$ 的不定积分也存在，且有

$$\int [k_1 f(x) + k_2 g(x)]\mathrm{d}x = k_1 \int f(x)\mathrm{d}x + k_2 \int g(x)\mathrm{d}x,$$

即函数线性组合的不定积分等于函数不定积分的线性组合. 这是因为

$$\left[k_1 \int f(x)\mathrm{d}x + k_2 \int g(x)\mathrm{d}x \right]' = k_1 \left[\int f(x)\mathrm{d}x \right]' + k_2 \left[\int g(x)\mathrm{d}x \right]'$$
$$= k_1 f(x) + k_2 g(x).$$

这说明 $k_1 \int f(x)\mathrm{d}x + k_2 \int g(x)\mathrm{d}x$ 和 $\int [k_1 f(x) + k_2 g(x)]\mathrm{d}x$ 一样，都是 $k_1 f(x) + k_2 g(x)$ 的原函数，从而

$$\int [k_1 f(x) + k_2 g(x)]\mathrm{d}x = k_1 \int f(x)\mathrm{d}x + k_2 \int g(x)\mathrm{d}x.$$

上式右端有两个积分号，形式上含两个任意常数，但是由于两个任意常数之和仍然是任意常数，所以实际上只含一个任意常数.

利用上述法则及基本积分公式，可以计算一些较简单函数的不定积分.

【例 3-15】　求 $\int \dfrac{2x\mathrm{e}^x - \sqrt{x} + 1}{x}\mathrm{d}x$.

解　$\int \dfrac{2x\mathrm{e}^x - \sqrt{x} + 1}{x}\mathrm{d}x = 2\int \mathrm{e}^x \mathrm{d}x - \int \dfrac{\mathrm{d}x}{\sqrt{x}} + \int \dfrac{1}{x}\mathrm{d}x$

$$= 2e^x - 2\sqrt{x} + \ln|x| + c.$$

【例 3-16】 求 $\int \dfrac{x^2}{1+x^2}\mathrm{d}x$.

解 $\int \dfrac{x^2}{1+x^2}\mathrm{d}x = \int \dfrac{x^2+1-1}{x^2+1}\mathrm{d}x = \int\left(1-\dfrac{1}{1+x^2}\right)\mathrm{d}x = x - \arctan x + c.$

【例 3-17】 求 $\int (2^x+3^x)^2\mathrm{d}x$.

解 $\int (2^x+3^x)^2\mathrm{d}x = \int(4^x+2\cdot 6^x+9^x)\mathrm{d}x = \int 4^x\mathrm{d}x + 2\int 6^x\mathrm{d}x + \int 9^x\mathrm{d}x$

$$= \dfrac{4^x}{\ln 4} + \dfrac{2\cdot 6^x}{\ln 6} + \dfrac{9^x}{\ln 9} + c.$$

【例 3-18】 求 $\int\left[9^x + \dfrac{(x-1)^2}{\sqrt{x}}\right]\mathrm{d}x$.

解 $\int\left[9^x + \dfrac{(x-1)^2}{\sqrt{x}}\right]\mathrm{d}x$

$$= \int 9^x\mathrm{d}x + \int \dfrac{(x-1)^2}{\sqrt{x}}\mathrm{d}x = \int 9^x\mathrm{d}x + \int \dfrac{x^2-2x+1}{\sqrt{x}}\mathrm{d}x$$

$$= \int 9^x\mathrm{d}x + \int(x^{\frac{3}{2}} - 2x^{\frac{1}{2}} + x^{-\frac{1}{2}})\mathrm{d}x$$

$$= \dfrac{9^x}{\ln 9} + \dfrac{2}{5}x^{\frac{5}{2}} - \dfrac{4}{3}x^{\frac{3}{2}} + 2x^{\frac{1}{2}} + c.$$

【例 3-19】 求 $\int \tan^2 x\mathrm{d}x$.

解 $\int \tan^2 x\mathrm{d}x = \int(\sec^2 x - 1)\mathrm{d}x = \tan x - x + c.$

【例 3-20】 求 $\int \dfrac{4\sin^3 x-1}{\sin^2 x}\mathrm{d}x$.

解 $\int \dfrac{4\sin^3 x-1}{\sin^2 x}\mathrm{d}x = \int\left(4\sin x - \dfrac{1}{\sin^2 x}\right)\mathrm{d}x = \int(4\sin x - \csc^2 x)\mathrm{d}x$

$$= -4\cos x + \cot x + c.$$

【例 3-21】 求 $\int \dfrac{1}{1+\sin x}\mathrm{d}x$.

解 $\int \dfrac{1}{1+\sin x}\mathrm{d}x = \int \dfrac{1-\sin x}{(1+\sin x)(1-\sin x)}\mathrm{d}x = \int \dfrac{1-\sin x}{\cos^2 x}\mathrm{d}x$

$$= \int(\sec^2 x - \sec x\tan x)\mathrm{d}x = \tan x - \sec x + c.$$

不定积分理论的基本问题是对各种函数求它们的原函数. 在微积分理论发展的早期, 对于各种初等函数, 寻求其初等函数的原函数, 曾经是热门话题. 那时人们曾认为, 凡能用式子表示的函数一定有可以用式子表示的原函数. 直到 19 世纪末挪威数学家李(Lie M S, 1842 ～ 1899)建立了连续变换群理论并用以研究微分方程以后, 人们才知道初等函数的原函数并不都能用初等函数表示, 一些简单的初等函数, 如 e^{-x^2}, $\dfrac{\sin x}{x}$, $\sqrt{1+x^3}$, $\dfrac{e^x}{x}$,

$\sin x^2$，$\dfrac{1}{\ln x}$ 的原函数虽然存在，但都不能用初等函数表示.

下面我们主要介绍一些常用的积分方法.

在微分运算中有复合函数求导法则和微分的形式不变性，在积分运算中相应地有下面的运算法则.

2. 积分形式不变性（凑微分法）

若 $\displaystyle\int f(x)\mathrm{d}x = F(x) + c$，则对任意可微函数 $u = \varphi(x)$，有

$$\int f(u)\mathrm{d}u = F(u) + c$$

或

$$\boxed{\int f(\varphi(x))\varphi'(x)\mathrm{d}x = \int f(\varphi(x))\mathrm{d}\varphi(x) = F(\varphi(x)) + c.}$$

这仅需证明 $[F(\varphi(x))]' = f(\varphi(x))\varphi'(x)$. 事实上，由假设知，$\mathrm{d}F(x) = f(x)\mathrm{d}x$，再由微分形式不变性，有

$$\mathrm{d}F(u) = f(u)\mathrm{d}u.$$

令 $u = \varphi(x)$，便得 $\mathrm{d}F[\varphi(x)] = F'(\varphi(x))\varphi'(x)\mathrm{d}x = f(\varphi(x))\varphi'(x)\mathrm{d}x$，即有此法则成立.

积分形式不变性也叫**第一类换元法**或**凑微分法**. 由此，所有积分公式中的自变量 x 换成任意一个可微函数 $u = \varphi(x)$ 后，相应公式仍成立.

【例 3-22】　求 $\displaystyle\int \mathrm{e}^{2x}\mathrm{d}x$.

解　令 $u = 2x$，则 $\mathrm{d}u = 2\mathrm{d}x$，于是

$$\int \mathrm{e}^{2x}\mathrm{d}x = \frac{1}{2}\int \mathrm{e}^{2x}\cdot 2\mathrm{d}x = \frac{1}{2}\int \mathrm{e}^u\mathrm{d}u = \frac{1}{2}\mathrm{e}^u + c = \frac{1}{2}\mathrm{e}^{2x} + c.$$

【例 3-23】　求 $\displaystyle\int x\cos x^2 \mathrm{d}x$.

解　令 $u = x^2$，则 $\mathrm{d}u = 2x\mathrm{d}x$，于是

$$\int x\cos x^2\mathrm{d}x = \frac{1}{2}\int \cos x^2\cdot 2x\mathrm{d}x = \frac{1}{2}\int \cos u\mathrm{d}u = \frac{1}{2}\sin u + c = \frac{1}{2}\sin x^2 + c.$$

由积分形式不变性，若被积表达式 $g(x)\mathrm{d}x$ 可以通过凑常数而写成

$$f(\varphi(x))\varphi'(x)\mathrm{d}x,$$

则只要令 $u = \varphi(x)$，便有

$$g(x)\mathrm{d}x = f(\varphi(x))\varphi'(x)\mathrm{d}x = f(u)\mathrm{d}u.$$

这样把积分 $\displaystyle\int g(x)\mathrm{d}x$ 转化为积分 $\displaystyle\int f(u)\mathrm{d}u$，所以叫凑微分法. 当运算熟练后，上述 u 可不必写出.

【例 3-24】　求 $\displaystyle\int \dfrac{1}{3x+1}\mathrm{d}x$.

解　$\displaystyle\int \frac{1}{3x+1}\mathrm{d}x = \frac{1}{3}\int \frac{1}{3x+1}\mathrm{d}(3x+1) = \frac{1}{3}\ln|3x+1| + c.$

一般地
$$\int f(ax+b)\mathrm{d}x = \frac{1}{a}\int f(ax+b)\cdot \mathrm{d}(ax+b).$$

【例 3-25】 求 $\int \cos\left(2x-\frac{\pi}{4}\right)\mathrm{d}x.$

解 $\int \cos\left(2x-\frac{\pi}{4}\right)\mathrm{d}x = \frac{1}{2}\int \cos\left(2x-\frac{\pi}{4}\right)\mathrm{d}\left(2x-\frac{\pi}{4}\right) = \frac{1}{2}\sin\left(2x-\frac{\pi}{4}\right)+c.$

【例 3-26】 求 $\int x(1+2x^2)\mathrm{d}x.$

解 $\int x(1+2x^2)\mathrm{d}x = \frac{1}{4}\int (1+2x^2)\mathrm{d}(1+2x^2) = \frac{1}{4}\cdot\frac{1}{2}(1+2x^2)^2 + c$

$\qquad\qquad = \frac{1}{8}(1+2x^2)^2 + c.$

【例 3-27】 求 $\int \dfrac{\mathrm{d}x}{x(2+3\ln x)}.$

解 $\int \dfrac{\mathrm{d}x}{x(2+3\ln x)} = \frac{1}{3}\int \dfrac{\mathrm{d}(2+3\ln x)}{2+3\ln x} = \frac{1}{3}\ln|2+3\ln x|+c.$

【例 3-28】 求 $\int \dfrac{\mathrm{d}x}{\sqrt{x}(1+x)}.$

解 $\int \dfrac{\mathrm{d}x}{\sqrt{x}(1+x)} = 2\int \dfrac{1}{1+(\sqrt{x})^2}\mathrm{d}\sqrt{x} = 2\arctan\sqrt{x}+c.$

【例 3-29】 求 $\int \sin^3 x\mathrm{d}x.$

解 $\int \sin^3 x\mathrm{d}x = \int \sin^2 x\cdot\sin x\mathrm{d}x = -\int \sin^2 x\mathrm{d}\cos x$

$\qquad = \int (\cos^2 x-1)\mathrm{d}\cos x = \frac{1}{3}\cos^3 x - \cos x + c.$

【例 3-30】 求 $\int \sin^2 x\mathrm{d}x.$

解 $\int \sin^2 x\mathrm{d}x = \int \dfrac{1-\cos 2x}{2}\mathrm{d}x = \frac{1}{2}\int (1-\cos 2x)\mathrm{d}x$

$\qquad = \frac{1}{2}\left(\int \mathrm{d}x - \int \cos 2x\mathrm{d}x\right) = \frac{1}{2}\left(\int \mathrm{d}x - \frac{1}{2}\int \cos 2x\mathrm{d}2x\right)$

$\qquad = \frac{1}{2}\left(x-\frac{1}{2}\sin 2x\right)+c = \frac{1}{2}x - \frac{1}{4}\sin 2x + c.$

【例 3-31】 求 $\int \tan x\mathrm{d}x.$

解 $\int \tan x\mathrm{d}x = \int \dfrac{\sin x}{\cos x}\mathrm{d}x = -\int \dfrac{1}{\cos x}\mathrm{d}\cos x = -\ln|\cos x|+c,$

类似地
$$\int \cot x\mathrm{d}x = \ln|\sin x|+c.$$

【例 3-32】 求 $\int \dfrac{1}{a^2+x^2}\mathrm{d}x\,(a\neq 0).$

解　$\displaystyle\int \frac{1}{a^2+x^2}\mathrm{d}x = \frac{1}{a}\int \frac{1}{1+\left(\frac{x}{a}\right)^2}\mathrm{d}\left(\frac{x}{a}\right) = \frac{1}{a}\arctan\frac{x}{a}+c.$

【例 3-33】　求 $\displaystyle\int \frac{1}{x^2-a^2}\mathrm{d}x\ (a\neq 0).$

解　$\displaystyle\int \frac{1}{x^2-a^2}\mathrm{d}x = \frac{1}{2a}\int\left(\frac{1}{x-a}-\frac{1}{x+a}\right)\mathrm{d}x$

$\displaystyle\qquad\qquad = \frac{1}{2a}\left[\int \frac{1}{x-a}\mathrm{d}(x-a)-\int \frac{1}{x+a}\mathrm{d}(x+a)\right]$

$\displaystyle\qquad\qquad = \frac{1}{2a}[\ln\mid x-a\mid -\ln\mid x+a\mid]+c = \frac{1}{2a}\ln\left|\frac{x-a}{x+a}\right|+c.$

【例 3-34】　求 $\displaystyle\int \frac{1}{\sqrt{a^2-x^2}}\mathrm{d}x\ (a>0).$

解　$\displaystyle\int \frac{1}{\sqrt{a^2-x^2}}\mathrm{d}x = \int \frac{\mathrm{d}\left(\frac{x}{a}\right)}{\sqrt{1-\left(\frac{x}{a}\right)^2}} = \arcsin\frac{x}{a}+c.$

【例 3-35】　求 $\displaystyle\int \csc x\mathrm{d}x.$

解法 1　$\displaystyle\int \csc x\mathrm{d}x = \int \frac{1}{\sin x}\mathrm{d}x = \int \frac{\sin x}{\sin^2 x}\mathrm{d}x = -\int \frac{\mathrm{d}\cos x}{1-\cos^2 x}$

$\displaystyle\qquad\qquad = -\frac{1}{2}\int \frac{\mathrm{d}(1+\cos x)}{1+\cos x} + \frac{1}{2}\int \frac{\mathrm{d}(1-\cos x)}{1-\cos x}$

$\displaystyle\qquad\qquad = -\frac{1}{2}\ln\left|\frac{1+\cos x}{1-\cos x}\right|+c.$

解法 2　$\displaystyle\int \csc x\mathrm{d}x = \int \frac{1}{\sin x}\mathrm{d}x = \int \frac{\mathrm{d}x}{2\sin\frac{x}{2}\cos\frac{x}{2}} = \frac{1}{2}\int \frac{\mathrm{d}x}{\tan\frac{x}{2}\cos^2\frac{x}{2}}$

$\displaystyle\qquad\qquad = \int \frac{1}{\tan\frac{x}{2}}\mathrm{d}\left(\tan\frac{x}{2}\right) = \ln\left|\tan\frac{x}{2}\right|+c.$

注意到

$$\tan\frac{x}{2} = \frac{\sin\frac{x}{2}}{\cos\frac{x}{2}} = \frac{2\sin^2\frac{x}{2}}{\sin x} = \frac{1-\cos x}{\sin x} = \csc x - \cot x,$$

因而

$$\int \csc x\mathrm{d}x = \ln\mid \csc x - \cot x\mid +c.$$

例中两种解法得到两种形式不同的答案,同一个不定积分为什么答案不同?请读者想一想.

类似可得

$$\int \sec x\mathrm{d}x = \ln\mid \sec x + \tan x\mid +c.$$

【例 3-36】 求 $\int \dfrac{1}{x^2+2x+4}\mathrm{d}x$.

解 $\int \dfrac{1}{x^2+2x+4}\mathrm{d}x = \int \dfrac{1}{(x+1)^2+(\sqrt{3})^2}\mathrm{d}(x+1) = \dfrac{1}{\sqrt{3}}\arctan\left(\dfrac{x+1}{\sqrt{3}}\right)+c$.

【例 3-37】 求 $\int \dfrac{1}{\sqrt{2x-x^2}}\mathrm{d}x$.

解 $\int \dfrac{1}{\sqrt{2x-x^2}}\mathrm{d}x = \int \dfrac{1}{\sqrt{1-(x-1)^2}}\mathrm{d}x = \int \dfrac{1}{\sqrt{1-(x-1)^2}}\mathrm{d}(x-1)$

$$= \arcsin(x-1)+c.$$

【例 3-38】 求 $\int \dfrac{1}{x^3(1+x^2)}\mathrm{d}x$.

解 $\int \dfrac{1}{x^3(1+x^2)}\mathrm{d}x = \int \dfrac{(1+x^2)-x^2}{x^3(1+x^2)}\mathrm{d}x$

$$= \int \dfrac{1}{x^3}\mathrm{d}x - \int \dfrac{1}{x(1+x^2)}\mathrm{d}x$$

$$= -\dfrac{1}{2x^2} - \int \dfrac{(1+x^2)-x^2}{x(1+x^2)}\mathrm{d}x$$

$$= -\dfrac{1}{2x^2} - \int \dfrac{1}{x}\mathrm{d}x + \int \dfrac{x}{1+x^2}\mathrm{d}x$$

$$= -\dfrac{1}{2x^2} - \ln|x| + \dfrac{1}{2}\ln(1+x^2)+c.$$

在更一般的情况下,考虑有理分式函数

$$R(x) = \frac{P(x)}{Q(x)},$$

这里 $P(x)$、$Q(x)$ 分别是 n、m 次多项式. 若 $n < m$,则称 $R(x)$ 为真分式. 当 $n \geqslant m$ 时,$R(x)$ 总可以分解为多项式与真分式之和,而多项式的原函数简单易求,因此假定下面讨论的 $R(x)$ 为真分式.

根据代数学的理论,真分式定能分解为下面 4 种最简分式之和:

(1) $\dfrac{A}{x-a}$;　(2) $\dfrac{A}{(x-a)^k}$;　(3) $\dfrac{Bx+D}{x^2+px+q}$;　(4) $\dfrac{Bx+D}{(x^2+px+q)^k}$.

其中,$k = 2,3,\cdots$,且 $p^2 - 4q < 0$.

由代数学的理论可知,这种分解是唯一的. 分解式中的各常数 A、B、D 等可用待定系数法求得. 具体方法是:当 $Q(x)$ 有 k 重一次实因子 $(x-a)^k$ 时,对应 $R(x)$ 的分解式中含有如下形式的项:

$$\frac{A_1}{x-a} + \frac{A_2}{(x-a)^2} + \cdots + \frac{A_k}{(x-a)^k},$$

当 $Q(x)$ 含有 k 重二次实因子 $(x^2+px+q)^k$(这里 $p^2 - 4q < 0$)时,对应 $R(x)$ 的分解式中含有如下形式的项:

$$\frac{B_1 x + D_1}{x^2+px+q} + \frac{B_2 x + D_2}{(x^2+px+q)^2} + \cdots + \frac{B_k x + D_k}{(x^2+px+q)^k},$$

这样,有理分式函数 $R(x)$ 的不定积分 $\int R(x)\mathrm{d}x$,就转化为求其所分解成的多项式与各部分分式的原函数之和.

【例 3-39】 求 $\displaystyle\int\frac{3x^2-x-7}{x^3+1}\mathrm{d}x$.

解　设 $\displaystyle\frac{3x^2-x-7}{x^3+1}=\frac{3x^2-x-7}{(x+1)(x^2-x+1)}=\frac{A}{x+1}+\frac{Bx+D}{x^2-x+1}$.

将上式右端通分后,比较两端分式的分子得

$$3x^2-x-7=A(x^2-x+1)+(Bx+D)(x+1)$$
$$=(A+B)x^2+(B+D-A)x+(A+D)$$

于是有

$$A+B=3,B+D-A=-1,A+D=-7,$$

解得

$$A=-1,B=4,D=-6$$

即有

$$\frac{3x^2-x-7}{x^3+1}=\frac{-1}{x+1}+\frac{4x-6}{x^2-x+1}$$

故所求积分为

$$\int\frac{3x^2-x-7}{x^3+1}\mathrm{d}x=\int\left(\frac{-1}{x+1}+\frac{4x-6}{x^2-x+1}\right)\mathrm{d}x=\int\frac{-1}{x+1}\mathrm{d}x+\int\frac{4x-6}{x^2-x+1}\mathrm{d}x$$

$$=-\ln|x+1|+\int\frac{4x-2-4}{x^2-x+1}\mathrm{d}x$$

$$=-\ln|x+1|+2\int\frac{2x-1}{x^2-x+1}\mathrm{d}x-4\int\frac{1}{x^2-x+1}\mathrm{d}x$$

$$=-\ln|x+1|+2\ln|x^2-x+1|-\int\frac{1}{\frac{3}{4}+\left(x-\frac{1}{2}\right)^2}\mathrm{d}x$$

$$=-\ln|x+1|+2\ln|x^2-x+1|-\frac{8}{\sqrt3}\arctan\left(\frac{2x-1}{\sqrt3}\right)+c$$

3. 积分换元法

所谓积分换元法,就是通过一个适当的变量代换,把较复杂的积分变成一个较简单的积分.

前面已经介绍的第一换元法是通过变量代换 $\varphi(x)=u$ 将积分 $\int f(\varphi(x))\varphi'(x)\mathrm{d}x$ 转化为 $\int f(u)\mathrm{d}u$. 现介绍另一种换元法,它是通过变量代换 $x=\varphi(t)$ 将积分 $\int f(x)\mathrm{d}x$ 转化成积分 $\int f(\varphi(t))\varphi'(t)\mathrm{d}t$,即

$$\int f(x)\mathrm{d}x=\int f(\varphi(t))\varphi'(t)\mathrm{d}t\xlongequal{\text{def}}\int g(t)\mathrm{d}t.$$

在求出 $\int g(t)\mathrm{d}t$ 之后,再用 $x=\varphi(t)$ 的反函数 $t=\varphi^{-1}(x)$ 代回原变量,就得到 $\int f(x)\mathrm{d}x$,这种积分方法也称**第二类换元法**.

为了保证积分存在,设 $f(x)$ 及 $\varphi'(t)$ 都连续,此外,还必须保证函数 $x = \varphi(t)$ 存在反函数,只要 $\varphi'(t)$ 保持定号,从而 $x = \varphi(t)$ 单调,再由反函数存在定理,即知 $x = \varphi(t)$ 存在反函数.

概括上述讨论,得到下述法则:

定理 3-4　(不定积分换元法)设 $f(x)$ 是连续函数,$x = \varphi(t)$ 有连续导数,且 $\varphi'(t)$ 不变号,则

$$\boxed{\int f(x)\mathrm{d}x = \int f(\varphi(t))\varphi'(t)\mathrm{d}t \bigg|_{t = \varphi^{-1}(x)},}$$

其中,$t = \varphi^{-1}(x)$ 是 $x = \varphi(t)$ 的反函数.

由假设知上式两端的积分都存在,只需证明其导数相等.因为 $\varphi'(t)$ 不变号,故 $x = \varphi(t)$ 存在反函数 $t = \varphi^{-1}(x)$,且 $(\varphi^{-1}(x))' = \dfrac{\mathrm{d}t}{\mathrm{d}x} = \dfrac{1}{\varphi'(t)}$,在等式两端分别对 x 求导,有

$$\frac{\mathrm{d}}{\mathrm{d}x}\int f(x)\mathrm{d}x = f(x),$$

$$\frac{\mathrm{d}}{\mathrm{d}x}\int f(\varphi(t))\varphi'(t)\mathrm{d}t = \frac{\mathrm{d}}{\mathrm{d}t}\int f(\varphi(t))\varphi'(t)\mathrm{d}t \cdot \frac{\mathrm{d}t}{\mathrm{d}x} = f(\varphi(t))\varphi'(t) \cdot \frac{1}{\varphi'(t)} = f(x).$$

这便证明了此法则的正确性.

【例 3-40】　求 $\displaystyle\int \sqrt{a^2 - x^2}\,\mathrm{d}x$ $(a > 0)$(图 3-8).

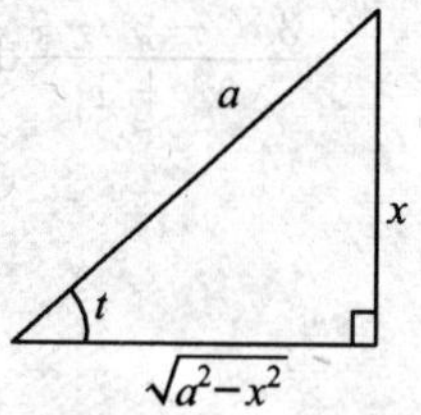

解　令 $x = a\sin t(|t| < \dfrac{\pi}{2})$,于是

$$\int \sqrt{a^2 - x^2}\,\mathrm{d}x = \int a\cos t \cdot a\cos t\,\mathrm{d}t = \frac{a^2}{2}\int (1 + \cos 2t)\,\mathrm{d}t$$

$$= \frac{a^2}{2}t + \frac{a^2}{4}\sin 2t + c,$$

由 $x = a\sin t$,得

图 3-8

$$t = \arcsin \frac{x}{a}, \sin 2t = 2\sin t\cos t = 2 \cdot \frac{x}{a} \cdot \frac{\sqrt{a^2 - x^2}}{a}.$$

所以

$$\int \sqrt{a^2 - x^2}\,\mathrm{d}x = \frac{1}{2}\left(a^2\arcsin \frac{x}{a} + x\sqrt{a^2 - x^2}\right) + c.$$

【例 3-41】　求 $\displaystyle\int \dfrac{1}{\sqrt{x^2 + a^2}}\,\mathrm{d}x$ $(a > 0)$ (图 3-9).

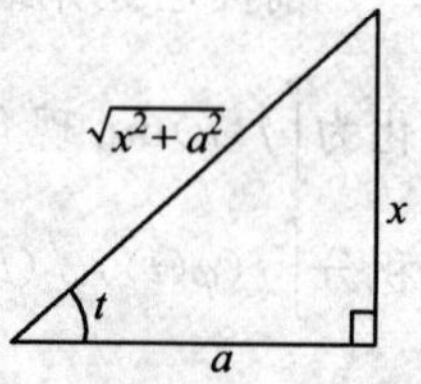

解　令 $x = a\tan t\left(|t| < \dfrac{\pi}{2}\right)$,则 $\mathrm{d}x = a\sec^2 t\,\mathrm{d}t$,

$$\int \frac{1}{\sqrt{x^2 + a^2}}\,\mathrm{d}x = \int \frac{a\sec^2 t}{a\sec t}\,\mathrm{d}t = \int \sec t\,\mathrm{d}t = \ln |\sec t + \tan t| + c_1.$$

图 3-9

由 $\tan t = \dfrac{x}{a}$ 知,$\sec t = \dfrac{\sqrt{x^2 + a^2}}{a}$,所以

$$\int \frac{1}{\sqrt{x^2+a^2}}\mathrm{d}x = \ln\left(\frac{x}{a}+\frac{\sqrt{x^2+a^2}}{a}\right)+c_1 = \ln(x+\sqrt{x^2+a^2})+c.$$

其中，$c=c_1-\ln a$.

类似地，令 $x=a\sec t\left(0<t<\dfrac{\pi}{2}\right)$，则有

$$\int \frac{1}{\sqrt{x^2-a^2}}\mathrm{d}x = \ln(x+\sqrt{x^2-a^2})+c.$$

以上所用的代换称为**三角代换**. 一般来说，被积函数中含有 $\sqrt{a^2-x^2}$，$\sqrt{a^2+x^2}$，$\sqrt{x^2-a^2}$，常分别作三角代换：$x=a\sin t$，$x=a\tan t$，$x=a\sec t$ 等.

【例 3-42】　求 $\displaystyle\int \frac{\mathrm{d}x}{\sqrt[3]{x+2}+1}$.

解　为了去掉根号，令 $\sqrt[3]{x+2}=t$，则 $x=t^3-2$，$\mathrm{d}x=3t^2\mathrm{d}t$，于是

$$\int \frac{\mathrm{d}x}{\sqrt[3]{x+2}+1} = \int \frac{3t^2}{1+t}\mathrm{d}t = 3\int\left(t-1+\frac{1}{t+1}\right)\mathrm{d}t$$

$$= 3\left[\frac{t^2}{2}-t+\ln|t+1|\right]+c$$

$$= \frac{3}{2}\left[(x+2)^{\frac{2}{3}}-2(x+2)^{\frac{1}{3}}\right]+3\ln|1+(x+2)^{\frac{1}{3}}|+c.$$

一般地，若被积函数中含 $\sqrt[n]{ax+b}\,(a\neq 0)$，可令 $\sqrt[n]{ax+b}=t$.

【例 3-43】　求 $\displaystyle\int \frac{1}{x}\sqrt{\frac{x+1}{x-1}}\mathrm{d}x$.

解　令 $\sqrt{\dfrac{x+1}{x-1}}=t$，则 $x=\dfrac{t^2+1}{t^2-1}$，$\mathrm{d}x=\dfrac{-4t}{(t^2-1)^2}\mathrm{d}t$，

$$\int \frac{1}{x}\sqrt{\frac{x+1}{x-1}}\mathrm{d}x = -4\int \frac{t^2}{(t^2+1)(t^2-1)}\mathrm{d}t = -2\int\left(\frac{1}{t^2+1}+\frac{1}{t^2-1}\right)\mathrm{d}t$$

$$= -2\arctan t+\ln\left|\frac{t+1}{t-1}\right|+c$$

$$= -2\arctan \sqrt{\frac{x+1}{x-1}}+\ln|x+\sqrt{x^2-1}|+c.$$

被积函数中含 $\sqrt[n]{\dfrac{ax+b}{cx+d}}\,(ad-bc\neq 0)$ 时，可令 $\dfrac{ax+b}{cx+d}=t^n$，去掉根号.

4. 分部积分法

前面所讲的换元积分法，实际上是与微分学中的复合函数微分法相对应的一种积分法. 而下面要介绍的分部积分法是与乘积的微分法相对应的一种积分法.

设 $u=u(x)$，$v=v(x)$ 都有连续导数，则

$$\mathrm{d}(uv)=u\mathrm{d}v+v\mathrm{d}u,$$

移项得

$$u\mathrm{d}v=\mathrm{d}(uv)-v\mathrm{d}u,$$

两边求不定积分得

$$\int u \mathrm{d}v = uv - \int v \mathrm{d}u.$$

此公式称为不定积分的**分部积分公式**. 分部积分公式常用于求两类不同函数的乘积的积分以及对数函数、反三角函数的积分. 当 $\int u\mathrm{d}v$ 不易计算,而 $\int v\mathrm{d}u$ 容易计算时,便可用分部积分公式,适当选择 u 与 v 是使用分部积分法的关键.

【例 3-44】 求 $\int x\sin x\mathrm{d}x$.

解 令 $u = x, \mathrm{d}v = \sin x\mathrm{d}x$,则 $v = -\cos x, \mathrm{d}u = \mathrm{d}x$,于是

$$\int x\sin x\mathrm{d}x = \int x\mathrm{d}(-\cos x) = -x\cos x - \int (-\cos x)\mathrm{d}x = -x\cos x + \sin x + c.$$

如果令 $u = \sin x, \mathrm{d}v = x\mathrm{d}x$ 会怎么样?请读者试一试.

【例 3-45】 求 $\int x\ln x\mathrm{d}x$.

解 令 $u = \ln x, \mathrm{d}v = x\mathrm{d}x$,则 $v = \dfrac{1}{2}x^2, \mathrm{d}u = \dfrac{1}{x}\mathrm{d}x$,于是

$$\int x\ln x\mathrm{d}x = \frac{x^2}{2}\ln x - \int \frac{x^2}{2}\cdot\frac{1}{x}\cdot\mathrm{d}x = \frac{1}{2}\left(x^2\ln x - \frac{x^2}{2}\right) + c = \frac{x^2}{2}\left(\ln x - \frac{1}{2}\right) + c.$$

当运算熟练之后,可以不必设出 u、$\mathrm{d}v$,直接运算.

【例 3-46】 求 $\int x^3 \mathrm{e}^x \mathrm{d}x$.

解
$$\int x^3 \mathrm{e}^x \mathrm{d}x = \int x^3 \mathrm{d}\mathrm{e}^x = x^3 \mathrm{e}^x - 3\int x^2 \mathrm{d}\mathrm{e}^x = x^3 \mathrm{e}^x - 3x^2 \mathrm{e}^x + 6\int x\mathrm{d}\mathrm{e}^x$$
$$= x^3 \mathrm{e}^x - 3x^2 \mathrm{e}^x + 6x\mathrm{e}^x - 6\mathrm{e}^x + c.$$

【例 3-47】 求 $\int \arcsin x\mathrm{d}x$.

解
$$\int \arcsin x\mathrm{d}x = x\arcsin x - \int \frac{x}{\sqrt{1-x^2}}\mathrm{d}x = x\arcsin x + \frac{1}{2}\int \frac{\mathrm{d}(1-x^2)}{\sqrt{1-x^2}}$$
$$= x\arcsin x + \sqrt{1-x^2} + c.$$

【例 3-48】 求 $\int \mathrm{e}^x \sin x\mathrm{d}x$.

解
$$\int \mathrm{e}^x \sin x\mathrm{d}x = \int \sin x\mathrm{d}\mathrm{e}^x = \mathrm{e}^x \sin x - \int \mathrm{e}^x \cos x\mathrm{d}x$$
$$= \mathrm{e}^x \sin x - \int \cos x\mathrm{d}\mathrm{e}^x$$
$$= \mathrm{e}^x \sin x - \mathrm{e}^x \cos x - \int \mathrm{e}^x \sin x\mathrm{d}x.$$

移项得

$$\int \mathrm{e}^x \sin x\mathrm{d}x = \frac{\mathrm{e}^x}{2}(\sin x - \cos x) + c.$$

本题两次分部积分后,移项解出 $\int \mathrm{e}^x \sin x\mathrm{d}x$.

通过以上几个例题，请读者总结一下，对下列类型积分：

$$\int x^n e^{ax}dx, \int x^n \sin ax\,dx, \int x^n \cos ax\,dx, \int e^{ax}\sin bx\,dx,$$

$$\int e^{ax}\cos bx\,dx, \int x^n \ln x\,dx, \int x^n \arcsin x\,dx,$$

应当如何选取 u 和 dv?

【例 3-49】　求 $\int \dfrac{\ln x}{(x-2)^2}dx$.

解
$$\int \frac{\ln x}{(x-2)^2}dx = -\int \ln x\,d\left(\frac{1}{x-2}\right)$$
$$= \frac{1}{2-x}\ln x + \int \frac{dx}{x(x-2)}$$
$$= \frac{1}{2-x}\ln x + \frac{1}{2}\int \frac{x-(x-2)}{x(x-2)}dx$$
$$= \frac{1}{2-x}\ln x + \frac{1}{2}\ln\left|1-\frac{2}{x}\right| + c.$$

【例 3-50】　求 $\int \dfrac{\ln x - 1}{(\ln x)^2}dx$.

解法 1
$$\int \frac{\ln x - 1}{(\ln x)^2}dx = \int \frac{1}{\ln x}dx - \int \frac{dx}{(\ln x)^2}$$
$$= \frac{x}{\ln x} + \int x\cdot\frac{1}{(\ln x)^2}\cdot\frac{1}{x}dx - \int \frac{dx}{(\ln x)^2}$$
$$= \frac{x}{\ln x} + c.$$

解法 2　令 $\ln x = u$,则 $x = e^u, dx = e^u du$
$$\int \frac{\ln x - 1}{(\ln x)^2}dx = \int \frac{u-1}{u^2}e^u du = \int \frac{1}{u}de^u - \int \frac{e^u}{u^2}du = \frac{e^u}{u} + \int \frac{e^u}{u^2}du - \int \frac{e^u}{u^2}du$$
$$= \frac{e^u}{u} + c = \frac{x}{\ln x} + c.$$

【例 3-51】　求 $I_n = \int \dfrac{dx}{(x^2+a^2)^n}$, n 为大于 1 的正整数.

解　由分部积分法,得
$$I_{n-1} = \int \frac{dx}{(x^2+a^2)^{n-1}} = \frac{x}{(x^2+a^2)^{n-1}} - \int x\,d\frac{1}{(x^2+a^2)^{n-1}}$$
$$= \frac{x}{(x^2+a^2)^{n-1}} + 2(n-1)\int\left[\frac{1}{(x^2+a^2)^{n-1}} - \frac{a^2}{(x^2+a^2)^n}\right]dx$$

即
$$I_{n-1} = \frac{x}{(x^2+a^2)^{n-1}} + 2(n-1)(I_{n-1} - a^2 I_n)$$

于是
$$I_n = \frac{1}{2a^2(n-1)}\left[\frac{x}{(x^2+a^2)^{n-1}} + (2n-3)I_{n-1}\right]$$

此式称为**递推公式**. 用此式能把求 I_n 变为求 I_{n-1},再可把求 I_{n-1} 变为求 I_{n-2},如此继续下去,最后得积分 $I_1 = \displaystyle\int \frac{\mathrm{d}x}{x^2 + a^2} = \frac{1}{a}\arctan \frac{x}{a} + c$,从而可求出 I_n.

求不定积分的方法和公式很多,为了使用的方便,把常用的积分方式汇集成表,称为**积分表**. 求积分时,我们可以根据被积函数的类型,直接或经过简单变形,在表中查得所需结果. 在计算机上,借助数学软件包 Mathematica 和其他一些数学软件的符号运算功能,可以实现大部分初等函数的积分运算. 但是求不定积分的基本方法还必须掌握.

习题 3-3

1. 下列等式是否正确?为什么?

(1) $\mathrm{d}\displaystyle\int f(x)\mathrm{d}x = f(x)$;   (2) $\mathrm{d}\displaystyle\int f(x)\mathrm{d}x = f(x)\mathrm{d}x$;

(3) $\displaystyle\int \mathrm{d}f(x) = f(x)$;   (4) $\mathrm{d}\displaystyle\int \mathrm{d}f(x) = \mathrm{d}f(x)$.

2. 回答下列问题:

(1) 不定积分的几何意义是什么?

(2) $-\dfrac{1}{2}\cos^2 x$,$\dfrac{1}{2}\sin^2 x$,$-\dfrac{1}{4}\cos 2x$ 是否为同一个函数的原函数?

3. 在下列各题中,求函数 $F(x)$,使得 $F'(x) = f(x)$ 且 $F(0) = 2$.

(1) $f(x) = \mathrm{e}^x$;   (2) $f(x) = \cos x$;   (3) $f(x) = \sin x$;   (4) $f(x) = (x-1)^2$.

4. 求下列不定积分:

(1) $\displaystyle\int x\sqrt{x}\,\mathrm{d}x$;   (2) $\displaystyle\int \left(x^2 - \frac{2}{x^3}\right)\mathrm{d}x$;   (3) $\displaystyle\int (4x^3 + 2x - 1)\mathrm{d}x$;

(4) $\displaystyle\int \frac{(x+3)^3}{x^2}\mathrm{d}x$;   (5) $\displaystyle\int \mathrm{e}^x\left(1 - \frac{\mathrm{e}^{-x}}{\sqrt{x}}\right)\mathrm{d}x$;   (6) $\displaystyle\int a^x \mathrm{e}^x\,\mathrm{d}x$;

(7) $\displaystyle\int \frac{2\cdot 3^x - 5\cdot 2^x}{3^x}\mathrm{d}x$;   (8) $\displaystyle\int \sec x(\sec x - \tan x)\mathrm{d}x$;   (9) $\displaystyle\int \frac{\mathrm{d}x}{1 + \cos 2x}$;

(10) $\displaystyle\int \frac{\cos 2x}{\cos x - \sin x}\mathrm{d}x$;   (11) $\displaystyle\int \frac{\mathrm{d}x}{\cos^2 x \sin^2 x}$;   (12) $\displaystyle\int \sin^2 \frac{x}{2}\mathrm{d}x$.

5. 在下列各式括号内填入适当的数,使等式成立:

例如:$\mathrm{d}x = \left(\dfrac{1}{2}\right)\mathrm{d}(2x+1)$.

(1) $\mathrm{d}x = ($ $)\mathrm{d}(kx)$;   (2) $\mathrm{d}x = ($ $)\mathrm{d}(2 - 3x)$;

(3) $x\,\mathrm{d}x = ($ $)\mathrm{d}(1 - x^2)$;   (4) $\dfrac{1}{x}\mathrm{d}x = ($ $)\mathrm{d}(2 - 3\ln x)$;

(5) $\mathrm{e}^{2x}\mathrm{d}x = ($ $)\mathrm{d}(\mathrm{e}^{2x})$;   (6) $\mathrm{e}^x \mathrm{d}x = ($ $)\mathrm{d}(2\mathrm{e}^x)$;

(7) $\cos \dfrac{x}{3}\mathrm{d}x = ($ $)\mathrm{d}\left(\sin \dfrac{x}{3}\right)$;   (8) $\dfrac{\mathrm{d}x}{1 + 4x^2} = ($ $)\mathrm{d}(\arctan 2x)$.

6. 一曲线通过点 $(\mathrm{e}^2, 3)$ 且在任一点处的切线的斜率等于该点横坐标的倒数,求该曲线的方程.

7. 一物体由静止开始运动,经 $t(\mathrm{s})$ 后速度是 $4t^3(\mathrm{m/s})$,问:

(1) 在 2 s 后物体离开出发点的距离是多少?

(2) 物体走完 625 m 需要多少时间?

8. 求下列不定积分:

(1) $\int e^{2t}\,dt$;

(2) $\int (2x+3)^{10}\,dx$;

(3) $\int (3-2x)^3\,dx$;

(4) $\int \dfrac{1}{3x-2}\,dx$;

(5) $\int \dfrac{1}{1-2x}\,dx$;

(6) $\int \sin(3x-1)\,dx$;

(7) $\int \cos 2x\,dx$;

(8) $\int xe^{-x^2}\,dx$;

(9) $\int x^3 e^{x^4}\,dx$;

(10) $\int x^2 \sin x^3\,dx$;

(11) $\int \dfrac{1}{\sin x\cos x}\,dx$;

(12) $\int \sin^2 x\cos x\,dx$;

(13) $\int \cot x\,dx$;

(14) $\int \tan^3 x\sec x\,dx$;

(15) $\int \tan^{10} x\sec^2 x\,dx$;

(16) $\int \cos^3 x\sin x\,dx$;

(17) $\int \cos^3 x\,dx$;

(18) $\int \tan^{-1} 3x\,dx$;

(19) $\int \dfrac{\cos^3 x}{1+\sin^2 x}\,dx$;

(20) $\int \dfrac{x}{5-3x^2}\,dx$;

(21) $\int \dfrac{3x^2}{1+x^3}\,dx$;

(22) $\int \dfrac{dy}{y^2-2y+2}$;

(23) $\int \dfrac{x}{\sqrt{2-3x^2}}\,dx$;

(24) $\int 2x(3-x^2)^4\,dx$;

(25) $\int \dfrac{x\,dx}{\sqrt{1-x^2}}$;

(26) $\int \dfrac{x\,dx}{\sqrt{4+x^2}}$;

(27) $\int x\sqrt{x^2-4}\,dx$;

(28) $\int \dfrac{dx}{\sqrt{1-2x^2}}$;

(29) $\int \dfrac{\sin\sqrt{x}}{\sqrt{x}}\,dx$;

(30) $\int \dfrac{e^{\sqrt{x}}+\cos\sqrt{x}}{\sqrt{x}}\,dx$;

(31) $\int \dfrac{e^{\sqrt{x+1}}}{\sqrt{x+1}}\,dx$;

(32) $\int \dfrac{\arctan\sqrt{x}}{\sqrt{x}(1+x)}$;

(33) $\int e^x \sin e^x\,dx$;

(34) $\int \dfrac{e^x}{\sqrt{1-e^{2x}}}\,dx$;

(35) $\int \dfrac{1}{x(\ln x)^2}\,dx$;

(36) $\int \dfrac{dx}{x(1+2\ln x)}$.

9. 求下列不定积分:

(1) $\int \dfrac{dx}{\sqrt[3]{2-3x}}$;

(2) $\int \dfrac{dx}{1+\sqrt{2x}}$;

(3) $\int \dfrac{t}{\sqrt{t-2}}\,dt$;

(4) $\int \dfrac{\sqrt{x^2-9}}{x}\,dx$;

(5) $\int \dfrac{dx}{1+\sqrt{1-x^2}}$;

(6) $\int \dfrac{dx}{\sqrt{(x^2+1)^3}}$;

(7) $\int \dfrac{dx}{x\sqrt{x^2-1}}$;

(8) $\int \dfrac{1}{\sqrt{4-x^2}}\,dx$;

(9) $\int \dfrac{2}{x^2+4}\,dx$.

10. 求下列积分:

(1) $\int xe^{5x}\,dx$;

(2) $\int \ln x\,dx$;

(3) $\int x\ln(x-1)\,dx$;

(4) $\int x^2 \sin x\,dx$;

(5) $\int (t+1)e^{3t}\,dt$;

(6) $\int xe^{-x}\,dx$;

(7) $\int e^x \cos x\,dx$;

(8) $\int x\tan^2 x\,dx$;

(9) $\int x^5 \ln 5x\,dx$;

(10) $\int e^{3\sqrt{x}}\,dx$;

(11) $\int \sin\sqrt{x}\,dx$;

(12) $\int \sqrt{x}\ln^2 x\,dx$;

(13) $\int \ln^2 x\,dx$;

(14) $\int (\arcsin t)^2\,dt$;

(15) $\int \arctan x\,dx$;

(16) $\int x\sec^2 x\,dx$;

(17) $\int x^2 \ln x\,dx$;

(18) $\int x\cos 3x\,dx$.

11. 求下列不定积分:

(1) $\int \dfrac{t^3}{t+3}\,dt$;

(2) $\int \dfrac{t^3}{t^2+1}\,dt$;

(3) $\int \dfrac{x}{x^2-1}\,dx$;

(4) $\int \dfrac{\mathrm{d}x}{1-x^2}$;　　　　(5) $\int \dfrac{1}{x^2+2x}\mathrm{d}x$;　　　　(6) $\int \dfrac{1}{1+\mathrm{e}^x}\mathrm{d}x$;

(7) $\int \dfrac{2x+3}{x^2+3x-10}\mathrm{d}x$;　　(8) $\int \dfrac{t^2+1}{(t^2-1)(t+1)}\mathrm{d}t$;　　(9) $\int \dfrac{\mathrm{d}x}{x(x^2+1)}$;

(10) $\int \dfrac{\mathrm{d}t}{1+\sqrt[3]{t+1}}$;　　(11) $\int \dfrac{\mathrm{d}x}{\sqrt{x}+\sqrt[4]{x}}$;　　(12) $\int \sqrt{\dfrac{1-t}{1+t}}\mathrm{d}t$;

(13) $\int \dfrac{1}{x^2+2x+2}\mathrm{d}x$;　　(14) $\int \left[\sec^2 \dfrac{2x}{3}+\dfrac{1}{2(1+x^2)}\right]\mathrm{d}x$; (15) $\int \dfrac{1}{\sqrt{1+\mathrm{e}^x}}\mathrm{d}x$;

12. 用适当方法求下列积分:

(1) $\int \ln(1+t^2)\mathrm{d}t$;　　(2) $\int \dfrac{\ln\ln x}{x}\mathrm{d}x$;　　(3) $\int \dfrac{x\mathrm{e}^x}{\sqrt{\mathrm{e}^x-1}}\mathrm{d}x$;

(4) $\int \dfrac{x}{\sqrt{x+1}}\mathrm{d}x$;　　(5) $\int \mathrm{e}^{\sin x}\sin 2x\,\mathrm{d}x$;　　(6) $\int \dfrac{1+\cos x}{x+\sin x}\mathrm{d}x$;

(7) $\int \dfrac{\mathrm{d}x}{\mathrm{e}^x+\mathrm{e}^{-x}}$;　　(8) $\int \dfrac{\sin x\cos x}{1+\sin^4 x}\mathrm{d}x$;　　(9) $\int x\arctan x\,\mathrm{d}x$;

(10) $\int \dfrac{\sqrt{x-1}}{x}\mathrm{d}x$;　　(11) $\int \mathrm{e}^{\sqrt{3s+9}}\mathrm{d}s$;　　(12) $\int \dfrac{\sqrt{4-x^2}}{x^4}\mathrm{d}x$.

13. 设 $\int xf(x)\mathrm{d}x=\arcsin x+c$, 求 $\int \dfrac{1}{f(x)}\mathrm{d}x$.

14. 已知 $f(x)=ax\sin x$, 求 $\int \dfrac{f'(\sqrt{x})}{\sqrt{x}}\mathrm{d}x$.

15. 设 $F(x)$ 为 $f(x)$ 的原函数, 当 $x>0$ 时, 有 $f(x)F(x)=\sin^2 2x$, 且 $F(0)=1$, $F(x)\geqslant 0$, 求 $f(x)$.

16. 设函数 $f(x)$ 的一个原函数为 $\dfrac{\cos x}{x}$, 求 $\int xf'(x)\mathrm{d}x$.

3.4　定积分的计算

根据牛顿 - 莱布尼兹公式, 计算连续函数 $f(x)$ 的定积分 $\int_a^b f(x)\mathrm{d}x$, 是把它转化为求 $f(x)$ 的原函数 $F(x)$ 在积分区间 $[a,b]$ 上的增量 $F(b)-F(a)$. 若 $f(x)$ 比较复杂, 则需要一次或多次应用不定积分的换元积分法和分部积分法, 才可求得 $F(x)$, 然后再代入定积分上、下限, 求出积分值. 这样计算固然可行, 但往往不够方便. 由于连续函数的原函数一定存在, 因此连续函数的定积分计算与不定积分计算有着密切的联系. 相应于不定积分的换元积分法与分部积分法, 本节所要介绍的是定积分的换元积分法和分部积分法.

3.4.1　定积分的换元法

设函数 $f(x)$ 在 $[a,b]$ 上连续, 对变换 $x=\varphi(t)$, 若有常数 α、β 满足: (i) $\varphi(\alpha)=a$, $\varphi(\beta)=b$; (ii) 在以 α 和 β 为端点的闭区间上, $a\leqslant\varphi(t)\leqslant b$; (iii) $\varphi(t)$ 有连续的导数. 则

$$\int_a^b f(x)\mathrm{d}x=\int_\alpha^\beta f(\varphi(t))\varphi'(t)\mathrm{d}t. \tag{1}$$

公式(1) 称为定积分的**换元公式**.

事实上, 由条件知, 式(1) 两端的被积函数分别在 $[a,b]$ 和 $[\alpha,\beta]$(或 $[\beta,\alpha]$)上连续, 所

以式(1)两端的定积分都存在,并且两端被积函数的原函数存在,故式(1)两端的定积分都可由牛顿 - 莱布尼兹公式来计算.设 $F(x)$ 是 $f(x)$ 的一个原函数,则

$$\int_a^b f(x)\mathrm{d}x = F(b) - F(a).$$

另一方面,由复合函数求导法则,有

$$\frac{\mathrm{d}F(\varphi(t))}{\mathrm{d}t} = \frac{\mathrm{d}F}{\mathrm{d}x} \cdot \frac{\mathrm{d}x}{\mathrm{d}t} = f(x)\varphi'(t) = f(\varphi(t))\varphi'(t).$$

即 $F[\varphi(t)]$ 是 $f[\varphi(t)]\varphi'(t)$ 的一个原函数.因而有

$$\int_\alpha^\beta f(\varphi(t))\varphi'(t)\mathrm{d}t = F(\varphi(\beta)) - F(\varphi(\alpha)) = F(b) - F(a).$$

所以式(1)成立.

显然,当 $a > b$ 时,公式仍成立.

在定积分 $\int_a^b f(x)\mathrm{d}x$ 中,$\mathrm{d}x$ 本来是定积分记号中不可分割的一部分,但由上述定理可知,在一定条件下,它可以作为微分记号来对待,也就是说,应用换元公式时,如果把 $\int_a^b f(x)\mathrm{d}x$ 中的 x 换成 $\varphi(t)$,则 $\mathrm{d}x$ 换成 $\varphi'(t)\mathrm{d}t$,这正好是 $x = \varphi(t)$ 的微分 $\mathrm{d}x$.

【例 3-52】　求 $\int_{-a}^a (a^2 + x^2)^{-\frac{3}{2}}\mathrm{d}x(a > 0)$.

解　设 $x = a\tan t$,则当 $x = -a$ 时,$t = -\frac{\pi}{4}$;当 $x = a$ 时,$t = \frac{\pi}{4}$,$\mathrm{d}x = a\sec^2 t\mathrm{d}t$,于是

$$\int_{-a}^a (a^2 + x^2)^{-\frac{3}{2}}\mathrm{d}x = \int_{-\frac{\pi}{4}}^{\frac{\pi}{4}} (a^2 + a^2\tan^2 t)^{-\frac{3}{2}} a\sec^2 t\mathrm{d}t$$

$$= \frac{1}{a^2}\int_{-\frac{\pi}{4}}^{\frac{\pi}{4}} \cos t\mathrm{d}t = \left[\frac{1}{a^2}\sin t\right]_{-\frac{\pi}{4}}^{\frac{\pi}{4}} = \frac{\sqrt{2}}{a^2}.$$

应用换元公式时注意,用 $x = \varphi(t)$ 将原来变量 x 换为新变量 t 时,积分限也要换为相应于新变量 t 的积分限.

【例 3-53】　求 $\int_0^2 \sqrt{4 - x^2}\mathrm{d}x$.

解　设 $x = 2\sin t$,$\mathrm{d}x = 2\cos t\mathrm{d}t$.

当 $x = 0$ 时,$t = 0$;当 $x = 2$ 时,$t = \frac{\pi}{2}$;

$$原式 = \int_0^{\frac{\pi}{2}} 2\cos t \cdot 2\cos t\mathrm{d}t = 4\int_0^{\frac{\pi}{2}} \cos^2 t\mathrm{d}t$$

$$= 4\int_0^{\frac{\pi}{2}} \frac{1 + \cos 2t}{2}\mathrm{d}t = (2t + \sin 2t)\Big|_0^{\frac{\pi}{2}} = \pi$$

【例 3-54】　求 $\int_0^4 \frac{x + 2}{\sqrt{2x + 1}}\mathrm{d}x$.

解　设 $\sqrt{2x + 1} = t$,即 $x = \frac{t^2 - 1}{2}$,则当 $x = 0$ 时,$t = 1$;当 $x = 4$ 时,$t =$

$3, \mathrm{d}x = t\mathrm{d}t$,于是

$$\int_0^4 \frac{x+2}{\sqrt{2x+1}}\mathrm{d}x = \int_1^3 \frac{\dfrac{t^2-1}{2}+2}{t}t\mathrm{d}t = \frac{1}{2}\int_1^3 (t^2+3)\mathrm{d}t = \frac{1}{2}\left[\frac{t^3}{3}+3t\right]_1^3 = \frac{22}{3}.$$

也可以反过来使用换元公式,即把换元公式的左、右位置对换,x 和 t 对换,则得

$$\int_a^b f(\varphi(x))\varphi'(x)\mathrm{d}x = \int_\alpha^\beta f(t)\mathrm{d}t.$$

这样用 $\varphi(x) = t$ 引入新的积分变量,而 $\alpha = \varphi(a), \beta = \varphi(b)$.

【例 3-55】 $\displaystyle\int_0^{\frac{\pi}{2}} \frac{\cos x\mathrm{d}x}{1+\sin^2 x}$.

解 设 $\sin x = t$,则 $\mathrm{d}t = \cos x\mathrm{d}x$,并且当 $x = 0$ 时,$t = 0$;当 $x = \dfrac{\pi}{2}$ 时,$t = 1$. 于是

$$\int_0^{\frac{\pi}{2}} \frac{\cos x\mathrm{d}x}{1+\sin^2 x} = \int_0^1 \frac{\mathrm{d}t}{1+t^2} = [\arctan t]_0^1 = \frac{\pi}{4}.$$

【例 3-56】 求 $\displaystyle\int_0^\pi \sqrt{\sin x - \sin^3 x}\,\mathrm{d}x$.

解 因为 $\sqrt{\sin x - \sin^3 x} = \sqrt{\sin x}\,|\cos x|$,在 $\left[0, \dfrac{\pi}{2}\right]$ 上,$|\cos x| = \cos x$;在 $\left[\dfrac{\pi}{2}, \pi\right]$ 上,$|\cos x| = -\cos x$,所以

$$\int_0^\pi \sqrt{\sin x - \sin^3 x}\,\mathrm{d}x = \int_0^{\frac{\pi}{2}} \sqrt{\sin x}\cos x\mathrm{d}x + \int_{\frac{\pi}{2}}^\pi \sqrt{\sin x}(-\cos x)\mathrm{d}x$$

$$= \int_0^{\frac{\pi}{2}} \sqrt{\sin x}\,\mathrm{d}\sin x - \int_{\frac{\pi}{2}}^\pi \sqrt{\sin x}\,\mathrm{d}\sin x$$

$$= \left[\frac{2}{3}\sin^{\frac{3}{2}}x\right]_0^{\frac{\pi}{2}} - \left[\frac{2}{3}\sin^{\frac{3}{2}}x\right]_{\frac{\pi}{2}}^\pi = \frac{4}{3}$$

注意:本题没有明显地设 $t = \sin x$,因而上、下限也没有相应改变,仍表示 x 的取值范围,并且 $\cos x\mathrm{d}x$ 记作 $\mathrm{d}\sin x$. 一般地,用这种记法,记 $\displaystyle\int_a^b f[\varphi(x)]\varphi'(x)\mathrm{d}x = \int_a^b f[\varphi(x)]\mathrm{d}\varphi(x)$.

【例 3-57】 设函数 $f(x)$ 在 $[-a, a]$ 上连续,证明

$$\int_{-a}^a f(x)\mathrm{d}x = \begin{cases} 2\displaystyle\int_0^a f(x)\mathrm{d}x & (f(x) \text{ 为偶函数}) \\ 0 & (f(x) \text{ 为奇函数}) \end{cases}.$$

证明 注意到 $\displaystyle\int_{-a}^a f(x)\mathrm{d}x = \int_{-a}^0 f(x)\mathrm{d}x + \int_0^a f(x)\mathrm{d}x$.

对 $\displaystyle\int_{-a}^0 f(x)\mathrm{d}x$,令 $x = -t$,则当 $x = -a$ 时,$t = a$;当 $x = 0$ 时,$t = 0$,$\mathrm{d}x = -\mathrm{d}t$. 于是

$$\int_{-a}^0 f(x)\mathrm{d}x = \int_a^0 f(-t)(-\mathrm{d}t) = \int_0^a f(-t)\mathrm{d}t = \int_0^a f(-x)\mathrm{d}x,$$

所以 $$\int_{-a}^a f(x)\mathrm{d}x = \int_0^a [f(x)+f(-x)]\mathrm{d}x.$$

当 $f(x)$ 为偶函数时,则 $f(x) = f(-x)$,从而有

$$\int_{-a}^{a} f(x)\mathrm{d}x = 2\int_{0}^{a} f(x)\mathrm{d}x;$$

当 $f(x)$ 为奇函数时,则 $f(x) = -f(-x)$,从而有 $\int_{-a}^{a} f(x)\mathrm{d}x = 0$.

根据上述结果,可以简化某些定积分的计算. 例如:

$$\int_{-\pi}^{\pi} \sin^2 x\mathrm{d}x = 2\int_{0}^{\pi} \sin^2 x\mathrm{d}x = \pi,$$

$$\int_{-\pi}^{\pi} x^2 \sin x\mathrm{d}x = 0,$$

$$\int_{-1}^{1} \frac{x + |x|}{1 + x^2}\mathrm{d}x = \int_{-1}^{1} \frac{x}{1 + x^2}\mathrm{d}x + \int_{-1}^{1} \frac{|x|}{1 + x^2}\mathrm{d}x = 2\int_{0}^{1} \frac{x}{1 + x^2}\mathrm{d}x = \ln 2.$$

【例 3-58】 设 $f(x)$ 在 $[0,1]$ 上连续,证明:

$(1) \int_{0}^{\frac{\pi}{2}} f(\sin x)\mathrm{d}x = \int_{0}^{\frac{\pi}{2}} f(\cos x)\mathrm{d}x;$

$(2) \int_{0}^{\pi} xf(\sin x)\mathrm{d}x = \frac{\pi}{2}\int_{0}^{\pi} f(\sin x)\mathrm{d}x,$ 并计算 $\int_{0}^{\pi} \frac{x\sin x}{1 + \cos^2 x}\mathrm{d}x.$

证明 (1) 设 $x = \frac{\pi}{2} - t$,则 $\mathrm{d}x = -\mathrm{d}t$,当 $x = 0$ 时,$t = \frac{\pi}{2}$;当 $x = \frac{\pi}{2}$ 时,$t = 0$. 于是

$$\int_{0}^{\frac{\pi}{2}} f(\sin x)\mathrm{d}x = -\int_{\frac{\pi}{2}}^{0} f\left[\sin\left(\frac{\pi}{2} - t\right)\right]\mathrm{d}t = \int_{0}^{\frac{\pi}{2}} f(\cos t)\mathrm{d}t = \int_{0}^{\frac{\pi}{2}} f(\cos x)\mathrm{d}x.$$

(2) 设 $x = \pi - t$,则 $\mathrm{d}x = -\mathrm{d}t$,当 $x = 0$ 时,$t = \pi$;当 $x = \pi$ 时,$t = 0$. 于是

$$\int_{0}^{\pi} xf(\sin x)\mathrm{d}x = -\int_{\pi}^{0} (\pi - t)f[\sin(\pi - t)]\mathrm{d}t$$

$$= \int_{0}^{\pi} (\pi - t)f(\sin t)\mathrm{d}t$$

$$= \pi\int_{0}^{\pi} f(\sin t)\mathrm{d}t - \int_{0}^{\pi} tf(\sin t)\mathrm{d}t$$

$$= \pi\int_{0}^{\pi} f(\sin x)\mathrm{d}x - \int_{0}^{\pi} xf(\sin x)\mathrm{d}x,$$

故

$$\int_{0}^{\pi} xf(\sin x)\mathrm{d}x = \frac{\pi}{2}\int_{0}^{\pi} f(\sin x)\mathrm{d}x.$$

利用上述结果,有

$$\int_{0}^{\pi} \frac{x\sin x}{1 + \cos^2 x}\mathrm{d}x = \frac{\pi}{2}\int_{0}^{\pi} \frac{\sin x}{1 + \cos^2 x}\mathrm{d}x = -\frac{\pi}{2}\int_{0}^{\pi} \frac{\mathrm{d}(\cos x)}{1 + \cos^2 x}$$

$$= -\frac{\pi}{2}[\arctan(\cos x)]_{0}^{\pi} = \frac{\pi^2}{4}.$$

3.4.2 定积分的分部积分法

设函数 $u = u(x)$,$v = v(x)$ 在 $[a,b]$ 上具有连续导数,则

$$\mathrm{d}(uv) = u\mathrm{d}v + v\mathrm{d}u,$$

得

$$\int_a^b \mathrm{d}(uv) = \int_a^b u \, \mathrm{d}v + \int_a^b v \, \mathrm{d}u,$$

故

$$\int_a^b u \, \mathrm{d}v = [uv]_a^b - \int_a^b v \, \mathrm{d}u. \tag{2}$$

公式(2)称为**定积分的分部积分公式**.

与不定积分的分部积分法类似,公式(2)常用于求两类不同类型的函数之积的定积分.适当选择 u 与 v 是使用公式(2)的关键.

【**例 3-59**】 求 $\int_0^1 \arctan x \, \mathrm{d}x$.

解 设 $u = \arctan x, \mathrm{d}v = \mathrm{d}x$,则 $\mathrm{d}u = \dfrac{\mathrm{d}x}{1+x^2}, v = x$,于是

$$\int_0^1 \arctan x \, \mathrm{d}x = [x \arctan x]_0^1 - \int_0^1 \frac{x \, \mathrm{d}x}{1+x^2} = \frac{\pi}{4} - \frac{1}{2}\int_0^1 \frac{\mathrm{d}(1+x^2)}{1+x^2}$$

$$= \frac{\pi}{4} - \frac{1}{2}[\ln(1+x^2)]_0^1$$

$$= \frac{\pi}{4} - \frac{1}{2}\ln 2.$$

【**例 3-60**】 求 $\int_0^4 \mathrm{e}^{\sqrt{x}} \, \mathrm{d}x$.

解 设 $\sqrt{x} = t$,则当 $x = 0$ 时,$t = 0$;当 $x = 4$ 时,$t = 2$,$\mathrm{d}x = 2t \, \mathrm{d}t$. 于是

$$\int_0^4 \mathrm{e}^{\sqrt{x}} \, \mathrm{d}x = 2\int_0^2 t \mathrm{e}^t \, \mathrm{d}t = 2\int_0^2 t \, \mathrm{d}\mathrm{e}^t = 2[t\mathrm{e}^t]_0^2 - 2\int_0^2 \mathrm{e}^t \, \mathrm{d}t = 4\mathrm{e}^2 - [2\mathrm{e}^t]_0^2 = 2(\mathrm{e}^2 + 1).$$

【**例 3-61**】 证明 $I_n = \int_0^{\frac{\pi}{2}} \sin^n x \, \mathrm{d}x = \int_0^{\frac{\pi}{2}} \cos^n x \, \mathrm{d}x$,并计算 I_n.

证明 令 $x = \dfrac{\pi}{2} - t$,则当 $x = 0$ 时,$t = \dfrac{\pi}{2}$;当 $x = \dfrac{\pi}{2}$ 时,$t = 0$,$\mathrm{d}x = -\mathrm{d}t$. 于是

$$\int_0^{\frac{\pi}{2}} \sin^n x \, \mathrm{d}x = \int_{\frac{\pi}{2}}^0 \sin^n\left(\frac{\pi}{2} - t\right)(-\mathrm{d}t) = -\int_{\frac{\pi}{2}}^0 \cos^n t \, \mathrm{d}t$$

$$= \int_0^{\frac{\pi}{2}} \cos^n t \, \mathrm{d}t = \int_0^{\frac{\pi}{2}} \cos^n x \, \mathrm{d}x.$$

当 $n \geqslant 2$ 时,

$$I_n = \int_0^{\frac{\pi}{2}} \sin^n x \, \mathrm{d}x = -\int_0^{\frac{\pi}{2}} \sin^{n-1} x \, \mathrm{d}\cos x$$

$$= -[\sin^{n-1} x \cos x]_0^{\frac{\pi}{2}} + (n-1)\int_0^{\frac{\pi}{2}} \cos^2 x \sin^{n-2} x \, \mathrm{d}x$$

$$= (n-1)\int_0^{\frac{\pi}{2}} \sin^{n-2} x \, \mathrm{d}x - (n-1)\int_0^{\frac{\pi}{2}} \sin^n x \, \mathrm{d}x$$

$$= (n-1)I_{n-2} - (n-1)I_n.$$

由此得递推公式

$$I_n = \frac{n-1}{n} I_{n-2}.$$

因为 $I_0 = \int_0^{\frac{\pi}{2}} \mathrm{d}x = \frac{\pi}{2}$,所以当 n 为正偶数时,有

$$I_n = \frac{n-1}{n} \cdot \frac{n-3}{n-2} \cdot \frac{n-5}{n-4} \cdot \cdots \cdot \frac{3}{4} \cdot \frac{1}{2} \cdot \frac{\pi}{2};$$

又 $I_1 = \int_0^{\frac{\pi}{2}} \sin x \mathrm{d}x = 1$,所以当 n 为正奇数时,有

$$I_n = \frac{n-1}{n} \cdot \frac{n-3}{n-2} \cdot \frac{n-5}{n-4} \cdot \cdots \cdot \frac{4}{5} \cdot \frac{2}{3} \cdot 1,$$

因此

$$I_n = \int_0^{\frac{\pi}{2}} \sin^n x \mathrm{d}x = \begin{cases} \dfrac{n-1}{n} \cdot \dfrac{n-3}{n-2} \cdot \dfrac{n-5}{n-4} \cdot \cdots \cdot \dfrac{3}{4} \cdot \dfrac{1}{2} \cdot \dfrac{\pi}{2} & (n \text{ 为正偶数}) \\ \dfrac{n-1}{n} \cdot \dfrac{n-3}{n-2} \cdot \dfrac{n-5}{n-4} \cdot \cdots \cdot \dfrac{4}{5} \cdot \dfrac{2}{3} & (n \text{ 为大于 } 1 \text{ 的正奇数}) \end{cases}.$$

利用这个公式,可以迅速地计算某些定积分. 例如

$$\int_0^{\frac{\pi}{2}} \sin^5 x \mathrm{d}x = \frac{4}{5} \cdot \frac{2}{3} = \frac{8}{15},$$

$$\int_{-\frac{\pi}{2}}^{\frac{\pi}{2}} \cos^2 x \sin^6 x \mathrm{d}x = 2 \int_0^{\frac{\pi}{2}} \cos^2 x \sin^6 x \mathrm{d}x = 2 \int_0^{\frac{\pi}{2}} (\sin^6 x - \sin^8 x) \mathrm{d}x$$

$$= 2 \left(\frac{5 \cdot 3 \cdot 1}{6 \cdot 4 \cdot 2} \cdot \frac{\pi}{2} - \frac{7 \cdot 5 \cdot 3 \cdot 1}{8 \cdot 6 \cdot 4 \cdot 2} \cdot \frac{\pi}{2} \right) = \frac{15}{384} \pi = \frac{5}{128} \pi.$$

习题 3-4

1. 计算下列定积分:

(1) $\int_{-\pi}^{\pi} \cos 2x \mathrm{d}x$;

(2) $\int_0^{\frac{\pi}{2}} \sin^3 x \mathrm{d}x$;

(3) $\int_0^1 \frac{x}{\sqrt{4-x^2}} \mathrm{d}x$;

(4) $\int_0^3 \sqrt{x+1} \mathrm{d}x$;

(5) $\int_0^1 \frac{1}{\sqrt{4-x}} \mathrm{d}x$;

(6) $\int_0^2 \frac{1}{(2x+3)^2} \mathrm{d}x$;

(7) $\int_0^1 \sin \pi t \mathrm{d}t$;

(8) $\int_{\frac{\pi}{2}}^{\pi} \cos\left(x + \frac{\pi}{3}\right) \mathrm{d}x$;

(9) $\int_1^4 \frac{\cos \sqrt{x}}{\sqrt{x}} \mathrm{d}x$;

(10) $\int_{\frac{\pi}{6}}^{\frac{\pi}{2}} \cot \theta \mathrm{d}\theta$;

(11) $\int_0^1 x \mathrm{e}^{-x^2} \mathrm{d}x$;

(12) $\int_1^2 \frac{1}{y^2} \mathrm{d}y$;

(13) $\int_e^{e^2} \frac{1}{y \ln y} \mathrm{d}y$;

(14) $\int_0^{\frac{\pi}{2}} \cos^2 t \mathrm{d}t$.

2. 计算下列定积分:

(1) $\int_0^3 \sqrt{9-x^2} \mathrm{d}x$;

(2) $\int_0^{\pi} \sqrt{1+\cos 2x} \mathrm{d}x$;

(3) $\int_1^{e^2} \frac{\mathrm{d}x}{x\sqrt{\ln x+1}}$;

(4) $\int_0^4 \frac{\sqrt{x}}{1+x\sqrt{x}} \mathrm{d}x$;

(5) $\int_0^1 x^2 \sqrt{1-x^2} \mathrm{d}x$;

(6) $\int_{-5}^5 \frac{x^2 \sin x}{x^4+x^2+1} \mathrm{d}x$;

(7) $\int_0^1 \frac{\mathrm{d}x}{(4-x^2)^{\frac{3}{2}}}$;

(8) $\int_{-1}^1 \frac{t \mathrm{d}t}{\sqrt{5-4t}}$;

(9) $\int_{-\sqrt{2}}^{\sqrt{2}} \sqrt{2-x^2} \mathrm{d}x$;

$(10)\int_0^1 x\sqrt{1-x}\,\mathrm{d}x;$ $\qquad(11)\int_{\frac{1}{\sqrt{2}}}^1 \dfrac{\sqrt{1-x^2}}{x^2}\mathrm{d}x;$ $\qquad(12)\int_{\frac{3}{4}}^1 \dfrac{\mathrm{d}x}{\sqrt{1-x}-1}.$

3. 计算下列定积分：

$(1)\int_0^\pi \sqrt{\sin^3 x-\sin^5 x}\,\mathrm{d}x;$ $\qquad(2)\int_{-\frac{\pi}{2}}^{\frac{\pi}{2}} \sqrt{\cos x-\cos^3 x}\,\mathrm{d}x.$

4. 计算下列定积分：

$(1)\int_0^\pi t\sin 2t\,\mathrm{d}t;$ $\qquad(2)\int_1^2 t\ln\sqrt{t}\,\mathrm{d}t;$ $\qquad(3)\int_{\frac{1}{e}}^e |\ln t|\,\mathrm{d}t;$

$(4)\int_0^1 x\mathrm{e}^{-x}\mathrm{d}x;$ $\qquad(5)\int_{\frac{\pi}{4}}^{\frac{\pi}{3}} \dfrac{x}{\cos^2 x}\mathrm{d}x;$ $\qquad(6)\int_1^4 \dfrac{\ln x}{\sqrt{x}}\mathrm{d}x;$

$(7)\int_0^1 x\arctan x\,\mathrm{d}x;$ $\qquad(8)\int_0^{\frac{1}{2}} \arcsin x\,\mathrm{d}x.$

5. 证明 $\int_0^{\frac{\pi}{2}} \dfrac{\sin^3 x}{\sin x+\cos x}\mathrm{d}x=\int_0^{\frac{\pi}{2}} \dfrac{\cos^3 x}{\sin x+\cos x}\mathrm{d}x$，并求其值.

6. 设 $f(x)$ 在 $[a,b]$ 上连续，且 $\int_a^b f(x)\mathrm{d}x=1$，求 $\int_a^b f(a+b-x)\mathrm{d}x.$

7. 利用函数的奇偶性计算下列定积分：

$(1)\int_{-\pi}^\pi x^4\sin x\,\mathrm{d}x;$ $\qquad\qquad(2)\int_{-1}^1 |t|\ln(t+\sqrt{1+t^2})\mathrm{d}t;$

$(3)\int_{-\frac{1}{2}}^{\frac{1}{2}} \dfrac{(\arcsin x)^2}{\sqrt{1-x^2}}\mathrm{d}x;$ $\qquad(4)\int_{-\frac{\pi}{4}}^{\frac{\pi}{4}} \cos x(1+\sin 2x)\mathrm{d}x.$

8. 设 $f(x)$ 是以 T 为周期的连续函数，证明对任意实数 a，有 $\int_a^{a+T} f(x)\mathrm{d}x=\int_0^T f(x)\mathrm{d}x.$

9. 若 $f(t)$ 连续且为奇函数，证明 $\int_0^x f(t)\mathrm{d}t$ 是偶函数；若 $f(t)$ 连续且为偶函数，证明 $\int_0^x f(t)\mathrm{d}t$ 是奇函数.

10. 设 $f(x)=\begin{cases} x\mathrm{e}^{-x^2} & (x\geqslant 0) \\ \dfrac{1}{1+\cos x} & (-\pi<x<0) \end{cases}$，求 $\int_1^4 f(x-2)\mathrm{d}x.$

3.5 定积分应用举例

在实际问题中，许多量的计算都可以归结为求定积分. 本节首先介绍建立这些量积分表达式的基本思想和方法 —— 微元法，然后用微元法求解一些几何问题和物理、力学问题.

3.5.1 总量的可加性与微元法

前面曾用定积分的方法解决了曲边梯形的面积，非均匀细棒的质量问题. 这些问题的实际背景虽然不同，但它们的共同特点是，在某区间上非均匀分布的总量对区间具有可加性，即总量的近似值等于分布在各个子区间上的部分量的近似值之和，然后通过取极限就可用定积分表达这些量. 具体步骤是：分划，代替，求和与取极限.

假设所求量 Q 与变量 x 有关,其中 $x \in [a,b]$,而且 Q 对区间 $[a,b]$ 具有可加性,即若将 $[a,b]$ 分成若干子区间时,则 Q 相应地也被分成若干部分量 ΔQ,如果任取 $[a,b]$ 的一个子区间 $[x,x+\mathrm{d}x]$,则 Q 相应部分量 ΔQ 可以近似地表示成

$$\Delta Q \approx f(x)\mathrm{d}x,$$

其中 $f(x)$ 是 $[a,b]$ 上的连续函数,而且 $\Delta Q - f(x)\mathrm{d}x$ 是当 $\mathrm{d}x \to 0$ 时比 $\mathrm{d}x$ 高阶的无穷小,则称 $f(x)\mathrm{d}x$ 为量 Q 的**微元**,记作 $\mathrm{d}Q$,即 $\mathrm{d}Q = f(x)\mathrm{d}x$. 以微元 $f(x)\mathrm{d}x$ 作为被积表达式在 $[a,b]$ 上积分,就得到 Q 的积分表达式

$$Q = \int_a^b f(x)\mathrm{d}x,$$

这种方法叫**微元法**.

结合本章定积分概念的几个引例理解以上说明,不难看出,微元法实质上就是分划,代替,求和与取极限方法的概括与简化. 下面用微元法来解决一些具体的几何问题和物理问题.

3.5.2 几何应用举例

1. 平面图形的面积

【**例 3-62**】 求由曲线 $y = x^3$ 及 $y = x$ 所围成的在第一象限的平面图形的面积.

解 联立两条曲线方程,可求得它们的交点的横坐标为 $x = 0,x = 1$. 面积 A 是非均匀连续分布在区间 $[0,1]$ 上且对区间具有可加性的量,因此,可以用微元法来解决.

任取 $[0,1]$ 在一个子区间 $[x,x+\mathrm{d}x]$,该子区间上相应面积 ΔA 近似地等于以 $\mathrm{d}x$ 为底,高为 $(x-x^3)$ 的小矩形面积,如图 3-10 所示.

$$\Delta A \approx (x - x^3)\mathrm{d}x = \mathrm{d}A.$$

可以证明 ΔA 与 $\mathrm{d}A$ 之差是比 $\mathrm{d}x$ 高阶的无穷小,则

$$A = \int_0^1 \mathrm{d}A = \int_0^1 (x - x^3)\mathrm{d}x = \left(\frac{1}{2}x^2 - \frac{1}{4}x^4 \right) \Big|_0^1 = \frac{1}{4}.$$

一般地,假设函数 $f(x)$、$g(x)$ 均在 $[a,b]$ 上连续,且 $f(x) \leqslant g(x)$,由 $y = f(x)$,$y = g(x)$ 及直线 $x = a,x = b$ 所围平面图形(图 3-11)面积 A 为

$$\boxed{A = \int_a^b [g(x) - f(x)]\mathrm{d}x.}$$

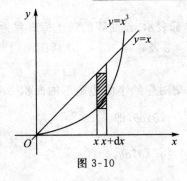

图 3-10

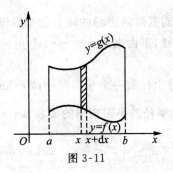

图 3-11

【**例 3-63**】 求由抛物线 $y^2 = 4 + x$ 与直线 $x + 2y = 4$ 所围图形面积 S.

解 由 $\begin{cases} y^2 = 4 + x \\ y = 0 \end{cases}$ 得抛物线与 x 轴的交点 $C(-4, 0)$.

由 $\begin{cases} y^2 = 4 + x \\ x + 2y = 4 \end{cases}$ 得两条曲线的交点 $A(0, 2)$ 和 $B(12, -4)$，如图 3-12 所示.

选取 y 为积分变量，$y \in [-4, 2]$，则面积 S 为

$$S = \int_{-4}^{2} \left[(4 - 2y) - (y^2 - 4) \right] \mathrm{d}y = \int_{-4}^{2} (8 - 2y - y^2) \mathrm{d}y = 36.$$

说明：若选取 x 为积分变量，则需要求两个定积分

$$S = \int_{-4}^{0} \left[\sqrt{4 + x} - (- \sqrt{4 + x}) \right] \mathrm{d}x + \int_{0}^{12} \left[\frac{1}{2}(4 - x) - (- \sqrt{4 + x}) \right] \mathrm{d}x,$$

可见，正确选择积分变量有时可使计算变得较简单.

【**例 3-64**】 求椭圆 $\dfrac{x^2}{a^2} + \dfrac{y^2}{b^2} = 1$ 所围成的图形的面积.

解 由对称性可知，只需计算椭圆在第一象限中图形的面积 S_1（图 3-13），然后 4 倍即可，即所求面积

$$S = 4S_1 = 4 \int_{0}^{a} y \mathrm{d}x.$$

据椭圆的参数方程 $\begin{cases} x = a\cos t \\ y = b\sin t \end{cases}$，应用定积分的换元积分法，令 $x = a\cos t$，则 $y = b\sin t$，且 $x\left(\dfrac{\pi}{2}\right) = 0, x(0) = a$，于是

$$S = 4 \int_{\frac{\pi}{2}}^{0} b\sin t \, \mathrm{d}(a\cos t) = 4ab \int_{\frac{\pi}{2}}^{0} (-\sin^2 t) \mathrm{d}t = \pi ab.$$

当 $a = b$ 时，S 即为我们熟悉的圆的面积 πa^2.

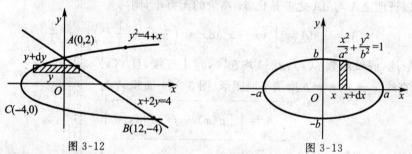

图 3-12　　　　　　　　　　　图 3-13

有些平面图形的边界曲线更适于用极坐标表示. 设曲线的极坐标方程为 $r = r(\theta)$，且 $r(\theta) \geqslant 0$ 连续，下面来求 $r = r(\theta)$ 与射线 $\theta = \alpha$ 及 $\theta = \beta (\alpha < \beta)$ 所围曲边扇形（图 3-14）的面积 A.

在 $[\alpha, \beta]$ 上任取一个子区间 $[\theta, \theta + \Delta\theta]$，则对应的小曲边扇形的面积 ΔA 就近似地等于以 $r(\theta)$ 为半径的小圆扇形的面积 $\mathrm{d}A = \dfrac{1}{2}r^2(\theta)\mathrm{d}\theta$，即

$$\Delta A \approx \mathrm{d}A = \frac{1}{2}r^2(\theta)\mathrm{d}\theta,$$

于是有

$$A = \frac{1}{2}\int_{\alpha}^{\beta} r^2(\theta)\,\mathrm{d}\theta.$$

【例 3-65】 求心形线 $r = a(1+\cos\theta)\,(a > 0)$ 所围图形的面积 A.

解 如图 3-15 所示，由对称性及上面的公式

$$A = 2 \cdot \frac{1}{2}\int_0^{\pi} a^2(1+\cos\theta)^2\,\mathrm{d}\theta = a^2\int_0^{\pi}(1+2\cos\theta+\cos^2\theta)\,\mathrm{d}\theta = \frac{3\pi a^2}{2}.$$

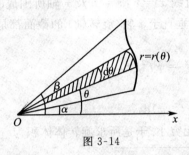

图 3-14

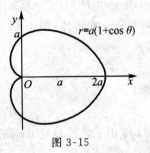

图 3-15

2. 立体体积

平行截面面积为已知的立体的体积可以用定积分计算.

如图 3-16 所示，有一立体介于过点 $x = a$，$x = b$ 且垂直于 x 轴的两平面之间. 若用垂直于 x 轴的平面族截取该立体，截面面积 $S(x)$ 为一已知函数. 在 $[a,b]$ 内任取一小区间 $[x, x+\mathrm{d}x]$，相应立体可近似视为以 $S(x)$ 为底，以 $\mathrm{d}x$ 为高的薄柱体体积，即体积微元为

$$\mathrm{d}V = S(x)\,\mathrm{d}x,$$

于是该立体的体积为

$$V = \int_a^b S(x)\,\mathrm{d}x.$$

由此公式可知，如果两个等高的立体在等高处截面的面积恒相等，则两立体的体积必然相等. 早在我国南北朝时期，这一原理就被大数学家祖冲之和他的儿子祖暅所发现和应用，并被后人称为"祖暅原理".

【例 3-66】 设有一正劈锥体（图 3-17），其底是以 a 为半径的圆，高为 h，顶为平行且等于底圆直径的线段，求它的体积.

解 取底圆的平面为 xOy 平面，圆心 O 为原点，并使 x 轴与正劈锥的顶平行，则底圆的方程为 $x^2 + y^2 = a^2$. 过 x 轴上的点 $x(-a \leqslant x \leqslant a)$ 作垂直于 x 轴的平面，截正劈锥得等腰三角形，其面积

$$S(x) = h \cdot y = h\sqrt{a^2 - x^2},$$

于是所求体积为

$$V = \int_{-a}^{a} h\sqrt{a^2 - x^2}\,\mathrm{d}x = 2h\int_0^a \sqrt{a^2 - x^2}\,\mathrm{d}x = \frac{1}{2}\pi a^2 h,$$

公式 $V = \int_a^b S(x)\,\mathrm{d}x$ 常常用来计算旋转体的体积.

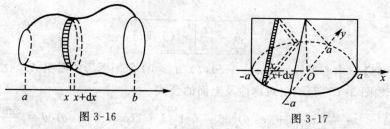

图 3-16   图 3-17

设连续曲线 $y = f(x)(f(x) \geqslant 0)$ 与直线 $x = a, x = b$ 及 x 轴所围成的曲边梯形绕 x 轴旋转一周形成一旋转体(图 3-18),由于垂直于 x 轴(旋转轴)的截面都是圆,因此在 x 处截面面积为

$$S(x) = \pi y^2 = \pi f^2(x),$$

从而得体积微元

$$dV_x = \pi f^2(x)dx.$$

可以证明 ΔV_x 与 dV_x 之差是比 dx 高阶的无穷小. 于是所求旋转体体积为

$$V_x = \pi \int_a^b f^2(x)dx.$$

如果旋转体是由连续曲线 $x = g(y)[g(y) \geqslant 0]$ 与直线 $y = c, y = d(c < d)$ 及 y 轴所围成的曲边梯形绕 y 轴旋转一周形成的(图 3-19),则类似地可得其旋转体体积为

$$V_y = \pi \int_c^d g^2(y)dy.$$

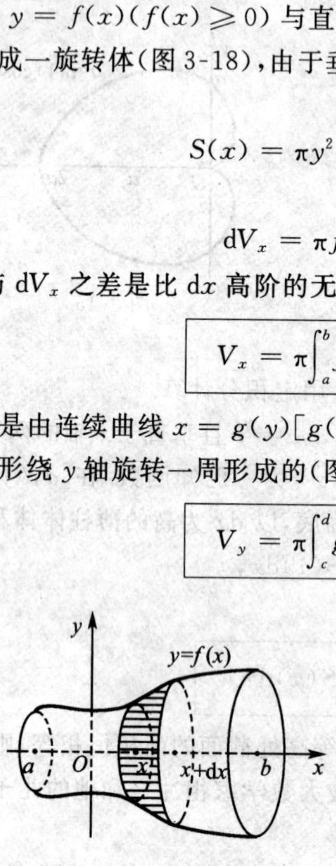

图 3-18 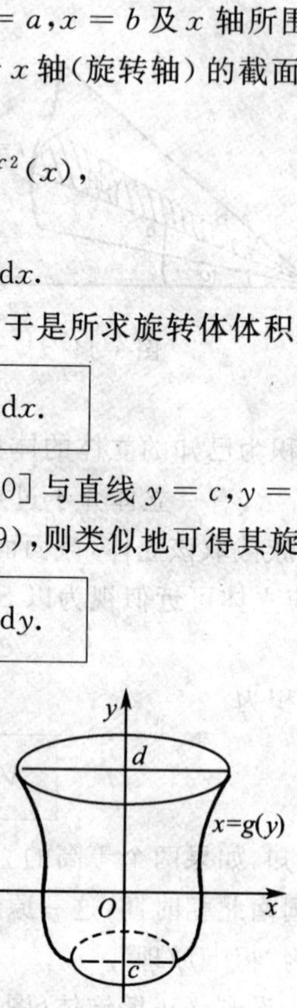   图 3-19

【例 3-67】 求半径为 R,高为 h 的正圆锥体的体积.

解 取 y 轴为旋转轴,建立如图 3-20 所示坐标系,则题设圆锥体可看做是由直线 $y = \dfrac{h}{R}x, y = R$ 及 $x = 0$ 所围直角三角形绕 y 轴旋转一周所得旋转体,于是所求正圆锥体的体积为

$$V = \pi \int_0^h x^2 dy = \pi \int_0^h \frac{R^2}{h^2} y^2 dy = \frac{1}{3}\pi R^2 h.$$

【例 3-68】 求半径为 r 的圆绕同平面内圆外一条直线旋转成的圆环体的体积,设圆心到直线的距离为 $R(R \geqslant r)$.

解 建立如图 3-21 所示的坐标系,则圆的方程为

$$x^2 + (y - R)^2 = r^2.$$

172

所求圆环体的体积可以看做是上半圆下的曲边梯形和下半圆下的曲边梯形各绕 x 轴旋转一周,得到的两个旋转体体积的差,故有

$$V = \pi\int_{-r}^{r} (R + \sqrt{r^2 - x^2})^2 \,\mathrm{d}x - \pi\int_{-r}^{r} (R - \sqrt{r^2 - x^2})^2 \,\mathrm{d}x$$

$$= 4\pi R\int_{-r}^{r} \sqrt{r^2 - x^2} \,\mathrm{d}x = 4\pi R \cdot \frac{\pi r^2}{2} = 2\pi^2 R r^2.$$

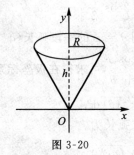

图 3-20

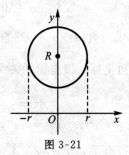

图 3-21

3. 平面曲线的弧长

设函数 $f(x)$ 在区间 $[a,b]$ 上有连续导数,下面来求曲线 $y = f(x)$ 由点 $A(a, f(a))$ 到点 $B(b, f(b))$ 的一段曲线弧 $\overparen{AB}$ 的长 s(图 3-22).

任取 $[a,b]$ 的一个子区间 $[x, x+\mathrm{d}x]$,在该区间上,曲线段弧长 Δs 可用曲线在点 $(x, f(x))$ 处的切线上相应的直线段长度 $\mathrm{d}s$ 近似代替,$\mathrm{d}s$ 即为弧长微元. 而

$$\mathrm{d}s = \sqrt{(\mathrm{d}x)^2 + (\mathrm{d}y)^2} = \sqrt{1 + f'^2(x)} \,\mathrm{d}x.$$

可以证明:弧长 Δs 与 $\mathrm{d}s$ 之差是比 $\mathrm{d}x$ 高阶的无穷小,故

$$\Delta s \approx \mathrm{d}s = \sqrt{1 + f'^2(x)} \,\mathrm{d}x,$$

于是,所求弧长为

$$s = \int_a^b \sqrt{1 + f'^2(x)} \,\mathrm{d}x.$$

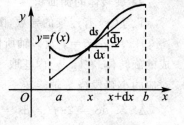

图 3-22

当曲线由参数方程或极坐标方程给出时,只需将相应的弧长微元换成相应的形式即可.

【例 3-69】　求曲线 $y = \dfrac{2}{3}x^{\frac{3}{2}}$ 在区间 $[0,8]$ 上的一段弧的长度.

解　由曲线弧长公式可得

$$s = \int_0^8 \sqrt{1 + f'^2(x)} \,\mathrm{d}x = \int_0^8 \sqrt{1 + x} \,\mathrm{d}x$$

$$= \frac{2}{3}(1 + x)^{\frac{3}{2}} \Big|_0^8 = \frac{52}{3}$$

【例 3-70】　求摆线

$$\begin{cases} x = a(t - \sin t) \\ y = a(1 - \cos t) \end{cases} \quad (a > 0)$$

一拱 $(0 \leqslant t \leqslant 2\pi)$ 的弧长.

解 这时的弧长微元为

$$ds = \sqrt{(x'(t)\mathrm{d}t)^2 + (y'(t)\mathrm{d}t)^2} = \sqrt{x'^2(t) + y'^2(t)}\,\mathrm{d}t,$$

由于 $x'(t) = a(1 - \cos t), y'(t) = a\sin t$,于是所求弧长为

$$s = \int_0^{2\pi} \sqrt{a^2(1 - \cos t)^2 + a^2\sin^2 t}\,\mathrm{d}t$$

$$= 2a\int_0^{2\pi} \sin\frac{t}{2}\mathrm{d}t = 2a\left[-2\cos\frac{t}{2}\right]_0^{2\pi} = 8a.$$

【例 3-71】 求对数螺线 $r = \mathrm{e}^{a\theta}$ 自 $\theta = 0$ 到 $\theta = \varphi$ 的一段弧长 $(a > 0)$.

解 根据直角坐标与极坐标的关系 $\begin{cases} x = r\cos\theta \\ y = r\sin\theta \end{cases}$,可求得在极坐标系下的弧长微元为

$$\mathrm{d}s = \sqrt{r^2(\theta) + r'^2(\theta)}\,\mathrm{d}\theta.$$

在本题中 $r(\theta) = \mathrm{e}^{a\theta}, r'(\theta) = a\mathrm{e}^{a\theta}$,于是所求弧长为

$$s = \int_0^{\varphi} \sqrt{r^2(\theta) + r'^2(\theta)}\,\mathrm{d}\theta = \int_0^{\varphi} \sqrt{(\mathrm{e}^{a\theta})^2 + (a\mathrm{e}^{a\theta})^2}\,\mathrm{d}\theta$$

$$= \int_0^{\varphi} \sqrt{1 + a^2}\,\mathrm{e}^{a\theta}\mathrm{d}\theta = \sqrt{1 + a^2} \cdot \frac{1}{a}\int_0^{\varphi} \mathrm{e}^{a\theta}\mathrm{d}(a\theta) = \frac{\sqrt{1 + a^2}}{a} \cdot (\mathrm{e}^{a\varphi} - 1).$$

4. 旋转体的侧面积

设 $f(x)$ 有连续的导数,图 3-23 为由曲线 $y = f(x)[f(x) > 0]$,$x = a, x = b$ 及 x 轴所围曲边梯形绕 x 轴旋转一周所形成的旋转体. 在 $[a, b]$ 内任取一小区间 $[x, x+\mathrm{d}x]$,该小区间上对应的小弧段绕 x 轴旋转一周后生成的小圈侧面积近似为

图 3-23

$$\Delta S \approx \mathrm{d}S = 2\pi f(x)\mathrm{d}s = 2\pi f(x)\sqrt{1 + [f'(x)]^2}\,\mathrm{d}x,$$

这就是旋转体侧面积的微元,于是得到旋转体侧面积的计算公式

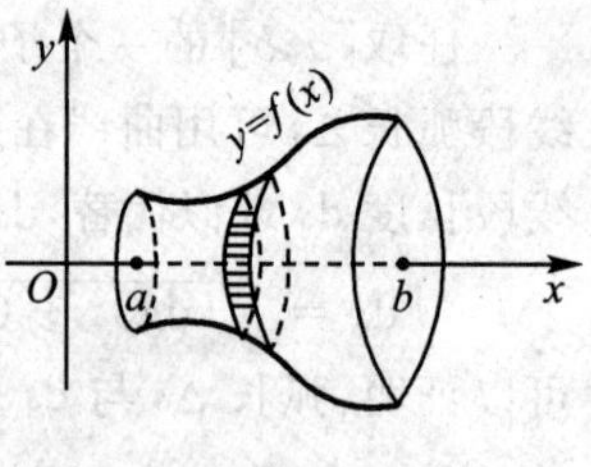

$$S = \int_a^b 2\pi f(x)\mathrm{d}s = 2\pi\int_a^b f(x)\sqrt{1 + [f'(x)]^2}\,\mathrm{d}x.$$

类似可得,由曲线 $x = g(y)[g(y) > 0]$,$y = c, y = d$ 及 y 轴所围曲边梯形绕 y 轴旋转,所得旋转体的侧面积公式

$$S = 2\pi\int_c^d g(y)\sqrt{1 + [g'(y)]^2}\,\mathrm{d}y.$$

【例 3-72】 设有曲线 $y = \sqrt{x-1}$,过原点 $O(0,0)$ 作其切线,求此切线与曲线及 x 轴围成的平面图形绕 x 轴旋转一周,所得到旋转体的全表面积(图 3-24).

解 设切点为 $(x_0, \sqrt{x_0 - 1})$,则过原点的切线方程为

图 3-24

$$y = \frac{1}{2\sqrt{x_0 - 1}}x.$$

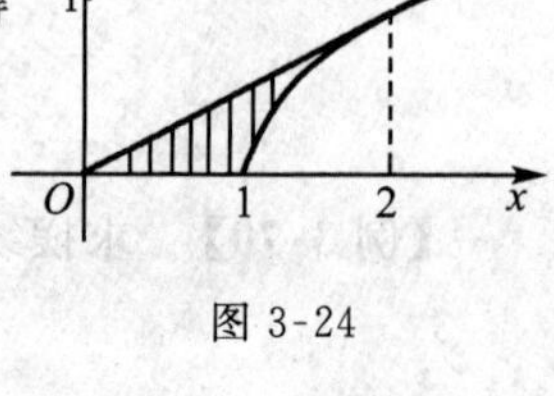

将点 $(x_0, \sqrt{x_0 - 1})$ 代入,解得 $x_0 = 2$,于是切点为 $(2,1)$,切线方程为 $y = \frac{1}{2}x$.

由曲线 $y = \sqrt{x-1}\,(1 \leqslant x \leqslant 2)$ 绕 x 轴旋转一周所得旋转面的面积

$$S_1 = 2\pi \int_1^2 y\,\sqrt{1+y'^2}\,\mathrm{d}x = \pi \int_1^2 \sqrt{4x-3}\,\mathrm{d}x = \frac{\pi}{6}(5\sqrt{5}-1),$$

由直线段 $y = \dfrac{1}{2}x\,(0 \leqslant x \leqslant 2)$ 绕 x 轴旋转一周所得到旋转面的面积

$$S_2 = 2\pi \int_1^2 \frac{1}{2}x \cdot \frac{\sqrt{5}}{2}\,\mathrm{d}x = \sqrt{5}\,\pi,$$

因此,所求旋转体的全表面积为

$$S = S_1 + S_2 = \frac{\pi}{6}(11\sqrt{5}-1).$$

3.5.3　物理、力学应用举例

定积分应用的范围相当广泛,这里仅简要介绍应用定积分解决功、静水压力、引力等方面的问题.

1. 作功问题

假设物体在变力 $F(x)$ 的作用下,沿 x 轴由点 a 移动到点 b(图 3-25),这里变力函数 $F(x)$ 连续.

任取 $[a,b]$ 的一个子区间 $[x, x+\mathrm{d}x]$,由于 $\mathrm{d}x$ 很小,$F(x)$ 在 $[x, x+\mathrm{d}x]$ 上可视为不变,用 $F(x)$ 在点 x 的值近似代替 $F(x)$ 在 $[x, x+\mathrm{d}x]$ 上的值,这样 $F(x)$ 在 $[x, x+\mathrm{d}x]$ 上所作功 ΔW 近似等于 $\mathrm{d}W = F(x)\mathrm{d}x$,即

$$\Delta W \approx \mathrm{d}W = F(x)\mathrm{d}x.$$

$\mathrm{d}W$ 为功的微元,于是,$F(x)$ 在 $[a,b]$ 上所作功为

$$W = \int_a^b F(x)\,\mathrm{d}x.$$

【例 3-73】　设一弹簧在 4 N 力的作用下伸长了 0.1 m,试求使它伸长 0.5 m,力所作的功 W.

解　如图 3-26 所示,由虎克(Hooke)定律知,在弹性限度内,弹簧的伸长与所受外力成正比,即

$$F(x) = kx,$$

其中 k 为弹性系数,x 为伸长量,由题设知 $4 = k \cdot 0.1$,故 $k = 40$ N/m,所以 $F(x) = 40x$(N),于是

$$W = \int_0^{\frac{1}{2}} F(x)\,\mathrm{d}x = \int_0^{\frac{1}{2}} 40x\,\mathrm{d}x = \left[20x^2\right]_0^{\frac{1}{2}} = 5\ (\mathrm{J}).$$

【例 3-74】　一个半球形容器,其半径为 R,容器中盛满水,试将容器中的水全部抽出容器口,需作功多少?

解　建立如图 3-27 所示坐标系,则容器边界半球面可看做曲线 $y = \sqrt{R^2-x^2}\,(0 \leqslant x \leqslant R)$ 绕 x 轴旋转而成.

任取$[0,R]$的一个子区间$[x,x+\mathrm{d}x]$,则与该子区间对应的一薄层水体积的近似值为
$$\mathrm{d}V = \pi y^2\,\mathrm{d}x = \pi(R^2 - x^2)\,\mathrm{d}x.$$
将这一薄层水抽到容器口克服重力所作功的微元为
$$\mathrm{d}W = (-x)\cdot(-\rho g\,\mathrm{d}V) = x\rho g\pi y^2\,\mathrm{d}x = x\rho g\pi(R^2 - x^2)\,\mathrm{d}x,$$
其中ρ为水的密度,g为重力加速度.于是,所求功为
$$W = \int_0^R \mathrm{d}W = \rho g\pi\int_0^R x(R^2 - x^2)\,\mathrm{d}x = \frac{1}{4}\pi\rho gR^4.$$

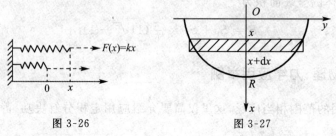

图 3-26   图 3-27

2. 液体的静压力问题

在水坝、闸门、船体等工程设计中,常需要计算它们所承受的静水总压力.由物理学知,静水压强p(单位:Pa)与水深h(单位:m)的关系是
$$p = \rho gh,$$
其中,ρ为水的密度;g为重力加速度.

若有一面积为S的平板,水平地放置在水深为h的地方,则平板一侧所受的静水总压力为
$$P = p\cdot S = \rho ghS.$$

若平板铅直放置在水中,则由于水深不同导致压强不同,平板一侧所受的总压力就不能直接利用上述公式计算,下面举例说明它的计算方法.

【**例 3-75**】 有一等腰梯形闸门,其上底长 10 m,下底长 6 m,高为 20 m,该闸门所在平面与水面垂直,且上底与水面相齐,求该闸门一侧所受到的静水压力.

解 建立如图 3-28 所示坐标系,则直线段 AB 的方程为
$$y = 5 - \frac{x}{10}.$$

任取$[0,20]$上一个子区间$[x,x+\mathrm{d}x]$.该子区间所对应的闸门上的水平细条可近似看做是宽为$2y$,高为$\mathrm{d}x$的小矩形,其上各点到水面距离可近似地看做为x,于是该细条所受到水压力的微元为
$$\mathrm{d}F = \rho gx\cdot 2y\,\mathrm{d}x = 2\rho gx\left(5 - \frac{x}{10}\right)\mathrm{d}x.$$

于是所求静水压力为
$$F = \int_0^{20}\mathrm{d}F = \int_0^{20} 2\rho gx\left(5 - \frac{x}{10}\right)\mathrm{d}x = \frac{44}{3}\times 10^6\ \mathrm{N},$$
其中$\rho = 10^3\ \mathrm{kg/m^3}$.

3. 引力问题

由物理学知,质量分别为m_1和m_2,相距为r的两质点间的引力大小为

$$F = G\frac{m_1 m_2}{r^2},$$

其中 G 为引力系数,引力方向沿着两质点连接方向.

如果要计算一根细棒(视为有质量无体积)对一质点的引力,由于细棒上各点与质点的距离是变化的,且各点与该质点的引力的方向也是变化的,所以不能直接应用上述公式计算.下面举例说明它的计算方法.

【例 3-76】 设长度为 l,质量为 m 的均匀细棒,其垂直平分线上距此棒距离为 a 处,有一质量为单位 1 的质点 P. 试求细棒对质点的引力.

解 建立如图 3-29 所示坐标系,将细棒置于 x 轴上,取细棒中点为坐标原点 O,则细棒位于区间 $\left[-\frac{l}{2}, \frac{l}{2}\right]$,质点 P 位于点 $(0, a)$ 处.

在 $\left[-\frac{l}{2}, \frac{l}{2}\right]$ 上任取 $[x, x+\mathrm{d}x]$,相应该小区间上细棒质量为 $\frac{m}{l}\mathrm{d}x$,而其对质点 P 的引力大小为

$$\Delta F \approx \mathrm{d}F = G \cdot 1 \cdot \frac{m}{l}\mathrm{d}x \cdot \frac{1}{a^2 + x^2} = \frac{Gm}{l(a^2 + x^2)}\mathrm{d}x.$$

值得注意的是,该引力方向是由点 P 指向点 $(x, 0)$ 的连线,所以对不同的小区间 $[x, x+\mathrm{d}x]$,由于引力方向不同,故**不具有可加性**.为此,可将 $\mathrm{d}F$ 沿 x 轴与 y 轴方向分解为 $\mathrm{d}F_x$ 与 $\mathrm{d}F_y$.注意到对称性,有 x 轴方向上的分力

$$F_x = 0,$$

而

$$\mathrm{d}F_y = \mathrm{d}F \cdot \frac{-a}{\sqrt{a^2 + x^2}} = -G\frac{ma}{l}\frac{1}{(a^2 + x^2)^{3/2}}\mathrm{d}x,$$

于是

$$F_y = -\frac{Gma}{l}\int_{-\frac{l}{2}}^{\frac{l}{2}} \frac{\mathrm{d}x}{(a^2 + x^2)^{3/2}} = -\frac{2Gma}{l}\int_{0}^{\frac{l}{2}} \frac{\mathrm{d}x}{(a^2 + x^2)^{3/2}}$$

$$= -\frac{2Gma}{l}\frac{x}{a^2\sqrt{a^2 + x^2}}\Bigg|_{0}^{\frac{l}{2}} = -\frac{2Gm}{a\sqrt{4a^2 + l^2}}.$$

上式中的负号,表示 F_y 指向 y 轴的负方向.

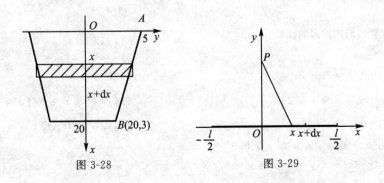

图 3-28   图 3-29

3.5.4 函数的平均值

在实际问题中,常常使用平均值的概念,其中最常用的是算术平均值,即对于离散变量 u 的 n 个值 $u_1, u_2, \cdots, u_n$,有

$$\bar{u} = \frac{1}{n}(u_1 + u_2 + \cdots + u_n) = \frac{1}{n}\sum_{i=1}^{n} u_i$$

称为其算术平均值.

但在许多实际问题中,要求计算连续函数 $y = f(x)$ 在区间 $[a,b]$ 上的平均值. 这样的平均值应该怎样理解和计算呢?

先把区间 $[a,b]$ 等分为 n 个子区间 $[x_{i-1}, x_i]$,并将它们的 n 个分点 ξ_i 的函数值 $f(\xi_i)$ $(i = 1, 2, \cdots, n)$ 的算术平均值 $\frac{1}{n}\sum_{i=1}^{n} f(\xi_i)$ 作为 $f(x)$ 在 $[a,b]$ 上的平均值 $\bar{y}$ 的近似值. 显然 n 越大其近似程度越好. 因而定义 $y = f(x)$ 在 $[a,b]$ 上的平均值为

$$\bar{y} = \lim_{n \to \infty} \frac{1}{n}\sum_{i=1}^{n} f(\xi_i).$$

因为每个子区间的长度 $\Delta x_i = x_i - x_{i-1} = \frac{b-a}{n}$,所以上式可写成

$$\bar{y} = \lim_{n \to \infty} \frac{1}{(b-a)} \sum_{i=1}^{n} f(\xi_i) \Delta x_i,$$

因为 $f(x)$ 连续,所以可积,从而得到

$$\bar{y} = \frac{1}{b-a} \int_a^b f(x) \mathrm{d}x.$$

这就是 $[a,b]$ 上连续函数 $f(x)$ 所取一切值的平均值计算公式. 不难看出,定积分中值定理中的 $f(\xi)$ 就是 $f(x)$ 在 $[a,b]$ 上的平均值.

例如在物理学中,已知全波整流电流 $i(t) = I_0 \mid \sin \omega t \mid (I_0 > 0)$. 而全波整流电流的周期 $T = \frac{\pi}{\omega}$,则周期函数的平均值指的是求一个周期上的平均值,于是

$$\bar{I} = \frac{1}{T} \int_0^T I_0 \mid \sin \omega t \mid \mathrm{d}t = \frac{\omega I_0}{\pi} \int_0^{\frac{\pi}{\omega}} \sin \omega t \, \mathrm{d}t = \frac{I_0}{\pi}(-\cos \omega t) \Big|_0^{\frac{\pi}{\omega}} = \frac{2}{\pi} I_0.$$

习题 3-5

1. 求下列曲线所围图形的面积:

(1) $y^2 = 2x$ 与 $x = 5$;

(2) $y = \sqrt{x}$ 与 $y = x$;

(3) $y = x^2$ 与 $y = 2x + 3$;

(4) $9x^2 + y^2 = 1$;

(5) $y = \frac{1}{x}, y = x$ 与 $x = 2$;

(6) $y = \mathrm{e}^x, y = \mathrm{e}^{-x}$ 与 $x = 1$;

(7) $y = x^2$ 与 $y = 4 - x^2$;

(8) $y = -x^2 + 1$ 与 $y = x - 1$;

(9) $y = \ln x, y$ 轴与 $y = \ln a, y = \ln b$ $(b > a > 0)$;

(10) $y = (\mathrm{e} + 1) - x, y = \ln x$ 与 $y = 0$.

2. 求下列极坐标表示的曲线所围图形的面积：

(1) $r = 2a\cos\theta$；　　(2) $r = 2a(2 + \cos\theta)$；

(3) 阿基米德螺线 $r = a\theta\ (0 \leqslant \theta \leqslant 2\pi)$ 及射线 $\theta = 0$；

(4) 对数螺线 $r = 2e^\theta\ (0 \leqslant \theta \leqslant 2\pi)$ 及射线 $\theta = 0$；

(5) 三叶玫瑰线"一瓣" $r = a\cos 3\theta\left(-\dfrac{\pi}{6} \leqslant \theta \leqslant \dfrac{\pi}{6}\right)$；

(6) 双钮线 $r^2 = 4\cos 2\theta$.

3. 求由抛物线 $(y-2)^2 = x - 1$ 和此抛物线相切于纵坐标 $y_0 = 3$ 处的切线以及 x 轴所围成图形的面积.

4. 求由曲线 $y = \sqrt{x}$ 与 $y = x^2$ 所围平面图形绕 x 轴旋转所得旋转体的体积.

5. 求抛物线 $y^2 = 8x$ 以及直线 $x = 2$ 所围图形绕 x 轴旋转所得旋转体的体积.

6. 求由 $y = x^3, x = 2$ 以及 x 轴所围的图形，分别绕 x 轴，y 轴旋转得到的旋转体的体积.

7. 求由 $y = \sin x(0 \leqslant x \leqslant \pi), y = 0$ 所围成的图形绕 x 轴旋转所得旋转体的体积.

8. 求由曲线 $y = \ln x, y = 0, y = 2$ 和 y 轴所围成的图形，分别绕 x 轴、y 轴旋转得到的旋转体的体积.

9. 计算椭圆 $\begin{cases} x = a\cos t \\ y = b\sin t \end{cases}(0 \leqslant t \leqslant 2\pi)$ 围成的图形绕 x 轴旋转一周所成旋转体的体积，并由此推导出半径为 a 的球体体积为 $\dfrac{4}{3}\pi a^3$.

10. 有一立体，底面是长轴为 $2a$，短轴为 $2b$ 的椭圆，而垂直于长轴的截面都是等边三角形，求其体积.

11. 一平面经过半径为 R 的圆柱体的底圆中心，并与底面交成角 α. 计算这个平面截圆柱体所得立体的体积.

12. 用微元法推出：由平面图形 $0 \leqslant a \leqslant x \leqslant b, 0 \leqslant y \leqslant f(x)$，绕 y 轴旋转所得的旋转体的体积为

$$V = 2\pi\int_a^b xf(x)\mathrm{d}x$$

并计算正弦曲线 $y = \sin x$ 在 $0 \leqslant x \leqslant \pi$ 的一段与 x 轴围成的图形，绕 x 轴和 y 轴旋转所得的旋转体的体积.

13. 求曲线 $y = \ln(1 - x^2)$ 上相应于 $0 \leqslant x \leqslant \dfrac{1}{2}$ 的一段弧的长度.

14. 求曲线 $y = \ln x$ 上相应于 $\sqrt{3} \leqslant x \leqslant \sqrt{8}$ 的一段弧的长度.

15. 求曲线 $y = \dfrac{\sqrt{x}}{3}(3 - x)$ 上相应于 $1 \leqslant x \leqslant 3$ 的一段弧的长度.

16. 求曲线 $x = a(\cos t + t\sin t), y = a(\sin t - t\cos t)(a > 0, 0 \leqslant t \leqslant 2\pi)$ 的弧长.

17. 求心形线 $r = a(1 + \cos\theta)$ 的全长.

18. 设星形线的方程为 $\begin{cases} x = a\cos^3 t \\ y = a\sin^3 t \end{cases}(a > 0)$.

(1) 求它所围的面积；　　(2) 求它的弧长；　　(3) 求它绕 x 轴旋转而成的旋转体的体积和表面积.

19. 设有一圆锥形贮水池，深 15 m，口径 20 m，盛满水，现将该水池中的水吸出池外，问需作功多少？

20. 半径为 r 的球沉入水中，球的顶部与水面相切，球的密度与水相同，现将球从水中提出，问需作功多少？

21. 城市洒水车的水箱是一个平放着的椭圆柱体，其端面为椭圆形，长短半轴分别为 b、a，当水箱装

应用微积分

满水时,求端面承受的静水压力.

22. 高 100 cm 的铅直水闸,其形状是上底宽 200 cm,下底宽 100 cm 的梯形,当水深 50 cm 时,求水闸上的压力.

23. 用铁锤将一铁钉击入木板,设木板对铁钉的阻力与铁钉击入木板的深度成正比,在击第一次时,将铁钉击入木板 1 cm,如果铁锤每次击打作功相等,问第二锤可将铁钉又击入多少?

24. (1) 证明:把质量为 m 的物体从地球表面升高到 h 处所作的功是

$$W = \frac{mgRh}{R+h}$$

其中 g 是重力加速度,R 是地球的半径.

(2) 一颗人造地球卫星的质量为 173 kg,在高于地面 630 km 处进入轨道.

问把这颗卫星从地面送到 630 km 的高空处,克服地球引力要作多少功?已知 $g = 9.8$ m/s^2,地球半径 $R = 6\,370$ km.

25. 一物体以速度 $v = 3t^2 + 2t$(m/s) 作直线运动,算出它在 $t = 0$ 和 $t = 3$ s 这一时间段内的平均速度.

26. 在一电路中,已知时刻 t 的电压 $u(t) = 3\sin 2t$,试计算:

(1) 在时间区间 $\left[0, \frac{\pi}{2}\right]$ 上电压 $u(t)$ 的平均值;

(2) 电压的均方根,即函数 $u^2(t)$ 在区间 $\left[0, \frac{\pi}{2}\right]$ 上的平均值的平方根.

3.6 反常积分

根据定积分的定义知,其积分区间是有限区间,被积函数在积分区间上是有界函数.但是在一些实际问题中,会碰到无界区间上的有界函数和有界区间上的无界函数的情形,需要将定积分的概念加以推广.这种推广了的定积分称为**反常积分**(或**广义积分**).它不论在实用上或理论分析上都有重要意义.

3.6.1 无穷区间上的反常积分

先看一个实例.

【**例 3-77**】 自地面垂直向上发射火箭,火箭质量为 m,试计算将火箭发射到距离地面的高度为 h 时所作的功,并由此计算初速度至少为多少时,才能使火箭超出地球引力范围?

解 取如图 3-30 所示坐标系,设地球半径为 R,质量为 M. 根据万有引力定律,火箭所受地球引力的大小为

$$F(x) = G\frac{Mm}{x^2},$$

其中 G 为万有引力常数,x 为火箭至地心的距离.

将火箭发射到距离地面高度为 h,克服地球的引力所作的功为

$$W = \int_R^{R+h} G\frac{Mm}{x^2}\mathrm{d}x = GMm\left[-\frac{1}{x}\right]_R^{R+h}$$

180

$$= GMm\left(\frac{1}{R} - \frac{1}{R+h}\right).$$

为了使火箭脱离地球的引力范围,也就是将火箭发射到无穷远处,此时,令 $h \to +\infty$,从而所需作功为

$$W_\infty = \lim_{h \to +\infty} GMm\left(\frac{1}{R} - \frac{1}{R+h}\right) = \frac{GMm}{R}.$$

假设这些功是由火箭的动能转化的,且火箭的初速度为 v_0,则它具有动能 $E = \frac{1}{2}mv_0^2$,故

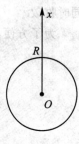

图 3-30

$$\frac{1}{2}mv_0^2 = \frac{GMm}{R}, \quad v_0^2 = \frac{2GM}{R}.$$

注意到,火箭在地面时受到的地球引力就是火箭的重力,因此 $\frac{GMm}{R^2} = mg$,其中 g 为重力加速度,于是 $GM = R^2 g$,故

$$v_0^2 = \frac{2GM}{R} = 2Rg, \quad v_0 = \sqrt{2Rg}.$$

将 $g = 9.8 \text{ m/s}^2, R = 6\,371 \times 10^3 \text{m}$ 代入上式可得 $v_0 \approx 11.2 \text{ km/s}$. 这就是使火箭摆脱地球引力范围应具有的初速度. 通常称为**第二宇宙速度**.

火星的半径是 $3\,430 \text{ km}$,其表面重力加速度为 3.92 m/s^2. 设想如果有一天人类在火星上登陆,或在火星上居住,那么从火星上乘宇宙飞船去太空遨游,应当比从地球上飞出去容易得多. 因为飞出火星的初速度只需

$$v_0 = \sqrt{2 \times 3\,430 \times 3.92 \times 10^3} \approx 5\,186 \text{ m/s} = 5.186 \text{ km/s}$$

这里计算了一个上限无限增大的定积分的极限,类似的实例很多,如一些无界域的面积,电场中的电位,电容器放电问题等都需要计算在"无穷区间上的积分",由此引出下面的反常积分概念.

定义 3-3　设对任何大于 a 的实数 b,$f(x)$ 在 $[a,b]$ 上均可积,则称极限

$$\lim_{b \to +\infty}\int_a^b f(x)\mathrm{d}x$$

为 $f(x)$ 在无穷区间 $[a, +\infty)$ 上的**反常积分**(improper integral),或**广义积分**,记为 $\int_a^{+\infty} f(x)\mathrm{d}x$,即

$$\int_a^{+\infty} f(x)\mathrm{d}x = \lim_{b \to +\infty}\int_a^b f(x)\mathrm{d}x.$$

当此极限存在时,则称反常积分 $\int_a^{+\infty} f(x)\mathrm{d}x$ **收敛**,否则称为**发散**.

类似地,定义反常积分

$$\int_{-\infty}^b f(x)\mathrm{d}x = \lim_{a \to -\infty}\int_a^b f(x)\mathrm{d}x,$$

$$\int_{-\infty}^{+\infty} f(x)\mathrm{d}x = \int_{-\infty}^c f(x)\mathrm{d}x + \int_c^{+\infty} f(x)\mathrm{d}x,$$

其中 c 为任一实常数,反常积分 $\int_{-\infty}^{+\infty} f(x)\mathrm{d}x$ 收敛的充要条件是 $\int_{-\infty}^c f(x)\mathrm{d}x$ 与 $\int_c^{+\infty} f(x)\mathrm{d}x$

応用微积分

同时收敛.

为了方便,记

$$\int_a^{+\infty} f(x)\mathrm{d}x = \left[F(x)\right]_a^{+\infty} = F(+\infty) - F(a),$$

$$\int_{-\infty}^b f(x)\mathrm{d}x = \left[F(x)\right]_{-\infty}^b = F(b) - F(-\infty),$$

$$\int_{-\infty}^{+\infty} f(x)\mathrm{d}x = \left[F(x)\right]_{-\infty}^{+\infty} = F(+\infty) - F(-\infty),$$

其中 $F(x)$ 是连续函数 $f(x)$ 的原函数,$F(+\infty) = \lim\limits_{x\to+\infty} F(x)$,$F(-\infty) = \lim\limits_{x\to-\infty} F(x)$.

【例 3-78】 计算 $\int_0^{+\infty} \dfrac{\mathrm{d}x}{1+x^2}$,$\int_{-\infty}^0 \dfrac{\mathrm{d}x}{1+x^2}$,$\int_{-\infty}^{+\infty} \dfrac{\mathrm{d}x}{1+x^2}$.

解 $\int_0^{+\infty} \dfrac{\mathrm{d}x}{1+x^2} = \lim\limits_{b\to+\infty} \int_0^b \dfrac{\mathrm{d}x}{1+x^2} = \lim\limits_{b\to+\infty} \left[\arctan b - \arctan 0\right]$

$\qquad = \dfrac{\pi}{2} - 0 = \dfrac{\pi}{2},$

$\int_{-\infty}^0 \dfrac{\mathrm{d}x}{1+x^2} = \lim\limits_{a\to-\infty} \int_a^0 \dfrac{\mathrm{d}x}{1+x^2} = \lim\limits_{a\to-\infty} (\arctan 0 - \arctan a)$

$\qquad = 0 - \left(-\dfrac{\pi}{2}\right) = \dfrac{\pi}{2},$

$\int_{-\infty}^{+\infty} \dfrac{\mathrm{d}x}{1+x^2} = \int_{-\infty}^0 \dfrac{\mathrm{d}x}{1+x^2} + \int_0^{+\infty} \dfrac{\mathrm{d}x}{1+x^2} = \dfrac{\pi}{2} + \dfrac{\pi}{2} = \pi.$

【例 3-79】 计算 $\int_0^{+\infty} t\mathrm{e}^{-pt}\mathrm{d}t$,$p>0$ 为常数.

解 $\int_0^{+\infty} t\mathrm{e}^{-pt}\mathrm{d}t = \left[-\dfrac{t}{p}\mathrm{e}^{-pt}\right]_0^{+\infty} + \dfrac{1}{p}\int_0^{+\infty} \mathrm{e}^{-pt}\mathrm{d}t = -\dfrac{1}{p}\left[t\mathrm{e}^{-pt}\right]_0^{+\infty} - \dfrac{1}{p^2}\left[\mathrm{e}^{-pt}\right]_0^{+\infty}$

$\qquad = -\dfrac{1}{p}(0-0) - \dfrac{1}{p^2}(0-1) = \dfrac{1}{p^2}.$

【例 3-80】 讨论 $\int_1^{+\infty} \dfrac{1}{x^p}\mathrm{d}x$($p$ 为任意实数)的敛散性.

解 当 $p\neq 1$ 时,$\int_1^{+\infty} \dfrac{1}{x^p}\mathrm{d}x = \left[\dfrac{x^{1-p}}{1-p}\right]_1^{+\infty} = \begin{cases} +\infty & (p<1) \\ \dfrac{1}{p-1} & (p>1) \end{cases};$

当 $p=1$ 时,$\int_1^{+\infty} \dfrac{1}{x}\mathrm{d}x = \left[\ln x\right]_1^{+\infty} = +\infty.$

所以,无穷积分 $\int_1^{+\infty} \dfrac{1}{x^p}\mathrm{d}x$,当 $p\leqslant 1$ 时发散;当 $p>1$ 时收敛,其值为 $\dfrac{1}{p-1}$.

说明:在讨论反常积分时,有关积分法诸如换元法和分部积分法都是适用的.应该指出:若反常积分通过适当的变量代换能化成定积分,则反常积分是收敛的.

例如,计算 $I = \int_1^{+\infty} \dfrac{\mathrm{d}x}{x(x^2+1)}$ 时,设 $x = \tan t$,则

$$I = \int_{\frac{\pi}{4}}^{\frac{\pi}{2}} \dfrac{\sec^2 t\mathrm{d}t}{\tan t(\tan^2 t+1)} = \int_{\frac{\pi}{4}}^{\frac{\pi}{2}} \dfrac{\cos t}{\sin t}\mathrm{d}t = \dfrac{1}{2}\ln 2.$$

无穷区间上的反常积分有简单的几何意义. 若 $f(x)$ $\geqslant 0$, 则 $\int_a^{+\infty} f(x)\mathrm{d}x$ 给出了由曲线 $y = f(x)$ 和直线 $x =$ a 及 x 轴围成的无限伸展的平面图形的面积 (图 3-31).

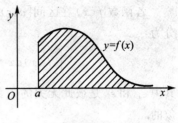

若 $\int_a^{+\infty} f(x)\mathrm{d}x$ 收敛, 则此面积为有限值; 若 $\int_a^{+\infty} f(x)\mathrm{d}x$ 发散, 则此面积无有限值.

图 3-31

3.6.2　无界函数的反常积分

【例 3-81】　有一热电子 e^- 从原点处的阴极发出 (图 3-32), 射向 $x = b$ 处的板极, 设飞行速度 v 与飞过的距离的平方根成正比, 即

图 3-32

$$\frac{\mathrm{d}x}{\mathrm{d}t} = k\sqrt{x}.$$

其中 k 为常数, 求热电子 e^- 从阴极到板极飞行的时间 T.

解　在 $[0,b]$ 上任取一小路段 $[x, x+\mathrm{d}x]$, 在 $[x, x+\mathrm{d}x]$ 上电子飞行的时间约为

$$\mathrm{d}t = \frac{1}{k\sqrt{x}}\mathrm{d}x,$$

注意到 $\dfrac{1}{k\sqrt{x}}$ 在 $x = 0$ 附近无界, 因此取充分小的 $\varepsilon > 0$, 先计算电子 e^- 从 $x = 0+\varepsilon$ 到 $x = b$ 飞行时间, 然后再令 $\varepsilon \to 0^+$, 则得

$$\lim_{\varepsilon \to 0^+}\int_\varepsilon^b \frac{\mathrm{d}x}{k\sqrt{x}} = \lim_{\varepsilon \to 0^+} \frac{2}{k}\sqrt{x}\,\Big|_\varepsilon^b = \frac{2}{k}\sqrt{b}.$$

这就是热电子 e^- 从阴极到板极飞行的时间 T.

一般地, 若函数 $f(x)$ 在点 x_0 附近无界, 则称 x_0 是 $f(x)$ 的**奇点**.

定义 3-4　设函数 $f(x)$ 在 $[a,b)$ 上连续, b 为奇点. 若对任意的 $\varepsilon > 0$ 且 $b-\varepsilon > a$, 称极限

$$\lim_{\varepsilon \to 0^+}\int_a^{b-\varepsilon} f(x)\mathrm{d}x$$

为无界函数 $f(x)$ 在 $[a,b)$ 上的**反常积分** (或**瑕积分**), 记为 $\int_a^b f(x)\mathrm{d}x$, 即

$$\int_a^b f(x)\mathrm{d}x = \lim_{\varepsilon \to 0^+}\int_a^{b-\varepsilon} f(x)\mathrm{d}x.$$

当这个极限存在时, 则称反常积分 $\int_a^b f(x)\mathrm{d}x$ **收敛**, 若极限不存在, 则称反常积分 $\int_a^b f(x)\mathrm{d}x$ **发散**.

类似地, 若函数 $f(x)$ 在 $(a,b]$ 上连续, 且 a 为奇点, 则定义无界函数的积分为

$$\int_a^b f(x)\mathrm{d}x = \lim_{\varepsilon \to 0^+}\int_{a+\varepsilon}^b f(x)\mathrm{d}x.$$

若函数 $f(x)$ 在区间 $[a,c)$、$(c,b]$ 内连续,$x=c$ 为 $f(x)$ 的奇点,则定义无界函数的积分为

$$\int_a^b f(x)\mathrm{d}x = \lim_{\varepsilon_1 \to 0^+}\int_a^{c-\varepsilon_1} f(x)\mathrm{d}x + \lim_{\varepsilon_2 \to 0^+}\int_{c+\varepsilon_2}^b f(x)\mathrm{d}x,$$

其中 ε_1 和 ε_2 是彼此无关的正数,这里只有上式中两个极限同时存在,反常积分才是收敛的.

【例 3-82】 计算 $\displaystyle\int_0^a \frac{\mathrm{d}x}{\sqrt{a^2-x^2}}$.

解 因为 $f(x)=\dfrac{1}{\sqrt{a^2-x^2}}$,在 $x=a$ 的左邻域内无界,所以 $x=a$ 是奇点. 于是

$$\int_0^a \frac{\mathrm{d}x}{\sqrt{a^2-x^2}} = \lim_{\varepsilon \to 0^+}\int_0^{a-\varepsilon} \frac{\mathrm{d}x}{\sqrt{a^2-x^2}} = \lim_{\varepsilon \to 0^+}\left[\arcsin\frac{x}{a}\right]_0^{a-\varepsilon}$$

$$= \lim_{\varepsilon \to 0^+}\left(\arcsin\frac{a-\varepsilon}{a}-0\right)=\frac{\pi}{2}.$$

【例 3-83】 计算 $\displaystyle\int_0^2 \frac{1}{(x-1)^{\frac{2}{3}}}\mathrm{d}x$.

解 因为 $f(x)=\dfrac{1}{(x-1)^{\frac{2}{3}}}$ 在 $x=1$ 的邻域无界,所以 $x=1$ 为奇点. 于是

$$\int_0^2 \frac{1}{(x-1)^{\frac{2}{3}}}\mathrm{d}x = \lim_{\varepsilon_1 \to 0^+}\int_0^{1-\varepsilon_1} \frac{\mathrm{d}x}{(x-1)^{\frac{2}{3}}} + \lim_{\varepsilon_2 \to 0^+}\int_{1+\varepsilon_2}^2 \frac{\mathrm{d}x}{(x-1)^{\frac{2}{3}}}$$

$$= \lim_{\varepsilon_1 \to 0^+}\left[3(-\varepsilon_1)^{\frac{1}{3}}+3\right] + \lim_{\varepsilon_2 \to 0^+}\left[3-3\varepsilon_2^{\frac{1}{3}}\right]=3+3=6.$$

【例 3-84】 讨论积分 $\displaystyle\int_{-1}^1 \frac{\mathrm{d}x}{x^2}$ 的敛散性.

解 由于 $\displaystyle\lim_{x \to 0}\frac{1}{x^2}=\infty$,故 $x=0$ 为奇点. 而

$$\int_{-1}^1 \frac{\mathrm{d}x}{x^2} = \int_{-1}^0 \frac{\mathrm{d}x}{x^2} + \int_0^1 \frac{\mathrm{d}x}{x^2},$$

右端积分之一

$$\int_0^1 \frac{1}{x^2}\mathrm{d}x = \lim_{\varepsilon \to 0^+}\int_\varepsilon^1 \frac{1}{x^2}\mathrm{d}x = \lim_{\varepsilon \to 0^+}\left(\frac{1}{\varepsilon}-1\right)=+\infty,$$

可知积分 $\displaystyle\int_{-1}^1 \frac{\mathrm{d}x}{x^2}$ 发散.

如误认为 $\displaystyle\int_{-1}^1 \frac{\mathrm{d}x}{x^2}$ 是定积分,按照定积分解法计算

$$\int_{-1}^1 \frac{\mathrm{d}x}{x^2} = \left[-\frac{1}{x}\right]_{-1}^1 = -2,$$

显然这是一个错误的结果.

一般地,积分

$$\int_a^b \frac{\mathrm{d}x}{(x-a)^p} \quad (a<b, p>0),$$

当 $p<1$ 时收敛，$p\geqslant 1$ 时发散，读者可自行证明.

习题 3-6

1. 判别下列反常积分的敛散性，如果积分收敛，则计算其值：

(1) $\int_0^{+\infty} e^{-ax}\mathrm{d}x(a>0)$；

(2) $\int_{-\infty}^0 xe^x\mathrm{d}x$；

(3) $\int_1^{+\infty} \frac{x}{1+x^2}\mathrm{d}x$；

(4) $\int_{-\infty}^{+\infty} \frac{1}{x^2+x+1}\mathrm{d}x$；

(5) $\int_{-\infty}^0 \frac{e^x}{1+e^x}\mathrm{d}x$；

(6) $\int_\pi^{+\infty} \sin x\mathrm{d}x$；

(7) $\int_2^{+\infty} \frac{1}{x\ln x}\mathrm{d}x$；

(8) $\int_1^{+\infty} \frac{\ln x}{x^2}\mathrm{d}x$；

(9) $\int_3^{+\infty} \frac{\mathrm{d}x}{x(\ln x)^2}$；

(10) $\int_0^{+\infty} \frac{\mathrm{d}x}{(1+x^2)^2}$.

2. 判别下列反常积分的敛散性，如果积分收敛，则计算其值：

(1) $\int_1^2 \frac{x}{\sqrt{x-1}}\mathrm{d}x$；

(2) $\int_{-1}^1 \frac{1}{x}\mathrm{d}x$；

(3) $\int_0^4 \frac{\mathrm{d}x}{\sqrt{16-x^2}}$；

(4) $\int_0^1 \frac{\ln x}{x}\mathrm{d}x$；

(5) $\int_0^1 \ln x\mathrm{d}x$.

3. 当 λ 为何值时，反常积分 $\int_2^{+\infty} \frac{\mathrm{d}x}{x(\ln x)^\lambda}$ 收敛？当 λ 为何值时，该反常积分发散？

3.7 应用实例阅读

【实例 3-1】 椭圆柱形油罐中油量的刻度

现有一个椭圆柱形油罐(图 3-33)，其长度为 l，两底面椭圆的长半轴为 a，短半轴为 b. 现用一把标尺垂直插入油罐内，如何根据测得的油面高度 h，来确定油罐中的油量？

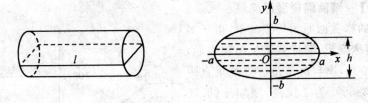

图 3-33

解 从图中容易看出，只要计算出油面与罐底面相截出的面积(带阴影部分)S，即可知油的体积 $V=Sl$，从而计算出油量 $Q=\rho V=\rho Sl$，这里 ρ 为油的密度. 下面分两种情况讨论.

第一种情况：如果液面高度 $h>b$，则 $S=S_1+S_2$，其中 S_1 是半椭圆的面积，$S_1=\frac{1}{2}\pi ab$，S_2 是位于 x 轴上方阴影部分的面积.

185

油罐底面椭圆的方程为 $\dfrac{x^2}{a^2}+\dfrac{y^2}{b^2}=1$,如果把 y 作为积分变量,则

$$S_2 = 2\int_0^{h-b} x(y)\,\mathrm{d}y = 2\int_0^{h-b} a\sqrt{1-\frac{y^2}{b^2}}\,\mathrm{d}y.$$

令 $y=b\sin t$,则 $\mathrm{d}y=b\cos t\,\mathrm{d}t$,$\sqrt{1-\dfrac{y^2}{b^2}}=\cos t$,于是

$$S_2 = 2ab\int_0^{\arcsin\left(\frac{h-b}{b}\right)}\cos^2 t\,\mathrm{d}t = ab\int_0^{\arcsin\left(\frac{h-b}{b}\right)}(1+\cos 2t)\,\mathrm{d}t$$

$$= ab\left\{\arcsin\left(\frac{h-b}{b}\right)+\frac{1}{2}\sin\left[2\arcsin\left(\frac{h-b}{b}\right)\right]\right\},$$

故有

$$S = S_1 + S_2 = ab\left\{\frac{\pi}{2}+\arcsin\left(\frac{h-b}{b}\right)+\frac{1}{2}\sin\left[2\arcsin\left(\frac{h-b}{b}\right)\right]\right\}.$$

第二种情况:如果液面高度 $h\leqslant b$,由图 3-34 知

$$S = 2\int_{-b}^{h-b} x(y)\,\mathrm{d}y = 2\int_{-b}^{h-b} a\sqrt{1-\frac{y^2}{b^2}}\,\mathrm{d}y,$$

或

$$S = \frac{1}{2}\pi ab - 2\int_{h-b}^0 x(y)\,\mathrm{d}y = \frac{1}{2}\pi ab + 2\int_0^{h-b} x(y)\,\mathrm{d}y$$

$$= \frac{\pi}{2}ab + 2\int_0^{h-b} a\sqrt{1-\frac{y^2}{b^2}}\,\mathrm{d}y.$$

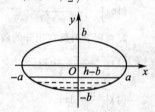

图 3-34

其结果仍为

$$S = ab\left\{\frac{\pi}{2}+\arcsin\left(\frac{h-b}{b}\right)+\frac{1}{2}\sin\left[2\arcsin\left(\frac{h-b}{b}\right)\right]\right\}.$$

综上讨论可知,无论 $h>b$ 或 $h\leqslant b$,油量 Q 与标尺高度 h 的关系均为

$$Q = ab\rho l\left\{\frac{\pi}{2}+\arcsin\left(\frac{h-b}{b}\right)+\frac{1}{2}\sin\left[2\arcsin\left(\frac{h-b}{b}\right)\right]\right\}.$$

【实例 3-2】 清除河道淤泥问题

某段河道的横截面原为等腰梯形,由于多年淤泥沉积,河床变形,河床截线呈抛物线形,河两岸相距 100 m,岸与河道最深处的垂直距离为 10 m(图 3-35).为了抗洪,增加流量,需对河道加以改造,恢复其原貌.试问:

(1)河道改造后的水流量是改造前水流量的几倍?

(2)在改造过程中,1 m 长的河道上将清

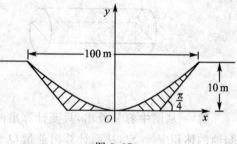

图 3-35

除多少淤泥?将这些淤泥运至河岸处,至少需作多少功?[设 1 m³ 的淤泥重量为 ρ(N)]

解 (1)建立如图 3-35 所示坐标系,易知抛物线方程为 $y=\dfrac{x^2}{250}$.故改造前的河道横截面积为

$$A_1 = 2\int_0^{50} \left(10 - \frac{x^2}{250}\right)\mathrm{d}x = \frac{2\,000}{3},$$

改造后的河道横截面积为

$$A_2 = \frac{1}{2}(100 + 80) \times 10 = 900,$$

因此

$$\frac{A_2}{A_1} = \frac{900}{\dfrac{2\,000}{3}} = 1.35.$$

即河道改造后的水流量是改造前水流量的 1.35 倍.

(2) 易知改造后河床线一侧的方程为 $x = y + 40$，原河床线抛物线的方程为 $x = 5\sqrt{10y}$. 因此，1 m 长的河道淤泥的清除量 Q 为

$$Q = 2\left(\frac{1}{2}A_2 - \int_0^{10} 5\sqrt{10y}\,\mathrm{d}y\right) \cdot 1 \cdot \rho$$

$$= 2\rho\left(450 - \frac{10\sqrt{10}}{3}y\sqrt{y}\,\bigg|_0^{10}\right)$$

$$= 2\rho\left(450 - \frac{1\,000}{3}\right)$$

$$\approx 233\rho\ (\mathrm{N}).$$

也可以这样计算

$$Q = (A_2 - A_1) \cdot 1 \cdot \rho = \left(900 - \frac{2\,000}{3}\right)\rho \approx 233\ \rho\ (\mathrm{N}).$$

将这些淤泥运至河岸处，至少作功为

$$W = 2\rho\int_0^{10} (y + 40 - 5\sqrt{10}\,y)(10 - y)\,\mathrm{d}y \approx 1\,667\ \rho\ (\mathrm{J}).$$

【实例 3-3】 钓鱼问题

某游乐场新建一鱼塘. 在钓鱼季节来临之前将鱼放入鱼塘, 鱼塘的平均深度为 4 m. 计划开始时每 1 m^3 放一条鱼, 并且钓鱼季节结束时, 塘中所剩的鱼为开始时的 $\frac{1}{4}$. 如果一张钓鱼证平均可钓鱼 20 条, 试问最多可卖出多少张钓鱼证? 鱼塘的大小如图 3-36 所示, 其中单位为 m, 间距 10 m.

解 设鱼塘面积为 S (m^2), 则鱼塘体积为 $4S$ (m^3). 开始时塘中有鱼 $4S$ 条, 结束时塘中鱼剩下 S 条, 即知被钓走的鱼为 $3S$ 条. 由于每张钓鱼证平均可钓 20 条鱼, 因此最多可卖出钓鱼证 $\frac{3S}{20}$ 张. 因而本问题归结为求鱼塘的面积 S.

由题目的已知条件及图 3-36 给出的数据, 可利用定积分"分划"、"近似"、"求和"的思想, 求出鱼塘面积的近似值.

如图 3-36 所示, 图形的长度被分为 8 等份, 间距为 $\Delta x_i = 10$ m. 若设宽度为 $f(x)$, 则有 $f(x_0) = 0, f(x_1) = 86, f(x_2) = 111, f(x_3) = 116, f(x_4) = 114, f(x_5) = 100,$ $f(x_6) = 80, f(x_7) = 52, f(x_8) = 0$. 现用梯形近似代替曲边梯形, 则每一小梯形面积为

$$S_i = \frac{1}{2}[f(x_{i-1}) + f(x_i)]\Delta x_i = \frac{10}{2}[f(x_{i-1}) + f(x_i)] \qquad (i = 1, 2, \cdots, 8).$$

故总面积为

$$\begin{aligned} S &= \sum_{i=1}^{8} S_i = 5\sum_{i=1}^{8}[f(x_{i-1}) + f(x_i)] \\ &= 5[f(x_0) + 2f(x_1) + 2f(x_2) + \cdots + 2f(x_7) + f(x_8)] \\ &= 10[f(x_1) + f(x_2) + \cdots + f(x_7)] \\ &= 10(86 + 111 + 116 + 114 + 100 + 80 + 52) \\ &= 6\,590 \text{ m}^2. \end{aligned}$$

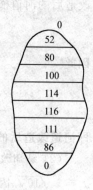

由于

$$\frac{3S}{20} = \frac{3 \times 6\,590}{20} = 988.5,$$

因此最多可卖出钓鱼证 988 张.

图 3-36

复习题三

1. 选择题

(1) 在区间 (a,b) 内,如果 $f'(x) = \varphi'(x)$,则一定有( ).

A. $f(x) = \varphi(x)$

B. $f(x) = \varphi(x) + c$

C. $\left[\int f(x)\mathrm{d}x\right]' = \left[\int \varphi(x)\mathrm{d}x\right]'$

D. $\mathrm{d}\int f(x)\mathrm{d}x = \mathrm{d}\int \varphi(x)\mathrm{d}x$

(2) 若 $\int f(x)\mathrm{d}x = x^2 \mathrm{e}^{2x} + c$,则 $f(x) = ($).

A. $2x\mathrm{e}^{2x}$

B. $2x^2\mathrm{e}^{2x}$

C. $x\mathrm{e}^{2x}$

D. $2x\mathrm{e}^{2x}(1+x)$

(3) $\dfrac{1}{\sqrt{x^2-1}}$ 的原函数是( ).

A. $\arcsin x$

B. $\ln|x + \sqrt{x^2-1}|$

C. $-\arcsin x$

D. $\ln|x - \sqrt{x^2-1}|$

(4) 若 $\int f(x)\mathrm{d}x = F(x) + c$,则 $\int \mathrm{e}^{-x} f(\mathrm{e}^{-x})\mathrm{d}x = ($).

A. $F(\mathrm{e}^x) + c$

B. $-F(\mathrm{e}^{-x}) + c$

C. $F(\mathrm{e}^{-x}) + c$

D. $\dfrac{F(\mathrm{e}^{-x})}{x} + c$

(5) 下列各式中正确的是( ).

A. $\mathrm{d}\displaystyle\int_a^x f(t)\mathrm{d}t = f(x)$

B. $\dfrac{\mathrm{d}}{\mathrm{d}x}\displaystyle\int_a^b f(t)\mathrm{d}t = f(x)$

C. $\dfrac{\mathrm{d}}{\mathrm{d}x}\displaystyle\int_x^b f(t)\mathrm{d}t = -f(x)$

D. $\dfrac{\mathrm{d}}{\mathrm{d}x}\displaystyle\int_x^b f(t)\mathrm{d}t = f(x)$

2. 判断下列命题是否正确,正确的给予证明,不正确的举出反例:

(1) 若 $\displaystyle\int_a^b f(x)\mathrm{d}x = 0$,则在 $[a,b]$ 上有 $f(x) \equiv 0$;

(2) 若 $f(x)$ 与 $g(x)$ 在 $[a,b]$ 上都不可积,则 $f(x) + g(x)$ 在 $[a,b]$ 上必定不可积;

(3) 若 $f(x)$ 连续且 $f(x) \geqslant 0$,$x \in [a,b]$,则 $\displaystyle\int_a^b f(x)\mathrm{d}x \geqslant 0$;

(4) 若 $\int_a^b f(x)\mathrm{d}x \geqslant 0$，则 $f(x) \geqslant 0, x \in [a,b]$；

(5) 若 $f(x)$、$g(x)$ 在 $[a,b]$ 上可积，且 $\int_a^b f(x)\mathrm{d}x = \int_a^b g(x)\mathrm{d}x$，则在 $[a,b]$ 上 $f(x) = g(x)$；

(6) 设 $f(x)$ 是连续函数，$F(x)$ 是 $f(x)$ 的原函数，当 $f(x)$ 为奇函数时，$F(x)$ 必为偶函数.

3. 指出下列算式中的错误：

(1) $\int_1^{+\infty} \dfrac{1}{x(1+x)}\mathrm{d}x = \int_1^{+\infty}\left(\dfrac{1}{x} - \dfrac{1}{1+x}\right)\mathrm{d}x = \lim_{b\to+\infty}\ln x\Big|_1^b - \lim_{b\to+\infty}\ln(1+x)\Big|_1^b$，这两个极限都不存在，

因而 $\int_1^{+\infty} \dfrac{1}{x(1+x)}\mathrm{d}x$ 发散；

(2) 因为 $\left(\arctan\dfrac{1}{x}\right)' = -\dfrac{1}{1+x^2}$，所以 $\int_{-1}^1 \dfrac{1}{1+x^2}\mathrm{d}x = -\left[\arctan\dfrac{1}{x}\right]_{-1}^1 = -\dfrac{\pi}{2}$.

4. 计算下列不定积分：

(1) 已知 $\int f(x)\mathrm{d}x = x\cos x + c$，求 $f(x), f'(x)$；

(2) 设 $f(\ln x) = \dfrac{\ln(1+x)}{x}$，求 $\int f(x)\mathrm{d}x$；

(3) 已知 $\int f(x)\mathrm{d}x = \dfrac{1}{1+x^2} + c$，求 $\int f(\sin x)\cos x\,\mathrm{d}x$；

(4) 设 $f(x) = \begin{cases} x^2 & (-1 \leqslant x < 0) \\ \sin x & (0 \leqslant x \leqslant 1) \end{cases}$，求 $\int f(x)\mathrm{d}x$；

(5) 设函数 $f(x)$ 满足关系式 $\lim\limits_{h\to 0}\dfrac{1}{h}\left[f(x-3h) - f(x)\right] = 9x^2$，求 $f(x)$.

5. 求下列各题：

(1) $\dfrac{\mathrm{d}}{\mathrm{d}x}\displaystyle\int_0^x \sin(x-t)^2\,\mathrm{d}t$； (2) $\dfrac{\mathrm{d}}{\mathrm{d}x}\displaystyle\int_0^x tf(x^2 - t^2)\,\mathrm{d}t$，其中 $f(x)$ 是连续函数.

6. 设 $F(x) = \displaystyle\int_0^x tf(x^2 - t^2)\,\mathrm{d}t$，其中 $f(x)$ 在 $x = 0$ 点的某邻域内可导，且 $f(0) = 0, f'(0) = 1$，

求 $\lim\limits_{x\to 0}\dfrac{F(x)}{x^4}$.

7. 利用积分，求下列极限：

(1) $\lim\limits_{n\to\infty}\left(\dfrac{n}{n^2+1} + \dfrac{n}{n^2+2^2} + \cdots + \dfrac{n}{n^2+n^2}\right)$； (2) $\lim\limits_{n\to\infty}\dfrac{\sqrt[n]{n!}}{n}$.

8. 设 $f(x)$、$g(x)$ 都是 $[a,b]$ 上的连续函数，且 $g(x)$ 在 $[a,b]$ 上不变号，证明：至少存在一点 $\xi \in [a,b]$，使下列等式成立

$$\int_a^b f(x)g(x)\mathrm{d}x = f(\xi)\int_a^b g(x)\mathrm{d}x$$

这一结果称为**积分第一中值定理**.

9. 设 $M = \displaystyle\int_{-\frac{\pi}{2}}^{\frac{\pi}{2}} \dfrac{\sin x}{1+x^2}\cos^4 x\,\mathrm{d}x, N = \displaystyle\int_{-\frac{\pi}{2}}^{\frac{\pi}{2}}(\sin^3 x + \cos^4 x)\,\mathrm{d}x, P = \displaystyle\int_{-\frac{\pi}{2}}^{\frac{\pi}{2}}(x^4\sin^3 x - \cos^4 x)\,\mathrm{d}x$，试比较 M，N，P 的大小关系.

10. 设 $f(x)$ 是连续函数，且 $F(x) = \displaystyle\int_a^x (x^2 - t^2)f(t)\,\mathrm{d}t$，求 $F''(x)$.

11. 设 $f(x)$ 是连续函数，且 $f(x) = x + 2\displaystyle\int_0^1 f(x)\mathrm{d}x$，求 $f(x)$.

12. 设抛物线 $L: y = -bx^2 + a\,(a > 0, b > 0)$，确定常数 a、b 的值，使得

(1) L 与直线 $y = x+1$ 相切；

(2) L 与 x 轴所围图形绕 y 轴旋转所得旋转体的体积最大.

13. 求曲线 $y = \ln x (2 \leqslant x \leqslant 6)$ 的一条切线,使得该切线与直线 $x = 2, x = 6$ 及曲线 $y = \ln x$ 所围成的图形面积 A 最小.

14. 若 $f(x)$、$g(x)$ 都在 $[a,b]$ 上可积,证明 $\left[\int_a^b f(x)g(x)dx\right]^2 \leqslant \left[\int_a^b f^2(x)dx\right]\left[\int_a^b g^2(x)dx\right]$(此不等式称为柯西 - 施瓦茨不等式).

15. 设 $f(x)$ 是 $[a, +\infty)$ 上的正值连续函数,$V(t)$ 表示平面图形 $0 \leqslant y \leqslant f(x)$,$a \leqslant x \leqslant t$ 绕直线 $x = t$ 旋转所得旋转体的体积,试证明 $V''(t) = 2\pi f(t)$.

16. 一块质量为 $1\,000$ kg 的冰块要被吊起 100 m 高,而这块冰以 4 kg/min 的速率融化.假设冰块以 1 m/min 的速度被吊起,吊索的线密度为 8 kg/m.求把这块冰吊到指定高度需作的功.

17. 油通过油管时,中间流速大,越靠近管壁流速越小.实验测定:油管圆形横截面的某点处的流速 v 与该点到油管中心距离 r 之间有如下关系:$v = K(a^2 - r^2)$,其中 K 为比例常数,a 为油管半径.求单位时间内通过油管横截面油的流量 Q.

18. 由经验知道,一般来说城市人口的分布密度 $P(r)$ 随着与市中心距离 r 的增加而减少.设某城市的人口密度为 $P(r) = \dfrac{4}{r^2 + 20}(10 \times 10^4 \text{ 人} / \text{km}^2)$,试求该市距市中心 2 km 的范围内的人口数.

19. 设曲线 $y = \dfrac{e^x + e^{-x}}{2}$ 与直线 $x = 0, x = t(t > 0)$ 及 $y = 0$ 围成一曲边梯形,该曲边梯形绕 x 轴旋转一周得一旋转体,其体积为 $V(t)$,侧面积为 $S(t)$,在 $x = t$ 处的底面积为 $F(t)$.

(1) 求 $\dfrac{S(t)}{V(t)}$ 的值; (2) 计算极限 $\lim\limits_{t \to +\infty} \dfrac{S(t)}{F(t)}$.

习题参考答案与提示

习题 3-1

1. $\int_1^3 (3t + 5)dt$;22 m

2. (1) $\sum\limits_{i=1}^n v(\xi_i)\Delta t_i$,其中 $t_0 = \widetilde{t}_0 < \widetilde{t}_1 < \cdots < \widetilde{t}_n = t_1, \xi_i \in [\widetilde{t}_{i-1}, \widetilde{t}_i]$; (2) $\int_{t_0}^{t_1} v(t)dt$

3. $\int_0^T I_0 \sin(\omega t + \varphi_0)dt$

4. (1) $\dfrac{b^2 - a^2}{2}$; (2) $\dfrac{1}{3}$; (3) $\dfrac{1}{\ln 2}$

5. (1) 24; (2) 24; (3) 0; (4) 1

6. (1) $\int_0^1 \sin \pi x dx$; (2) $\int_0^1 \dfrac{dx}{\sqrt{4 - x^2}}$

7. (1) $\int_0^1 x^2 dx \geqslant \int_0^1 x^3 dx$; (2) $\int_0^1 e^x dx \geqslant \int_0^1 e^{x^2} dx$; (3) $\int_e^{2e} \ln x dx \leqslant \int_e^{2e} (\ln x)^2 dx$;

(4) $\int_0^1 e^x dx \geqslant \int_0^1 \left[1 + x + \dfrac{x^2}{2!} + \cdots + \dfrac{x^n}{n!}\right]dx$(提示:利用泰勒展开式)

9. (1)、(2) 提示:先讨论被积函数的最大最小值; (3) 提示:$\int_1^n \ln x dx = \int_1^2 \ln x dx + \int_2^3 \ln x dx + \cdots + \int_{n-1}^n \ln x dx$

习题 3-2

1. (1) 0; (2) $\ln 2$; (3) $\dfrac{\pi}{6}$; (4) 4

2. $F(x) = \begin{cases} \dfrac{x^3}{3} - \dfrac{1}{3} & (0 \leqslant x < 1) \\ x - 1 & (1 \leqslant x \leqslant 2) \end{cases}$

3. $F(x)$ 在 $x = 0$ 处连续,但不可导

4. (1) $\dfrac{x^2 \sin x}{5 + x^2}$;　(2) $3x^2 e^{x^6}$;　(3) $-2\sin(1 + 4x^2)$;　(4) $\dfrac{2x}{\sqrt{1 + x^8}} - \dfrac{1}{\sqrt{1 + x^4}}$

5. 提示:求 $F'(x)$　6. $\dfrac{3x^2}{2ye^{-y^4} - 1}$　7. $\cot t^2$　8. $y = x$

9. (1) e;　(2) $-\dfrac{1}{8}$;　(3)1;　(4)2.

10. 提示:令 $F(x) = \displaystyle\int_a^x f(t)\,\mathrm{d}t \int_x^b g(t)\,\mathrm{d}t$,利用罗尔定理　11. $\dfrac{\pi}{3}$

习题 3-3

3. (1) $1 + e^x$;　(2) $\sin x + 2$;　(3) $3 - \cos x$;　(4) $\dfrac{1}{3}(x-1)^3 + \dfrac{7}{3}$

4. (1) $\dfrac{2}{5} x^{\frac{5}{2}} + c$;　(2) $\dfrac{1}{3} x^3 + \dfrac{1}{x^2} + c$;　(3) $x^4 + x^2 - x + c$;

(4) $\dfrac{1}{2} x^2 + 9x + 27\ln|x| - \dfrac{27}{x} + c$;　(5) $e^x - 2\sqrt{x} + c$;

(6) $\dfrac{a^x e^x}{1 + \ln a} + c$;　(7) $2x - \dfrac{5 \cdot 2^x}{3^x(\ln 2 - \ln 3)} + c$;　(8) $\tan x - \sec x + c$;

(9) $\dfrac{1}{2}\tan x + c$;　(10) $\sin x - \cos x + c$　(11) $\tan x - \cot x + c$;

(12) $\dfrac{1}{2}(x - \sin x) + c$.

5. (1) $\dfrac{1}{k}$;　(2) $-\dfrac{1}{3}$;　(3) $-\dfrac{1}{2}$;　(4) $-\dfrac{1}{3}$;　(5) $\dfrac{1}{2}$;　(6) $\dfrac{1}{2}$;　(7)3;　(8) $\dfrac{1}{2}$

6. $y = \ln|x| + 1$　7. (1)16 m;　(2)5 s

8. (1) $\dfrac{1}{2} e^{2t} + c$;　(2) $\dfrac{1}{22}(2x+3)^{11} + c$;　(3) $-\dfrac{(3-2x)^4}{8} + c$;

(4) $\dfrac{1}{3}\ln|3x-2| + c$;　(5) $-\dfrac{1}{2}\ln|1-2x| + c$;　(6) $-\dfrac{1}{3}\cos(3x-1) + c$;

(7) $\dfrac{1}{2}\sin 2x + c$;　(8) $-\dfrac{1}{2} e^{-x^2} + c$;　(9) $\dfrac{1}{4} e^{x^4} + c$;

(10) $-\dfrac{1}{3}\cos x^3 + c$;　(11) $\ln|\tan x| + c$;　(12) $\dfrac{1}{3}\sin^3 x + c$;

(13) $\ln|\sin x| + c$;　(14) $\dfrac{1}{3}\sec^3 x - \sec x + c$;　(15) $\dfrac{1}{11}\tan^{11} x + c$;

(16) $-\dfrac{1}{4}\cos^4 x + c$;　(17) $\sin x - \dfrac{1}{3}\sin^3 x + c$;　(18) $\dfrac{1}{3}\ln|\sin 3x| + c$;

(19) $2\arctan\sin x - \sin x + c$;　(20) $-\dfrac{1}{6}\ln|5 - 3x^2| + c$;　(21) $\ln|1 + x^3| + c$;

(22) $\arctan(y - 1) + c$;　(23) $-\dfrac{1}{3}(2 - 3x^2)^{\frac{1}{2}} + c$;　(24) $-\dfrac{1}{5}(3 - x^2)^5 + c$

(25) $-(1 - x^2)^{\frac{1}{2}} + c$;　(26) $(4 + x^2)^{\frac{1}{2}} + c$;　(27) $\dfrac{1}{3}(x^2 - 4)^{\frac{3}{2}} + c$;

(28) $\dfrac{\sqrt{2}}{2}\arcsin\sqrt{2}\,x + c$;　(29) $-2\cos\sqrt{x} + c$;　(30) $2(e^{\sqrt{x}} + \sin\sqrt{x}) + c$;

(31) $2e^{\sqrt{x+1}}+c$;　　　　(32) $(\arctan\sqrt{x})^2+c$;　　(33) $-\cos e^x+c$;

(34) $\arcsin e^x+c$;　　　　　(35) $-\dfrac{1}{\ln x}+c$;　　　(36) $\dfrac{1}{2}\ln|1+2\ln x|+c$.

9. (1) $-\dfrac{1}{2}(2-3x)^{\frac{2}{3}}+c$;　　　　　(2) $\sqrt{2x}-\ln|1+\sqrt{2x}|+c$;

(3) $\dfrac{2}{3}(t-2)^{\frac{3}{2}}+4(t-2)^{\frac{1}{2}}+c$;　　(4) $\sqrt{x^2-9}-3\arccos\dfrac{3}{|x|}+c$;

(5) $\arcsin x-\dfrac{x}{1+\sqrt{1-x^2}}+c$;　　(6) $\dfrac{x}{\sqrt{1+x^2}}+c$;

(7) $\arccos\dfrac{1}{|x|}+c$;　　　　　(8) $\arcsin\dfrac{x}{2}+c$;

(9) $\arctan\dfrac{x}{2}+c$.

10. (1) $\dfrac{1}{5}xe^{5x}-\dfrac{1}{25}e^{5x}+c$;　　　(2) $x\ln x-x+c$;

(3) $\dfrac{1}{2}(x^2-1)\ln(x-1)-\dfrac{1}{4}x^2-\dfrac{1}{2}x+c$;　(4) $-x^2\cos x+2x\sin x+2\cos x+c$;

(5) $\dfrac{1}{3}e^{3t}(t+1)-\dfrac{1}{9}e^{3t}+c$;　　(6) $-xe^{-x}-e^{-x}+c$;

(7) $\dfrac{1}{2}e^x(\sin x+\cos x)$;　　　(8) $-\dfrac{1}{2}x^2+x\tan x+\ln|\cos x|+c$;

(9) $\dfrac{1}{6}x^6\ln 5x-\dfrac{1}{36}x^6+c$;　　(10) $3e^{\sqrt[3]{x}}(\sqrt[3]{x^2}-2\sqrt[3]{x}+2)+c$

(11) $-2\sqrt{x}\cos\sqrt{x}+2\sin\sqrt{x}+c$;　(12) $\dfrac{2}{3}x^{\frac{3}{2}}\ln^2 x-\dfrac{8}{9}x^{\frac{3}{2}}\ln x+\dfrac{16}{27}x^{\frac{3}{2}}+c$;

(13) $x\ln^2 x-2x\ln x+2x+c$;　　(14) $t(\arcsin t)^2+2\sqrt{1-t^2}\arcsin t-2t+c$;

(15) $x\arctan x-\dfrac{1}{2}\ln(1+x^2)+c$;　(16) $x\tan x+\ln|\cos x|+c$;

(17) $\dfrac{1}{3}x^3\ln x-\dfrac{1}{9}x^3+c$;　　(18) $\dfrac{1}{3}x\sin 3x+\dfrac{1}{9}\cos 3x+c$.

11. (1) $\dfrac{1}{3}t^3-\dfrac{3}{2}t^2+9t-27\ln|t+3|+c$;　(2) $\dfrac{1}{2}t^2-\dfrac{1}{2}\ln(1+t^2)+c$;

(3) $\dfrac{1}{2}\ln|x^2-1|+c$;　　　(4) $\dfrac{1}{2}\ln\left|\dfrac{1+x}{1-x}\right|+c$;

(5) $\dfrac{1}{2}\ln\left|\dfrac{x}{x+2}\right|+c$;　　　(6) $x-\ln(1+e^x)+c$;

(7) $\ln|x-2|+\ln|x+5|+c$;　　(8) $\dfrac{1}{t+1}+\dfrac{1}{2}\ln|t^2-1|+c$;

(9) $\ln|x|-\dfrac{1}{2}(\ln x^2+1)+c$;

(10) $\dfrac{3}{2}\sqrt[3]{(1+t)^2}-3\sqrt[3]{1+t}+3\ln|1+\sqrt[3]{1+t}|+c$;

(11) $2\sqrt{x}-4\sqrt[4]{x}+4\ln(\sqrt[4]{x}+1)+c$;　(12) $\arcsin t+\sqrt{1-t^2}+c$;

(13) $\arctan(x+1)+c$;　　　(14) $\dfrac{3}{2}\tan\dfrac{2x}{3}+\dfrac{1}{2}\arctan x+c$;

(15) $\ln\dfrac{\sqrt{1+e^x}-1}{\sqrt{1+e^x}+1}+c$.

12. (1) $t\ln(1+t^2)-2t+2\arctan t+c$;　　　(2) $\ln x\cdot\ln(\ln x)-\ln x+c$;

(3) $2x\sqrt{e^x-1}-4\sqrt{e^x-1}+4\arctan\sqrt{e^x-1}+c$;

(4) $\frac{2}{3}(x+1)^{\frac{3}{2}}-2(x+1)^{\frac{1}{2}}+c$;　　　(5) $2\sin xe^{\sin x}-2e^{\sin x}+c$;

(6) $\ln|x+\sin x|+c$;　　　(7) $\arctan e^x+c$;

(8) $\frac{1}{2}\arctan(\sin^2 x)+c$;　　　(9) $\frac{1}{2}(x^2+1)\arctan x-\frac{1}{2}x+c$;

(10) $2\sqrt{x-1}-2\arctan\sqrt{x-1}+c$;　　　(11) $\frac{2}{3}(\sqrt{3s+9}-1)e^{\sqrt{3s+9}}+c$;

(12) $-\frac{(4-x^2)^{\frac{3}{2}}}{12x^3}+c$.

13. $-\frac{1}{3}(1-x^2)^{3/2}+c$　**14.** $2a\sqrt{x}\sin\sqrt{x}+c$　**15.** $f(x)=\dfrac{\sin^2 2x}{\sqrt{x-\frac{1}{4}\sin 4x+1}}$

16. $-\sin x-\frac{2\cos x}{x}+c$

习题 3-4

1. (1) 0;　(2) $\frac{2}{3}$;　(3) $2-\sqrt{3}$;　(4) $\frac{14}{3}$;　(5) $4-2\sqrt{3}$;　(6) $\frac{2}{21}$;　(7) $\frac{2}{\pi}$;　(8) $\frac{-\sqrt{3}-1}{2}$;

(9) $2\sin 2-2\sin 1$;　(10) $\ln 2$;　(11) $\frac{1}{2}(1-e^{-1})$;　(12) $\frac{1}{2}$;　(13) $\ln 2$;　(14) $\frac{\pi}{4}$.

2. (1) $\frac{9\pi}{4}$;　(2) $2\sqrt{2}$;　(3) $2(\sqrt{3}-1)$;　(4) $\frac{4}{3}\ln 3$;　(5) $\frac{\pi}{16}$;　(6) 0;

(7) $\frac{\sqrt{3}}{12}$;　(8) $\frac{1}{6}$;　(9) π;　(10) $\frac{4}{15}$;　(11) $1-\frac{\pi}{4}$;　(12) $1-2\ln 2$

3. (1) $\frac{4}{5}$;　(2) $\frac{4}{3}$

4. (1) $-\frac{\pi}{2}$;　(2) $\ln 2-\frac{3}{8}$;　(3) $2(1-e^{-1})$;　(4) $1-\frac{2}{e}$;　(5) $\frac{\sqrt{3}}{3}\pi-\frac{\pi}{4}+\ln\frac{\sqrt{2}}{2}$;

(6) $4(2\ln 2-1)$;　(7) $\frac{\pi}{4}-\frac{1}{2}$;　(8) $\frac{\pi}{12}+\frac{\sqrt{3}}{2}-1$

5. 提示:令 $x=\frac{\pi}{2}-t$　**6.** 1　**7.** (1) 0;　(2) 0;　(3) $\frac{\pi^3}{324}$;　(4) $\sqrt{2}$

10. $\tan\frac{1}{2}-\frac{1}{2}e^{-4}+\frac{1}{2}$

习题 3-5

1. (1) $\frac{20}{3}\sqrt{10}$;　(2) $\frac{1}{6}$;　(3) $\frac{32}{3}$;　(4) $\frac{\pi}{3}$;　(5) $\frac{3}{2}-\ln 2$;　(6) $e+\frac{1}{e}-2$;

(7) $\frac{16}{3}\sqrt{2}$;　(8) $\frac{9}{2}$;　(9) $b-a$;　(10) $\frac{3}{2}$

2. (1) πa^2;　(2) $18\pi a^2$;　(3) $\frac{4}{3}\pi^3 a^2$;　(4) $e^{4\pi}-1$;　(5) $\frac{a^2\pi}{12}$;　(6) 4

3. 9　**4.** $\frac{3\pi}{10}$　**5.** 16π.　**6.** $\frac{128}{7}\pi,\frac{64}{5}\pi$.　**7.** $\frac{\pi^2}{2}$.　**8.** $2\pi(e^2+1);\frac{\pi}{2}(e^4-1)$.　**9.** $\frac{4}{3}\pi ab^2$.

10. $\frac{4\sqrt{3}}{3}ab^2$　**11.** $\frac{2}{3}R^3\tan\alpha$.　**12.** $\frac{\pi^2}{2},2\pi^2$　**13.** $\ln 3-\frac{1}{2}$.　**14.** $1+\frac{1}{2}\ln\frac{3}{2}$.　**15.** $2\sqrt{3}-\frac{4}{3}$

16. $2a\pi^2$ **17.** $8a$ **18.** (1) $\dfrac{3\pi a^2}{8}$； (2) $6a$； (3) $V=\dfrac{32}{105}\pi a^3$；$S=\dfrac{12}{5}\pi a^2$ **19.** $57\ 697.5\ \text{kJ}$

20. $\dfrac{4}{3}\pi r^4 g$ **21.** $\pi a^2 bg$ **22.** $1\ 429\ \text{N}$ **23.** $(\sqrt{2}-1)\text{cm}$

24. (1) 略   (2) $9.72\times10^5\ \text{kJ}$ **25.** $12\ \text{m/s}$ **26.** $\dfrac{6}{\pi}$，$\dfrac{3\sqrt{2}}{2}$

习题 3-6

1. (1) $\dfrac{1}{a}$； (2) -1； (3) 发散； (4) $\dfrac{2\pi}{\sqrt{3}}$； (5) $\ln 2$； (6) 发散； (7) 发散； (8) 1；

(9) $\dfrac{1}{\ln 3}$； (10) $\dfrac{\pi}{4}$

2. (1) $\dfrac{8}{3}$； (2) 发散； (3) $\dfrac{\pi}{2}$； (4) 发散； (5) -1

3. 当 $\lambda>1$ 时收敛于 $\dfrac{1}{(\lambda-1)(\ln 2)^{\lambda-1}}$；当 $\lambda\leqslant1$ 时发散

复习题三

1. (1)B； (2)D； (3)B； (4)B； (5)C

2. (1) 不正确； (2) 不正确； (3) 正确； (4) 不正确； (5) 不正确； (6) 正确

4. (1) $\cos x-x\sin x$；$-2\sin x-x\cos x$； (2) $x-(1+\mathrm{e}^{-x})\ln(1+\mathrm{e}^x)+c$； (3) $\dfrac{1}{1+\sin^2 x}+c$；

(4) $\begin{cases}\dfrac{1}{3}x^3+c & (-1\leqslant x<0)\\ 1-\cos x+c & (0\leqslant x\leqslant1)\end{cases}$； (5) $-x^3+c$

5. (1) $\sin x^2$； (2) $xf(x^2)$ **6.** $\dfrac{1}{4}$ **7.** (1) $\dfrac{\pi}{4}$； (2) e^{-1}

8. 提示:利用介值定理   **9.** $P<M<N$；   **10.** $2\displaystyle\int_a^x f(t)\mathrm{d}t+2xf(x)$ **11.** $-\dfrac{1}{2}$

12. $a=\dfrac{2}{3}$，$b=\dfrac{3}{4}$ **13.** $y=\ln 4-1+\dfrac{1}{4}x$

14. 提示:对任一实数 t，考虑二次三项式 $t^2\displaystyle\int_a^b f^2(x)\mathrm{d}x+2t\int_a^b f(x)g(x)\mathrm{d}x+\int_a^b g^2(x)\mathrm{d}x$

15. 提示:$V(t)=2\pi\displaystyle\int_a^t(t-x)f(x)\mathrm{d}x$ **16.** $1.176\times10^6\ \text{J}$ **17.** $\dfrac{1}{2}K\pi a^4$

18. $4\pi\ln\dfrac{6}{5}(10\times10^4\ \text{人})\approx2.291(10\times10^4\ \text{人})$ **19.** (1) $\dfrac{S(t)}{V(t)}=2$； (2) $\displaystyle\lim_{t\to+\infty}\dfrac{S(t)}{F(t)}=1$

第 4 章　微分方程

函数是微积分的主要研究对象,分析变量之间的函数关系,建立函数关系式自然成了一项重要工作.在一些较复杂的运动过程中,有时并不能直接由所给条件找到反映运动规律的函数关系,但却能比较容易地找到该函数及其导数或微分与自变量之间的关系式,这种关系式即称为微分方程.当微分方程建立之后,应用数学的方法,将未知函数求解出来,就得到了运动规律的定量描述,并可以在一定条件下,预知运动发展的变化趋势.

本章只对微分方程作一些初步的介绍,包括微分方程的基本概念,一阶微分方程及某些可降阶的微分方程的初等积分法,二阶线性微分方程解的结构,以及二阶常系数线性微分方程的解法.在本章中特别设置建立微分方程方法简介一节,使读者初步掌握建立微分方程的基本方法,领略微分方程丰富生动的应用背景.

4.1　微分方程的基本概念

本节将通过几何、物理、力学三个方面的问题,引出微分方程的一些基本概念.

【例 4-1】　有一条平面曲线通过原点,并且曲线上任一点 (x,y) 处的切线斜率为 $2x+y$,试确定此曲线方程应满足的关系式.

解　设所求曲线为 $y=y(x)$,由导数的几何意义知,点 (x,y) 处的切线斜率即为函数 $y(x)$ 在点 x 处的导数,故曲线方程应满足

$$\frac{\mathrm{d}y}{\mathrm{d}x}=2x+y.$$

由于曲线通过原点,$y(x)$ 还应满足条件 $y(0)=0$.求解以上两个关系式可得出 $y(x)$.

【例 4-2】　(**放射性元素的衰变问题**)放射性元素铀,由于不断地有原子放射出微粒子而变成其他元素,铀的含量就不断减少,这种现象叫**衰变**.由原子物理学知道,铀的衰变速度与当时未衰变的原子的含量 M 成正比.如果在时刻 $t=0$ 时铀的含量为 M_0,试确定在衰变过程中铀在任一时刻 t 的含量 $M(t)$.

解　铀的衰变速度就是 $M(t)$ 对 t 的变化率 $\dfrac{\mathrm{d}M}{\mathrm{d}t}$.根据衰变规律,可列出关系式

$$\frac{\mathrm{d}M}{\mathrm{d}t}=-kM,$$

其中 $k(k>0)$ 是常数,叫做**衰变系数**.由于铀的含量 $M(t)$ 随时间增加而减少,故铀的衰

变速度 $\dfrac{\mathrm{d}M}{\mathrm{d}t}$ 为负值. 此外, $M(t)$ 还应满足初始时刻的条件

$$M(0) = M_0.$$

求解以上两个关系式可得出 $M(t)$.

不仅铀的质量变化满足这个规律, 其他放射性物质的衰变也都满足这个规律, 只是衰变系数 k 不同而已.

【例 4-3】 有一质量为 m 的物体从距地面 H 处的高空自由落下, 假设在下落过程中, 该物体只受到重力的作用, 为建立其位移 h 与时间 t 的关系, 即运动方程 $h = h(t)$, 选取如图 4-1 所示的坐标系.

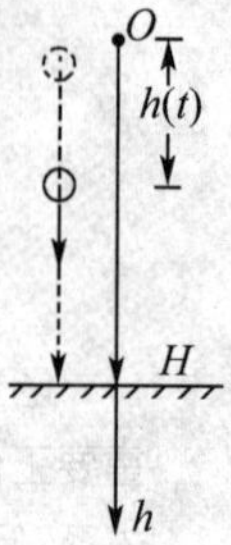

解 由力学知识可知, 物体是在作匀加速直线运动, 加速度为常数 g. 根据牛顿第二定律可知, 运动方程满足关系式

$$\begin{cases} \dfrac{\mathrm{d}^2 h}{\mathrm{d}t^2} = g \\ h \mid_{t=0} = 0. \\ \dfrac{\mathrm{d}h}{\mathrm{d}t} \Big|_{t=0} = 0 \end{cases}$$

图 4-1

运动方程 $h = h(t)$ 需通过求解此关系式获得.

在例 4-1、例 4-2、例 4-3 中出现的关系式都含有未知函数的导数. 一般地, 包含自变量、未知函数及其导数或微分的等式称为**微分方程**(differential equation). 如果微分方程中的未知函数是一元函数, 则称为**常微分方程**(ordinary differential equation). 本教材只讨论常微分方程, 为叙述方便, 以下简称为**微分方程**. 有时也简称为**方程**.

微分方程中未知函数导数的最高阶数称为该微分方程的**阶**(order). 例 4-1 中关于曲线切线斜率的方程为一阶微分方程. 例 4-2 中关于放射性元素衰变的方程为一阶微分方程, 而例 4-3 中关于物体自由下落的方程是二阶微分方程.

如果微分方程是关于未知函数和各阶导数的一次方程, 则称它为**线性微分方程**(linear differential equation). 前面出现的几个方程都是线性微分方程. n 阶线性微分方程的一般形式为

$$a_0(x)y^{(n)} + a_1(x)y^{(n-1)} + \cdots + a_n(x)y = g(x),$$

其中 $a_0(x), a_1(x), \cdots, a_n(x)$ 及 $g(x)$ 为 x 的已知函数, 且 $a_0(x) \neq 0$. 不是线性方程的微分方程称为**非线性微分方程**(nonlinear differential equation).

当微分方程中的未知函数用已知函数代替时, 方程变为恒等式, 则该已知函数称为方程的**解**(solution). 例如, 在例 4-2 中, 容易验证 $M(t) = \mathrm{e}^{-kt}$ 是方程 $\dfrac{\mathrm{d}M}{\mathrm{d}t} = -kM$ 的解. 更一般地, $M(t) = c\mathrm{e}^{-kt}$ 也是该方程的解, 其中 c 为任意常数.

如果微分方程解中含有独立的任意常数[①], 且任意常数的个数与微分方程的阶数相同, 则这样的解称为微分方程的**通解**(general solution). 例如, $M(t) = c\mathrm{e}^{-kt}$ 是方程 $\dfrac{\mathrm{d}M}{\mathrm{d}t}$

---

① 这里所说的任意常数是相互独立的, 是指它们不能合并而使任意常数的个数减少.

$=-kM$ 的通解. 微分方程通解作为一族一元函数, 其图形是一族曲线, 称为微分方程的**积分曲线族**.

在通解中, 令任意常数取确定的值而得到的解称为**特解** (particular solution). 特解的图形是一条曲线, 称为微分方程的**积分曲线**. 例如, 利用积分的方法易知, 方程 $\dfrac{\mathrm{d}y}{\mathrm{d}x} = 2x$ 的通解为 $y = x^2 + c$. 而过点 $(0,1)$ 的特解为 $y = x^2 + 1$, 其积分曲线族与积分曲线如图 4-2 所示.

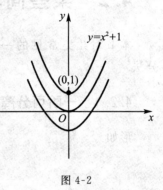

图 4-2

从通解中确定特解的条件称为**定解条件**. 因为 n 阶方程的通解中含有 n 个任意常数, 所以需要 n 个条件, 即定解条件有 n 个. 若定解条件都是在自变量的同一个点上(此点常称为初始点)给定的, 则称为**初始条件** (initial condition). 一个 n 阶方程的初始条件即为

$$y(x_0) = y_0, \quad y'(x_0) = y_1, \cdots, y^{(n-1)}(x_0) = y_{n-1}.$$

微分方程与初始条件一起称为**初值问题** (initial value problems).

习题 4-1

1. 指出下列微分方程哪些是线性的? 哪些是非线性的? 并指出阶数.

$(1) x(y')^2 - 2yy' + x = 0$; $(2) x^2 y'' - xy' + y = 0$;

$(3) xy''' + 2y'' + x^2 y = 0$; $(4) (7x - 6y)\mathrm{d}x + (x + y)\mathrm{d}y = 0$;

$(5) y' + \cos x = y$; $(6) y' + \cos y = \tan x$;

$(7) L\dfrac{\mathrm{d}^2 Q}{\mathrm{d}t^2} + R\dfrac{\mathrm{d}Q}{\mathrm{d}t} + \dfrac{Q}{c} = 0$; $(8) \dfrac{\mathrm{d}\rho}{\mathrm{d}\theta} + \rho = \sin^2 \theta$.

2. 验证下列给定的函数是所对应的微分方程的解.

$(1) y = x\mathrm{e}^x, y'' - 2y' + y = 0$;

$(2) y = c_1 \mathrm{e}^{\lambda_1 x} + c_2 \mathrm{e}^{\lambda_2 x}, y'' - (\lambda_1 + \lambda_2)y' + \lambda_1 \lambda_2 y = 0$;

$(3) y = \ln(xy), (xy - x)y'' + xy'^2 + yy' - 2y' = 0$;

$(4) y = 3\sin x - 4\cos x, y'' + y = 0$.

3. 给定一阶微分方程 $\dfrac{\mathrm{d}y}{\mathrm{d}x} = 2x$,

(1) 求出它的通解;   (2) 求通过点 $(1,4)$ 的积分曲线方程;

(3) 求出与直线 $y = 2x + 3$ 相切的积分曲线方程;   (4) 求出满足条件 $\int_0^1 y\mathrm{d}x = 2$ 的解;

(5) 绘出(1)、(3)、(4)中解的图形.

4. 写出由下列条件确定的曲线所满足的微分方程.

(1) 曲线在点 (x, y) 处的切线斜率等于该点横坐标的平方;

(2) 曲线上点 $P(x, y)$ 处的法线与 x 轴的交点为 Q, 且线段 PQ 被 y 轴平分.

5. 用微分方程表示一物理命题: 某种气体的气压 p 对于温度 T 的变化率与气压成正比, 与温度的平方成反比.

4.2 某些简单微分方程的初等积分法

本节对几类常见的一阶微分方程及某些可降阶的高阶微分方程给出初等积分法.

4.2.1 一阶可分离变量方程

形如

$$\frac{\mathrm{d}y}{\mathrm{d}x} = h(x)g(y) \tag{1}$$

的微分方程称为**一阶可分离变量方程**,其中 $h(x)$、$g(y)$ 分别是 x、y 的连续函数.

其解法是先分离变量

$$\frac{\mathrm{d}y}{g(y)} = h(x)\mathrm{d}x \quad (g(y) \neq 0)^{①},$$

然后两边积分得

$$\int \frac{\mathrm{d}y}{g(y)} = \int h(x)\mathrm{d}x + c^{②}.$$

令

$$G(y) = \int \frac{\mathrm{d}y}{g(y)}, \quad H(x) = \int h(x)\mathrm{d}x,$$

则上式可写为

$$G(y) = H(x) + c. \tag{2}$$

式(2)就是所求微分方程(1)的解.由于式(2)是隐函数的形式,并含有任意常数,所以称式(2)为方程(1)的**隐式通解**(或**通积分**).这种通过分离变量求解微分方程的方法称为**分离变量法**(separation of variables).

上面解法的依据是当 $g(y) \neq 0$ 时,方程(1)与方程(2)的解集相同.因为微分方程(1)的解显然满足方程(2).反之,设 $y = \varphi(x)$ 是方程(2)的解,将它代入方程(2)必成为恒等式,微分这个恒等式,便知 $y = \varphi(x)$ 也满足方程(1).

【**例 4-4**】 一条曲线通过点 $(2,1)$,且曲线上任意一点 (x,y) 处的切线斜率为 $\frac{x}{2y}$,求此曲线方程.

解 设所求曲线方程为 $y = y(x)$,由导数的几何意义,可知未知函数 $y = y(x)$ 应满

---

① 若存在 y_0 使 $g(y_0) = 0$,显然 $y = y_0$ 也是式(1)的解.这个解可能包含在通解里(即它可由式(2)中 c 取某个特定常数得到),也可能不包含在通解里,此时需要补上这个解.如果仅要求通解,则不需要补上这个解,本教材一般是求通解.

② 为叙述方便,我们把 $\int \frac{\mathrm{d}y}{g(y)}$ 和 $\int h(x)\mathrm{d}x$ 理解为 $\frac{1}{g(y)}$ 和 $h(x)$ 的任一确定的原函数.以后凡微分方程通解中出现 $\int f(x)\mathrm{d}x$ 之类的记号,都理解为 $f(x)$ 的任一确定的原函数.

足

$$\frac{\mathrm{d}y}{\mathrm{d}x} = \frac{x}{2y}.$$

这是一个可分离变量的方程,分离变量得

$$2y\mathrm{d}y = x\mathrm{d}x$$

两边积分得

$$y^2 = \frac{1}{2}x^2 + c$$

又由条件可知曲线通过点$(2,1)$,即$y(2)=1$,代入上述通解中,得$c=-1$.故所求曲线方程为

$$\frac{x^2}{2} - y^2 = 1.$$

【例 4-5】　求方程 $x\mathrm{d}y + 2y\mathrm{d}x = 0$ 的通解.

解　先分离变量得

$$\frac{\mathrm{d}y}{y} = -\frac{2}{x}\mathrm{d}x,$$

再两边积分

$$\int \frac{\mathrm{d}y}{y} = -\int \frac{2}{x}\mathrm{d}x,$$

得

$$\ln|y| = -2\ln|x| + \ln c_1 \quad (\text{将任意常数写作 } \ln c_1 \text{ 是为了方便化简}),$$

整理得通解

$$y = \frac{c}{x^2} \quad (c = \pm c_1), \text{或 } x^2 y = c.$$

【例 4-6】　求解初值问题 $\begin{cases} \cos y\mathrm{d}x + (1 + \mathrm{e}^{-x})\sin y\mathrm{d}y = 0 \\ y(0) = \frac{\pi}{4} \end{cases}$.

解　将方程改写为

$$\frac{\mathrm{d}y}{\mathrm{d}x} = -\frac{\cos y}{(1 + \mathrm{e}^{-x})\sin y}.$$

这是个可变量分离方程,分离变量后

$$\frac{\sin y\mathrm{d}y}{\cos y} = \frac{-\mathrm{e}^x}{\mathrm{e}^x + 1}\mathrm{d}x,$$

两边积分得

$$\ln|\cos y| = \ln(\mathrm{e}^x + 1) + \ln c_1 \quad (c_1 > 0),$$

即

$$\mathrm{e}^x + 1 = c\cos y \quad \left(c = \pm\frac{1}{c_1}\right).$$

由初始条件 $y(0) = \frac{\pi}{4}$,得

$$c = 2\sqrt{2},$$

故原初值问题的解为

$$e^x + 1 = 2\sqrt{2}\cos y$$

或

$$(1 + e^x)\sec y = 2\sqrt{2}.$$

4.2.2 一阶线性微分方程

形如

$$\frac{dy}{dx} + p(x)y = q(x) \tag{3}$$

的方程称为**一阶线性微分方程**(first order linear differential equation).

若 $q(x) \not\equiv 0$,称方程(3)为**一阶非齐次线性微分方程**. 若 $q(x) \equiv 0$,则方程(3)变为

$$\frac{dy}{dx} + p(x)y = 0, \tag{4}$$

称方程(4)为**一阶齐次线性微分方程**. 有时也称方程(4)为方程(3)对应的齐次方程.

下面首先解齐次线性方程(4). 分离变量得

$$\frac{dy}{y} = -p(x)dx,$$

两边积分

$$\ln |y| = -\int p(x)dx + c_1,$$

去对数,即得方程(4)的通解

$$y = c e^{-\int p(x)dx} \quad (c = \pm e^{c_1}). \tag{5}$$

再求解非齐次方程(3). 既然方程(4)是与方程(3)对应的齐次方程,那么两个方程的解一定有着内在的联系. 将方程(3)变形为

$$\frac{dy}{dx} = q(x) - p(x)y,$$

$$\frac{dy}{y} = \left[\frac{q(x)}{y} - p(x)\right]dx.$$

两边积分,可形式地得到

$$y = (\pm e^{\int \frac{q(x)}{y}dx})e^{-\int p(x)dx}.$$

注意到 $\pm e^{\int \frac{q(x)}{y}dx}$ 是 x 的函数,因此我们猜想方程(3)的解应为

$$y = u(x)e^{-\int p(x)dx} \tag{6}$$

形式,即把式(5)的任意常数 c 视为**待定函数** $u(x)$. 将式(6)代入方程(3),得到

$$\frac{d}{dx}(u e^{-\int p(x)dx}) + p(x)u e^{-\int p(x)dx} = q(x).$$

整理化简,得

$$\frac{du}{dx} = q(x)e^{\int p(x)dx},$$

求解得

$$u = \int q(x) \mathrm{e}^{\int p(x) \mathrm{d}x} \mathrm{d}x + c. \tag{7}$$

再将式(7)代入方程(6),便得一阶线性微分方程 $\dfrac{\mathrm{d}y}{\mathrm{d}x} + p(x)y = q(x)$ 的通解公式为

$$y = \mathrm{e}^{-\int p(x) \mathrm{d}x} \left[\int q(x) \mathrm{e}^{\int p(x) \mathrm{d}x} \mathrm{d}x + c \right]. \tag{8}$$

公式(8)中的 $-\int p(x) \mathrm{d}x$ 与 $\int q(x) \mathrm{e}^{\int p(x) \mathrm{d}x} \mathrm{d}x$ 分别理解为不含任意常数的某一个原函数.

上面这种将常数变易为待定函数的方法称为**常数变易法**. 常数变易法实际上是一种变量代换的方法,通过变换式(6)将方程(3)化为可变量分离的方程. 这是一个具有普遍性的方法,对于高阶线性方程也适用.

现在我们来讨论通解式(8)的结构. 容易看出,它是由两项叠加而成的,其中, $c\mathrm{e}^{-\int p(x) \mathrm{d}x}$ 是对应的齐次线性方程(4)的通解;另一项 $\mathrm{e}^{-\int p(x) \mathrm{d}x} \int q(x) \mathrm{e}^{\int p(x) \mathrm{d}x} \mathrm{d}x$ 是非齐次线性方程(3)的一个特解. 由此可得出结论:

非齐次线性微分方程的通解等于它对应的齐次线性方程的通解加上原非齐次线性方程的一个特解.

以后将会看到,这个结论是所有线性微分方程的共同特征.

【**例 4-7**】　求微分方程 $\dfrac{\mathrm{d}y}{\mathrm{d}x} + y = \mathrm{e}^{-x}$ 的通解.

解　先求出对应的齐次微分方程 $\dfrac{\mathrm{d}y}{\mathrm{d}x} + y = 0$ 的通解.

分离变量得 $\dfrac{\mathrm{d}y}{y} = -\mathrm{d}x$,两边积分再化简得

$$\ln |y| = -x + c_1$$

即

$$y = c_2 \mathrm{e}^{-x} \quad (c_2 = \mathrm{e}^{c_1}).$$

再用常数变易法求解非齐次方程. 令

$$y = u(x)\mathrm{e}^{-x},$$

则

$$y' = u'(x)\mathrm{e}^{-x} + u(x)\mathrm{e}^{-x}(-1)$$

代入原方程得

$$u'(x)\mathrm{e}^{-x} - u(x)\mathrm{e}^{-x} + u(x)\mathrm{e}^{-x} = \mathrm{e}^{-x},$$

整理得

$$u'(x) = 1$$

于是

$$u(x) = x + c$$

所以原方程的通解为

$$y = \mathrm{e}^{-x}(x + c).$$

注：此题也可直接利用公式(8)求解.

【**例 4-8**】 求一曲线方程，这条曲线通过原点，并且它在点(x,y)处的切线斜率等于$2x+y$.

解 设所求曲线为$y(x)$，由题意可知，$y(x)$满足下面初值问题

$$\begin{cases} \dfrac{dy}{dx} = 2x + y, \\ y(0) = 0 \end{cases}$$

这是一阶非齐次线性方程.这里$p(x)=-1,q(x)=2x$，应用公式(8)得方程通解为

$$y = e^{\int dx}\left[\int 2xe^{-\int dx}dx + c\right] = e^x(-2xe^{-x} - 2e^{-x} + c)$$

$$= -2(1+x) + ce^x.$$

由初始条件$y(0)=0$，得

$$c = 2,$$

所求曲线方程为

$$y = 2(e^x - 1 - x).$$

4.2.3 利用变量代换求解微分方程

变量代换是一种常用的数学方法，在微分方程中也是如此，通常是找一个适当的变换，将不易直接求解的方程变为可解的方程.

1. 齐次方程$\dfrac{dy}{dx} = f\left(\dfrac{y}{x}\right)$

形如$\dfrac{dy}{dx} = f\left(\dfrac{y}{x}\right)$的一阶微分方程称为**齐次方程**(homogeneous equation).对于齐次方程，只要作变换$\dfrac{y}{x} = u$，就可将此方程化为可分离变量的方程.实际上由$\dfrac{y}{x} = u$，即$y = xu$，可得$\dfrac{dy}{dx} = u + x\dfrac{du}{dx}$，代入原方程，有

$$u + x\frac{du}{dx} = f(u).$$

分离变量，得

$$\frac{du}{f(u) - u} = \frac{dx}{x},$$

求解后再把$u = \dfrac{y}{x}$代回即得齐次方程的通解.

【**例 4-9**】 求解方程$\dfrac{dy}{dx} = \dfrac{y}{x} + \tan\left(\dfrac{y}{x}\right)$.

解 此方程为齐次方程.令$\dfrac{y}{x} = u$，则$\dfrac{dy}{dx} = u + x\dfrac{du}{dx}$，代入原方程得

$$x\frac{du}{dx} + u = u + \tan u,$$

即

$$x \frac{\mathrm{d}u}{\mathrm{d}x} = \tan u.$$

分离变量得

$$\cot u \mathrm{d}u = \frac{\mathrm{d}x}{x},$$

两边积分得

$$\ln |\sin u| = \ln |x| + \ln |c_1|,$$

其中 c_1 为不等于 0 的常数. 化简得

$$\sin u = cx \quad (c = \pm c_1). \tag{9}$$

当 $\tan u = 0$ 时, 即 $\sin u = 0$. 如果在式(9)中允许 $c = 0$, 则它包含在式(9)中.

将式(9)代回原来的变量, 便得到原方程的通解

$$\sin\left(\frac{y}{x}\right) = cx,$$

其中 c 为任意常数.

【例 4-10】　求方程 $\dfrac{\mathrm{d}y}{\mathrm{d}x} = \dfrac{xy - y^2}{x^2 - 2xy}$ 的通解.

解　原方程可改写成

$$\frac{\mathrm{d}y}{\mathrm{d}x} = \frac{\dfrac{y}{x} - \left(\dfrac{y}{x}\right)^2}{1 - 2\dfrac{y}{x}},$$

令 $u = \dfrac{y}{x}$, 则 $y = ux$,

$$\frac{\mathrm{d}y}{\mathrm{d}x} = u + x \frac{\mathrm{d}u}{\mathrm{d}x},$$

于是原方程化为

$$u + x \frac{\mathrm{d}u}{\mathrm{d}x} = \frac{u - u^2}{1 - 2u}$$

整理得

$$x \frac{\mathrm{d}u}{\mathrm{d}x} = \frac{u^2}{1 - 2u}$$

分离变量, 得

$$\left(\frac{1}{u^2} - \frac{2}{u}\right)\mathrm{d}u = \frac{\mathrm{d}x}{x}$$

两端积分, 得

$$-\frac{1}{u} - 2\ln |u| = \ln |x| + c$$

即

$$\ln |xu^2| + \frac{1}{u} + c = 0$$

将 $u = \dfrac{y}{x}$ 代入上式，便得原方程的通解为

$$\ln \frac{y^2}{|x|} + \frac{x}{y} + c = 0$$

2. 伯努利方程

形如 $\dfrac{\mathrm{d}y}{\mathrm{d}x} + P(x)y = Q(x)y^n (n \neq 0,1)$ 的方程称为伯努利(Bernoulli J,瑞士,1654 ~ 1705) 方程.有很多实际问题,如:人口的增长,细菌的繁殖,技术革新的推广等都可归为这种类型的方程.

此方程当 $n = 0$ 或 $n = 1$ 时是线性方程,当 $n \neq 0,1$ 时是非线性方程,但经过变量代换,可把它化为线性的.它与一阶线性微分方程 $\dfrac{\mathrm{d}y}{\mathrm{d}x} + p(x)y = q(x)$ 形式类似,但多了因子 y^n,所以先将方程两边除以 y^n,得

$$y^{-n}\frac{\mathrm{d}y}{\mathrm{d}x} + P(x)y^{1-n} = Q(x).$$

容易看出,若令 $z = y^{1-n}$,则

$$\frac{\mathrm{d}z}{\mathrm{d}x} = (1-n)y^{-n}\frac{\mathrm{d}y}{\mathrm{d}x},$$

代入原方程得

$$\frac{\mathrm{d}z}{\mathrm{d}x} + (1-n)P(x)z = (1-n)Q(x),$$

这是关于 z 的一阶线性微分方程,求出该方程的通解后,再将 z 换成 y^{1-n},便得到原方程的通解.

【例 4-11】 求方程 $\dfrac{\mathrm{d}y}{\mathrm{d}x} + \dfrac{1}{x}y = (\ln x)y^2$ 的通解.

解 这是伯努利方程.将方程两边除以 y^2,得

$$\frac{1}{y^2}\frac{\mathrm{d}y}{\mathrm{d}x} + \frac{1}{x} \cdot \frac{1}{y} = \ln x.$$

令 $z = y^{1-2} = \dfrac{1}{y}$,则 $z' = -\dfrac{1}{y^2} \cdot y'$,于是原方程变为

$$-z' + \frac{1}{x}z = \ln x,$$

这是关于 z 的一阶线性方程.求解得

$$z = \left[c - \frac{1}{2}(\ln x)^2\right]x,$$

代回原变量,得到原方程通解

$$\frac{1}{y} = \left[c - \frac{1}{2}(\ln x)^2\right]x.$$

除上述两种典型的可通过变量代换求解的微分方程,还有许多微分方程可用变量代换的方法求解.例如,

$$\frac{\mathrm{d}y}{\mathrm{d}x} = \frac{1}{x+y},$$

若令 $u = x + y$，则原方程变为 $\dfrac{\mathrm{d}u}{\mathrm{d}x} = \dfrac{1+u}{u}$，这是可分离变量方程. 若将 x 看做未知函数，则原方程可写为

$$\frac{\mathrm{d}x}{\mathrm{d}y} = x + y,$$

这是关于 $x(y)$ 的一阶线性方程，仍可求解.

4.2.4　某些可降阶的高阶微分方程

如果一个方程的阶大于或等于 2，就称之为高阶微分方程. 一般说来，方程的阶越高，求解就越困难. 对于高阶线性微分方程，我们将在后面讨论. 这里仅对几类特殊的高阶方程，采用某种变量代换的方法来降低方程的阶数，化成前面学过的一阶方程来求解.

1. $y^{(n)} = f(x)$ 型的微分方程

容易发现，此类方程右端仅含有自变量 x，只需把 $y^{(n-1)}$ 作为新的未知函数，则方程变为

$$(y^{(n-1)})' = f(x).$$

两边积分得

$$y^{(n-1)} = \int f(x)\,\mathrm{d}x + c_1,$$

方程就降了一阶，然后逐次积分就得到了原方程的通解.

【例 4-12】　求微分方程 $y'' = x - \sin x$ 的通解.

解　对原方程连续积分两次，有

$$y' = \int (x - \sin x)\,\mathrm{d}x = \frac{1}{2}x^2 + \cos x + c_1,$$

$$y = \int \left(\frac{1}{2}x^2 + \cos x + c_1 \right)\mathrm{d}x = \frac{1}{6}x^3 + \sin x + c_1 x + c_2,$$

这就是原方程的通解.

2. 不显含未知函数 y 的二阶微分方程 $y'' = f(x, y')$

此类二阶微分方程的特点是方程中不显含未知函数 y. 可以通过变量代换，设 $y' = p$，则 $y'' = \dfrac{\mathrm{d}p}{\mathrm{d}x} = p'$，将方程化为关于自变量 x 和未知函数 p 的一阶微分方程. 运用前面介绍的方法求解出 p，再由 $y' = p$，积分得到未知函数 y.

【例 4-13】　求微分方程 $y'' = \dfrac{1}{x}y' + x\mathrm{e}^x$ 的通解.

解　方程中不显含 y，设 $y' = p$ 则 $y'' = \dfrac{\mathrm{d}p}{\mathrm{d}x} = p'$，代入原方程得

$$p' = \frac{1}{x}p + x\mathrm{e}^x,$$

它是一阶线性微分方程，求得它的通解为

$$p = x\mathrm{e}^x + cx,$$

即 $y' = x\mathrm{e}^x + cx$，两端积分可得原微分方程的通解为

$$y = x\mathrm{e}^x - \mathrm{e}^x + c_1 x^2 + c_2. \, (c_1 = \frac{c}{2})$$

3. 不显含自变量 x 的微分方程 $y'' = f(y, y')$

此类方程的特点是方程中不显含自变量 x. 可以通过变量代换, 设 $y' = p$, 由复合函数求导法则得

$$y'' = \frac{\mathrm{d}p}{\mathrm{d}x} = \frac{\mathrm{d}p}{\mathrm{d}y} \cdot \frac{\mathrm{d}y}{\mathrm{d}x} = p\frac{\mathrm{d}p}{\mathrm{d}y},$$

将方程变为关于自变量 y 和未知函数 p 的一阶微分方程

$$p\frac{\mathrm{d}p}{\mathrm{d}y} = f(y, p).$$

运用前面介绍的方法求解出 p, 再由 $y' = p$, 得到未知函数 y.

【例 4-14】 求解初值问题 $\begin{cases} yy'' - y'^2 = 0 \\ y|_{x=1} = \mathrm{e}, y'|_{x=1} = 2\mathrm{e}. \end{cases}$

解 此方程不显含自变量 x, 设 $y' = p$, 则 $y'' = \frac{\mathrm{d}p}{\mathrm{d}x} = p\frac{\mathrm{d}p}{\mathrm{d}y}$, 代入原方程得

$$yp\frac{\mathrm{d}p}{\mathrm{d}y} - p^2 = 0.$$

在 $y \neq 0, p \neq 0$ 时, 消去 p 并分离变量, 得

$$\frac{\mathrm{d}p}{p} = \frac{\mathrm{d}y}{y}.$$

两边积分, 整理得

$$p = c_1 y, \text{ 即 } y' = \frac{\mathrm{d}y}{\mathrm{d}x} = c_1 y.$$

再分离变量并两边积分, 得到方程通解为

$$\ln|y| = c_1 x + c'_2,$$

即有

$$y = c_2 \mathrm{e}^{c_1 x} \quad (c_2 = \pm \mathrm{e}^{c'_2}).$$

代入初始条件

$$y|_{x=1} = \mathrm{e}, \text{ 得 } c_2 \mathrm{e}^{c_1} = \mathrm{e}.$$

又

$$y'|_{x=1} = 2\mathrm{e}, \text{ 即 } c_1 c_2 \mathrm{e}^{c_1} = 2\mathrm{e},$$

由此解得

$$c_1 = 2, \, c_2 = \mathrm{e}^{-1}.$$

故所求方程的特解是

$$y = \frac{\mathrm{e}^{2x}}{\mathrm{e}}, \text{ 即 } y = \mathrm{e}^{2x-1}.$$

习题 4-2

1. 求解下列方程或初值问题:

(1) $\dfrac{\mathrm{d}y}{\mathrm{d}x} = -\dfrac{x}{y}$;

(2) $\tan y \mathrm{d}x - \cot x \mathrm{d}y = 0$;

(3) $\dfrac{\mathrm{d}y}{\mathrm{d}x} = \dfrac{\sqrt{x}}{\mathrm{e}^{y}}$;

(4) $2y\mathrm{e}^{y^{2}} y' = 2x + 3\sqrt{x}$;

(5) $yy' = (1 + y^{2})\cos x$;

(6) $\dfrac{\mathrm{d}u}{\mathrm{d}t} = 2 + 2u + t + tu$;

(7) $y^{2}\mathrm{d}x + (x + 1)\mathrm{d}y = 0$;

(8) $\dfrac{\mathrm{d}y}{\mathrm{d}x} = \dfrac{1 + y^{2}}{xy + x^{3}y}$;

(9) $\begin{cases} \dfrac{\mathrm{d}y}{\mathrm{d}x} = \dfrac{y\cos x}{1 + y^{2}}; \\ y(0) = 1 \end{cases}$

(10) $\begin{cases} x\cos x = (2y + \mathrm{e}^{3y})y'. \\ y(0) = 0 \end{cases}$

2. 求解下列方程或初值问题:

(1) $xy' - 2y = x^{2}$;

(2) $y' = x + 5y$;

(3) $x^{2}y' + 2xy = \cos^{2}x$;

(4) $\dfrac{\mathrm{d}y}{\mathrm{d}x} + \dfrac{1}{x}y = \mathrm{e}^{-x}$;

(5) $\dfrac{\mathrm{d}x}{\mathrm{d}t} + 3x = \mathrm{e}^{2t}$;

(6) $y' + \dfrac{2y}{x} = -x$;

(7) $\begin{cases} xy' = y + x^{2}\sin x \\ y(\pi) = 0 \end{cases}$;

(8) $\begin{cases} \dfrac{\mathrm{d}v}{\mathrm{d}t} - 2tv = 3t^{2}\mathrm{e}^{t^{2}} \\ v(0) = 5 \end{cases}$;

(9) $\begin{cases} xy' - y = x\ln x \\ y(1) = 2 \end{cases}$;

(10) $\begin{cases} \dfrac{\mathrm{d}y}{\mathrm{d}x} = -y\cos x + \dfrac{1}{2}\sin 2x \\ y(0) = 0 \end{cases}$.

3. 求下列齐次方程的通解:

(1) $x\dfrac{\mathrm{d}y}{\mathrm{d}x} = y + \sqrt{x^{2} - y^{2}}\ (x > 0)$;

(2) $\dfrac{\mathrm{d}y}{\mathrm{d}x} = \dfrac{x + y}{x - y}$;

(3) $xy' = y\ln\dfrac{y}{x}$;

(4) $\dfrac{\mathrm{d}y}{\mathrm{d}x} = \dfrac{x}{y} + \dfrac{y}{x}$.

4. 求下列伯努利方程的通解:

(1) $y' - y = -\dfrac{2x}{y}$;

(2) $\dfrac{\mathrm{d}y}{\mathrm{d}x} - 3xy = xy^{2}$;

(3) $y' - \dfrac{6}{x}y = -xy^{2}$;

(4) $x\mathrm{d}y - [y + xy^{3}(1 + \ln x)]\mathrm{d}x = 0$.

5. 求下列方程的通解:

(1) $y'' = \dfrac{1}{1 + x^{2}}$;

(2) $xy'' + y' = 0$;

(3) $xy'' = y'\ln\dfrac{y'}{x}$;

(4) $(1 + x^{2})y'' + 2xy' = x$;

(5) $y'' = y' + x$;

(6) $yy'' + y'^{2} = 0$.

6. 求解下列方程或初值问题:

(1) $y'' = \dfrac{1 + y'^{2}}{2y}$;　　(2) $yy'' = 2(y'^{2} - y'),\ y\big|_{x=0} = 1,\ y'\big|_{x=0} = 2$;

(3) $2yy'' + (y')^{2} = 0$;　　(4) $y'' - \mathrm{e}^{2y}y' = 0$ 满足 $y'\big|_{x=0} = \dfrac{1}{2}\mathrm{e},\ y\big|_{x=0} = \dfrac{1}{2}$ 的特解.

4.3 建立微分方程方法简介

研究微分方程的目的,是为了研究变量之间的函数关系.在实际问题中,常常需要根据有关信息(例如实际背景、数学原理、物理定律等科学技术知识),寻找自变量、未知函数及其导数或微分之间的联系,进而建立微分方程.

建立微分方程的方法很多,常用的基本方法有三种:第一,利用几何、物理、化学、电学等学科的有关结论,直接列出未知函数的变化率满足的方程.第二,利用微元法.取微元后,一般利用"增量 = 输入量 - 输出量",得到增量满足的关系式,从而可建立微分方程.第三,模拟近似法.对于较复杂的自然现象和社会问题很难定量描述,通常先作一些假设,在此假设下,近似模拟实际现象建立方程,求解后检验是否与实际相符,然后再修改,直到得出令人满意的结果.下面通过几个例子分别介绍这三种方法.

【例 4-15】 (**求游船上的传染病人数**)一只游船上有 800 人,一名游客患了某种传染病,12 h 后有 3 人发病.由于这种传染病没有早期症状,故感染者不能被及时隔离.直升飞机将在 $60 \sim 72$ h 将疫苗运到,试估算疫苗运到时患此传染病的人数.设传染病的传播速度与受感染的人数及未感染人数之积成正比.

解 用 $y(t)$ 表示发现首例病人后 t (h) 时的感染人数,$800 - y(t)$ 表示 t 时刻未受感染的人数,由题意可列方程如下:

$$\frac{\mathrm{d}y}{\mathrm{d}t} = ky(800 - y),$$

其中 $k > 0$ 为比例常数.将方程分离变量

$$\frac{\mathrm{d}y}{y(800 - y)} = k\mathrm{d}t,$$

即

$$\frac{1}{800}\left(\frac{1}{y} + \frac{1}{800 - y}\right)\mathrm{d}y = k\mathrm{d}t.$$

两边积分得

$$\frac{1}{800}[\ln y - \ln(800 - y)] = kt + c_1,$$

去对数并整理,即得通解为

$$y = \frac{800}{1 + ce^{-800kt}} \quad (c = e^{-800c_1}),$$

代入初始条件 $y(0) = 1$,得 $c = 797$.再由 $y(12) = 3$,便可确定出

$$800k = -\frac{1}{12}\ln\frac{797}{2\,397} \approx 0.091\,76,$$

所以

$$y(t) = \frac{800}{1 + 797e^{-0.091\,76t}}.$$

下面计算 $t = 60, 72$ h 时感染者人数

$$y(60) = \frac{800}{1 + 797e^{-0.091\,76 \times 60}} \approx 188,$$

$$y(72) = \frac{800}{1 + 797e^{-0.091\,76 \times 72}} \approx 385.$$

从上面数字可以看出,当 72 h 疫苗运到时,感染的人数将是 60 h 感染人数的 2 倍,可见在传染病流行时及时采取措施是至关重要的.

【例 4-16】 已知某大型公司的净资产本身可以产生利息,假设利息是以 5% 的年利率在增长.同时,该公司还必须以每年 200 百万元的数额向职工支付工资.由于公司规模很大,利息的获取及工资的发放,可以看成是连续变化的量.

(1) 求出描述公司净资产 w(单位:百万元)与时间 t(单位:年)满足的微分方程;

(2) 解上述方程,假设初始净资产为 w_0(单位:百万元);

(3) 试描绘出 w_0 分别是 3000,4000,5000 时的解曲线并解释不同的实际意义.

解 (1) 我们知道

$$净资产增长的速度 = 利息盈取的速度 - 工资的支付率$$

由题可知,利息盈取的速率为 $0.05w$,而工资的支付率为每年 200 百万元.则有

$$\frac{\mathrm{d}w}{\mathrm{d}t} = 0.05w - 200$$

(2) 对上述方程,分离变量有

$$\frac{\mathrm{d}w}{w - 4000} = 0.05\mathrm{d}t$$

积分得

$$\ln|w - 4000| = 0.05t + c$$

解得

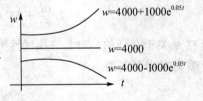

$$w - 4000 = Ae^{0.05t} \quad (其中 A = \pm e^c)$$

将 $t = 0, w = w_0$ 代入通解,则 $A = w_0 - 4000$,代入上式,故方程的解为

$$w = 4000 + (w_0 - 4000)e^{0.05t}$$

(3) 如果 $w_0 = 4000$,则 $w = 4000$ 为平衡解,即收支平衡,无盈利,无亏损;如果 $w_0 = 5000$,则 $w = 4000 + 1000e^{0.05t}$,此时公司收大于支,维持良好状态;如果 $w_0 = 3000$,则 $w = 4000 - 1000e^{0.05t}$,这表明公司亏损;注意到当 $t \approx 27.7$ 时,$w = 0$.于是这意味着该公司在今后的第 28 个年头破产(图 4-3).

图 4-3

【例 4-17】 一个质量为 m 的跳伞者从水平飞行的飞机上跳下,已知空气阻力与速度成正比(比例系数为 k).现在忽略降落伞的重量,求下降的速度 v 与时间 t 的关系 $v(t)$.

解 如图 4-4 所示,作用在跳伞者身上的力有两个:向下的重力 $F = mg$,向上的阻力 $f = -kv$,则根据牛顿第二定律,速度跟时间的关系满足

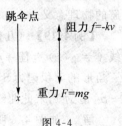

图 4-4

$$m\frac{\mathrm{d}v}{\mathrm{d}t} = mg - kv$$

应用微积分

另,初始速度为 0,即 $v(0) = 0$.

可以看出,我们要解决的是一个初值问题.现在把方程变形为 $\dfrac{\mathrm{d}v}{\mathrm{d}t} + \dfrac{k}{m}v = g$. 这是一个一阶线性方程.根据求解公式,通解为

$$v = \mathrm{e}^{-\int \frac{k}{m}\mathrm{d}t}\left(\int \mathrm{e}^{\int \frac{k}{m}\mathrm{d}t}g\,\mathrm{d}t + c\right)$$

$$= \frac{mg}{k} + c\mathrm{e}^{-\frac{k}{m}t}$$

由初始条件 $v(0) = 0$,确定出 $c = -\dfrac{mg}{k}$,则得到该初值问题的解是 $v = \dfrac{mg}{k}(1 - \mathrm{e}^{-\frac{k}{m}t})$,这就是跳伞者的速度与时间的关系.

根据上述关系,我们发现:随着时间的推移,跳伞者的极限速度为 $v = \dfrac{mg}{k}$. 事实上,降落的速度不能无限增加.换句话说,极限加速度应该为 0.根据这个道理,令加速度 $\dfrac{\mathrm{d}v}{\mathrm{d}t} = 0$,得到极限速度 $v = \dfrac{mg}{k}$.

【例 4-18】 (电路问题)设有如图 4-5 所示的电路,其中电源电动势为 E_0,电阻 R 和电感 L 为常数,求电流 $i(t)$.

解 由电学知识可知,当电流变化时,产生的感应电动势为 $-L\dfrac{\mathrm{d}i}{\mathrm{d}t}$. 根据基尔霍夫定律,沿任一闭合回路的各电动势的代数和等于零.于是可列出方程

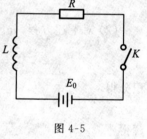

图 4-5

$$L\frac{\mathrm{d}i}{\mathrm{d}t} + Ri = E_0,$$

这是关于 $i(t)$ 的一阶非齐次线性方程.设开关 K 闭合时为 $t = 0$,则初始条件为 $i(0) = 0$. 容易求出其解为

$$i(t) = \frac{E_0}{R}\left(1 - \mathrm{e}^{-\frac{Rt}{L}}\right).$$

从解的表达式可看出,电流 i 是由稳态部分 $\dfrac{E_0}{R}$ 和暂态部分 $-\dfrac{E_0}{R}\mathrm{e}^{-\frac{Rt}{L}}$ 组成,后者当 $t \to +\infty$ 时,趋于零.

当电动势 E 是时间 t 的函数,比如 $E = E_m \sin \omega t$ 时,读者可作为练习自行求解并分析解的物理意义.

【例 4-19】 (几何问题)设函数 $y(x)(x \geqslant 0)$ 二阶可导且 $y'(x) > 0$,$y(0) = 1$,过曲线 $y = y(x)$ 上任一点 $P(x, y)$ 作曲线的切线及 x 轴的垂线,上述两直线与 x 轴所围成的三角形的面积记为 S_1,区间 $[0, x]$ 上以 $y = y(x)$ 为曲边的曲边梯形面积记为 S_2,并设 $2S_1 - S_2$ 恒为 1,求此曲线 $y = y(x)$ 的方程.

解 如图 4-6 所示.设所求曲线为 $y = y(x)$,它在点 $P(x, y)$ 处的切线方程为

$$Y - y = y'(X - x).$$

在 x 轴上截距为 $x - \dfrac{y}{y'}$，由 $y(0) = 1, y'(x) > 0$，知 $y(x) > y(0) = 1 > 0(x > 0)$，于是

$$S_1 = \frac{1}{2} \mid y \mid \left| x - \left(x - \frac{y}{y'} \right) \right| = \frac{y^2}{2y'}.$$

又

$$S_2 = \int_0^x y(t)\,\mathrm{d}t.$$

故由题意

$$2S_1 - S_2 \equiv 1,$$

得

$$\frac{y^2}{y'} - \int_0^x y(t)\,\mathrm{d}t = 1,$$

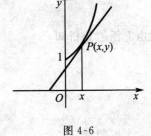

图 4-6

由此知 $y'(0) = 1$，上式两端对 x 求导，并化简得

$$yy'' = y'^2.$$

令 $y' = P, y'' = P\dfrac{\mathrm{d}P}{\mathrm{d}y}$，则方程变为

$$Py\frac{\mathrm{d}P}{\mathrm{d}y} = P^2.$$

由 $y' > 0$，即 $P > 0$，故有

$$\frac{\mathrm{d}P}{P} = \frac{\mathrm{d}y}{y},$$

求解得 $P = c_1 y$，代入初始条件 $y = 1, P = 1$，得 $c_1 = 1$，即

$$\frac{\mathrm{d}y}{\mathrm{d}x} = y.$$

于是

$$y = c_2 \mathrm{e}^x,$$

代入初始条件 $y(0) = 1$，得 $c_2 = 1$，故所求曲线为

$$y = \mathrm{e}^x.$$

【例 4-20】　（水源的污染与净化问题）已知水源的体积为 V，初始污染物浓度为 c_0，以速度 v 注入污染物浓度为 c_1 的污水（v, c_1 均为正常数），若流入水源的污水中，污染物的浓度比原有水源中的高，那么水源受到污染；反之，注入清水，可使水源中污染物浓度降低。试建立污水问题的数学模型。

为简化问题，作如下假设：

（1）水源的蒸发量与降雨量相等，流入与流出水源的平均速率相等，因而水源总量保持不变。

（2）污染物不发生生化变化，也不引起沉积。

（3）污染物与水源瞬时混合均匀，即水源中污染物的浓度总是均匀的。

解　建立污水问题的数学模型，就是求出任意时刻污染物的浓度 $c(t)$ 所满足的微分方程初值问题。因题目没有直接给出变化率 $c'(t)$ 的规律，所以利用微元法。考虑 t 到 $t + \mathrm{d}t$

这段时间内,污染物的改变量应等于流入与流出污染物的改变量. 由于 dt 很小,所以在这段时间内,污染物的改变量近似为水源体积 V 与浓度改变量 dc 之积,即 Vdc.

另一方面,在 t 到 $t+dt$ 这段时间内,流入的污染物与流出的污染物改变量近似为

$$c_1vdt - c(t)vdt = [c_1 - c(t)]vdt.$$

由上面的分析知

$$Vdc = [c_1 - c(t)]vdt,$$

即

$$V\frac{dc}{dt} = v(c_1 - c).$$

据题意,$c(0) = c_0$,所以污水问题的数学模型为

$$\begin{cases} V\dfrac{dc}{dt} = v(c_1 - c), \\ c(0) = c_0 \end{cases}$$

求解得

$$c(t) = c_1 - (c_1 - c_0)e^{-\frac{t}{\tau}},$$

其中

$$\tau = \frac{V}{v}.$$

思考:若以清水注入水源,问要多长时间才能使水源中污染物的浓度降到初始浓度的 10%($t \approx 2.3\tau$).

习题 4-3

1. 镭的衰变有如下规律:衰变速度与它的现存量 R 成正比,由经验知,镭经过 1 600 年后,只余原始量 R_0 的一半,试求镭的量 R 与时间 t 的函数关系.

2. 根据马尔萨斯(Malthus,英国,1766 ~ 1834)假设,设 t 时刻的人口数为 $N(t)$,人口的增长率与 t 时刻的人口数成正比,即 $\dfrac{dN}{dt} = rN(t)$,其中 r 是净相对增长率(出生率减去死亡率为净增长率). 假设 r 是常数,$N(0) = N_0$,求人口变化的规律,试分析这个模型是否合理,应如何修改.

3. 设 L 是一条平面曲线,其上任一点 $P(x,y)$($x>0$)到坐标原点的距离恒等于该点处的切线在 y 轴上的截距,且 L 经过点 $\left(\dfrac{1}{2}, 0\right)$,求曲线 L 的方程.

4. 求解悬链线方程 $y'' = \dfrac{1}{a}\sqrt{1 + y'^2}$ 满足 $y(0) = a(a>0)$,$y'(0) = 0$ 的解.

5. 一车间体积为 10 800 m^3,开始时空气中含有 0.12% 的 CO_2,为保证工人健康,用一台风量为 1 500 m^3/min 的鼓风机通入新鲜空气,它含有 0.04% 的 CO_2,设通入空气与原有空气混合均匀后以相同的风量排出,问鼓风机开动 10 min 后,车间中含有 CO_2 的百分比降到多少?

6. 一架质量为 4.5×10^3 kg 的歼击机以 600 km/h 的航速开始着陆,在减速伞的作用下滑跑 500 m 后,速度减为 100 km/h. 设减速伞的阻力与飞机的速度成正比,并忽略飞机所受的其他阻力,试计算减速伞的阻力系数.

若将同样的减速伞装备在 9×10^3 kg 的轰炸机上,现已知机场跑道长 1 500 m,若飞机着陆速度为

700 km/h,问跑道长度能否保障飞机安全着陆?

7. 按照牛顿冷却定理,温度为 T 的物体,在温度为 $T_0(T_0 < T)$ 的环境中冷却的速度与温差 $T - T_0$ 成正比. 现有一加热后的物体置于20 ℃的环境中,在20 min之内,由100 ℃冷却到60 ℃,问在多长时间里这个物体的温度将达到 30 ℃?

8. 一受害者的尸体于晚上 7:30 被发现,法医于晚上 8:20 赶到凶案现场,测得尸体温度为 32.6 ℃;1 h 后,当尸体将被抬走时,测得尸体温度为 31.4 ℃,室温在几小时内始终保持在 21.1 ℃. 设受害者死亡时体温是正常的,即 $T = 37$ ℃. 此案最大的嫌疑犯是张某,但张某声称自己是无罪的,并有证人说: "下午张某一直在办公室上班,5:00 时打了一个电话,打完电话后就离开了办公室." 从张某的办公室到受害者家(凶案现场)步行需 5 min. 问张某不在凶案现场的证言能否使他被排除在嫌疑犯之外?

9. 设某种商品的供给量 Q_1 与需求量 Q_2 是只依赖于价格 p 的线性函数,并假定在时刻 t 时价格 $p(t)$ 的变化率与这时的过剩需求量成正比,比例常数为 α,假设 $Q_1 = -a + bp$,$Q_2 = c - dp$,$P(0) = P_0$,其中 α、a、b、c、d 都是已知的正常数. 试确定这种商品的价格随时间 t 的变化规律.

4.4　二阶线性微分方程

线性微分方程的理论研究比较完整. 应用中有许多问题都可归为高阶线性方程,本节以讨论二阶线性微分方程为主.

4.4.1　线性微分方程通解的结构

形如
$$y^{(n)} + a_1(x)y^{(n-1)} + \cdots + a_n(x)y = f(x) \tag{1}$$
的微分方程称为 **n 阶线性微分方程**. 若 $n > 1$,称之为高阶线性微分方程.

若 $f(x) \not\equiv 0$,则称式(1)为**非齐次线性微分方程**. 若 $f(x) \equiv 0$,则式(1)变为
$$y^{(n)} + a_1(x)y^{(n-1)} + \cdots + a_n(x)y = 0, \tag{2}$$
称式(2)为 **n 阶齐次线性微分方程**,或称式(2)为方程(1)所对应的齐次线性方程.

当 $n = 2$ 时,方程(1)和(2)分别写成
$$y'' + a_1(x)y' + a_2(x)y = f(x) \tag{3}$$
$$y'' + a_1(x)y' + a_2(x)y = 0 \tag{4}$$
为二阶非齐次线性微分方程和二阶齐次线性微分方程.

例如 $y'' + x^2 y' + e^x y = \sin x$ 为二阶非齐次线性微分方程,它所对应的二阶齐次线性微分方程为
$$y'' + x^2 y' + e^x y = 0$$

下面讨论二阶线性微分方程的一些性质,事实上,二阶线性微分方程的这些性质对于 n 阶线性微分方程也成立.

定理 4-1　设 y_1,y_2 是二阶齐次线性方程(4)的两个解,则 y_1,y_2 的线性组合 $y = c_1 y_1 + c_2 y_2$ 也是方程(4)的解,其中 c_1,c_2 是任意常数.

证明　由题设有
$$y_1'' + a_1 y_1' + a_2 y_1 \equiv 0$$
$$y_2'' + a_1 y_2' + a_2 y_2 \equiv 0$$

将 $y = c_1 y_1 + c_2 y_2$ 代入方程(4)左端有

$$(c_1 y_1 + c_2 y_2)'' + a_1(c_1 y_1 + c_2 y_2)' + a_2(c_1 y_1 + c_2 y_2)$$
$$= c_1(y_1'' + a_1 y_1' + a_2 y_1) + c_2(y_2'' + a_1 y_2' + a_2 y_2) \equiv 0$$

所以 $c_1 y_1 + c_2 y_2$ 也是方程(4)的解.

那么它是不是方程(4)的通解呢?为解决这个问题,我们引入两个函数线性无关的概念.

定义 4-1 设 $y_1(x), y_2(x)$ 是定义在区间 I 上的两个函数,如果 $\dfrac{y_1(x)}{y_2(x)} \equiv$ 常数,则称

函数 $y_1(x), y_2(x)$ 在区间 I 上**线性相关**;否则,若 $\dfrac{y_1(x)}{y_2(x)} \not\equiv$ 常数,则称 $y_1(x), y_2(x)$ 在区间

I 上**线性无关**.

【例 4-21】 判断下列函数组的线性相关性:

(1) x 与 $\ln x$;

(2) $\cos x \sin x$ 与 $\sin 2x$.

解 (1) 由于 $\dfrac{x}{\ln x} \neq$ 常数,所以 x 与 $\ln x$ 线性无关;

(2) 由于 $\dfrac{\cos x \sin x}{\sin 2x} = \dfrac{1}{2}$,所以 $\cos x \sin x$ 与 $\sin 2x$ 线性相关.

在定理 4-1 中,若 y_1, y_2 是方程(4)的解,则 $c_1 y_1 + c_2 y_2$ 也是方程(4)的解. 但我们注意到,并不是任意两个解的线性组合都是方程(4)的通解.

例如 $y_1 = e^x, y_2 = 2e^x$ 都是方程 $y'' - y = 0$ 的解,但

$$y = c_1 y_1 + c_2 y_2 = c_1 e^x + 2c_2 e^x = (c_1 + 2c_2)e^x,$$

实际上只含一个任意常数 $c = c_1 + 2c_2$. 所以 $y = c_1 e^x + 2c_2 e^x$ 不是方程的通解. 那么,方程(4)的两个解必须满足什么条件,其线性组合才是方程(4)的通解呢?事实上,我们有下面的定理.

定理 4-2 (**二阶齐次线性微分方程通解结构**)设 $y_1(x)$ 和 $y_2(x)$ 是方程(4)

$$y'' + a_1(x)y' + a_2(x)y = 0$$

的两个线性无关特解,那么

$$y = c_1 y_1(x) + c_2 y_2(x) \quad (c_1, c_2 \text{ 是任意常数})$$

就是方程(4)的通解.

例如,方程 $y'' - 2y' + y = 0$ 是二阶齐次线性微分方程,容易验证,$y_1(x) = e^x$ 和 $y_2(x) = xe^x$ 是方程的两个解,且 $\dfrac{y_2(x)}{y_1(x)} = x \not\equiv$ 常数,故 $y_1(x)$ 与 $y_2(x)$ 线性无关,因此方程 $y'' - 2y' + y = 0$ 的通解为

$$y = c_1 e^x + c_2 x e^x.$$

关于二阶非齐次线性微分方程有如下的通解结构定理.

定理 4-3 (**二阶非齐次线性微分方程通解结构**)设 $y^*(x)$ 是方程(3)

$$y'' + a_1(x)y' + a_2(x)y = f(x)$$

的一个特解,$y_1(x)$ 和 $y_2(x)$ 是与方程(3)对应的齐次线性方程(4)的两个线性无关解,则

$$y = c_1 y_1(x) + c_2 y_2(x) + y^*(x) \quad (c_1, c_2 \text{ 是任意常数}) \tag{5}$$

是方程(3)的通解.

证明　由定理 4-1 易知式(5)是方程(3)的解.又因它含有两个独立的任意常数,因此式(5)是方程(3)的通解.

由定理 4-2 和定理 4-3 可知,二阶齐次或非齐次线性微分方程通解的表达式并不是唯一的.

【例 4-22】　已知 $y_1 = \cos x, y_2 = \sin x$ 是 $y'' + y = 0$ 的两个特解,验证 $y^* = x^2 - 2$ 是方程 $y'' + y = x^2$ 的一个特解,并求方程 $y'' + y = x^2$ 的通解.

解　将 $y^* = x^2 - 2$ 代入 $y'' + y = x^2$,等式恒成立.说明 $y^* = x^2 - 2$ 是 $y'' + y = x^2$ 的一个特解.因为 $\dfrac{\sin x}{\cos x} \neq$ 常数,即 y_1 与 y_2 线性无关,所以方程 $y'' + y = x^2$ 所对应的齐次方程 $y'' + y = 0$ 的通解是

$$y = c_1 \cos x + c_2 \sin x,$$

故方程 $y'' + y = x^2$ 的通解为

$$y = c_1 \cos x + c_2 \sin x + x^2 - 2.$$

定理 4-4　(**非齐次线性微分方程解的叠加原理**)设 $y_1^*(x), y_2^*(x)$ 分别是方程

$$y'' + a_1(x)y' + a_2(x)y = f_1(x),$$
$$y'' + a_1(x)y' + a_2(x)y = f_2(x)$$

的特解,则 $y_1^*(x) + y_2^*(x)$ 是方程

$$y'' + a_1(x)y' + a_2(x)y = f_1(x) + f_2(x)$$

的特解.

这个定理请读者自己证明.

4.4.2　二阶常系数齐次线性微分方程的解法

本节研究二阶线性微分方程的求解问题.形如

$$y'' + py' + qy = f(x) \tag{6}$$

的方程称为**二阶常系数线性微分方程**,其中 p, q 是已知常数,$f(x)$ 是已知函数.本节假定 $f(x)$ 是定义在 $-\infty < x < +\infty$ 上的连续函数.当 $f(x) \equiv 0$ 时,方程(6)变为

$$y'' + py' + qy = 0 \tag{7}$$

称方程(7)为**二阶常系数非齐次线性微分方程**(6)对应的**二阶常系数齐次线性微分方程**.

根据上节所述,求方程(7)的通解问题归为求它的两个线性无关的解.

根据方程(7)常系数的特点,猜想此方程应有形如 $y = e^{\lambda x}$ 的解,将它代入方程(7)并整理得

$$e^{\lambda x}(\lambda^2 + p\lambda + q) = 0$$

因 $e^{\lambda x} \neq 0$,所以上式化为

$$\lambda^2 + p\lambda + q = 0 \tag{8}$$

这说明只要 λ 是一元二次方程(8)的根,则函数 $y = e^{\lambda x}$ 就是微分方程(7)的解,因而称方程(8)为微分方程(7)的**特征方程**,它的根称为**特征根**.

这样,求方程(7)的解就归为求代数方程(8)的根,而特征根可能有不同情况,下面分三种情况进行讨论.

(1)$p^2 - 4q > 0$,此时特征方程有两个相异的实根 λ_1 和 λ_2,$\lambda_1,\lambda_2 = \dfrac{-p \pm \sqrt{p^2 - 4q}}{2}$

方程有两个特解 $y_1 = \mathrm{e}^{\lambda_1 x}$ 和 $y_2 = \mathrm{e}^{\lambda_2 x}$,因为 $\dfrac{y_2}{y_1} = \mathrm{e}^{(\lambda_1 - \lambda_2)x} \neq$ 常数,所以 y_1 与 y_2 线性无关,从而得到方程(7)的通解为

$$y = c_1 \mathrm{e}^{\lambda_1 x} + c_2 \mathrm{e}^{\lambda_2 x}.$$

(2)$p^2 - 4q = 0$,此时特征方程有两个相等的实根 $\lambda_1 = \lambda_2 = -\dfrac{p}{2}$,仅能得到方程(7)的一个特解 $y_1 = \mathrm{e}^{\lambda_1 x}$,要求通解,还需找一个与 $y_1 = \mathrm{e}^{\lambda_1 x}$ 线性无关的特解 y_2.

既然 y_2 与 y_1 线性无关,则必有 $\dfrac{y_2}{y_1} \neq$ 常数,故可设 $y_2 = u(x)y_1 = u(x)\mathrm{e}^{\lambda_1 x}$,其中 $u(x)$ 是待定的函数.对 y_2 求导,得

$$y_2' = \mathrm{e}^{\lambda_1 x}(u' + \lambda_1 u), \quad y_2'' = \mathrm{e}^{\lambda_1 x}(u'' + 2\lambda_1 u' + \lambda_1^2 u).$$

代入方程(7)中,便有

$$\mathrm{e}^{\lambda_1 x}\big[(u'' + 2\lambda_1 u' + \lambda_1^2 u) + p(u' + \lambda_1 u) + qu\big] = 0,$$

从而

$$u'' + (2\lambda_1 + p)u' + (\lambda_1^2 + p\lambda_1 + q)u = 0.$$

由于 λ_1 是特征方程的二重根,故有 $\lambda_1^2 + p\lambda_1 + q = 0$,并且 $2\lambda_1 + p = 0$,于是便得到

$$u'' = 0.$$

我们只需取满足上式的最简单的函数 $u = x$,便可得到方程(7)的另一个与 y_1 线性无关的特解

$$y_2 = x\mathrm{e}^{\lambda_1 x},$$

从而得到方程(7)的通解

$$y = c_1 \mathrm{e}^{\lambda_1 x} + c_2 x\mathrm{e}^{\lambda_1 x} = (c_1 + c_2 x)\mathrm{e}^{\lambda_1 x}.$$

(3)$p^2 - 4q < 0$,此时特征方程有一对共轭复根:$\lambda_1 = \alpha + \mathrm{i}\beta, \lambda_2 = \alpha - \mathrm{i}\beta.$ 可以验证 $y_1 = \mathrm{e}^{\alpha x}\cos\beta x$ 和 $y_2 = \mathrm{e}^{\alpha x}\sin\beta x$ 是方程(7)的解,并且 y_1 与 y_2 线性无关.由此得到方程(7)的通解

$$y = \mathrm{e}^{\alpha x}(c_1 \cos\beta x + c_2 \sin\beta x).$$

综上所述,可得表 4-1.

表 4-1 　　二阶常系数齐次线性微分方程的通解

特征根情况	通解形式
相异实根 λ_1,λ_2	$c_1 \mathrm{e}^{\lambda_1 x} + c_2 \mathrm{e}^{\lambda_2 x}$
相等实根 λ	$(c_1 + c_2 x)\mathrm{e}^{\lambda x}$
共轭复根 $\alpha \pm \mathrm{i}\beta$	$\mathrm{e}^{\alpha x}(c_1 \cos\beta x + c_2 \sin\beta x)$

【例 4-23】 求方程 $y'' + y' - 6y = 0$ 的通解.

解 因特征方程 $\lambda^2 + \lambda - 6 = 0$ 的特征根为

$$\lambda_1 = -3, \quad \lambda_2 = 2,$$

故通解为

$$y = c_1 e^{-3x} + c_2 e^{2x}.$$

【例 4-24】　求方程 $\dfrac{d^2 s}{dt^2} + 2\dfrac{ds}{dt} + s = 0$ 满足初始条件 $s\Big|_{t=0} = 4, \dfrac{ds}{dt}\Big|_{t=0} = -2$ 的特解.

解　特征方程为
$$\lambda^2 + 2\lambda + 1 = 0,$$
特征根为
$$\lambda_1 = \lambda_2 = -1,$$
故方程通解为
$$s = (c_1 + c_2 t)e^{-t}.$$

将初始条件 $s\Big|_{t=0} = 4$ 代入上式,可解出 $c_1 = 4$,从而 $s = (4 + c_2 t)e^{-t}$.

由 $\dfrac{ds}{dt}\Big|_{t=0} = (c_2 - 4 - c_2 t)e^{-t}\Big|_{t=0} = c_2 - 4 = -2$,知 $c_2 = 2$,故所求特解为
$$s = (4 + 2t)e^{-t}.$$

【例 4-25】　求方程 $y'' - 4y' + 13y = 0$ 的通解.

解　由特征方程 $\lambda^2 - 4\lambda + 13 = 0$,解出特征根
$$\lambda_1 = 2 + 3i, \quad \lambda_2 = 2 - 3i,$$
所以方程的通解为
$$y = e^{2x}(c_1 \cos 3x + c_2 \sin 3x).$$

4.4.3　二阶常系数非齐次线性微分方程的解法

下面讨论二阶非齐次线性微分方程的求解问题. 二阶常系数非齐次线性微分方程的一般形式为
$$y'' + py' + qy = f(x), \tag{6}$$
其中 p, q 为常数, $f(x)$ 是连续函数.

根据非齐次线性微分方程通解的结构,为求该方程的通解,只需求它的一个特解和它相应的齐次微分方程的通解,而齐次微分方程通解的问题前面已解决,因此这里只需求非齐次微分方程的一个特解. 显然特解与方程右端的非齐次项函数 $f(x)$ 有关. 在工程技术中, $f(x)$ 常以多项式、指数函数和三角函数、或它们之间的某种组合形式出现,对于这些函数可以用所谓**待定系数法**求出特解. 下面介绍当 $f(x)$ 取以下两种常见形式时特解的求法.

第一种形式: $f(x) = e^{ax}P_m(x)$

这里 a 是常数, $P_m(x)$ 是 m 次多项式, $P_m(x) = b_0 x^m + b_1 x^{m-1} + \cdots + b_{m-1}x + b_m$. 根据方程具有常系数和 $f(x)$ 的形式特点,考虑到多项式与指数函数的乘积的导数仍是多项式和指数函数的乘积,因而可设方程 $y'' + py' + qy = e^{ax}P_m(x)$ 的特解形式为
$$y^* = e^{ax}Q(x),$$
其中 $Q(x)$ 为多项式,于是
$$y^{*\,\prime} = e^{ax}[Q'(x) + aQ(x)],$$
$$y^{*\,\prime\prime} = e^{ax}[Q''(x) + 2aQ'(x) + a^2 Q(x)],$$
代入方程(6)并消去 e^{ax} 得

$$Q''(x) + (2\alpha + p)Q'(x) + (\alpha^2 + p\alpha + q)Q(x) = P_m(x)$$
$$= b_0 x^m + b_1 x^{m-1} + \cdots + b_{m-1}x + b_m. \tag{8}$$

注意到上式右边是一个 m 次多项式,左边也必须是 m 次多项式.

(1) 若 α 不是特征方程 $\lambda^2 + p\lambda + q = 0$ 的根,即 $\alpha^2 + p\alpha + q \neq 0$,那么可令 $Q(x)$ 是 m 次多项式

$$Q_m(x) = a_0 x^m + a_1 x^{m-1} + \cdots + a_{m-1}x + a_m.$$

代入式(8)并比较两边 x 同次幂的系数,可以得到以 $a_0, a_1, \cdots, a_m$ 为未知数的 $m+1$ 个方程联立的方程组,从而解出 $a_0, a_1, \cdots, a_m$,并得到所求特解 $y^* = Q_m(x)e^{\alpha x}$.

(2) 若 α 是特征方程 $\lambda^2 + p\lambda + q = 0$ 的单根,即 $\alpha^2 + p\alpha + q = 0$,而 $2\alpha + p \neq 0$,那么此时 $Q'(x)$ 为 m 次多项式,则可令 $Q(x) = xQ_m(x)$,并用同样的方法解出 $Q_m(x)$ 中的各个系数.

(3) 若 α 是特征方程 $\lambda^2 + p\lambda + q = 0$ 的二重根,即 $\alpha^2 + p\alpha + q = 0$,且 $2\alpha + p = 0$,那么此时 $Q''(x)$ 应为 m 次多项式,则可令 $Q(x) = x^2 Q_m(x)$,同样用上面的方法确定出 $Q_m(x)$.

综上讨论,$y'' + py' + qy = e^{\alpha x}P_m(x)$ 具有形如

$$y^* = x^k Q_m(x)e^{\alpha x}$$

的特解,其中 $Q_m(x)$ 与 $P_m(x)$ 均为 m 次多项式,而 k 根据 α 不是特征根,是特征方程的单根或二重根,分别取 $0, 1,$ 或 2.

【例 4-26】 求微分方程 $y'' - 2y' - 3y = 3x + 1$ 的一个特解.

解 这是二阶常系数非齐次线性微分方程,且函数 $f(x)$ 是 $P_m(x)e^{\alpha x}$ 型.其中 $P_m(x) = 3x + 1, \alpha = 0$.所给方程对应的齐次方程为

$$y'' - 2y' - 3y = 0,$$

它的特征方程为

$$\lambda^2 - 2\lambda - 3 = 0$$

$\alpha = 0$ 不是特征方程的根,所以设特解为

$$y^* = ax + b.$$

将它代入所给方程,得

$$-3ax - 2a - 3b = 3x + 1,$$

比较两端 x 同次幂的系数,得

$$\begin{cases} -3a = 3, \\ -2a - 3b = 1. \end{cases}$$

由此求得 $a = -1, b = \dfrac{1}{3}$.于是求得一个特解为

$$y^* = -x + \frac{1}{3}.$$

【例 4-27】 求方程 $y'' - 3y' + 2y = xe^x$ 的通解.

解 方程相应的齐次微分方程为 $y'' - 3y' + 2y = 0$,其特征方程为

$$\lambda^2 - 3\lambda + 2 = 0,$$

特征根为 $\lambda_1 = 1$ 和 $\lambda_2 = 2$.

由于 $\alpha = 1$ 是特征方程的单根, 故设原方程的一个特解为

$$y^* = x(ax + b)e^x,$$

将其代入原方程, 整理得

$$-2ax + 2a - b = x.$$

于是有 $-2a = 1, 2a - b = 0$, 解得 $a = -\dfrac{1}{2}, b = -1$, 所以

$$y^* = -\left(\frac{x^2}{2} + x\right)e^x,$$

从而所求通解为

$$y = c_1 e^x + c_2 e^{2x} - \left(\frac{x^2}{2} + x\right)e^x.$$

第二种形式: $f(x) = e^{\alpha x}\left[A_l(x)\cos \beta x + B_n(x)\sin \beta x\right]$

其中 $\alpha、\beta$ 为常数, $A_l(x)$ 和 $B_n(x)$ 分别是 l 次和 n 次多项式. 此时方程 $y'' + py' + qy = e^{\alpha x}\left[A_l(x)\cos \beta x + B_n(x)\sin \beta x\right]$ 有如下形式的特解

$$y^* = x^k e^{\alpha x}\left[P_m(x)\cos \beta x + Q_m(x)\sin \beta x\right],$$

其中 k 是 $\alpha + i\beta$ 作为特征方程 $\lambda^2 + p\lambda + q = 0$ 的根的重数, 即当 $\alpha + i\beta$ 是特征根时, 取 $k = 1$. 当 $\alpha + i\beta$ 不是特征根时, 取 $k = 0$. $m = \max\{l, n\}$, $P_m(x)$ 和 $Q_m(x)$ 分别是 x 的 m 次多项式, 其系数待定.

特解 y^* 形式的导出过程, 需要较多的复变函数的知识, 这里从略.

【例 4-28】 方程 $y'' - 2y' + 2y = e^x(x\cos x + 2\sin x)$ 具有什么形式的特解?

解 因特征方程 $\lambda^2 - 2\lambda + 2 = 0$ 的特征根为

$$\lambda = 1 \pm i,$$

$\alpha = 1, \beta = 1, \alpha + i\beta = 1 + i$ 是 1 重特征根, 故 $k = 1$; $A_l(x) = x, l = 1, B_n(x) = 2, n = 0$, $m = \max\{l, n\} = 1$, 故设 $P_m(x) = ax + b, Q_m(x) = cx + d$. 于是, 特解形式为

$$y^* = xe^x\left[(ax + b)\cos x + (cx + d)\sin x\right].$$

【例 4-29】 求微分方程 $y'' + y = x\cos 2x$ 的一个特解.

解 因特征方程 $\lambda^2 + 1 = 0$ 的特征根为

$$\lambda = \pm i,$$

而 $\alpha = 0, \beta = 2, \alpha + i\beta = 2i$ 不是特征根, 故 $k = 0$;

又 $\qquad A_l(x) = x, \quad B_n(x) = 0; \quad m = \max\{l, n\} = 1,$

故特解可设为

$$y^* = (ax + b)\cos 2x + (cx + d)\sin 2x,$$

代入原方程得

$$(-3ax - 3b + 4c)\cos 2x - (3cx + 3d + 4a)\sin 2x = x\cos 2x.$$

先比较 $\cos 2x, \sin 2x$ 同类项系数, 得

$$\begin{cases} -3ax - 3b + 4c = x \\ 3cx + 3d + 4a = 0 \end{cases},$$

再比较 x 的同次幂系数, 得

$$\begin{cases} -3a = 1 \\ -3b + 4c = 0 \\ 3c = 0 \\ 3d + 4a = 0 \end{cases},$$

解得：$a = -\dfrac{1}{3}, b = 0, c = 0, d = \dfrac{4}{9}$. 于是求得一个特解为

$$y^* = -\frac{1}{3}x\cos 2x + \frac{4}{9}\sin 2x.$$

【例 4-30】 求微分方程 $y'' + y = x + \cos x$ 的通解.

解 方程右端 $f(x) = x + \cos x$ 是由两项组成的. 根据 4.4.1 节定理 4-4 的叠加原理，可分别求出方程

$$y'' + y = x \text{ 和 } y'' + y = \cos x$$

相应的特解为 y_1^* 与 y_2^*.

因特征方程 $\lambda^2 + 1 = 0$ 的特征根为 $\lambda_1 = \text{i}, \lambda_2 = -\text{i}$，故原方程对应的齐次微分方程的通解为

$$c_1\cos x + c_2\sin x.$$

设方程 $y'' + y = x$ 的特解为 $y_1^* = Ax + B$，代入方程可解得 $B = 0, A = 1$. 从而 $y_1^* = x$.

设方程 $y'' + y = \cos x$ 的特解为 $y_2^* = Ex\cos x + Dx\sin x$，将其代入方程，可得 $E = 0, D = \dfrac{1}{2}$. 因而 $y_2^* = \dfrac{1}{2}x\sin x$. 于是原方程的一个特解为

$$y^* = y_1^* + y_2^* = x + \frac{1}{2}x\sin x,$$

故所求方程的通解为

$$y = c_1\cos x + c_2\sin x + x + \frac{1}{2}x\sin x.$$

习题 4-4

1. 验证 $y_1 = x - 1, y_2 = x^2 - x + 1$ 是方程

$$(2x - x^2)y'' + 2(x - 1)y' - 2y = 0$$

的两个线性无关解，并写出方程的通解.

2. 若二阶非齐次线性微分方程的两个解为 $\text{e}^{-x}, x^2 + \text{e}^{-x}$，而对应的齐次微分方程的一个解为 x，试写出该非齐次线性微分方程的通解.

3. 求解下列二阶常系数齐次线性微分方程：

(1) $y'' - 4y' = 0$;   (2) $y'' + y' - 2y = 0$;

(3) $y'' - 2y' - 3y = 0$;   (4) $y'' + 2y' + 10y = 0$;

(5) $y'' + y' + y = 0$;   (6) $y'' + y = 0$;

(7) $9\dfrac{\text{d}^2 y}{\text{d}x^2} - 12\dfrac{\text{d}y}{\text{d}x} + 4y = 0$;   (8) $5y'' - 2y' - 3y = 0$.

4. 求解下列二阶常系数非齐次线性微分方程:

(1) $y'' + 2y' + y = xe^x$;

(2) $y'' - 4y' + 3y = xe^{2x}$;

(3) $y'' + 6y' + 5y = e^{2x}$;

(4) $y'' + y' - 2y = 8\sin 2x$;

(5) $y'' + 3y' + 2y = e^{-x}\cos x$;

(6) $y'' + y = \cos 2x$;

(7) $y'' + 3y' + 2y = x^2$;

(8) $\dfrac{d^2 y}{dx^2} + 9y = e^{3x}$;

(9) $y'' + 4y' + 4y = 4e^{-2x}$.

5. 求下列初值问题的解:

(1) $\begin{cases} 2y'' + 5y' - 3y = 0 \\ y(0) = 1, y'(0) = 4 \end{cases}$;

(2) $\begin{cases} y'' + 12y' + 36y = 0 \\ y(1) = 0, y'(0) = 1 \end{cases}$;

(3) $\begin{cases} y'' + 16y = 0 \\ y\left(\dfrac{\pi}{4}\right) = -3, y'\left(\dfrac{\pi}{4}\right) = 4 \end{cases}$;

(4) $\begin{cases} 4y'' - 4y' + y = 0 \\ y(0) = 1, y'(0) = -\dfrac{3}{2} \end{cases}$;

(5) $y'' + 9y = 6e^{3x}, y(0) = y'(0) = 0$;

(6) $y'' - 3y' + 2y = 5, y\big|_{x=0} = 1, y'\big|_{x=0} = 2$.

6. 试建立二阶常系数齐次线性微分方程,并写出微分方程的通解.已知其系数是实数,且其特征方程的一个根是 $\lambda = 3 + 2i$.

7. 已知 $y = e^x$ 是方程 $xy'' - 2(x+1)y' + (x+2)y = 0$ 的一个特解,求方程的通解.

4.5 应用实例阅读

【实例 4-1】 马王堆一号墓年代的确定

20 世纪 70 年代,我国在长沙市出土了马王堆一号墓,这是考古界的一个重大发现,当时曾引起国内外的轰动.考古、地质等方面的专家用 ^{14}C 碳定年代法,估算出了该墓的大致年代.所谓碳定年代法依据的是下列事实.

宇宙射线不断轰击大气层,使之产生中子.这些中子同氮发生作用而产生 ^{14}C,因为 ^{14}C 会发生放射性衰变,所以通常被称为放射性碳.这种放射性碳可以被氧化成二氧化碳,在大气中飘动而被植物所吸收.而动物又以植物作食物,于是放射性碳就被带到动物体内.由于 ^{14}C 是放射性的,无论存于空气中或生物体内都在不断蜕变.活着的生物通过新陈代谢,不断摄取 ^{14}C,使得生物体内 ^{14}C 与空气中的 ^{14}C 有相同的百分含量.生物死之后停止了对 ^{14}C 的摄取,因而尸体内 ^{14}C 由于不断蜕变而含量不断减少.碳定年代法就是根据碳减少量的变化情况,来判定生物的死亡时间.

根据原子物理学的理论,^{14}C 的蜕变速度与该时刻 ^{14}C 的含量成正比,又因为地球周围大气中 ^{14}C 的含量可以认为基本不变,因而还可假设现代生物体中 ^{14}C 的蜕变速度与马王堆墓葬时代生物体中 ^{14}C 的蜕变速度相同.

设在时刻 t(年)时,生物体中 ^{14}C 的存量为 $x(t)$,由前面假设知

$$\frac{dx}{dt} = -kx,$$

其中 $k > 0$ 为比例常数. k 前面置负号表示 ^{14}C 的存量 x 是递减的.解此一阶可分离变量微分方程,得通解

$$x(t) = ce^{-kt}.$$

设生物体的死亡时间为 $t_0 = 0$，当时的 ^{14}C 含量为 x_0. 代入上式得 $c = x_0$，于是有

$$x(t) = x_0 e^{-kt}.$$

设 T 是 ^{14}C 的半衰期，即一定数量的 ^{14}C 蜕变到一半数量所需的时间. 则有

$$\frac{x_0}{2} = x_0 e^{-kT}, \quad k = \frac{\ln 2}{T},$$

即有 $x(t) = x_0 e^{-\frac{\ln 2}{T} t}$，由此解出

$$t = \frac{T}{\ln 2} \ln \frac{x_0}{x(t)}.$$

由于 x_0、$x(t)$ 不便于测量，我们改用下面方法求 t：在 $x(t) = x_0 e^{-kt}$ 两边求导，得

$$x'(t) = -x_0 k e^{-kt} = -kx(t),$$

而

$$x'(0) = -kx(0) = -kx_0,$$

上面两式相除，得

$$\frac{x'(0)}{x'(t)} = \frac{x_0}{x(t)}.$$

并注意到 $t = \frac{T}{\ln 2} \ln \frac{x_0}{x(t)}$，于是有

$$t = \frac{T}{\ln 2} \ln \frac{x'(0)}{x'(t)}.$$

马王堆一号墓是 1972 年 8 月出土，其时测得木炭标本的 ^{14}C 平均原子蜕变速度为 29.78 次/分，而新砍伐烧成的木炭中 ^{14}C 平均原子蜕变速度为 38.37 次/分，又知 ^{14}C 的半衰期 T 为 5 568 年. 即 $x'(0) = 38.37$，$x'(t) = 29.78$，$T = 5\ 568$，代入上式，得

$$t = \frac{5\ 568}{\ln 2} \ln \frac{38.37}{29.78} \approx 2\ 036 \text{ 年},$$

这就估算出了马王堆一号墓的大致年代是距 1972 年 2 000 多年，即西汉末年.

【实例 4-2】 人口增长模型

人口问题是当今世界备受关注的问题之一. 早在 18 世纪，简单的预测人口增长的数学模型就已问世，其后不断改进和发展. 尽管人口的增加或减少是离散的，但在人口量很大的情况下，作为连续量来处理仍能很好地描述客观情况. 下面我们假定人口是时间 t 的连续函数，且为可微函数.

设 $N(t)$ 表示 t 时刻某地区的人口数. 如果该地区的人口是孤立的，即没有移进移出的移民，且人口数的变化是在正常状态，即没有天灾人祸的状态下进行的，则人口的变化率 $N'(t)$ 与 t 时刻的人口数成正比，即有

$$\frac{dN}{dt} = rN,$$

r 称为净相对增长率，在大多数情况下，可以认为 r 为常数，不随时间变化. 这一方程称为马尔萨斯（英国，Malthus）人口模型. 易得其解为

$$N(t) = ce^{rt} \quad (c \text{ 为任意常数}).$$

若在 t_0 时刻，该地区人口数为 N_0，则有

$$N(t_0) = ce^{rt_0} = N_0, \quad c = N_0 e^{-rt_0},$$

代入前一方程,有

$$N(t) = N_0 e^{r(t-t_0)}.$$

若 $r > 0$,人口数将以指数规律增长,因此这一模型也称为指数模型. 下面对这一模型是否符合实际情况进行检验.

全世界人口从 1960 年到 1970 年,净相对增长率是 2%. 我们从这 10 年中的 1965 年 1 月算起,当时全世界总人口数量为 33.4 亿,因而取 $t_0 = 1\,965$, $N_0 = 33.4$ 亿, $r = 0.02$,则有

$$N(t) = 33.4 \times 10^8 e^{0.02(t-1\,965)}.$$

由此公式,可以计算世界人口翻一番所需要的时间 T,令

$$2N_0 = N_0 e^{0.02T},$$

解得

$$T = 50\ln 2 \approx 34.7 \text{ 年}.$$

这个值与实际统计值 35 年十分接近.

经验证,这一模型在几十年时期,甚至在一个世纪内,所计算出的结果与人口统计数据都较吻合. 但 $\lim\limits_{t \to +\infty} N(t) = \lim\limits_{t \to +\infty} N_0 e^{r(t-t_0)} = +\infty$,即随着时间延续,人口将无限增长. 例如,用此模型计算,到 2 515 年世界人口将是 2 000 000 亿,到 2 635 年将是 18 000 000 亿,到 2 660 年将是 36 000 000 亿. 可见,这个模型也有不尽合理之处,有其局限性,需加以改进.

当人口数量变得很大时,环境因素对人口的影响将凸显出来,例如自然资源、食物、居住空间等. 因而方程里应有一项反映这些环境因素.

荷兰生物数学家维尔哈斯特(Verhulst)引入常数 N_m,用来表示自然资源和环境条件所能容纳的最多人口数,并假设净相对增长率为

$$r = r_0 \left[1 - \frac{N(t)}{N_m} \right],$$

即 r 随着 $N(t)$ 增加而减少,当 $N(t) \to N_m$ 时, $r \to 0$.

按照这一假设,马尔萨斯模型应改进为

$$\frac{\mathrm{d}N}{\mathrm{d}t} = r_0 \left(1 - \frac{N(t)}{N_m} \right) N,$$

这是一个可分离变量的一阶微分方程,称为逻辑斯蒂(Logistic)模型.

设初始 $t = 0$ 时的人口数为 N_0,可解得

$$N(t) = \frac{N_m}{1 + \left(\dfrac{N_m}{N_0} - 1 \right) e^{-r_0 t}}.$$

用此模型计算美国人口,在 20 世纪 30 年代以前都能与实际数据较好地吻合. 用它估算 1990 年的我国人口总数,也与实际人数十分接近,说明此模型有一定可信度. 按照此模型预测,地球上总人数最多将达到 107.6 亿.

【实例 4-3】　交通事故的勘察

在公路交通事故的现场,常会发现事故车辆的车轮底下留有一段拖痕. 这是紧急刹车后,车轮受惯性作用在地面摩擦滑动而留下的. 拖痕的长短与事故车辆在紧急刹车前的车速有直接关系. 事故调查人员是如何根据拖痕来判断紧急刹车前的车速的?

解 我们可以这样设想:拖痕所在的直线为 x 轴,设拖痕的起点为原点,车辆的滑动位移为 x(图 4-7),滑动车速为 $v(t)$. 当 $t=0$ 时, $x=0$, $v(0)=v_0$;当 $t=t_1$ 时, $x=x_1$,这里 t_1 是滑动停止的时刻, x_1 为拖痕的长度, $v(t_1)=0$.

图 4-7

在滑动过程中,车轮受到摩擦力 f 的作用, f 的方向与车辆运动方向相反.若车辆的质量为 m,则摩擦力的大小为 λmg,这里 λ 为车轮与地面之间的滑动摩擦系数, g 为重力加速度.根据牛顿第二定律,有

$$m\frac{\mathrm{d}^2 x}{\mathrm{d}t^2}=-\lambda mg,\ 即\frac{\mathrm{d}^2 x}{\mathrm{d}t^2}=-\lambda g,$$

积分得

$$\frac{\mathrm{d}x}{\mathrm{d}t}=-\lambda gt+c_1.$$

由 $v(0)=\left.\frac{\mathrm{d}x}{\mathrm{d}t}\right|_{t=0}=v_0$,可得出 $c_1=v_0$,即有

$$\frac{\mathrm{d}x}{\mathrm{d}t}=-\lambda gt+v_0, \tag{1}$$

再积分一次,得

$$x=-\frac{1}{2}\lambda gt^2+v_0 t+c_2.$$

再由 $t=0$ 时, $x=0$,得出 $c_2=0$,于是

$$x=-\frac{1}{2}\lambda gt^2+v_0 t. \tag{2}$$

考虑到 $t=t_1$ 时, $x=x_1$, $v(t_1)=0$,由(1)、(2)两式,得

$$\begin{cases}-\lambda gt_1+v_0=0 \\ -\frac{1}{2}\lambda gt_1^2+v_0 t_1=x_1,\end{cases}$$

消去 t_1,得到

$$v_0=\sqrt{2\lambda gx_1}.$$

如果在某事故现场测得拖痕为 $x_1=10$ m,滑动摩擦系数 $\lambda=1.02$,并取 $g=9.81$ m/s^2,则可估算出

$$v_0=\sqrt{2\times1.02\times9.81\times10}\approx14.15\ \text{m/s}\approx50.9\ \text{km/h}$$

这是车辆紧急刹车后,制动片抱紧制动箍使车辆停止转动瞬间的速度,而实际上车辆滑动前还有一个滚动减速过程,因此刹车前的车速要远比 50.9 km/h 大.此外,如果根据勘察,能确定出事故发生瞬间的确切位置距拖痕起点 x_0(m)处,则由方程(2)还可计算出驾驶员因突发事件而紧急制动的提前反应时间 t_0 的值.因而根据刹车拖痕的长短,调查人员可以判断驾驶员的行驶速度是否超出规定,以及他对突发事件是否作出了及时反应.

【实例 4-4】 核废料的处理问题

若干年前,美国原子能委员会准备将浓缩的核废料,装在密封的圆桶里沉入水深约 91 m 的海底.生态学家和一些科学家担心这种做法不安全,提出反对.原子能委员会向他们保证,圆桶密封性很好,不会破漏.科学家通过大量实验后发现,当圆桶的速度超过12.2

m/s 时,圆桶会因撞击而破裂.那么圆桶到达海底的速度到底是多少?会因碰撞而破裂吗? 一些具体而真实的数据如下:

圆桶的质量 $m = 240$ kg,体积 $V = 0.208$ m³,海水密度 $\rho = 1\,026$ kg/m³,圆桶下沉受到的阻力与下沉速度成正比,比例系数 $k = 1.176$.

解　如图 4-8 所示,设 x 轴为海平面,y 轴正方向铅直向下.由已知可得重力 $G = mg$,阻力 $R = kv$(其中 v 是下沉速度),圆桶所受浮力 $B = \rho Vg$,$y\big|_{t=0} = 0, v\big|_{t=0} = 0$.根据牛顿第二定律,有

图 4-8

$$m\frac{\mathrm{d}v}{\mathrm{d}t} = G - B - kv.$$

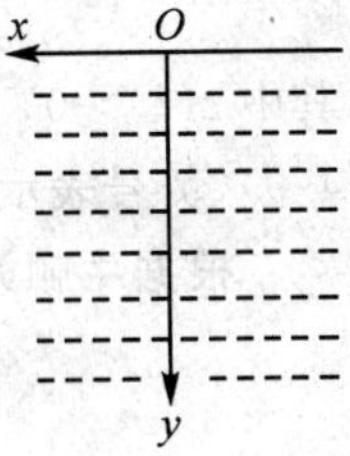

该式反映的是速度与时间的关系,并没有直接反映速度与下沉距离的关系.注意到 $\frac{\mathrm{d}v}{\mathrm{d}t} = \frac{\mathrm{d}v}{\mathrm{d}y} \cdot \frac{\mathrm{d}y}{\mathrm{d}t} = v\frac{\mathrm{d}v}{\mathrm{d}y}$,于是上式化为

$$v\frac{\mathrm{d}v}{\mathrm{d}y} = \frac{G - B - kv}{m},$$

即

$$\frac{v\mathrm{d}v}{G - B - kv} = \frac{\mathrm{d}y}{m}.$$

对上式积分,得

$$-\frac{v}{k} - \frac{G-B}{k^2}\ln(G - B - kv) = \frac{y}{m} + c,$$

由初始条件 $v\big|_{t=0} = 0, y\big|_{t=0} = 0$,知 $v\big|_{y=0} = 0$,并代入上式,得

$$c = -\frac{G-B}{k^2}\ln(G - B)$$

所以

$$\frac{y}{m} = -\frac{v}{k} - \frac{G-B}{k^2}\ln\left(\frac{G - B - kv}{G - B}\right).$$

这就是下沉速度与下沉距离之间的关系,将 $y = 91$ m,以及 k、G、B 的真实数据代入上式,用近似计算的方法,或直接由数学软件(如 Mathematica 或 Matlab 等)可求得

$$v \approx 13.64 \text{ m/s} > 12.2 \text{ m/s}.$$

这个结果就否定了原子能委员会的提议,从而避免了可能发生的核污染事件.

【实例 4-5】　机械系统的振动问题

本例以弹簧为例,研究机械系统的振动问题.设有一弹簧,它的上端固定,下端挂一个质量为 m 的物体,弹簧伸长 l 后就会处于静止状态,这个位置就是物体的平衡位置.如果用力将物体向下拉至某一位置,然后突然放开,那么物体就会在平衡位置附近作上下振动,试确定物体的运动规律.

解　取物体的平衡位置为坐标原点,x 轴竖直向下建立坐标系(图 4-9).要确定物体的运动规律,就是求物体在任意时刻 t 离开平衡位置的位移函数 $x(t)$.这是个动力学问题,需要分析物体在运动过程中所受的外力.

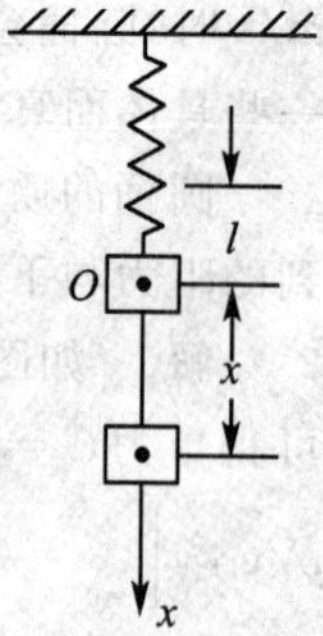

（1）如果不计摩擦力和介质阻力，则物体在任意时刻所受的力只有弹性力和重力. 但因为物体在平衡位置时处于静止状态，作用在物体上的重力 mg 与弹性力 cl 大小相等，方向相反，所以使物体回到平衡位置的力只是弹性恢复力：

$$f = -cx,$$

其中 $c(c > 0)$ 为弹簧的**弹性系数**，x 为物体离开平衡位置的位移（图 4-9），负号表示弹性恢复力的方向和物体位移方向相反.

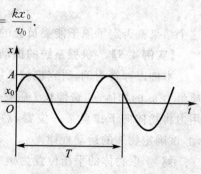

图 4-9

根据牛顿第二定律，有

$$m\frac{\mathrm{d}^2 x}{\mathrm{d}t^2} = -cx$$

或

$$m\frac{\mathrm{d}^2 x}{\mathrm{d}t^2} + cx = 0,$$

这个关系式代表的运动叫**无阻尼自由振动**或**简谐振动**.

下面求解上述方程.

令 $k^2 = \dfrac{c}{m}$，则上式变为

$$\frac{\mathrm{d}^2 x}{\mathrm{d}t^2} + k^2 x = 0,$$

通解为

$$x = c_1 \cos kt + c_2 \sin kt.$$

若设初始条件为

$$x\big|_{t=0} = x_0, \quad x'\big|_{t=0} = v_0,$$

则可得到初值问题的解

$$x = x_0 \cos kt + \frac{v_0}{k} \sin kt.$$

为了研究解的物理意义，将此式化简为

$$x = A\sin(kt + \varphi),$$

其中

$$A = \sqrt{x_0^2 + \frac{v_0^2}{k^2}}, \quad \tan \varphi = \frac{kx_0}{v_0}.$$

由此看出，此物体的振动是周期性的. 通常把上式所描述的振动称为**简谐振动**，其函数图形如图 4-10 所示（假定 $x_0 > 0, v_0 > 0$）. 分别称 A、k、$T = \dfrac{2\pi}{k}$、φ 为简谐振动的**振幅、角频率、周期**和**初相角**. 由于 $k = \sqrt{\dfrac{c}{m}}$，它与初始条件无关，只与系统本身的特性（质量 m 和弹性系数 c）有关，所以称 k 为系统的**固有频率**.

图 4-10

(2) 有阻尼自由振动

如果物体在振动过程中还受到阻力作用,由实验知道,阻力 R 总是与运动方向相反,当振动不大时,其大小与物体的速度成正比,设比例系数为 $\mu(\mu > 0)$,则有

$$R = -\mu \frac{\mathrm{d}x}{\mathrm{d}t},$$

从而

$$m \frac{\mathrm{d}^2 x}{\mathrm{d}t^2} = -cx - \mu \frac{\mathrm{d}x}{\mathrm{d}t}.$$

令 $2n = \dfrac{\mu}{m}, k^2 = \dfrac{c}{m}$,则上式可化为

$$\frac{\mathrm{d}^2 x}{\mathrm{d}t^2} + 2n \frac{\mathrm{d}x}{\mathrm{d}t} + k^2 x = 0.$$

这个关系式代表的运动是**有阻尼的自由振动**.

求解易知方程的特征根为 $\lambda = -n \pm \sqrt{n^2 - k^2}$.

① 小阻尼情形,即 $n < k$. 记 $\omega = \sqrt{k^2 - n^2}$,则通解为

$$x = \mathrm{e}^{-nt}(c_1 \cos \omega t + c_2 \sin \omega t).$$

由初始条件可确定出 $c_1 = x_0, c_2 = \dfrac{v_0 + nx_0}{\omega}$,故所求特解为

$$x = \mathrm{e}^{-nt}\left(x_0 \cos \omega t + \frac{v_0 + nx_0}{\omega} \sin \omega t\right).$$

与前面一样,为了研究解所反映的运动规律,将此解化简为

$$x = A\mathrm{e}^{-nt} \sin(\omega t + \varphi),$$

其中

$$A = \sqrt{x_0^2 + \left(\frac{v_0 + nx_0}{\omega}\right)^2}, \quad \tan \varphi = \frac{x_0 \omega}{v_0 + nx_0}.$$

从上式看出,物体的运动也是振动的,其周期为 $T = \dfrac{2\pi}{\omega}$. 但由于 x 的表达式中含有 e^{-nt} 项,且 $n > 0$,故当 $t \to +\infty$ 时,其振幅 $A\mathrm{e}^{-nt} \to 0$,也就是说,物体的振动是随着时间增大而趋于平衡位置. 把这种运动称为**衰减振动**. 特解的图形如图 4-11 所示(假定 $x_0 > 0, v_0 > 0$).

② 大阻尼情形,即 $n > k$. 此时特征根为两个不等的负实根 $\lambda = -n \pm \sqrt{n^2 - k^2}$,其通解为

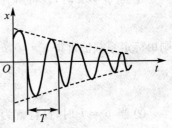

图 4-11

$$x = c_1 \mathrm{e}^{(-n + \sqrt{n^2 - k^2})t} + c_2 \mathrm{e}^{(-n - \sqrt{n^2 - k^2})t},$$

由初始条件可定出 c_1, c_2. 显然,当 $t \to +\infty$ 时,$x \to 0$,即物体随时间的增大而趋向于平衡位置,最多有一次通过平衡位置,因此在大阻尼的情形,运动不再具有振动的性质,如图 4-12 所示.

$$x = (c_1 + c_2 t)\mathrm{e}^{-nt},$$

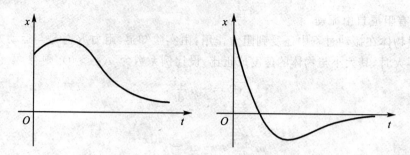

图 4-12

③ 临界阻尼情形，即 $n = k$. 此时特征根为负的重根 $\lambda_{1,2} = -n$. 其通解为 c_1 和 c_2 可由初始条件定出. 由上式可看出，此时运动也不是周期的. 当 $t \to +\infty$ 时，$x \to 0$，即物体随时间增大而趋于平衡位置，其图形与情形(2)类似.

可见 $n = k$ 是使物体处于振动状态与不振动状态的阻尼分界值，所以称为**阻尼临界值**. 也就是当外界阻尼 n 过大，以至于大于或等于物体固有频率 k 时，就抑制了物体的振动.

（3）强迫振动

如果物体在振动过程中，还受铅直干扰力 $F(t) = H\sin pt$ 作用时，其方程为

$$\frac{\mathrm{d}^2 x}{\mathrm{d}t^2} + 2n\frac{\mathrm{d}x}{\mathrm{d}t} + k^2 x = h\sin pt,$$

其中 $h = \dfrac{H}{m}$. 为简单又能说明问题起见，我们考虑无阻尼情形，此时方程变为

$$\frac{\mathrm{d}^2 x}{\mathrm{d}t^2} + k^2 x = h\sin pt,$$

由前面所述，对应的齐次方程通解为

$$\overline{x} = A\sin(kt + \varphi).$$

① 当 $p \neq k$ 时，设特解为

$$x^* = a\cos pt + b\sin pt,$$

则由待定系数法可得 $a = 0, b = \dfrac{h}{k^2 - p^2}$，故方程的通解为

$$x = A\sin(kt + \varphi) + \frac{h}{k^2 - p^2}\sin pt.$$

② 当 $p = k$ 时，设特解为

$$x^* = t(a\cos pt + b\sin pt),$$

则由待定系数法可得 $a = -\dfrac{h}{2k}, b = 0$. 故方程的通解为

$$x = A\sin(kt + \varphi) - \frac{h}{2k}t\cos kt.$$

从以上结果可以看出，物体的运动是由两部分组成的，第一项是由系统本身产生的自由振动；第二项是由干扰力引起的强迫振动，从 ① 中可以看出，其振幅为 $\left|\dfrac{h}{k^2 - p^2}\right|$，当系统的固有频率 k 与干扰力的角频率 p 相差很小时，它的振幅可以很大. 而当 $k = p$ 时，强

迫振动的振幅 $\dfrac{h}{2k}t$ 随着 t 的增大而无限增大，这就发生了所谓**共振现象**. 这种现象会对建筑物产生很大的破坏作用. 1940 年 11 月，美国华盛顿州普吉特海峡的塔科马大桥的坠毁，以及在 1831 年，英国曼彻斯特附近的布劳特顿吊桥的倒塌，都是由于共振而引起的. 因此工程上为避免共振现象，应使干扰力的角频率 p 不要靠近系统的固有频率 k. 但任何事物都是一分为二的，在电路系统却常常要利用共振现象. 例如，无线电技术中调制波的产生、发射与接收就是利用了电磁共振原理；收音机正是利用调谐旋钮，通过改变电容来改变共振频率，选出要接收的电台；各种弦乐器的发声也是利用琴箱内空气的共振，即共鸣实现的.

复习题四

1. 填空题

(1) 函数 $y_1(x)$ 与 $y_2(x)$ 线性无关的充要条件是 _____；

(2) 微分方程 $y'' = x e^x$ 的通解为 _____；

(3) $y' = 10^{x+y}$ 满足初始条件 $y\,|_{x=1} = 0$ 的特解为 _____；

(4) 过 $(1,3)$ 且切线斜率为 $2x$ 的曲线方程为 _____.

2. 选择题

(1) 已知函数 $y = y(x)$ 在任意点 x 处的增量 $\Delta y = \dfrac{y \Delta x}{1+x^2} + \alpha$，且当 $\Delta x \to 0$ 时，α 是比 Δx 高阶的无穷小，$y(0) = \pi$，则 $y(1) = (\quad)$.

A. 2π 　　　　　　B. π 　　　　　　C. $e^{\frac{\pi}{4}}$ 　　　　　　D. $\pi e^{\frac{\pi}{4}}$

(2) 若连续函数 $f(x)$ 满足关系式

$$f(x) = \int_0^{2x} f\left(\frac{t}{2}\right) dt + \ln 2,$$

则 $f(x)$ 等于 $(\quad)$.

A. $e^x \ln 2$ 　　　　B. $e^{2x} \ln 2$ 　　　　C. $e^x + \ln 2$ 　　　　D. $e^{2x} + \ln 2$

(3) 设线性无关的函数 y_1、y_2、y_3 都是二阶非齐次线性微分方程 $y'' + p(x)y' + q(x)y = f(x)$ 的解，c_1、c_2 是任意常数，则该非齐次微分方程的通解是 $(\quad)$.

A. $c_1 y_1 + c_2 y_2 + y_3$ 　　　　　　　　B. $c_1 y_1 + c_2 y_2 - (c_1 + c_2)y_3$

C. $c_1 y_1 + c_2 y_2 + (1 - c_1 - c_2)y_3$ 　　D. $c_1 y_1 + c_2 y_2 - (1 - c_1 - c_2)y_3$

(4) 一阶线性非齐次微分方程 $y' = P(x)y + Q(x)$ 的通解是 $(\quad)$.

A. $y = e^{-\int P(x)dx}\left[\int Q(x) e^{\int P(x)dx} dx + c\right]$

B. $y = e^{-\int Q(x)dx}\left[\int P(x) e^{\int Q(x)dx} dx + c\right]$

C. $y = e^{\int P(x)dx}\left[\int Q(x) e^{-\int P(x)dx} dx + c\right]$

D. $y = e^{\int Q(x)dx}\left[\int P(x) e^{-\int Q(x)dx} dx + c\right]$

(5) 方程 $y'' - 3y' + 2y = e^x \cos 2x$ 的一个特解形式是 $(\quad)$.

A. $y = A_1 e^x \cos 2x$

B. $y = A_1 x e^x \cos 2x + B_1 x e^x \sin 2x$

C. $y = A_1 e^x \cos 2x + B_1 e^x \sin 2x$

D. $y = A_1 x^2 e^x \cos 2x + B_1 x^2 e^x \sin 2x$

(6) 求微分方程 $4y'' + 4y' + y = 0$ 满足初始条件 $y|_{x=0} = 2, y'|_{x=0} = 0$ 的特解为（　　）.

A. $y = e^{\frac{x}{2}}(2+x)$ 　　　　　　　B. $y = e^{-\frac{x}{2}}(2-x)$

C. $y = e^{-\frac{x}{2}}(2+x)$ 　　　　　　　D. $y = e^{\frac{x}{2}}(2-x)$

(7) $y = e^{2x}$ 是微分方程 $y'' + py' + 6y = 0$ 的一个特解，则此方程的通解为（　　）.

A. $y = c_1 e^{2x}$ 　　　　　　　B. $y = (c_1 + xc_2)e^{2x}$

C. $y = c_1 e^{2x} + c_2 e^{3x}$ 　　　　　　　D. $y = e^{2x}(c_1 \sin 3x + c_2 \cos 3x)$

3. 求下列微分方程的通解：

(1) $\dfrac{dy}{dx} = 2xy^2$；　　　　　　　(2) $(4x + xy^2)dx + (y + x^2 y)dy = 0$；

(3) $y^2 dx = (xy - x^2)dy$；　　　　　　　(4) $x^2 y' + xy = y^2$；

(5) $xy' + y = 0$；　　　　　　　(6) $xy' - y = -4$；

(7) $y'' = \dfrac{1}{x}y' + xe^x$；　　　　　　　(8) $yy'' - (y')^2 = 0$；

(9) $y'' - 2y' + 5y = 0$；　　　　　　　(10) $y'' - 3y' + 3y = 0$；

(11) $y'' + 4y' + 4y = 0$；　　　　　　　(12) $y'' - 3y' + 2y = xe^{2x}$；

(13) $y'' + y + \sin x = 0$.

4. 设函数 $y = y(x)$ 满足微分方程 $y'' - 3y' + 2y = 2e^x$，且其图形在点 $(0,1)$ 处的切线与曲线 $y = x^2 - x + 1$ 在该点的切线重合，求函数 $y = y(x)$.

5. 设 $f(x) = \sin x - \int_0^x (x-t)f(t)dt$，其中 $f(x)$ 为连续函数，求 $f(x)$.

6. 有一架敌机沿水平方向（y 轴）以常速度 v 飞行，经过 $Q_0(0, y_0)$ 时，被我们设在 $M_0(x_0, 0)$ 处的导弹基地发现（图 4-13），当即发射导弹追击. 如果导弹在每时刻的运动方向都指向敌机，且飞行的速度为敌机的 2 倍，求导弹的追踪路线，如果 $x_0 = 16, y(x_0) = 0$，问飞机飞到何处被导弹击中？

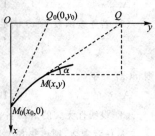

7. 假设神舟宇宙飞船的返回舱距离地面 1.5 m 时，下降速度为 14 m/s，为平稳软着陆，返回舱底部的着陆缓冲发动机喷出烈焰，产生反推力 $F = \mu y$，y 为喷焰后返回舱距地面的距离. 为使返回舱作减速直线运动，设返回舱质量为 2400 kg，问 μ 为多大时才能使返回舱着陆时速度为零？

图 4-13

习题参考答案与提示

习题 4-1

1. (1) 非线性，一阶；　(2) 线性，二阶；　(3) 线性，三阶；　(4) 非线性，一阶；　(5) 线性，一阶；　(6) 非线性，一阶；　(7) 线性，二阶；　(8) 线性，一阶.

2. (4) 解：$y = 3\sin x - 4\cos x$，则 $y' = 3\cos x + 4\sin x$，$y'' = -3\sin x + 4\cos x$. 将 y', y'' 代入 $y'' + y = 0$，得 $(-3\sin x + 4\cos x) + (3\sin x - 4\cos x) = 0$，即 $y = 3\sin x - 4\cos x$ 满足原方程. 所以该函数是微分方程的解.

3. (1) $y = x^2 + c$; (2) $y = x^2 + 3$; (3) $y = x^2 + 4$; (4) $y = x^2 + \dfrac{5}{3}$

4. (1) $y' = x^2$; (2) $yy' + 2x = 0$ **5.** $\dfrac{\mathrm{d}p}{\mathrm{d}T} = k\dfrac{p}{T^2}$, k 为比例系数.

习题 4-2

1. (1) $y^2 = -x^2 + c$;

(2) $\sin y \cos x = c$, $y = k\pi (k = 0, \pm 1, \cdots)$;

(3) $\mathrm{e}^y = \dfrac{2}{3}x^{\frac{3}{2}} + c$;

(4) $\mathrm{e}^{y^2} = x^2 + 2x^{\frac{3}{2}} + c$;

(5) $\dfrac{1}{2}\ln(1 + y^2) = \sin x + c$;

(6) $\ln|1 + u| = 2t + \dfrac{t^2}{2} + c$;

(7) $y = \dfrac{1}{c + \ln|1 + x|}$, $y = 0$;

(8) $(1 + x^2)(1 + y^2) = cx^2$;

(9) $\ln|y| + \dfrac{1}{2}y^2 = \sin x + \dfrac{1}{2}$;

(10) $y^2 + \dfrac{1}{3}\mathrm{e}^{3y} = x\sin x + \cos x - \dfrac{2}{3}$

2. (1) $y = x^2\ln|x| + cx^2$

(2) $y = -\dfrac{1}{5}x - \dfrac{1}{25} + c\mathrm{e}^{5x}$

(3) $y = \dfrac{1}{2}x^{-1} + \dfrac{1}{4}x^{-2}\sin 2x + cx^{-2}$

(4) $y = \dfrac{1}{x}[-(x + 1)\mathrm{e}^{-x} + c]$;

(5) $x = c\mathrm{e}^{-3t} + \dfrac{1}{5}\mathrm{e}^{2t}$;

(6) $y = -\dfrac{1}{4}x^2 + \dfrac{c}{x^2}$

(7) $y = -x\cos x - x$

(8) $v = t^3\mathrm{e}^{t^2} + 5\mathrm{e}^{t^2}$

(9) $y = \dfrac{1}{2}x\ln^2 x + 2x$

(10) $y = \mathrm{e}^{-\sin x} + \sin x - 1$.

3. (1) $\arcsin\dfrac{y}{x} = \ln|x| + c$;

(2) $\mathrm{e}^{\arctan\frac{y}{x}} = c\sqrt{x^2 + y^2}$;

(3) $\dfrac{y}{x} = \mathrm{e}^{cx+1}$;

(4) $\left(\dfrac{y}{x}\right)^2 = 2\ln x + c$.

4. (1) $y^2 = 2x + 1 + c\mathrm{e}^{2x}$;

(2) $\dfrac{3}{2}x^2 + \ln\left|\dfrac{1}{y} + \dfrac{1}{3}\right| = c$;

(3) $\dfrac{1}{y} = cx^{-6} + \dfrac{x^2}{8}$;

(4) $\dfrac{x^2}{y^2} = -\dfrac{2}{3}x^3\left(\dfrac{2}{3} + \ln x\right) + c$

5. (1) $y = x\arctan x - \dfrac{1}{2}\ln(1 + x^2) + c_1 x + c_2$; (2) $y = c_1\ln|x| + c_2$;

(3) $y = \dfrac{1}{c_1}\mathrm{e}^{c_1 x + 1}\left(x - \dfrac{1}{c_1}\right) + c_2$;

(4) $y = \dfrac{1}{2}(x - \arctan x) + c_1\arctan x + c_2$;

(5) $y = -\dfrac{1}{2}x^2 - x + c_1\mathrm{e}^x + c_2$;

(6) $y^2 = c_1 x + c_2$.

6. (1) $\pm\dfrac{2}{c_1}\sqrt{c_1 y - 1} = x + c_2$;

(2) $y = \tan\left(x + \dfrac{\pi}{4}\right)$;

(3) $\dfrac{2}{3}y^{\frac{3}{2}} = c_1 x + c_2$;

(4) $\mathrm{e}^{-2y} = \dfrac{1}{\mathrm{e}} - x$.

习题 4-3

1. $R = R_0\mathrm{e}^{-0.000\,433t}$, 时间以年为单位.

2. $N(t) = N_0\mathrm{e}^{rt}$

若假设净增长率为 $r = r_0\left[1 - \dfrac{N(t)}{N_m}\right]$, 其中 N_m 表示自然资源和环境条件所容许的最多人口数. 修

改后模型为 $\begin{cases} \dfrac{\mathrm{d}N}{\mathrm{d}t} = r_0\left(1 - \dfrac{N}{N_\mathrm{m}}\right)N \\ N(0) = N_0 \end{cases}$，其解为 $N(t) = \dfrac{N_m}{1 + \left(\dfrac{N_m}{N_0} - 1\right)\mathrm{e}^{-r_0 t}}$.

3. $y = \dfrac{1}{4} - x^2$ **4.** $y = a\cosh\dfrac{x}{a}$ 或 $\dfrac{a}{2}\left(\mathrm{e}^{\frac{x}{a}} + \mathrm{e}^{-\frac{x}{a}}\right)$ **5.** 0.06%

6. 提示：由牛顿第二定律得

$m\dfrac{\mathrm{d}v}{\mathrm{d}t} = -kv$，为确定 x 与 v 之间的关系，将 $\dfrac{\mathrm{d}v}{\mathrm{d}t}$ 写成 $\dfrac{\mathrm{d}v}{\mathrm{d}t} = v\dfrac{\mathrm{d}v}{\mathrm{d}x}$，于是 $m\dfrac{\mathrm{d}v}{\mathrm{d}x} = -k, k = 4.5\times 10^6$.

因 $x(t) \leqslant \dfrac{mv_0}{k} = 1400\ \mathrm{m} < 1500\ \mathrm{m}$，所以飞机可以在此跑道上安全着陆.

7. 60 分

8. 设 $T(t)$ 表示 t 时刻尸体的温度，根据牛顿冷却定律：温度为 T 的物体在温度为 $T_0(T_0 < T)$ 的环境中冷却的速率与温差 $T - T_0$ 成正比，可知 $\dfrac{\mathrm{d}T}{\mathrm{d}t} = -k(T - 21.1), T(0) = 32.6$.确定出 $T(t) = 21.1 + 11.5\mathrm{e}^{-kt}$. 由 $T(1) = 31.4℃$，得 $k = 0.11$.

当 $T = 37℃$ 时，$t \approx -2.95$ 小时，由此确定死者死亡时间为 $T_d = 5$ 小时 23 分，因此张某不能被排除在嫌疑犯之外.

9. $p(t) = (p_0 - \bar{p})\mathrm{e}^{-kt} + \bar{p}$，其中 $\bar{p}$ 为平衡价格，即当供给量 Q_1 与需求量 Q_2 相等时的价格，$\bar{p} = \dfrac{a + c}{b + d}, k = a(b + d)$.

习题 4-4

1. $y = c_1(x - 1) + c_2(x^2 - x + 1)$ **2.** $y = c_1 x + c_2 x^2 + \mathrm{e}^{-x}$

3. (1) $y = c_1 + c_2\mathrm{e}^{4x}$;   (2) $y = c_1\mathrm{e}^x + c_2\mathrm{e}^{-2x}$;

(3) $y = c_1\mathrm{e}^{-x} + c_2\mathrm{e}^{3x}$;   (4) $y = \mathrm{e}^{-x}(c_1\cos 3x + c_2\sin 3x)$;

(5) $y = \mathrm{e}^{-\frac{1}{2}x}\left(c_1\cos\dfrac{\sqrt{3}}{2}x + c_2\sin\dfrac{\sqrt{3}}{2}x\right)$;   (6) $y = c_1\cos x + c_2\sin x$;

(7) $y = (c_1 + c_2 x)\mathrm{e}^{\frac{2}{3}x}$;   (8) $y = c_1\mathrm{e}^{-\frac{3}{5}x} + c_2\mathrm{e}^x$.

4. (1) $y = (c_1 + c_2 x)\mathrm{e}^{-x} + \dfrac{1}{4}(x - 1)\mathrm{e}^x$;   (2) $y = c_1\mathrm{e}^{3x} + c_2\mathrm{e}^x - x\mathrm{e}^{2x}$;

(3) $y = c_1\mathrm{e}^{-x} + c_2\mathrm{e}^{-5x} + \dfrac{1}{21}\mathrm{e}^{2x}$;   (4) $y = c_1\mathrm{e}^x + c_2\mathrm{e}^{-2x} - \dfrac{2}{5}\cos 2x - \dfrac{6}{5}\sin 2x$;

(5) $y = c_1\mathrm{e}^{-2x} + c_2\mathrm{e}^{-x} + \dfrac{1}{2}\mathrm{e}^{-x}(-\cos x + \sin x)$;   (6) $y = c_1\cos x + c_2\sin x - \dfrac{1}{3}\cos 2x$;

(7) $y = c_1\mathrm{e}^{-2x} + c_2\mathrm{e}^{-x} + \dfrac{1}{2}x^2 - \dfrac{3}{2}x + \dfrac{7}{4}$;   (8) $y = c_1\cos 3x + c_2\sin 3x + \dfrac{1}{18}\mathrm{e}^{3x}$;

(9) $y = (c_1 + c_2 x)\mathrm{e}^{-2x} + 2x^2\mathrm{e}^{-2x}$.

5. (1) $y = 2\mathrm{e}^{\frac{1}{2}x} - \mathrm{e}^{-3x}$;   (2) $y = \left(-\dfrac{1}{7} + \dfrac{1}{7}x\right)\mathrm{e}^{-6x}$;

(3) $y = 3\cos 4x - \sin 4x$;   (4) $(1 - 2x)\mathrm{e}^{\frac{x}{2}}$;

(5) $y = \dfrac{1}{3}(\mathrm{e}^{3x} - \cos 3x - \sin 3x)$;   (6) $y = -5\mathrm{e}^x + \dfrac{7}{2}\mathrm{e}^{2x} + \dfrac{5}{2}$.

6. 方程：$y'' - 6y' + 13y = 0$，通解：$y = \mathrm{e}^{3x}(c_1\cos 2x + c_2\sin 2x)$

7. $y = c_1\mathrm{e}^x + c_2 x^3\mathrm{e}^x$.

复习题四

1. (1) $\dfrac{y_1(x)}{y_2(x)} \not\equiv$ 常数；　　　　　　　　(2) $y = (x-2)\mathrm{e}^x + c_1 x + c_2$；

(3) $10^x + 10^{-y} = 11$；　　　　　　　　(4) $y = x^2 + 2$.

2. (1) D；　(2) B；　(3) C　(4) C　(5) C　(6) C　(7) C

3. (1) $y = -\dfrac{1}{x^2 + c}$；　　　　(2) $y^2 = \dfrac{c}{1 + x^2} - 4$；　　　　(3) $\ln y = \dfrac{y}{x} + c$；

(4) $y = \dfrac{2x}{1 + cx^2}$；　　　　(5) $y = \dfrac{c}{x}$；　　　　(6) $y = 4 + cx$；

(7) $y = x\mathrm{e}^x - \mathrm{e}^x + \dfrac{c_1}{2}x^2 + c_2$；　　　　(8) $y = c_2\mathrm{e}^{c_1 x}$；

(9) $y = \mathrm{e}^x(c_1 \cos 2x + c_2 \sin 2x)$；　　　　(10) $y = \mathrm{e}^{\frac{3}{2}x}\left(c_1 \cos \dfrac{\sqrt{3}}{2}x + c_2 \sin \dfrac{\sqrt{3}}{2}x\right)$；

(11) $y = (c_1 + c_2 x)\mathrm{e}^{-2x}$；　　　　(12) $y = c_1\mathrm{e}^x + c_2\mathrm{e}^{2x} + x\left(\dfrac{1}{2}x - 1\right)\mathrm{e}^{2x}$；

(13) $y = c_1 \cos x + c_2 \sin x + \dfrac{1}{2}x\cos x$.

4. $y = (1 - 2x)\mathrm{e}^x$　　5. $f(x) = \dfrac{1}{2}\sin x + \dfrac{x}{2}\cos x$

6. 设所求曲线为 $y = y(x)$，则它满足的微分方程为 $2xy'' = \sqrt{1 + y'^2}$，求解得追踪曲线方程为 $y = \dfrac{1}{12}x^{\frac{3}{2}} - 4x^{\frac{1}{2}} + \dfrac{32}{3}$. 当飞机飞到点 $\left(0, \dfrac{32}{3}\right)$ 处时被导弹击中.

7. $\mu = 240\ 427\ \mathrm{kg/s}^2$

附　录

附录 1　基本初等函数

一、幂函数

函数 $y=x^\mu$ 叫做**幂函数**,其中 x 是自变量,μ 是常数.

函数 $y=x^\mu$ 的定义域,要看 μ 取什么值而定. 总之是使 x^μ 有意义的实数 x 的集合. 例如,$y=x^3$ 的定义域是 $(-\infty,+\infty)$,$y=x^{\frac{1}{2}}=\sqrt{x}$ 的定义域是 $[0,+\infty)$,$y=x^{-\frac{1}{2}}=\dfrac{1}{\sqrt{x}}$ 的定义域为 $(0,+\infty)$.

幂函数中,最常见的是 $y=x$,$y=x^2$,$y=x^3$,$y=x^{\frac{1}{2}}$,$y=x^{-1}$ 几个函数. $y=x$ 的图形是一条直线(图 1),$y=x^2$ 得图形是一条抛物线(图 2),$y=x^{-1}$ 是反比例函数,它的图形是两支曲线(图 3).

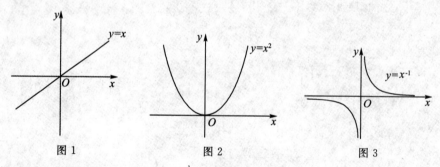

图 1　　　　　　　图 2　　　　　　　图 3

利用描点法可得到 $y=x^3$ 和 $y=x^{\frac{1}{2}}$ 的图形(图 4,图 5).

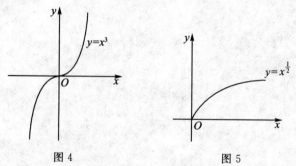

图 4　　　　　　　图 5

二、指数函数

函数 $y=a^x$ 叫做**指数函数**,其中 a 是大于零且不等于 1 的常数,它的定义域是实数

集 **R**.

因为无论 x 取任何实数值,总有 $a^x>0$,又 $a^0=1$,所以指数函数的图形,总在 x 轴的上方,且通过 $(0,1)$ 点.关于指数函数的图形和性质如表 1 所示.

表 1

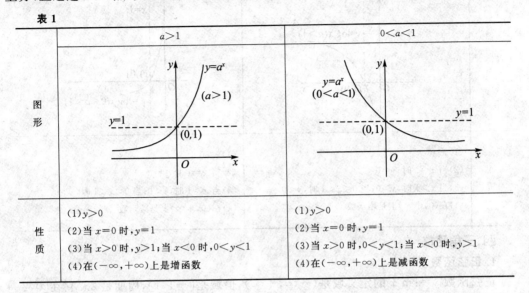

	$a>1$	$0<a<1$
图形		
性质	(1) $y>0$ (2) 当 $x=0$ 时,$y=1$ (3) 当 $x>0$ 时,$y>1$;当 $x<0$ 时,$0<y<1$ (4) 在 $(-\infty,+\infty)$ 上是增函数	(1) $y>0$ (2) 当 $x=0$ 时,$y=1$ (3) 当 $x>0$ 时,$0<y<1$;当 $x<0$ 时,$y>1$ (4) 在 $(-\infty,+\infty)$ 上是减函数

以常数 $e=2.7182818\cdots$ 为底的指数函数

$$y=e^x$$

是科技中常用的指数函数.

三、对数函数

指数函数 $y=a^x$ 的反函数 $y=\log_a x$ 叫做**对数函数**,它的定义域是 $(0,+\infty)$.

对数函数 $y=\log_a x$ 的图形与它所对应的指数函数 $y=a^x$ 的图形关于直线 $y=x$ 对称 (图 6、图 7).

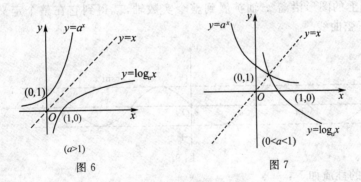

图 6

图 7

$y=\log_a x$ 的图形总在 y 轴右方,且通过点 $(1,0)$.

关于对数函数 $y=\log_a x$ 在其底 $a>1$ 及 $0<a<1$ 两种情况下的图形和性质请见表 2.

表 2

	$a>1$	$0<a<1$
图形	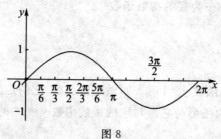	
性质	(1)$x>0$ (2)当 $x=1$ 时,$y=0$ (3)当 $x>1$ 时,$y>0$;当 $0<x<1$ 时,$y<0$ (4)在 $(0,+\infty)$ 上是增函数	(1)$x>0$ (2)当 $x=1$ 时,$y=0$ (3)当 $x>1$ 时,$y<0$;当 $0<x<1$ 时,$y>0$ (4)在 $(0,+\infty)$ 上是减函数

四、三角函数

1. 正弦函数

正弦函数 $y=\sin x$ 的定义域是 $(-\infty,+\infty)$,值域是 $[-1,1]$,周期是 2π.它在 $[0,2\pi]$ 上的图形如图 8 所示.

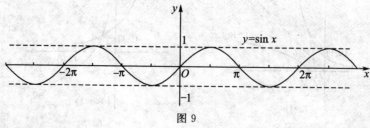

图 8

把 $[0,2\pi]$ 上的图形沿着 x 轴扩展到整个实数轴,就得到它在整个定义域内的图形(图 9),称为正弦曲线.

图 9

正弦函数的性质如下:

(1)周期性

正弦函数是周期函数,它的周期是 2π.

(2)奇偶性

由 $\sin(-x)=-\sin x$ 知,正弦函数 $y=\sin x$ 是奇函数,因此正弦曲线关于原点对称.

(3)单调性

由正弦函数的周期性可知,$y=\sin x$ 在每一个闭区间 $\left[2k\pi-\dfrac{\pi}{2},2k\pi+\dfrac{\pi}{2}\right](k\in\mathbf{Z})$ 上,函数值都从 -1 增大到 1,是增函数;在每一个闭区间 $\left[2k\pi+\dfrac{\pi}{2},2k\pi+\dfrac{3\pi}{2}\right](k\in\mathbf{Z})$ 上,函数值都从 1 减少到 -1,是减函数.

(4)有界性

对于定义域内的任意 x 值,$y=\sin x$ 的绝对值都不大于 1,即 $|\sin x|\leqslant1$. 因此 $y=\sin x$ 是有界函数.

当 $x=2k\pi+\dfrac{\pi}{2}(k\in\mathbf{Z})$ 时,函数取得最大值 1,当 $x=2k\pi+\dfrac{3\pi}{2}(k\in\mathbf{Z})$ 时,函数取得最小值 -1.

2. 余弦函数

余弦函数 $y=\cos x$ 的定义域是 $(-\infty,+\infty)$,值域是 $[-1,1]$,周期为 2π. 它在 $[0,2\pi]$ 上的图形如图 10 所示.

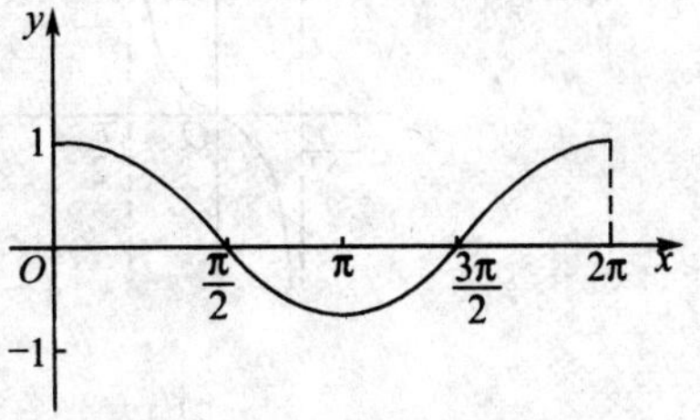

图 10

把 $[0,2\pi]$ 上的图形沿着 x 轴向左或向右每次平移 2π 个单位,就得到余弦函数 $y=\cos x$ 在 $(-\infty,+\infty)$ 内的图形(图 11),称为余弦曲线.

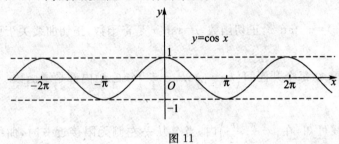

图 11

余弦函数的性质如下:

(1)周期性

余弦函数是周期函数,它的周期是 2π.

(2)奇偶性

由 $\cos(-x)=\cos x$ 知,$y=\cos x$ 是偶函数,余弦曲线关于 y 轴对称.

(3)单调性

由余弦曲线可以看出,余弦函数 $y=\cos x$ 在每一个闭区间 $[2k\pi,(2k+1)\pi]\ (k\in\mathbf{Z})$ 上,函数值都从 1 减少到 -1,是减函数;在每个闭区间 $[(2k+1)\pi,2(k+1)\pi]\,(k\in\mathbf{Z})$ 上,函数值都从 -1 增大到 1,是增函数.

(4)有界性

对于定义域内的任意 x,都有 $|\cos x|\leqslant1$. 因此 $y=\cos x$ 是有界的.

当 $x=2k\pi(k\in\mathbf{Z})$ 时,$\cos x=1$,函数取得最大值;当 $x=(2k+1)\pi(k\in\mathbf{Z})$ 时,$\cos x=-1$,函数取得最小值.

3. 正切函数

正切函数 $y=\tan x=\dfrac{\sin x}{\cos x}$ 的定义域是 $\left\{x\,\middle|\,x\in\mathbf{R},x\neq k\pi+\dfrac{\pi}{2},k\in\mathbf{Z}\right\}$,周期是 π,它在

$\left(-\dfrac{\pi}{2}, \dfrac{\pi}{2}\right)$ 的图形如图 12 所示.

把区间 $\left(-\dfrac{\pi}{2}, \dfrac{\pi}{2}\right)$ 内的曲线沿着 x 轴向左或向右每次平移 π 个单位,就得到正切函数 $y = \tan x$ 在定义域内的图形(图 13),称为正切曲线.

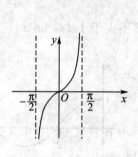

图 12   图 13

正切函数有如下的性质:

(1)周期性

正切函数 $y = \tan x$ 是周期函数,它的周期是 π.

(2)奇偶性

由于 $\tan(-x) = -\tan x$,正切函数 $y = \tan x$ 是奇函数,正切曲线关于原点对称.

(3)单调性

函数 $y = \tan x$ 在每个开区间 $\left(k\pi - \dfrac{\pi}{2}, k\pi + \dfrac{\pi}{2}\right)$ $(k \in \mathbf{Z})$ 内都是增函数.

(4)有界性

观察正切曲线可知,在 $\left(-\dfrac{\pi}{2}, \dfrac{\pi}{2}\right)$ 内,当 x 从 $\dfrac{\pi}{2}$ 左侧无限接近 $\dfrac{\pi}{2}$ 时,曲线向上无限延伸,$\tan x$ 无限增大;当 x 从 $-\dfrac{\pi}{2}$ 右侧无限接近 $-\dfrac{\pi}{2}$ 时,曲线向下无限延伸,$\tan x$ 无限减少. 因此,$y = \tan x$ 在 $\left(-\dfrac{\pi}{2}, \dfrac{\pi}{2}\right)$ 内可以取得一切实数值,是无界的.

而由正切函数的周期性易知,正切函数 $\tan x$ 在每一个开区间 $\left(k\pi - \dfrac{\pi}{2}, k\pi + \dfrac{\pi}{2}\right)$ $(k \in \mathbf{Z})$ 内都是无界的.

4. 余切函数

函数 $y = \cot x = \dfrac{\cos x}{\sin x}$ 的定义域是 $\{x \mid x \in \mathbf{R}, x \neq k\pi, k \in \mathbf{Z}\}$,周期是 π. 它的图形如图 14 所示.

余切函数有如下的性质:

(1)周期性

余切函数是周期函数,它的周期是 π.

(2)奇偶性

由于 $\cot(-x) = -\cot x$,余切函数是奇函数,余切曲线关于原点对称.

(3)单调性

余切函数在每一个开区间 $(k\pi,(k+1)\pi)(k\in \mathbf{Z})$ 内都是减函数.

（4）有界性

在 $(0,\pi)$ 一个周期内，当 x 从 $x=0$ 右侧向 $x=0$ 无限接近时，曲线向上无限延伸，$\cot x$ 无限增大；当 x 从 $x=\pi$ 左侧向 $x=\pi$ 无限接近时，曲线向下无限延伸，$\cot x$ 无限减少，由余切曲线知，$y=\cot x$ 在 $(0,\pi)$ 内可以取得一切实数值.

而由余切函数的周期性知，$y=\cot x$ 在每一个开区间 $(k\pi,(k+1)\pi)(k\in \mathbf{Z})$ 内是无界的.

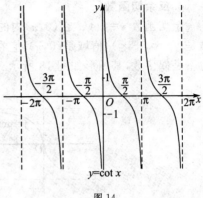

图 14

5. 正割函数

正割函数 $y=\sec x=\dfrac{1}{\cos x}$ 的定义域是 $\left\{x\mid x\neq k\pi+\dfrac{\pi}{2},k\in \mathbf{Z}\right\}$，周期是 2π.

6. 余割函数

余割函数 $y=\csc x=\dfrac{1}{\sin x}$ 的定义域是 $\{x\mid x\neq k\pi,k\in \mathbf{Z}\}$，周期是 2π.

五、反三角函数

1. 反正弦函数

函数 $y=\sin x$ 在 $\left[-\dfrac{\pi}{2},\dfrac{\pi}{2}\right]$ 上的反函数称为反正弦函数，记作 $y=\arcsin x$. 它的定义域是 $[-1,1]$，值域是 $\left[-\dfrac{\pi}{2},\dfrac{\pi}{2}\right]$. 它在区间 $[-1,1]$ 上单调增加且是奇函数，其图形如图 15 所示.

2. 反余弦函数

函数 $y=\cos x$ 在 $[0,\pi]$ 上的反函数叫做反余弦函数. 记作 $y=\arccos x$，它的定义域是 $[-1,1]$，值域是 $[0,\pi]$. 它在区间 $[-1,1]$ 上是单调减少的，但它既不是奇函数，也不是偶函数，其图形如图 16 所示.

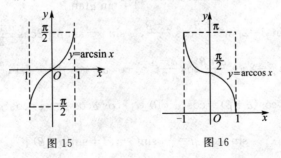

图 15　　　　　　　　图 16

3. 反正切函数

正切函数 $y=\tan x$ 在区间 $\left(-\dfrac{\pi}{2},\dfrac{\pi}{2}\right)$ 内的反函数称为反正切函数，记作 $y=\arctan x$，它的定义域是 $(-\infty,+\infty)$，值域是 $\left(-\dfrac{\pi}{2},\dfrac{\pi}{2}\right)$. 它在区间 $(-\infty,+\infty)$ 内单调增加，且是奇函数，其图形如图 17 所示.

4. 反余切函数

余切函数 $y=\cot x$ 在 $(0,\pi)$ 内的反函数叫反余切函数,记作 $y=\operatorname{arccot} x$,它的定义域是 $(-\infty,+\infty)$,值域是 $(0,\pi)$,它在区间 $(-\infty,+\infty)$ 内是减函数.但它既不是奇函数,也不是偶函数,其图形如图 18 所示.

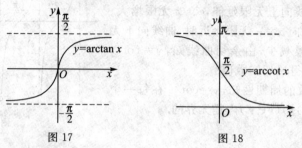

图 17　　　　　　图 18

反正弦函数、反余弦函数、反正切函数、反余切函数,都叫反三角函数.

六、初等数学常用公式

1. 对数公式

$$\log_a xy=\log_a x+\log_a y,\quad \log_a\frac{x}{y}=\log_a x-\log_a y$$

$$\log_a x^k=k\log_a x,\quad \log_a x=\frac{\log_b x}{\log_b a}$$

2. 三角函数公式

$$\cos^2\alpha+\sin^2\alpha=1,\quad 1+\tan^2\alpha=\sec^2\alpha,\quad 1+\cot^2\alpha=\csc^2\alpha$$

$$\sin 2\alpha=2\sin\alpha\cos\alpha=\frac{2\tan\alpha}{1+\tan^2\alpha}$$

$$\cos 2\alpha=\cos^2\alpha-\sin^2\alpha=1-2\sin^2\alpha=2\cos^2\alpha-1=\frac{1-\tan^2\alpha}{1+\tan^2\alpha}$$

$$\sin(\alpha\pm\beta)=\sin\alpha\cos\beta\pm\cos\alpha\sin\beta,\quad \cos(\alpha\pm\beta)=\cos\alpha\cos\beta\mp\sin\alpha\sin\beta$$

$$\tan(\alpha\pm\beta)=\frac{\tan\alpha\pm\tan\beta}{1\mp\tan\alpha\tan\beta}$$

$$\sin\alpha+\sin\beta=2\sin\frac{\alpha+\beta}{2}\cos\frac{\alpha-\beta}{2},\quad \sin\alpha-\sin\beta=2\cos\frac{\alpha+\beta}{2}\sin\frac{\alpha-\beta}{2}$$

$$\cos\alpha+\cos\beta=2\cos\frac{\alpha+\beta}{2}\cos\frac{\alpha-\beta}{2},\quad \cos\alpha-\cos\beta=-2\sin\frac{\alpha+\beta}{2}\sin\frac{\alpha-\beta}{2}$$

$$\sin\alpha\sin\beta=-\frac{1}{2}[\cos(\alpha+\beta)-\cos(\alpha-\beta)],\quad \cos\alpha\cos\beta=\frac{1}{2}[\cos(\alpha+\beta)+\cos(\alpha-\beta)]$$

$$\sin\alpha\cos\beta=\frac{1}{2}[\sin(\alpha+\beta)+\sin(\alpha-\beta)]$$

附录 2　极坐标系与直角坐标系

1. 极坐标系

在平面内取一个定点 O,叫极点,引一条射线 Ox,叫做极轴,再选定一个长度单位和角度的正方向(通常取逆时针方向)(如图 1).对于平面内任何一点 M,用 r 表示线段 OM

的长度，θ 表示从 Ox 到 OM 的角度，r 叫做点 M 的极径，θ 叫做点 M 的极角，有序数对 (r,θ) 就叫点 M 的极坐标，这样建立的坐标系叫做极坐标系. 极坐标为 r,θ 的点 M，可表示为 $M(r,\theta)$.

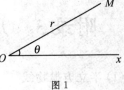

一般地，限定 $r>0,0\le\theta<2\pi$，那么平面内的点和极坐标就可以一一对应了.

图 1

2. 曲线的极坐标方程

在极坐标系中，曲线可以用含有 r、θ 这两个变量的方程 $\varphi(r,\theta)=0$ 来表示，这种方程叫做曲线的极坐标方程.

求曲线的极坐标方程的方法和步骤，和求直角坐标方程类似，就是把曲线看作适合某种条件的点的集合或轨迹，将已知条件用曲线上的点的极坐标 r、θ 的关系式 $\varphi(r,\theta)=0$ 表示出来，就得到曲线的极坐标方程.

如从极点出发，倾斜角为 $\dfrac{\pi}{4}$ 的射线的极坐标方程为 $\theta=\dfrac{\pi}{4}$（图 2）；

圆心在极点，半径为 a 的圆的极坐标方程为 $r=a$（图 3）；

圆心在 $C(a,0)$，半径为 a 的圆的极坐标方程为 $r=2a\cos\theta$（图 4）.

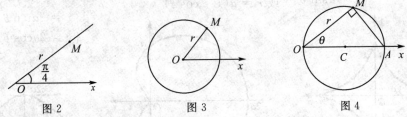

图 2　　　　　　　　　　图 3　　　　　　　　　　图 4

3. 极坐标和直角坐标的互化

极坐标系和直角坐标系是两种不同的坐标系，同一个点可以有极坐标，也可以有直角坐标；同一条曲线可以有极坐标方程，也可以有直角坐标方程，为了研究问题方便，有时需要把一种坐标系中的方程转化为在另一种坐标系中的方程.

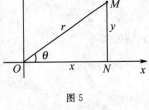

如图 5，把直角坐标系的原点作为极点，x 轴的正半轴作为极轴，并在两种坐标系中取相同的长度单位，设 M 是平面内任意一点，它的直角坐标是 (x,y)，极坐标是 (r,θ)，从点 M 作 MN $\perp Ox$，由三角函数定义，可以得到 x、y 与 r、θ 之间的关系：

图 5

$$x=r\cos\theta,\quad y=r\sin\theta$$
$$r^2=x^2+y^2,\quad \tan\theta=y/x\,(x\neq0)$$

通过上述公式，曲线的极坐标方程和直角坐标方程可以相互转化.

例如，在直线坐标系下圆的方程 $x^2+y^2-2ax=0$ 中，将 $x=r\cos\theta,y=r\sin\theta$ 代入方程，得 $r^2\cos^2\theta+r^2\sin^2\theta-2ar\cos\theta=0$，即 $r=2a\cos\theta$，这就是该圆在极坐标系下的方程.

在极坐标系下伯努利双纽线的方程 $r^2=a^2\sin2\theta$ 中，将 $r^2=x^2+y^2$，$\tan\theta=y/x(x\neq0)$ 代入方程，由 $\sin2\theta=\dfrac{2\tan\theta}{1+\tan^2\theta}$，得 $(x^2+y^2)^2=2a^2xy$，这就是该曲线在直角坐标系下的方程.

附录3 几种常见曲线

(1) 半立方抛物线
$$y^2 = ax^3$$

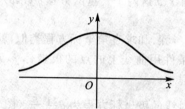

(2) 概率曲线
$$y = \mathrm{e}^{-x^2}$$

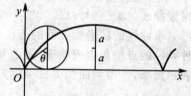

(3) 摆线
$$\begin{cases} x = a(\theta - \sin\theta) \\ y = a(1 - \cos\theta) \end{cases}$$

(4) 星形线(内摆线的一种)
$$x^{\frac{2}{3}} + y^{\frac{2}{3}} = a^{\frac{2}{3}}, \begin{cases} x = a\cos^3\theta \\ y = a\sin^3\theta \end{cases}$$

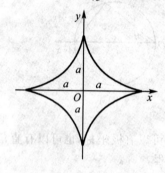

(5) 心形线(外摆线的一种)
$$x^2 + y^2 + ax = a\sqrt{x^2 + y^2}$$
或 $r = a(1 - \cos\theta)$

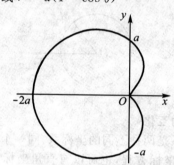

(6) 箕舌线
$$y = \frac{8a^3}{x^2 + 4a^2}$$
或 $\begin{cases} x = 2a\tan\theta \\ y = 2a\cos^2\theta \end{cases}$

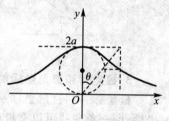

(7) 蔓叶线
$$y^2(2a - x) = x^3$$

(8) 笛卡儿叶形线
$$x = \frac{3at}{1 + t^3}, \quad y = \frac{3at^2}{1 + t^3}$$

(9) 抛物线
$$x^{\frac{1}{2}} + y^{\frac{1}{2}} = a^{\frac{1}{2}}$$
或 $\begin{cases} x = a\cos^4 t \\ y = a\cos^4 t \end{cases}$

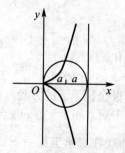
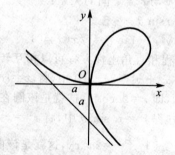
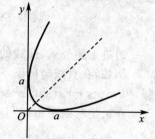

(10) 双曲螺线
$r\theta = a$

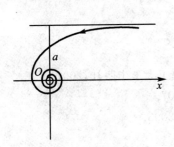

(11) 阿基米德螺线
$r = a\theta$

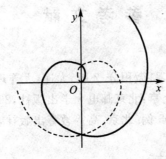

(12) 对数螺线
$r = e^{a\theta}$

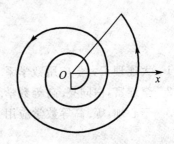

(13) 伯努利双纽线
$(x^2 + y^2)^2 = 2a^2 xy$
$r^2 = a^2 \sin 2\theta$

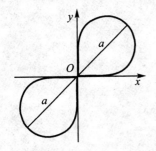

(14) 伯努利双纽线
$(x^2 + y^2)^2 = a^2(x^2 - y^2)$,
$r^2 = a^2 \cos 2\theta$

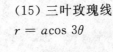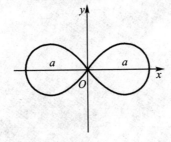

(15) 三叶玫瑰线
$r = a\cos 3\theta$

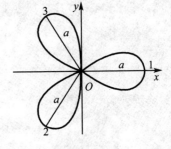

(16) 三叶玫瑰线
$r = a\sin 3\theta$

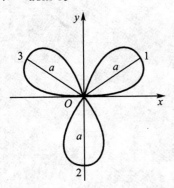

(17) 四叶玫瑰线
$r = a\sin 2\theta$

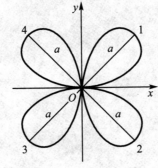

(18) 四叶玫瑰线
$r = a\cos 2\theta$

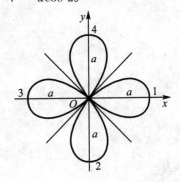

参 考 文 献

1 大连理工大学应用数学系.工科微积分.2 版.大连:大连理工大学出版社,2007.

2 李连富,白同亮.高等数学.北京:北京邮电大学出版社,2007.

3 李心灿,等.高等数学应用 205 例.北京:高等教育出版社,2003.